深泥池の自然と暮らし —生態系管理をめざして— ● 目次

序章　自然遺産であり文化遺産であること ―― 7

第1章　深泥池とは ―― 13
- 深泥池はなぜ貴重なのか ―― 14
- 深泥池生態系の構造 ―― 20
  - 深泥池の四季 ―― 24
- 近畿の植生と深泥池の植生 ―― 26
  - ●花粉分析でわかった深泥池の歴史 ―― 30
- 地質学からみた深泥池 ―近畿の地質・京都の地質と深泥池― ―― 31

第2章　深泥池生物群集の成り立ち ―― 35
- 高層湿原としての特徴 ―― 36
  - ●絶滅危惧植物と埋蔵種子保存 ―― 38
- 浮島の植物たち ―― 39
  - 低層湿原の植物 ―― 45
  - 浮島に生育する木本植物 ―― 46
  - 絶滅した植物 ―― 47
  - 新発見の植物 ―― 47
  - ●浮島にもキノコが生える ―― 48
  - 深泥池に生育する氷河期の生き残りのコケ ―― 49
- 浮島の動物 ―― 50
  - ミズグモとその生息環境 ―― 50
  - ●センブリという名の虫がいる ―― 51
  - クモ群集 ―― 52
  - ミズゴケを住み処にするササラダニ ―― 53
  - 浮島の底生動物 ―― 54
- 開水域の植物とプランクトン ―― 56
  - 水生植物の変遷 ―― 56
  - ミツガシワ・マコモ・ヨシの侵入 ―― 58
  - 植物プランクトン相の特徴 ―― 59
  - 珪藻類の特徴 ―― 60
  - 緑藻：チリモ類の変化 ―― 62

- ●回復してきた高層湿原性珪藻類 ————————————— 64
- 動物プランクトン ————————————————————— 65
- **開水域の動物** ———————————————————————— 66
  - 深泥池のトビケラ類 —成虫調査の結果から— ——————— 66
  - 深泥池周辺のトンボ相の現状 ————————————————— 68
  - エサキアメンボの絶滅 ———————————————————— 70
  - ミドロミズメイガの現状 ——————————————————— 72
  - 水生植物に依存するネクイハムシ ——————————————— 73
  - 外来のカワリヌマエビ属の侵入 ———————————————— 74
  - 魚類相の推移と現状 ————————————————————— 76
    - ●底生動物群集の変遷 —外来魚は遊泳性動物を減らす— ————— 78
  - 水辺の鳥類 —————————————————————————— 80
- **岸辺域・集水域の動植物** ———————————————————— 82
  - ゲンゴロウ類の特異な分布 —————————————————— 82
  - ミギワバエの宝庫 —深泥池の環境の多様性— ————————— 84
  - 希少種が続出する双翅類 ——————————————————— 86
  - ユスリカ科の特徴 —————————————————————— 87
  - マコモに依存するガマヨトウ ————————————————— 88
  - 植物の開花・開葉フェノロジー ———————————————— 90
  - コバノミツバツツジ —燃料用のシバ材に用いられた— ————— 93
  - 深泥池の訪花昆虫と開花フェノロジー ————————————— 94
    - ●モウセンゴケは昆虫の敵か？味方か？ ————————————— 98
    - ●タヌキモの謎 —DNAの分析から— ——————————————— 99
    - ●池と周辺の森を行き来する動物 ———————————————— 100
  - 深泥池周辺の菌類 —朽木と相利共生— ————————————— 102
- **浮島のしくみ** ———————————————————————— 105
  - 浮島はなぜ浮くか —————————————————————— 105
  - 浮島の水質 —1994-1995年の水質調査より— —————————— 106
    - ●山からの流入水量の減少が招く水質変化 ———————————— 107
  - 深泥池のpHと化学成分 —1994年1年間7地点での調査結果より— 108
  - 浮島の浮沈パターンと植生との関係 —————————————— 110
  - 深泥池を潤す水の動き ———————————————————— 112
  - 植生の変化 —————————————————————————— 113
  - ヨシの侵入と浮島植生の変化 ————————————————— 115
  - ヨシが湿地で優占するしくみ ————————————————— 116

ビュルテのサイズと植物の種多様性 ─────────────── 117
　　浮島植物の共存と競争 ───────────────────── 119

第3章　深泥池の文化と歴史 ─────────────────── 121
　歴史記述に見る深泥池 ──────────────────── 122
　　●古来の水利用 ─溜池としての深泥池─ ─────── 125
　深泥池集落の歴史と景観の変遷 ────────────── 126
　深泥池地区の暮らしと池 ────────────────── 130
　深泥池周辺の植生と人の関わりの歴史 ─────────── 136
　　●浮島はいつからあるのか？ ─堆積物は自然の古文書─ ─── 141
　里山植物の変遷 ────────────────────── 142
　深泥池周辺の遺物と遺跡 ────────────────── 144
　深泥池周辺の遺跡から見た文化 ────────────── 148
　　●深泥池の須恵器 ─陶土はどこから来たか─ ───────── 152
　深泥池の妖女伝承 ─現代都市伝説の原風景─ ─────── 154

第4章　深泥池生態系管理への取り組み ─────────────── 157
　深泥池の水問題 ─────────────────────── 158
　　水位・水質・水収支 ──────────────────── 158
　　深泥池の水質問題 ───────────────────── 159
　　植生と水質 ─────────────────────── 161
　　　●開水域の水質の現状 ──────────────── 164
　　　●ハリミズゴケの復活 ──────────────── 165
　深泥池の最近の堆積物 ─化石燃料の利用履歴を反映─ ─────── 166
　　多環芳香族炭化水素の分析結果から ──────────── 166
　　重金属の鉛直分布の結果から ───────────── 167
　生物群集管理 ─────────────────────── 168
　　外来魚除去事業の成果 ─────────────────── 168
　　カメ類の現状と駆除と成果 ───────────────── 171
　　ウシガエルの食性と抑制対策の必要性 ─────────── 172
　　外来植物の駆除と成果 ─────────────────── 173
　　希少植物種の保護 ────────────────────── 174
　　ミヤマウメモドキの雄株発見と保全対策 ─────────── 175

  在来植物管理 ———————————————————————— 176
   ●深泥池に侵入するシカ ———————————————— 177
 道路問題 ———————————————————————————— 178
  直面する問題 ————————————————————————— 178
  道路網整備から見えてくる問題点 ————————————— 182
 市民参加による深泥池の環境保全活動の現状と課題 ——————— 183
  地元各種団体有志を中心に発足した深泥池を美しくする会40年の歩み ——— 183
  「深泥池を守る会」の保全運動 ——————————————— 185
  深泥池自然観察会　「うきしま通信」を毎月発行 ————— 187
  深泥池水生生物研究会　市民参加型外来魚捕獲事業を展開 ——— 187
  京都市文化財保護課　深泥池の保全・活用の方針 ————— 188
  深泥池保全活用専門委員会　提言を具体化へ ——————— 189
 学校教育での取り組み ————————————————————— 191
  ノートルダム小学校の事例　31年間続いている深泥池の理科野外学習 ——— 191
  京都府立商業高校の事例　高校生物実習「お魚の身体検査」実践報告 ——— 191
  京都府立東稜高校の事例　お魚の身体検査のSPP事業 ———————— 192
   ●ラムサール条約指定地への取り組み ———————— 195

第5章　深泥池の将来展望 ———————————————————— 197

 深泥池で目指す保全と利用 ―生態系管理の考え方― ——————— 198
 集水域管理の課題と対策：森林保全と排水系統の改善 ——————— 203
 保全と活用のための体制 ———————————————————— 209
  ●航空写真で見る深泥池の四季 ——————————— 213
  ●深泥池の景観変遷 ——————————————————— 214
  ●深泥池における植生被度の変遷 ——————————— 215

●参考文献 ———————————————————————————— 216
●索引［生物名］———————————————————————— 221
●索引［項目］————————————————————————— 226
●深泥池年表 —————————————————————————— 230
●図の提供者・写真撮影者リスト ——————————————— 242
●執筆者紹介 —————————————————————————— 245

深泥池の自然と暮らし
― 生態系管理をめざして ―

凡例

- 生物名ついては，和名をカタカナ表記した．また，学名の掲載については，著者の意向に従った．
- 生物名索引には，本文中に記載された主要なものを掲載し，表中にのみ記載されたものは省いた．
- 生物名・項目索引とも巻末の年表は検索されていない．
- 写真の撮影者，図の作成者，写真や図の提供者の情報については，巻末に一括して掲載した．
- 参考文献リストは，章ごとにまとめ巻末に一括して掲載した．また，引用文献の選択や掲載については，基本的に著者の意向に従った．

序章

自然遺産であり文化遺産であること

深泥池※脚注という名を聞いて，読者は何を考えられるでしょうか．いや，京都の住人，さらに日本列島に住むさまざまな人々は，何を思い浮かべるでしょうか．

これは都の北にある，すなわち，暖温帯の平地に存在する珍しい高層湿原で，その始まりは14万年前にさかのぼるようです．そして，そこに棲む生きものとそれらのあいだの関係に，氷河期の影響を受けているものも含んでおり，国の天然記念物に指定されています．さらにこのあたり，古くから住み続けてきた人々がいて，少なくとも平安の時代（9世紀）からは，歌に詠まれ絵に描かれたりし，畏れられ親しまれてきたところです．和泉式部さんの歌や，後鳥羽院さんが編纂した「梁塵秘抄」にある唄の一節などは，御存知の方があるかも知れません．

浮島を形成するオオミズゴケ，それにジュンサイ・ミツガシワなどを中心とするこの池の水生植物が，たいへん貴重なものであることについては，江戸期からも注目されていました．そして，1927（昭和2）年6月14日，この池の水生植物群落は国の天然記念物として指定されたのです．その折の調査結果は，三木茂さんによって1929年にまとめられ，今も重要な文献として読み継がれています．

多くの生物愛好者たちは，この池の生きものから学び，この池を調査研究し続けてきました．植物はもとより，ここに棲む動物についても，多くの発見がありました．例えばタヌキモのあいだから，中学3年生であった吉沢覚文さんがミズグモを見つけたのは，1930（昭和5）年9月のこと．これは日本列島ではじめての発見です．この種は，それから10年ほどのちに北海道の厚岸でメスが見つかっただけでしたが，50年近く後に改めて深泥池で見つかるまで，その記録は全くなかったのです．

*

ここで，私自身の深泥池との関係を書かせて下さい．京都市内に生まれ，ずっと京都から離れたことのない私にとっても，この深泥池はそれほど近しい存在ではありませんでした．小学校の3年か4年生のとき，1940年代前半に，同級生だった垂井由継さんという今は亡き昆虫学者の卵に連れられ，捕虫網を借りてトンボ捕りに行ったのが最初でした．珍しい種が不器用な私にも捕れ，大満悦だったのですが，一方で，その開けた明るさに，予想を裏切られた気がしたと覚えています（図1参照）．おそらく，謡曲「鉄輪」の貴船参りの女人の姿を思い浮かべ，幽境にあって触れるべからざるものとの思いが，先入観としてあったからでしょう．

その後大学で生きものを扱うことになり，実習を受け，あるいは実習を担当して，この

※ 深泥池の読みには，「みどろがいけ」「みどろいけ」「みぞろいけ」などがあるが，本書では地元で使われてきた「みぞろがいけ」を用いることにした．

図1　1948（昭和23）年頃に撮影された深泥池．東の高山から西に望んだもの
植生は浮島の部分に限られ，岸沿いに開水面が拡がっている．周囲の岡は松林であった

池の周りは何度も歩きました．

ところで1976（昭和51）年，すばらしい調査結果が出ました．深泥団体研究グループがボーリングで得られたコアを丹念に解析し，この池の数万年間の変遷を明らかにしたのです．「想像していた以上に，とんでもなく貴重なものらしい」．今まで，とくには注目してこなかったことに，恥じ入ったものでした．

*

翌1977年，京大理学部植物学教室教授の北村四郎さんを団長に，「深泥池学術調査団」が作られました．生きものを中心に，地質・水質・気象・水文・人文をも網羅した研究班です．動物関係の主任は，私自身教養部で教えを受けた吉井良三さんでしたが，停年退官後マレーシアで長期の研究教育に携わられることになり，お鉢が私に回ってきたのです．

5年間続いたこの調査の結果は，『深泥池の自然と人』として，1981（昭和56）年にまとめられています．その結論を端的に言えば，深泥池は珍しい植物が存在しているだけではなくて，動物を含めた生きものの諸関係の総体が，日本列島内ではもとより，地球上全体で見ても貴重な存在だというにあります．しかし現状はといえば，汚染，集水域の縮小，人為による遷移，外来生物の侵入，などなどが大規模に進行していました．そればかりか，池に大きい影響を与える可能性の著しく高い道路計画までが，「着々と」進んでいる状況だったのです．このことを大いに憂えて，私たちはこの報告書を提出しました．

文化庁は1988年，これを基に，「深泥池生物群集」として天然記念物に再指定しました．植物だけが対象だったのを，動物や微生物にも拡げたのが，その一つの意味です．しかし，じつはそれには留まりません．群集という言葉には，生きものが互いに関係しあっていること，また生きていないものとも密接な関連を持っていること，その関係・関連自体がまるごと含まれています．さらには，水生生物

図2 狩野永徳筆「洛中洛外図上杉本」(部分) 深泥池 (米沢市上杉博物館蔵) (1574以前)
群青色で描かれ池面に浮かぶ鴨を，池畔に立つ男が弓矢でねらっている

だけではなく，池の周辺の全体も対象になっているのです．すなわち，「天然記念物　深泥池生物群集」とは，最近の言葉を使えば，生物多様性と生態系機能が全体として，極めて貴重なものだということを示すに他なりません．

1993 (平成 5) 年だったでしょうか，「保護企画特別委員会」を文化庁が開きました．文化財保護法の改正とともに，「世界遺産」への指定条件などを論議するためです．その中で私は，少なくとも日本列島では，「自然は文化だ」との視点を強調しました．富士山や琵琶湖は，明らかに自然の産物です．しかし，もしこれらが無かったなら，私たちの文化に大きい欠落の生じていたことに，間違えはありますまい．深泥池もまた，御菩薩池などと書き，古く行基さんがこの地で修法したとき，池上に弥勒菩薩が現出したという伝説なども生んできました．近世には池畔の地蔵尊が，京都六地蔵巡りの筆頭に数えられていたそうです．和泉式部さんのもの以来，詠まれた歌は枚挙にいとまがないほどです．また一方でこの池は，水鳥の狩猟地でもありました．さらにこの水を水田用水として，自主的に使ってきたことも，長い年月におよんでいます．

この池を描いた絵もいくつかあります．1574 (天正 2) 年に上杉家に贈られた狩野永徳さんの筆とされる『洛中洛外図上杉本』の左隻第 1 扇の下方には，9 羽の水鳥の浮かぶ「みぞろいけ」と，横で働く人の姿が画かれています (図 2)．また，1780 (安永 9) 年刊の秋里籬島さんの『都名所図会』には，池端の地蔵堂もあります (図 3)．ただどちらにも，浮島の姿は見えないようです．

＊

深泥池を慈しみ，楽しみ，守ろうとする運動は，ずっと以前から，そうです，私の小学生時代にも，観察会を中心に多くのものがありました．

しかしその間，この池の環境は少しずつ，しかし着実に悪くなってきました．松ヶ崎の浄水場は，私の生まれる 1 年前の1931年の地形図にも，すでに存在していますが，そこから漏れる水が池の西北部に入り，本来酸性の池の水質を変えてしまっていると指弾されたのは，記憶に間違いがなければ，1950年代からだったと思います．そして1960年代，経済のいわゆる高度成長期に入ってからは，次々と貴重な植物が見つかり難くなって来たようで，研究者だけではなく，地元の方々からも危惧する声が挙がり始めました．

とりわけ1980年代後半，道路問題などが出

図3 秋里籬島作「都名所図会」後玄武巻六より 御菩薩池
画工：春朝齋竹原信繁（1780）
左下方の池の端には，平清盛の代に西光法師が営んだという，地蔵堂が見える

て来たころから，保全運動は，たいへん活発になってきたのです．

　文化庁は，先に述べた通り私どもの報告を基礎に，京都市の申請を待ったうえで，深泥池の群集全体を天然記念物に指定し，これを踏まえてどのような具体的施策を講じるのかと，市にかなり強くせっついたようです．そこで，文化財保護課を中心にその他の部局も加わり，複数の委員会を作って検討が始まりました．しかし，池の状態の悪化は著しく進み，道路問題も「緊急避難」的と称してむしろ推進されたりし，私どもの中からも，市に対して強い抗議をしたことがあったと記憶しています．

　そのことへの不満もあり，また他の野暮用が膨らんでしまったので，私自身はこれらの委員会の座長はもとより，委員そのものも辞めてしまったのですが，他のいろいろな人々がさまざまに，この深泥池の保全問題に携わり続けて，今日に至っています．

*

　思い起こしてみれば，私自身関与した深泥池に関する本も，これで3冊目です．1番目は，先に挙げた『深泥池の自然と人』で，私は「あとがき」で，次のように書きました．

　ゴムボートを出して池に入り，中央のシュレンケに上って2～3歩踏み出した最初の調査のとき，私はショックを受けた．植物・動物そして泥・水と周囲は眼をうばうものばかりだ．足はとられあるいは時に腰まではまり込む．そして何よりも後ろを振り返れば，足を一歩踏み入れるたびに，それだけで，この池の生物が著しく破壊されて行くのを知る．そしてこの破壊は極めて長期間修復されず，いやそこを基点として，破壊の拡がることさえある．調査のためとは言え池を破壊してしまっては何にもならないと，それ以後池への立入りは極度に制限しながら，禁欲的にその後の全調査を行って来た．

　深泥池は，一方では人為影響に極めて弱い自然であり，他方でその重

要さは測り知れない．従ってこの場合は，完全な徹底した保護以外にはない．すなわち，先ずは水生植物・動物の保護に影響を及ぼす可能性のある一切の現状変更あるいは現状変更に連なる行為を完全に止め，その後時間をかけながら，一部悪化している群集と環境とを生態的に修復し，元に戻す施策を講じなければならない．子供心に感じた「触れるべからざるもの」というのは，案外に正しかったようである．

　地質学の教えるところによれば，氷期はほぼ同じ時間間隔を持って何度かくりかえし訪れたようである．せめて次の氷期まではこの池が持ちこたえるように助力してはどうだろうか．それはたかだか20万年——地球の歴史に比べればごく短い話である．

4半世紀経った現状は，このときよりさらに危機的な状況だと，言わざるを得ません．

＊

2番目は，深泥池の重要さを広く知って貰おうと，1992-1993年に京都新聞に連載した内容をまとめたもので，藤田昇さんと遠藤彰さんの編集で，『京都深泥池　氷期からの自然』の名で出ています．私は最後の章に，次のように書き付けています．

　その後の調査で，この病気の根本原因は池を涵養する水の問題にあることが，さらにはっきりしてきた．従って，これへの施策を何よりも講じなければならない．それと同時に，対症療法もまた必要である．外来生物の除去や撒き餌の禁止などはもとよりだが，近年むちゃくちゃに進んできた人為的遷移を止める，いや，言わば引き戻す手段も，実行していかねばならない．

　幸いに——いや本当は真に遅まきながらと言うべきところだが京都市がこの深泥池の本格的な保護政策に乗りだすと聞く．待ちあぐねていた文化庁も京都府も，応援をしてくれるらしい．

それから10年余，状態がどうなったかは，この本でお読み下さい．

＊

さて今回の本では，自然それも生きものに重点をおいた前2冊とは異なって，文化的なものはもとより，この池の保全に関するさまざまな活動をも，進めてこられたご当人を中心に，書いて頂くよう計画したものです．1冊目ほど専門的にはならず，2冊目よりは資料を詳しく挙げて，書くように努めました．

私自身は，編集会議にもあまり出席せず，折々「冷やかした」程度で，竹門康弘さんを中心に7人の編集委員が，それぞれなりに努力した結果がこれです．予定よりかなり遅れてしまい，サンライズ出版さんには何度も何度も，やきもきさせたに違いありません．

海外のいくつかのところで深泥池の話をすると，その素晴らしさに感激する方がかなりあります．それを見聞きするたびに，この保全に私たちはどれほど寄与してきたのか，内心忸怩とせざるを得ないと同時に，その重要性に改めて感じ入ります．世界の人々にとってこの深泥池は，自然物としても文化の対象としても，まさにすばらしい財産なのです．

＊

この本を作るにあたっては，多くの方々から一方ならぬご援助を得ました．

また，基礎となった調査に対しては，文化庁や京都市，さらには文部科学省科学研究費補助金，同サイエンス・パートナーシップ・プログラム，京大基金，環境省環境技術開発等推進費，河川環境管理財団河川整備基金，日本生命財団，関西自然保護機構など，多くの機関からの助成を得ました．

この調査を始めるにあたって主導的な働きをして下さった，北村四郎さん・吉井良三さんは，ともに鬼籍に入ってしまわれましたけれども，深泥池の周辺で見守って下さっているようにも思います．つたないものながら，お2人を含め深泥池保全に尽くされた多くの人々にこの本を捧げたいと思います．

（川那部浩哉）

第1章

深泥池とは

西方上空から見た深泥池
（1991年5月23日撮影）

この章のめざすところ

　五山の送り火の1つ，「妙法」が点火される松ヶ崎から山裾を西へ行くと，池に出る．地下鉄北山駅から北へ歩くと，池に着く．この池が深泥池である．この池に魅せられて，多くの人が池に通ってくる．この池の生物を描き続けて，絵本をつくった画家がいた．池を撮り続けて，写真集を出した人もいる．霧がでても，雪が降っても，雨が降っても，この池は神秘的な姿を見せる．水草のかれんな花も楽しめる．冬にやってくるカモ類によって，この池はシベリアともつながっている．大都会の住宅地のすぐ脇に，こんな自然がある．
　1927年に「深泥池水生植物群落」が国の天然記念物に指定された．池の中には浮島がある．氷河期から生き続ける植物や動物がいる．近年，この池の動物もよくわかってきた．ここにすむ生物と環境との関係，植物同士の関係，植物と動物との関係など，生物の生態もだんだんわかってきて，1981年には天然記念物の指定対象がより広範な「深泥池生物群集」に変更された．生物学の研究者にとっても限りなく興味深い自然である．
　深泥池の周辺で育まれた歴史や文化にも思いをはせながら，「深泥池はどんな自然なのか」「深泥池はなぜ貴重なのか」について考えてみよう．

（田端英雄）

深泥池はなぜ貴重なのか

深泥池は，機能から分類すれば農業用水のため池であるが，普通のため池とは格が違う．たいへん貴重な池なのである．

天然記念物

江戸時代の「山城草木誌」には，御菩薩池（深泥池のことである）産のミズガシワ（ミツガシワのこと），白花カキツバタ，ミミカキグサ，サギソウなどが記載されているから，古くから深泥池の特異な植物相が注目されていたにちがいない．伊藤圭介（1872）もジュンサイやミズガシワを記載しているので，やはり深泥池は特異な植物が生育するところとして知られていたのだろう．

1927（昭和2）年に三好学の調査に基づいて，「深泥池水生植物群落」は国の天然記念物に指定された．そして，三木（1929）が深泥池についての本格的な科学的調査研究を行なった．三木は浮島が特異的なものであることに注目して，浮島の上の植物相や水質などについて調査して，深泥池の保護を訴えた．この研究で，深泥池は，氷期の遺存植物が多くの湿地性の植物と共存する浮島のある池として，注目された．

深泥池の価値は決定的になる

三木の研究の後，深泥池の研究は断片的である．那須によって組織された深泥池団体研究グループによる研究（1976）で，池の成因と花粉分析による過去の気候や植生の復元を含む地史が議論されたことは，画期的であった．植物相，プランクトン相，水生昆虫相などについても調査を行い，その後の深泥池研究の基礎を作った．この研究で，深泥池の価値がいっそう明らかになった．少なくとも，池の歴史が最終氷期に達することがわかったので，京都盆地の過去の植生復元，気候復元を議論する時に，深泥池の資料が不可欠であるばかりでなく，日本各地の過去の植生・気候変遷と比較できる価値あるデータを提供できる意味で「日本の深泥池」になった．

1977（昭和52）年から1980年まで行われた深泥池学術調査は，生物学的・生態学的調査のほか，歴史や伝承も含む総合調査に値する成果を上げた（深泥池学術調査団，1981）．この調査で深泥池の価値は決定的になった．氷河期の遺存植物を含む特異な湿性の植物群集だけでなく，遺存動物や泥炭地の動物をふくむ豊かな動物相が発見された．さらに，植物どうしの，動物どうしの，植物と動物の間の関係もだんだんわかってきた．このため1988（昭和63）年には天然記念物の名称が「深泥池生物群集」に改められた（図1）．また，この学術調査によって，深泥池の命ともいえる水質と植物の生態との関係が明らかにされ，深泥池の保全のために何をすべきなのかが明らかになったので，科学的根拠を示して保全のための提言を行うことができるようになった．この調査の後，さまざまな形でモニタリングが継続されることになった．しかも，道路問題を契機に研究者だけでなく，市民が協力して池の監視やモニタリングが行われるようになったことは注目に値する．深泥池の価値を知った市民が，保全に立ち上がったのであった．

植物相の調査

植物相については古くから研究され，深泥池の標本が京都大学の標本庫に所蔵されていたことと，桝井（1967ほか），

図1 生物群集全体が天然記念物に指定されているのは，日本全国で唯一深泥池だけである．

第1章　深泥池とは

図2　春の深泥池（2005年4月19日撮影）
池の中央に高層湿原の浮島がある．白く見える植物はマコモ，薄茶色がヨシなどで，緑色の鮮やかな部分はミツガシワ．

宮本（1974ほか），永井（1968）らの調査研究もあって，約50年にわたる植物相の変化が明らかになった．遺存植物の一つシダ植物のヤチスギランやその他の湿地性のサギソウ，ムラサキミミカキグサ，コモウセンゴケ，ホタルイ，サンカクイ，クログワイ，スイランなどが姿を消したものの，依然として深泥池は価値ある自然である．北方性のミズゴケであるハリミズゴケとオオミズゴケが浮島上に生育していて，遺存植物や遺存動物が生活する浮島が，依然として高層湿原の特質を保っているためである（図2）．残っている代表的な遺存植物であるホロムイソウ（図3）は，開花個体もあり，世界最南端の分布地で健全に生育していることが確認された．ミツガシワは今では池中に広がって，大きく育っているので特別な植物だとは思えないが，これも氷河期の遺存植物である．

ホロムイソウと似た分布をするアカヤバネゴケとケスジヤバネゴケという小さなコケが新しく発見された．

浮島の上にはアミタケやミズゴケタケのようなキノコも見つかる．

動物相調査と動物生態

この調査では，動物学者が大きな成果を生み出した．本格的な動物相の調査ははじめて行われたが，それだけでなく生態学の研究者が参加したことによって，単なる動物相の調査ではなくて，いくつかの生物でその生活を

図3　オオミズゴケ上のホロムイソウ（2003年10月11日撮影）

15

図4　浮島のハリミズゴケ（2004年9月5日撮影）

通して形成された生物と生物の関係が明らかになったことによって，深泥池は俄然注目を浴びることになった．ミツガシワと訪花昆虫のハナダカマガリモンハナアブとの氷河期から続く関係，ヒメコウホネとミドロミズメイガとの関係などわくわくする発見が相次いだ．池の中の生物と池の外の生物とのダイナミックな関係もわかってきた．魚類相，両生類相，トンボやアリ，水生昆虫などの昆虫相，クモ類相，ハネカクシ相，ササラダニ類相，鳥類相などの調査もほとんどがはじめて行われた．北方性のハナアブ類も発見された．たくさんの発見があり，まだ断片的にしかわかってないのに，調査に参加した私たちは，深泥池の生物群集の魅力の虜になった．

植物のホロムイソウの確認に匹敵する成果は，ミズグモの生存が確認されたことだろう．

その後の調査で，ゲンゴロウ類やアメンボ類でも新しい発見が続いている．しかし，近年になって外来魚の影響が深刻になっている（第2，4章参照）．

この調査から，暖温帯にある深泥池に本来温帯から寒温帯にかけて分布する生物が，暖温帯の生物と共存する貴重な池であることもはっきりした．ときには，北方性生物と南方性生物の共存とか，高層湿原と低層湿原のメンバーの共存ともいわれる．

ミズゴケの生態と浮島の構造

ミズゴケの生理生態学的な研究から，ミズゴケの生育には酸性で貧栄養な水が適していることがわかり，よい水質の水がどのように池に供給されているかといった問いに答えられるようになってきた．そして集水域の保全が何よりも重要であることがはっきりした．浮島についての系統的な研究も行われた．ミズゴケの生長と水質，ビュルテとシュレンケが形成される過程におけるハリミズゴケとオオミズゴケの役割，ミズゴケと他の植物・動物の関係などが明らかにされた．さらには，浮島の浮き沈みと植物の分布など，明らかになったことはたくさんある．

浮島上に生育する植物の分布と水質との関係など，生物と環境との関わり方もかなり明らかになってきた．浮島は冬に沈み，冠水するので，開水域の水質の悪化が，とくにミズゴケの生活に致命的な影響を与えること，浮島の劣化が冠水と関係あることもはっきりしてきた（第2章参照）．

13万年越える歴史を持つ自然

中堀（1994）が，基盤に達する17mを越す堆積物の花粉分析を行って，植生や環境の変遷を調べた結果，深泥池の歴史は，最終間氷期よりも古く，約13万年超えることが明らかになった．しかも，ミズゴケやミツガシワが堆積物の最下部から連続して出現しているので，谷がせき止められた14万年前から今まで，この場所には湿地環境が継続して存在したことになる（P.30参照）．

深泥池の堆積物は，尾瀬ヶ原や釧路湿原の堆積物よりも古く，世界的に見ても貴重な池であることがわかった．今後は，花粉だけでなく堆積物に含まれる珪藻などの化石を研究することによって，池と池周辺の環境変化が詳細にわかってくるだろうし，もっと詳細な年代測定が行われれば，とくに完新世（後氷期）における人間の活動と関連した植生の変遷過程が明らかになるだろう．過去の謎解きをするために，深泥池の堆積物は貴重である．

堆積物に含まれる微粒炭の研究も，今後の発展が期待される（P.140参照）．

さきにのべたようにこの調査の後1988年に，天然記念物の指定対象が深泥池水生植物

図5　浮島内の池糖（2003年11月19日撮影）

図6　池糖に咲くイトタヌキモの花（2004年9月5日撮影）

群落から深泥池生物群集に変更されたが，これは，深泥池の生物群集の構造や成り立ちをさらに解明するに値する貴重な池であるということを広く知ってほしいといった意味合いのものである．しかし，このことは，1本の大木であるとか，老木であるとか，特異な生物種を天然記念物に指定してきた従来の日本の天然記念物行政に一石を投じたといってよい．ところが，問題は残った．

イヌワシは天然記念物に指定されたが，イヌワシの生息場所が保全されないために，イヌワシの保護が困難に直面しているといった問題である．深泥池の場合も，私たちが主張する，池だけでなく，池をとりまく集水域を合わせて指定してほしいという願いはかなっていない．

身近な探鳥地

深泥池とその周辺では，長年にわたって鳥類の観察が行われていて，160種を超える鳥が記録されている．近年数が減っているとはいえ，身近にある手頃な探鳥地である．

深泥池はカモ類の観察地として知られ，1987年頃には600-700羽ものカモ類が飛来していた．9月から10月にかけてコガモ，ヒドリガモ，マガモ，ヨシガモ，ハシビロガモ，カルガモ，オナガガモの常連の7種の他にアメリカヒドリ，ホシハジロとか，まれにアメリカコガモなども飛来する．しかし，近くの高野川の状態が改善されたこともあって，深泥池への飛来は近年減っている（P.81参照）．

オランダのフローニンゲン大学の花粉分析の研究者でカモ類の研究者でもあったボッテマーさんを深泥池に案内した時に，こんなに間近に多くのカモ類を観察できるところはヨーロッパには少ないといって興奮していたのを今改めて思い出す．深泥池は，探鳥地としても貴重である．

使いながら保全する文化

今から約1500年くらい前に，深泥池の南側の堤防がかさあげされて，今の深泥池の原形が作られたという（深泥池団体研究グループ，1976a, b）．賀茂川の扇状地の上にある池南の農耕地の灌漑用水として，長期にわたって池の水が使われてきた．用水として使う時に，池底にたまった泥を流し出していたという．池の遷移を遅らせるのに効果があったと思われる．以前は田植え時とスグキの播種時に池の水をぬいていたが，最近ではスグキのためにだけ使うようになった．今も，地域の人たちが水利権を持っていて，水利委員が水の管理を行っている．いつ水がどれだけ抜かれたか管理している．こういった人と池との関係が，池の保全に役立っていた．今ある深泥池は，自然遺産であると同時に，こういった人の営みが作り出した文化遺産でもある．京都のような古い大都市にすごい自然が残っていることは驚きだが，人知れずひっそりと残ってきたのではなくて，人が利用しながら池を残してきたことがすばらしい．目指す保全の姿である．その実例としてもこの池は貴重である．

深泥池とその周辺で展開した歴史・文化・人の暮らし

　本書では，深泥池を貴重な生物が生きる場所，あるいは貴重な生物群集が成立する池としてとらえるだけではなく，深泥池の周辺で展開した歴史や人々の暮らし，あるいは地域の文化などとも関連づけて，深泥池を位置づけたい．本書は，そういった枠組みで深泥池の価値を評価したいという私たちの新しい試みのごく初歩的な成果である．成果というよりも，新しい視点から深泥池をめぐる総合調査・総合研究をしようではないかという私たちの提案とでもいえばもっと適切であるかもしれない．

　深泥池の周りにこれほどの遺跡があることが，驚きである．北側のケシ山では，先史時代（旧石器時代）の遺物が見つかっているから，古くから深泥池周辺には人が住んでいた証である（京都市埋蔵文化財センター，1985）．そして花粉分析によって弥生時代後期に相当する堆積物の中から連続してソバの花粉が見つかっているので，その頃には深泥池の集水域内で焼畑農業が行われていたのであろう．

　今のところ，深泥池と直接的なつながりは見つかっていないが，深泥池のすぐ南に弥生時代後期3世紀頃から平安時代まで続く大きな集落（植物園北遺跡）があったことが知られている．直接的な関係を示している訳ではないが，深泥池のすぐ南側に位置する池から1段低いところは，賀茂川の扇状地であるが，ここのシルト－礫層から縄文式土器や弥生式土器が出土した．さらにその上には弥生式土器や石の鏃（やじり）が出土しているから，ここは弥生時代末には住居や耕作地になっていたようである．しかも，弥生時代に続く古墳時代の古墳が，深泥池をとりまいていくつもある．弥生の集落で社会的な階層分化がおきて来たことを示すものだろう．

　そして，7世紀に須恵器（すえき）を焼いた窯跡（かまあと）が，深泥池の東岸と南岸に確認されている．窯は他にも岩倉盆地に多数見つかっていて，岩倉窯跡群（7-11世紀）と呼ばれている．岩倉の窯跡の中のいくつかは，平安時代の官製瓦製造所であった．そして，深泥池の東に位置する松ヶ崎には中世の城跡がある．

　このように，深泥池を中心にして先史時代から中世までさまざまな遺跡がある．平安時代以降になれば，京都のことはかなりよくわかっているから，深泥池の歴史，文化，人々の暮らしを関連させて13万年以上前から現在までをとらえ直すことができるのではないか，と思う．9世紀に，天皇が深泥池で水鳥の狩を行ったことが記録にある．9世紀以降，深泥池は歌にも詠まれ絵図にも描かれているから，人々の生活の中にとけ込んでいたのだろう．深泥池は農業用のため池として，「おそれ」と「つつしみ」を持って接してきた地域の人たちによって使われて保全されてきた（上田，1981）．この「人と自然の関わり合い」が文化だと思う．

　長い間，深泥池の水は農業用水として使われ，樋門（ひもん）をあける時に池の底にたまった泥を流し出したりして管理をしてきた．

　深泥池の東岸と南岸にある須恵器の窯跡はチャートの岩盤の上にある．まず，こんなチャートの岩盤の上になぜ須恵器の窯を築いたのか，近くに粘土がないのでどこからどのようにして粘土を入手していたのか，といった疑問を持った．私たちは深泥池を涵養する水のことをいつも考えているので，池の周りのどこかに粘土層でもあるなら，水の問題を考える上で助けになるとも考えたが，深泥池の周りには粘土はなかった．岩倉窯跡群の中のいくつかの窯跡は，風化すると粘土になる珪質頁岩の上に位置していたが，須恵器欠片の断面の砂粒から，粘土は岩倉盆地西部から持ってきたと推定された（P.152参照）．しかも必ずしも粘土を持ってくる必要はなくて，成形したものを焼成するために運ぶということも可能で，吹田市千里丘陵域（すいた）（大阪府北部）での須恵器生産では粘土のある低地で成形したものを窯のある山へ運んだようである（吹田市立博物館，2004）．このように考えると，窯の立地にとって制限要因になるのは薪だということになる．

　薪（まき）はどうしていたのか．須恵器を焼いた窯は，登り窯に似た窖窯（あながま）で，大量の薪を消費したはずである．先ずは周辺の林から薪を伐り

第1章 深泥池とは

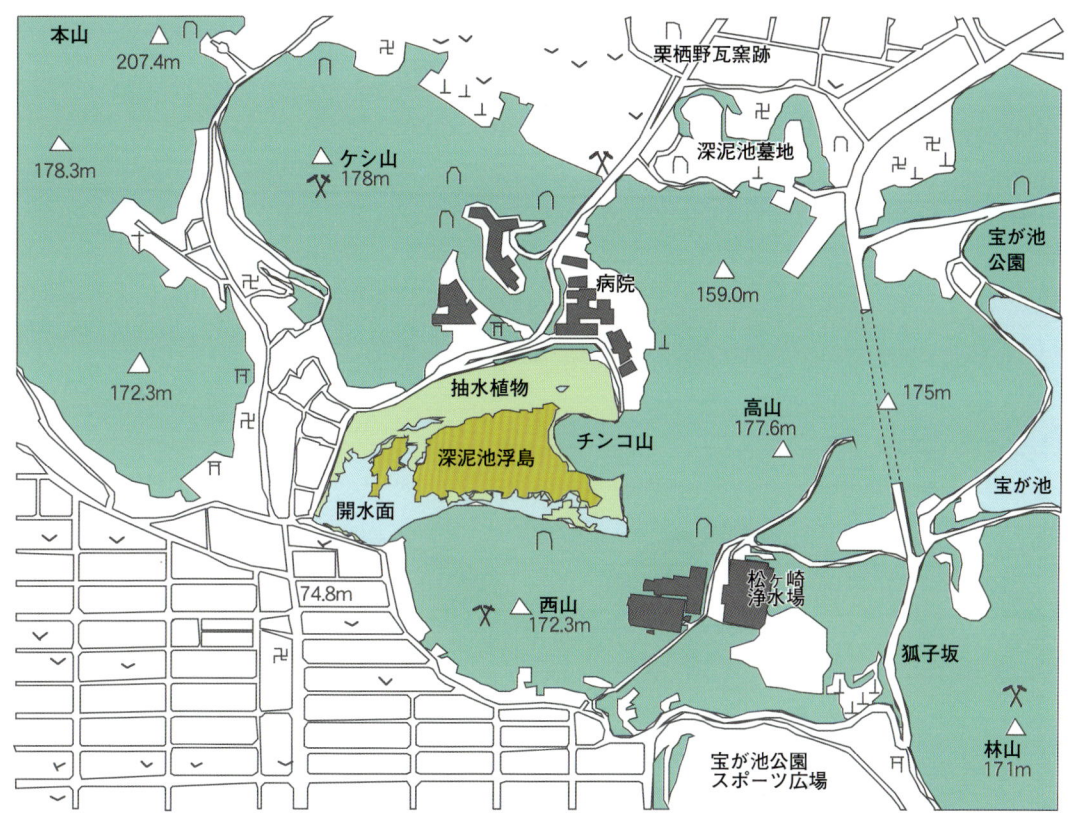

✕ 古墳・遺跡
∩ 窯跡

図7　2003年当時の深泥池と周辺の地図．濃い緑色部分は森林．

出したであろう．とすれば，周りの山はすぐにハゲ山になってしまうだろう．

深泥池北側のケシ山南斜面には，御用谷瓦窯跡やたたら跡，たたらに使ったと思われる白炭を焼いた炭窯が見つかっている（京都市埋蔵文化財センター，1985）．

深泥池から北に向かって小さな峠を越えると，岩倉盆地に出る．ここには，多数の瓦窯跡や須恵器と瓦を焼いた窯跡がある．栗栖野瓦窯跡である．岩倉盆地には他にもたくさんの窯跡があるが，それらを含めても深泥池の窯跡が最も古いものである（京都大学考古学研究会，1992）．

先史時代から中世までの遺物や遺跡が深泥池の周りにこれだけある．深泥池がこういった遺跡の中心にあるというのは偶然ではない

だろう．こういった意味で，自然遺産と歴史，文化，人々の暮らしを総合的に考えるのにこんなに適した貴重なところはないと思う．

今回の私たちの試みは，十分成功していないが，これがきっかけになって新しい視点で深泥池の自然をとらえなおす出発点になればいいと思っている．深泥池の自然に魅せられて池に足繁く通った人たちは多いだろうが，弥生時代には池の北側の山裾で焼畑を行いソバを栽培する人びとがいたり，池の南側に大規模な集落があり米作りをしている弥生人がいたり，飛鳥時代には池の東岸や南岸で須恵器を焼く陶工が働いていた深泥池を想像したことがありますか．こういった視点から深泥池という自然遺産をもう一度見直してみよう．

（田端英雄）

19

深泥池生態系の構造

　面積約9haの池の中に，約5haの浮島がある．この浮島があるということが，深泥池を特別な池にしている．この浮島はミズゴケ類でおおわれている湿原で，その内部は主にオオミズゴケの遺体の泥炭からできている．ミズゴケ類の生育には貧栄養で酸性の水が必要である．その水を池に供給するのが池敷に降る雨と集水域に降る雨である．だから，深泥池生態系の構造は，基本的にこの浮島と浮島をとりまく開水域と池をとりまく森林とから成り立っている（図1）．

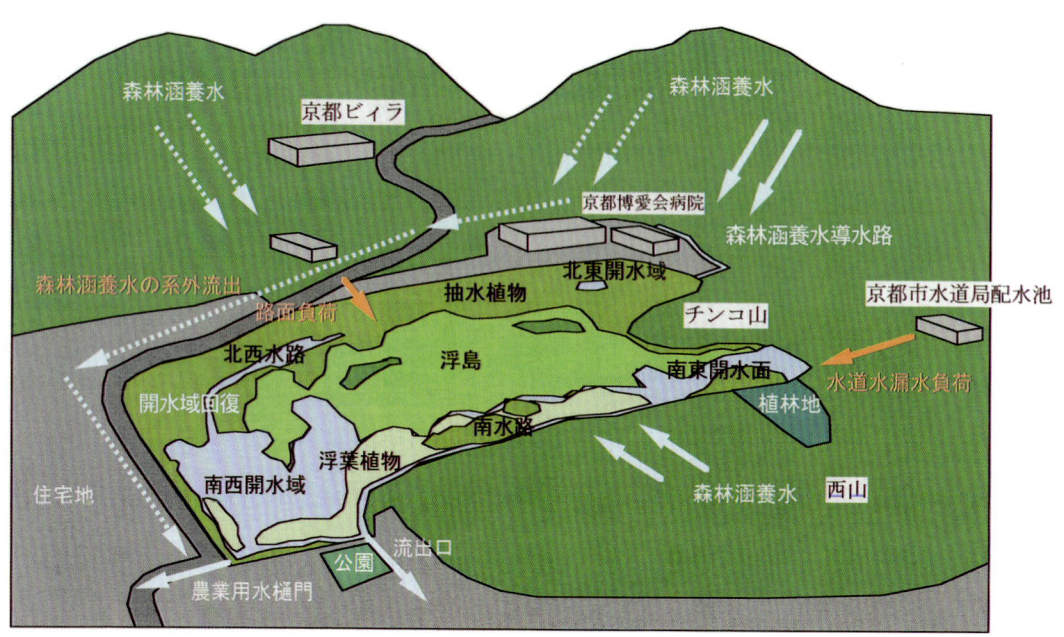

図1　深泥池周辺図

集水域と池—池をとりまく森林と池—

　深泥池に水を供給する現在の集水域は，もともとの集水域の約3割に減っているので，集水域の保全は深泥池にとってたいへん重要である．池の西側には，その歴史を最終氷期までさかのぼれる沼（古池）があって，深泥池につながっていた．永く田んぼだったが，宅地化と池に沿って走る道路のために，池の西側の集水域と北側の集水域の一部からの水が池に来なくなった．

　集水域の森林は，ただ池に水を供給するだけでない．さまざまなものを池に供給する．例えば，近年姿を消したのではないかと心配されるコバントビケラなどが，巣材にするのは，池に落ちる広葉樹の落葉である．

　この池と隣接する林があることが，ある種の生きものにとっては大切である．カスミサンショウウオやニホンアカガエルのように，池にやってきて産卵して，幼生の時期を池で過ごし，成体になると池から林に移動して生活

図2　抽水植物のマコモ（2002年11月17日撮影）

図3　南水路を覆い浮島に達するマコモ群落
（2007年3月4日撮影）

するものもいるからである．

池の縁

池の縁は，いわば水辺である．水辺は池の外の世界と池の接点でもある．三木茂氏の調査の頃から，北側西側の岸沿いはヨシに縁取られていた．ここは人為の影響をまっ先に受ける．外来植物が最初に現れる．キショウブ，アメリカセンダングサ，キシュウスズメノヒエなどが道路沿いの水辺から侵入した．ナガバノオモダカやアメリカミズユキノシタも水辺から広がった．

林の方にも水辺の植物がいる．氷期の遺存種といわれているミヤマウメモドキである．

また，水辺はトンボ類の大切なすみ場所でもある．

開水域

池の岸と浮島の間に大きな開水域が広がっていた昔と比べると，開水域はずいぶん変化した．開水域に生活する植物は水草である．開水域はカイツブリや冬場に飛来するカモ類の生活の場でもある．この水域が多くの水生生物の生活の場である．動植物プランクトンや水草や魚などもここの生物である．

ジュンサイ，ヒシ，ヒメコウホネ，タヌキモなどの水草は，今，池の南側の開水域に主に生育している．沈水性の水草は数が減り，今は外来種オオカナダモが目立っている．

この開水域では，ジュンサイとガガブタネクイハムシのように，氷期から続く植物と動物とがセットになった生活も見ることができる．

抽水植物帯

ヨシ，マコモ，ガマのように，葉や茎が水面から空中に出ているような植物のことを抽水（挺水）植物という（図2）．浮島の西北側と北側は，昔は開水域であったが，ヨシ，マコモ，ガマとミツガシワが繁茂して開水域は閉じて，岸辺と浮島とがつながってしまった（図3）．浮島に直接外部の影響が及ぶことが心配される．セイタカアワダチソウが浮島まで到達している．抽水植物を除去して再び開水域にすることが，保全のために提案されている生態的修復の一つである．

浮島

主にオオミズゴケの遺体の泥炭でできた島が浮いているから，浮島は泥炭湿地でもある．

・浮島の構造

浮島の上は平らでなくて，凸凹である．乾燥に強くて上方に伸びる傾向があるオオミズゴケが集まって盛り上がり（ビュルテ）をつくる．ビュルテの上に草本植物や木本植物が生える．やがてビュルテは，頂上部と外縁部から壊れはじめる．ビュルテが壊れてしまうと，ビュルテ上に生育していた植物は枯れる．ビュルテが壊れると，冠水に強いハリミズゴケがマット状に広がりシュレンケをつくる．

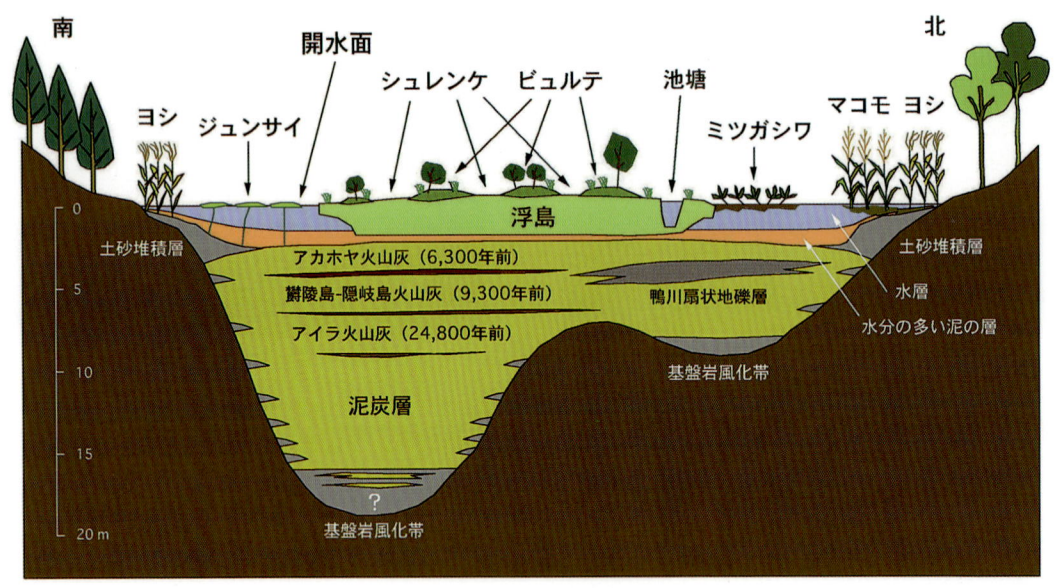

図4　深泥池の南北断面模式図

シュレンケの上にやがてオオミズゴケが生育しはじめて，再びビュルテになる．循環遷移と呼ばれる過程である．このように，シュレンケとビュルテは交互に形成・崩壊を繰り返しながらミズゴケ湿原を形づくる．1971（昭和46）年までは，コアナミズゴケが生育していた記録があるが，その生態的役割は今となっては知ることができない．今の深泥池の浮島の維持には，ハリミズゴケの役割が重要である．ハリミズゴケのシュレンケが健全でなくなると，浮島の維持は困難になる．近年新しいビュルテの形成は減ったが，浮島上には異なった遷移段階の異なった生態条件をもったビュルテやシュレンケがモザイクのように散在する．浮島の内部には小さな池塘もある．こういった複雑な条件に見合った多様な植物が生育している（図4）．そして，それを利用する動物の生活がある．これが生物群集である．浮島の上には，アカマツの菌根菌アミタケやミズゴケタケのようなキノコまでいる．水の中で生活する北方系のミズグモも，浮島のメンバーである．普通は土壌中にいるササラダニの仲間もたくさんいる．魅力あふれる生物群集だが，まだまだ解明できていない．

・浮島の浮き沈み

浮島は，有機物が分解する時に発生するメタンガスや二酸化炭素が多い．夏に浮上し，ガスが少ない冬に沈下する（図5）．沈下すると，開水域から侵入した水で浮島の広い面積が冠水する（P.110-111参照）．開水域の今の水質は悪かったので，冠水によって浮島のミズゴケは被害を受けた．ミズゴケが枯死したところでは，ミツガシワが優占するシュレンケになってしまう．

二つの湿原の共存する湿原

深泥池では，低層湿原と高層湿原の要素が入り交じって共存している．北方系の生物と暖温帯の生物の共存ともいえる．例えば，ヨシやマコモと氷期の遺存植物ミツガシワが，共存している．この特異な生物群集が成立するには，貧栄養で酸性の水が必要である．

池の中で完結する生活と外の世界につながる生活

池の中だけで成り立っているように見える魚の生活も，池の外から飛来するサギ類の餌になる．霧の朝にはたくさんのクモの巣があ

るのがよくわかる．餌になる昆虫がいるのだろう．そのクモも，鳥やカエルの餌になる．池の中にはクモの巣のようにつながった生物の生活がある．

周辺の森林から，浮島の植物の果実や種子を求めて，鳥が浮島を訪れる．これらの鳥の糞に含まれる種子が，浮島で発芽する．鳥をとおして，浮島は外の世界とつながりを持つことになる．多くの植物は池の中で生活が完結しているが，動物に食われると生物のつながりは広がりを持ってくる．サワギキョウ，ノリウツギ，ミズオトギリ，ミツガシワなど虫媒花を持つ植物の花が咲くと，池の中で生活する昆虫や池の外からの昆虫が花を訪れる．池の中だけでなく，池の外に広がる入り組んだ生物の生活のネットワークである．中には，ミツガシワとその訪花昆虫ハナダカマガリモンハナアブのように，氷期以来ここで続いてきた関係もある．その目的は不明だが，タヌキも浮島にやってくる．雄大で想像力をかき立てられるのは，カモ類を通して深泥池は，シベリアの自然につながっていることである．

図5　浮島の同じ場所の夏季と冬季の様子
夏季，ガス代謝によって浮いた浮島（上）（1992年10月16日撮影）冬季，浮島が沈み冠水している（下）（1992年12月15日撮影）

浮島には高層湿原の植生や植物相も残っていて，まだまだ多くの貴重な生物がみられ，60種近いトンボがいて，アメンボもゲンゴロウもたくさんいて，依然として深泥池は「現代の奇跡」なのだけれど，詳しく調べてみると，水質の悪化に端を発した深泥池の生態系のほころびは，浮島の上を中心に池中に見られ，深泥池の危機は大きくなっている．しかし，池の東南部から流入する水道水の漏水が減り，水質が改善されたので，開水面のジュンサイなどが回復した．水質改善による植生の回復には希望がある．だから，今必要なのは，個々の生物の保護ではなくて，池の生態系の修復である．私たちがこの悪化を見逃してしまったのだから，私たちがこの修復を実現しないと恥ずかしい．

今回改めて資料を調べてみると，1960年代から池の保全について行政当局に要望している内容が，今とほとんど同じであることがわかった．池の保全は進んでいないということである．

（田端英雄）

深泥池

春は開花する植物が最も多い．3月のアセビに始まり，4月のミツガシワ，コバノミツバツツジ，ヤマザクラ，ウワミズザクラ，5月のカキツバタ，フジは目立つので誰でも分かる．樹木では，4月のタムシバ，イヌザクラ，5月のザイフリボク，コツクバネウツギなど花の時期に見つけやすく，種の同定が容易である．

コバノミツバツツジ

ハナダカマガリモンハナアブ

サワギキョウ

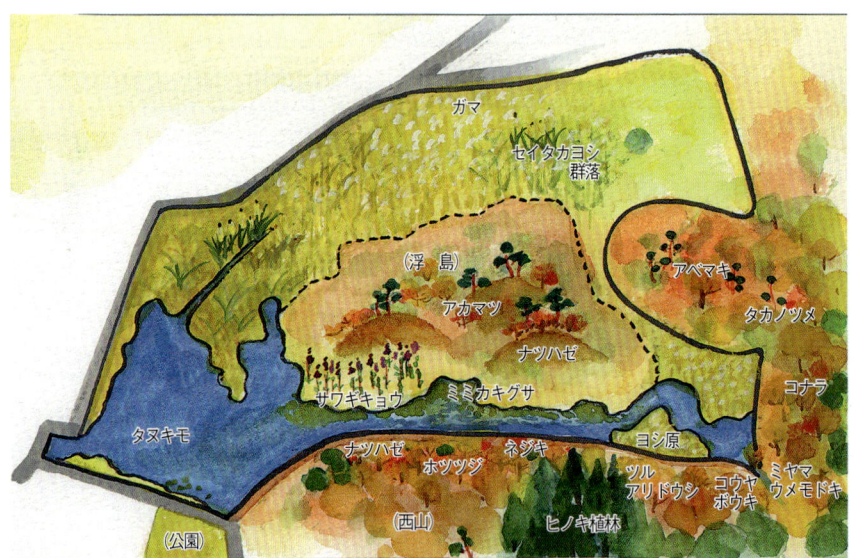

9月からは秋の花が開花する．浮島ではサワギキョウが目立つが，シロイヌノヒゲ，ケイヌノヒゲ，クロホシクサ，ミミカキグサ，ホザキノミミカキグサ，ミカワタヌキモなど小型の草本やススキ，ヨシ，セイタカヨシの大型の草本が開花する．周囲の森林ではホツツジや10月にはコウヤボウキが最も遅くに開花する．

紅葉のチンコ山

24

の四季

　暑くなり始める5月下旬からは，ミヤマウメモドキ，ネジキ，クロミノニシゴリ，ナツハゼ，ソヨゴ，ミヤコイバラなど浮島と周囲の森林の樹木が開花する．6月には南側開水域でジュンサイが開花する．7月，8月の盛夏には植物の開花は少なくなるが，ミズオトギリ，リョウブ，シャシャンボ，ノリウツギなどが花をつける．

ミヤマウメモドキ（2005年8月18日撮影）

ハッチョウトンボ（雄）

ヨシガモ

　樹木の紅葉は浮島が早く，周囲の森林が続く．紅葉が過ぎると冬には植物の開花は見られない．冬にも観察は可能である．コナラは遅くまで落葉しないし，セイタカヨシはヨシより遅くまで緑葉を残す．鳥散布の果実の残り方も種によって異なる．常緑針葉樹のヒノキ，スギとミズゴケ類の葉が同様に赤褐色を示す．

（文・藤田　昇，絵・石黒真理）

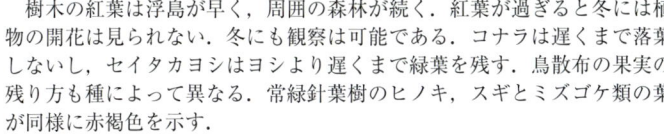

南岸雪景色

近畿の植生と深泥池の植生

深泥池周辺の植生を深泥池周辺でだけ議論するのではなく，広く近畿の中で位置づけて議論することによって，深泥池周辺を見る目が違ってくるのではないか．近畿の人たちに，深泥池を身近に感じてもらえるのではないか，と考えている．

近畿・中国地方における氷期終了直後の植生

約12000年前に最終氷期が終わってからの植生の変化を，高原（1994）は花粉分析の結果を基に推定して，日本海側と太平洋側とで，植生に違いがあったことを示唆している．約9300年前，太平洋側の低地にはマツ属やコナラ亜属のものからなる森林があったのに対して，日本海側の低地には，コナラ亜属，ブナなどの落葉広葉樹林が発達し，地域によってはスギが優勢であった．約6300年前の太平洋側の低地では常緑広葉樹が増えはじめ，山地では顕著な違いがあった．日本海側の山地では，ブナとコナラ亜属が混交した温帯性落葉広葉樹林が発達していたのに，太平洋側の山地ではモミやコナラ亜属の林が成立していた．

ところが，今から約4000年前になると，日本海側では常緑広葉樹林も増えたが，スギ優勢の林が形成された．一方，太平洋側の標高600-700m以下では，常緑広葉樹林が優勢になった．約1500年前になると，日本海側ではスギが標高1500m近くまで広がっていたのに，太平洋側の山麓は常緑広葉樹林であった．日本海側と太平洋側とでは，植生がみごとに違っていた．

深泥池周辺の原生的植生と里山林の成立

中堀（1981, 1994）は，深泥池の堆積物に含まれる花粉化石を分析して，最終氷期が終わってから深泥池周辺の植生がどのように変遷してきたかについて，古い時代から順に次のように記載している．

約12000年前に最終氷期が終ると，トウヒ属，モミ属，ツガ属が優占する寒温帯的な植生から，縄文時代のブナ属やトチノキ属をともなわないコナラ亜属が優占する温帯性の植生に変わった．

鬱陵島隠岐島火山灰（約9300年前）が降った頃からエノキ型落葉広葉樹林とコナラ亜属，温帯針葉樹林が併存する時代を経て，鬼界アカホヤ火山灰（K-Ah）（約6300年前）が降った頃から，コナラ亜属が減りアカガシ亜属が優占し，ヤマモモ属，コナラ亜属，モミ属，スギ，ヒノキ科型，コウヤマキなどを含む暖温帯常緑広葉樹林が広がった．この林がこの地域の原植生である．

その後，最新の年代測定に基づくと，3世紀頃から常緑広葉樹が減少して，マツ属の花粉が増えはじめる．同じ頃ソバの花粉が見つかることから，焼畑農業が行われていたことが示唆されるとともに，1年生草本の花粉が増えるのも人間による森林の攪乱が一段とすすんだことを示している．つまり，深泥池周辺の原生的植生である常緑広葉樹は，弥生時代以降，焼畑農業，燃料採取，肥料採取などの人間活動の影響をうけた林に置きかえられることになった．深泥池より北の丹波山地にある日吉町蛇ヶ池では，2500年前頃にスギを中心とする森林が2次林の落葉広葉樹林にかわったという（高原，2002）．今風にいえば，里山林の成立である．

堆積物の中には，風媒花の花粉は大量にみつかるが，飛ばない虫媒花の花粉はあまり含まれないので，植生を復元して植生史を明らかにするためには，大型植物遺体，プラントオパール（イネ科植物に含まれる珪酸体），微粒炭などの研究が不可欠である．さらに，暖温帯林に多いクスノキ科植物の花粉は分解

してしまって検出できないので，大型遺体の資料が必要である．

深泥池周辺での須恵器の製造と森林植生

岩倉・深泥池周辺で須恵器を焼くもっとも古い窖窯が，深泥池の東岸と南岸にある．その時代は7世紀前半の飛鳥時代である．窖窯を使って高温で焼きしめるので，須恵器の焼成には大量の薪が必要である．枚方市立博物館による実験によれば，長さ8mの窖窯を使って須恵器を1回焼成するのに，約3tの薪が必要である（藤原，2006）．深泥池の南側に大規模な植物園北遺跡があったので，弥生時代後期から利用されて，林は荒廃していただろう．仮に林1ha当たりの蓄積を60㎥程度であったとすると，林1haからとれる薪は12回程度の焼成で使い切ってしまう程度だったろう．だから，深泥池の窯が早く放棄されたのは，薪不足のためだろう．須恵器の生産は岩倉に移ったが，8世紀になると岩倉盆地は平安京建設のための瓦製造の中心になる．薪の使用量は莫大であったろう．8世紀－9世紀にかけて平安京の建設のために京都盆地の森林の過利用がすすみ，アカマツ林が広がったであろう．瓦だけでなく，平安京を建設するための木材も，京都盆地の北側の森林で大量に伐採されたに違いない．その結果，平安時代になってから平安京で，大きな洪水が何度も起きていたという指摘がある（横山，1988）．

深泥池北側にあるケシ山には，瓦窯跡があり，発掘調査概要報告書（京都市埋蔵文化財センター，1985）によると，深泥池東岸などと比べものにならない大きな灰原があった（残念ながら今は見ることができない）．ケシ山とそれに連なる山体が大きかったので，長年にわたって窯が使われたのだろう．7世紀のたたら用のコナラの白炭を焼成したと思われる炭窯が2基あった（今も断面を見ることができる）ので，谷沿いなどに，コナラ林があったと考えて差し支えない．

花粉分析のデータ，池東岸と南岸の窖窯の状態や須恵器や平安京建設のための瓦の製造に使われた窯の立地から考えると，弥生時代後期からアカマツ林が増え始めて，深泥池周辺地域の山は，平安遷都頃にはアカガシ亜属の原植生は減り，アカマツ林が優占していたといえそうである．これは，あくまでも考古学の資料を勘案した花粉ダイアグラムの解釈である．花粉分析だけでなく，大型化石や考古学の資料が増えてくれば，深泥池周辺の植生の復元やその攪乱の歴史も，より詳細に明らかになるだろう（第4章参照）．

京都盆地内やその周辺の資料からも，森林破壊には地域差が当然あったこともうかがえる．平安京の前の長岡京の時代は短かったが，多分長岡京の建設や燃料採取もあって，1300年前には長岡京周辺の植生は，攪乱を受けてすでにアカマツ優占の林になっていたという（植村ら，1999）．ところが，理由ははっきりしないが，平安前期になっても，京都盆地の南西部（平安京右京五条二坊九町・十六町）にはまだ常緑広葉樹林があったようである（パリノ・サーベイ（株），1991）．当然，このように林への圧力には，地域差があったに違いない．

窯業の興隆，平安京建設の建築材の採取や，平安京の人口増に伴い，京都盆地の森林に対する人間活動の圧力が増すことになった．

近畿の各地で似た植生変化が起きていた
—奈良盆地の植生変遷—

奈良盆地周辺の植生変遷を，「奈良盆地の古環境と農耕」（天理大学考古学研究室，1994）に基づいて，概観してみよう．

氷河期が終わり，気候が温暖化するにつれて，奈良盆地周辺は常緑カシ林を中心とする暖温帯常緑広葉樹林で覆われた．

縄文時代晩期までは，樹木花粉の比率が高く，常緑のカシ類が優占していた．天理市の三島（木寺）地区の遺跡の貯蔵穴から出土した大型植物遺体にもアカガシ亜属のドングリが多いが，同時に落葉性のコナラ亜属のドングリやオニグルミも同定されているから，これらの落葉広葉樹も生育していたと思われる．花粉組成からは，モミ属，ツガ属，ニヨウマツ類，コウヤマキ，スギ，クリ属－シイ

属，ニレ属—ケヤキ属，エノキ属—ムクノキ属，トチノキなども森林の構成要素であった．花粉が飛散しない虫・鳥媒花のツバキ属やアオキ属の花粉が含まれているのも，遺跡近くの林床に生育していたものであろう．谷間などには温帯性のトチノキやクルミ属の樹木も生育していた．後述の京都大学理学部・農学部構内の縄文遺跡の植生と似ている．

弥生時代から水田の面積が増え，森林が減り始めるが，古墳時代晩期までとそれ以降の時代の花粉組成には，明らかな違いがあって，古墳時代まではマツ属以外の針葉樹花粉が多いのに対して，それ以降マツ属の花粉比率が大きくなっている．深泥池周辺と同じように，須恵器が生産された頃には，奈良盆地でも，アカマツ林が増えていた．

しかし，地域によって花粉組成にばらつきがあり，人為による植生撹乱に地域差があることも，京都盆地と同様である．

平安時代以降は，人為的局部的な森林が現れるという．アカマツ林の成立がその例で，その成立の要因は，焼畑などによる断続的土地利用であると考えられている．

大型遺体から復元された縄文時代晩期の植生

京都大学の理学部や農学部の構内にある北白川遺跡の大型植物遺体の調査から，やや安定した低湿地ないしは平坦地の縄文中期から晩期最末期にかけての植生が復元されている（南木ら，1985）．川縁のトチノキの根株とその林床のトチノキの種実の分布の偏りや，ホタルイ属の果実の分布の集中から，急速に林が埋没されたものと推定して復元された縄文時代晩期中〜後葉から晩期最終末にかけての植生は，トチノキとイチイガシとアカガシ近似種が隣接し，ケヤキ，ムクノキ，サカキ，ヒサカキなどの暖温帯林要素に，アサダ，キハダ，トチノキなどの温帯林要素が混交する林である．部分的には，トチノキ，イチイガシ，アカガシ近似種が隣接していたり，トチノキ，イチイガシ，キハダが隣接していたり，トチノキ，アカガシ近似種，ヤマグワなどが混交した林であった．その林床に，カヤツリグサ属，ホタルイ属，スゲ属，ボントクタデ，ミゾソバ，イボクサが生育し，カヤ，イヌガヤ，モミ，ハクウンボク，オニグルミ，カラスザンショウ，ウルシ属，フジ属，イタヤカエデ，ミツデカエデ，サルナシ近似種，タラノキ，ニワトコ，ミズキ，クマノミズキ，エゴノキ，キイチゴ属，草本のヤマネコノメ近似種，タデ属，コウモリカズラ，イヌコウジュ属，ナス科植物が連続して見られるという．アカメガシワ，ヒメコウゾ，クサギ，カラスザンショウ，ウルシ属，タラノキなど2次林の要素も普通に見られるという．イヌブナ，カジカエデ，アサガラ，オオバアサガラなどが産出するので，縄文時代晩期最終末に寒冷化したことを示唆している．

カヤ，イヌガヤ，オニグルミ，ヒメグルミ，イヌブナ，イチイガシ，アカガシ近似種，クリ近似種，トチノキなどが食用になる堅果で，なかでもオニグルミ，イチイガシ，アカガシ近似種，トチノキは大量に出土している．また，縄文時代晩期にイネの籾殻が出土している．

微高地に住居跡があり，川沿いや，やや下がった低湿地が常緑広葉樹類と落葉広葉樹類が混交した食用堅果類の採取サイトであったと考えられている（京大構内遺跡調査会，1984）．

これらの植生は，種組成から見て，自然植生のように思われるが，トチノキやクルミ類などは栽培も考えられるかもしれない．北白川の植生を，北白川からあまり離れていない深泥池周辺の花粉分析から復元された縄文時代のコナラ亜属が優占する植生と比べて見ると，花粉分析では種まで同定できないために，北白川の植生復元の方が具体的だが，詳細に花粉分布図を見てみると，コナラ亜属の他にクルミ属やトチノキ属の花粉もあって，基本的に似た植生であることがわかる．小椋（2002）は，花粉分布図と微粒炭の量を比較して，深泥池の堆積物中のトチノキ属などの増加に人為的な影響の可能性を示唆している．しかし，深泥池周辺の植生の真の復元には，やはり植物園北遺跡などからの大型植物遺体の発見が待たれる．

近畿の中の深泥池

紀ノ川—櫛田川の中央構造線を底辺として敦賀湾を頂点とする三角形の地域のことを，地質学では「近畿トライアングル」とよんでいる．この中に，伊勢湾，大阪湾，琵琶湖があり，琵琶湖を中心にした近江盆地，京都盆地，奈良盆地，大阪湾を含む大阪盆地が含まれている．大阪湾も琵琶湖も盆地に水をたたえたと考えればいいという．近江盆地は鈴鹿山脈と比良山地にかこまれ，京都盆地は東山・北山・西山の低山地によってかこまれ，大阪盆地は北側の六甲山地・西の端にある六甲山地の延長である淡路島・東の生駒山地と金剛山地・南の和泉山地にかこまれている．奈良盆地は大阪盆地との境にある西の金剛山地・生駒山地と，東の笠置山地によってかこまれている．このように，小規模な山地に縁取られた盆地が配置されている．このトライアングルの北側に丹波山地が，南側に紀伊山地が位置している．

近畿地方の地図を広げてみると，これらの盆地を取り囲む山地と山地の間に隙間があって，それぞれの盆地がつながっていることがわかる．古代の人たちがコントロール可能な自然が盆地内にあり，交通によい盆地間のつながりがあることが，近畿地方が長い間日本の中心であり続けた地形的条件であったといわれている．

地図の上でこれら4つの盆地をつなげてみると，中央部の出っ張りのように見える京都盆地の一番奥の山際に深泥池がある．深泥池の堆積物に蓄積された過去の植生や気候に関する情報が，この地域の過去の植生や気候を知るのに役立つということは，この地理的な位置からも理解できる．隣の近江盆地では，深泥池より古い琵琶湖で大がかりな掘削が今行われているので，深泥池の資料と合わせて近畿地方の植生の歴史がいっそう明らかになるだろう．

縄文時代に深泥池周辺に常緑広葉樹林が成立したことは，先に述べたが，この森林が現在もこの地域の原生的な植生だと考えられる

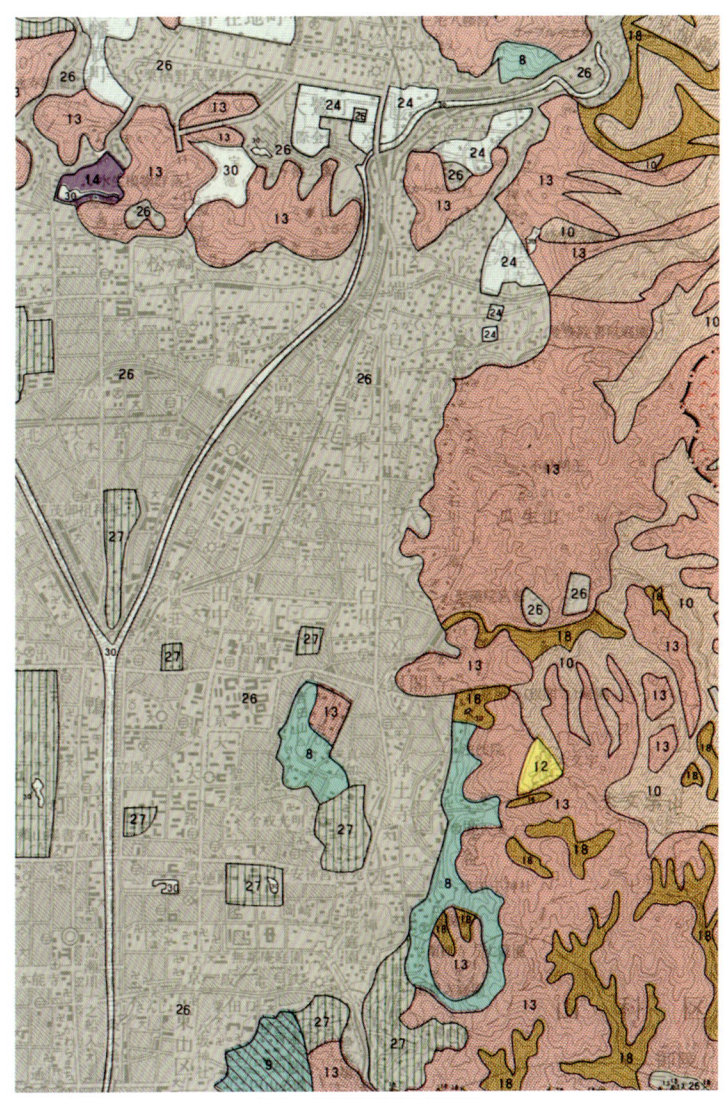

図1　深泥池周辺の植生図
8：アラカシ林，9：シイ林，10：コナラ林，12：ススキ草地，13：アカマツ林，18：スギ・ヒノキ植林，24：水田，26：市街地，27：緑の多い住宅地，30：開放水域．深泥池は14：ヌマガヤ群落として記載されている．

（P.30コラム参照）．近畿地方では，太平洋側では標高800mあたりから下，日本海側では500mあたりから下，地域によっては300m以下の原生的植生が暖温帯常緑広葉樹林である．高原（1994）は，近畿地方と中国地方東部の数多くの地点での花粉群集を比較して，最終氷期以降に暖温帯常緑広葉樹林がどのように広がったかを推論した．後氷期初期（約9300年前）の森林植生は，構成種に違いがあるものの太平洋側も日本海側も，温帯性の落葉広葉樹林であった．それが，今から約6000年前の後氷期中期になると，紀伊半島南部には常緑のアカガシ亜属とシイ属の樹木からなる暖温帯常緑広葉樹林が形成されていたが，近江盆地，京都盆地，大阪盆地ではまだ落葉広葉樹と常緑広葉樹とが混じった森林であった．その後，暖温帯常緑広葉樹林は北の方向に広がって，日本海側で常緑広葉樹林が発達したのは遅れて，約6000年前以降であった．地図上で，標高500m以下のところをつないでみると，近畿地方は一部の山地の高いところをのぞいて一つながりになってしまう．こういったつながった地形を通って常緑広葉樹林が広がった様子を考えると，高原の研究はリアリティがあってたいへん興味深い．

沖積地・段丘・丘陵と山地の斜面下部に成立した暖温帯常緑広葉樹林は，人の定住や農業耕作などによって破壊されているので，元の姿を復元するのはむつかしい．しかし，花粉分析や動植物の大型化石のデータや近畿地方に断片的に残る社寺林，海沿いや琵琶湖周辺や内陸部に点在するタブ林，シラカシ林，イチイガシ林，大阪平野のホルトノキ林，紀伊半島の海沿いのウバメガシ林などのデータをもとに，過去の植生の復元と現在にいたる植生の変化を明らかにするのは，将来の課題である．

図1は，深泥池から東山にかけての植生図である．詳細に見れば間違いもあるが，アカマツ林，コナラ林を含めて基本的に暖温帯の植生である．この大都市の暖温帯に，温帯や寒温帯に生活する生物が遺存する深泥池があることがきわめてユニークであり，その自然はきわめて貴重なのである．　　　（田端英雄）

花粉分析でわかった深泥池の歴史

堆積物中に含まれる花粉化石を調べて，過去の植生や気候を復元する研究法を花粉分析という．中堀（1994）は，深泥池で花粉分析を行って植生の変遷を模式的に示した（図1）．深泥池周辺の植生は，下の方から順に，温帯針葉樹林（深さ17m近辺），温帯落葉広葉樹林（深さ16-15m近辺），カシ型常緑広葉樹林（深さ14m近辺），温帯針葉樹林（深さ13-12m近辺），マツ科針葉樹林（深さ10-9m近辺），コナラ属が優占する温帯落葉広葉樹林（アイラ火山灰の降灰時期から晩氷期），エノキ型暖温帯落葉広葉樹林（約9300年前の鬱陵島隠岐島火山灰の降灰後に出現），カシ型常緑広葉樹林（暖温帯常緑広葉樹林）（約6300年前のアカホヤ火山灰降灰前後），アカマツ林（深さ3mより上部）というように変わってきたことがわかった．深さ14mあたりのサルスベリ属を含む常緑広葉樹林は，最終間氷期のもので，さらにその下に寒冷な気候を示す植生が見られるので，深泥池の歴史は，13万年以前にまでさかのぼることになる．

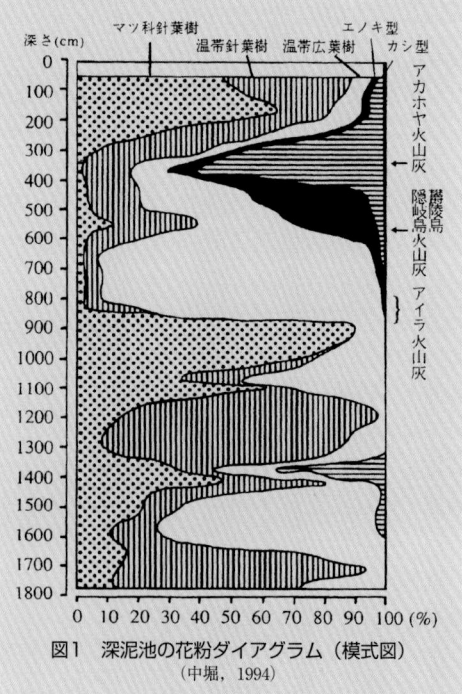

図1　深泥池の花粉ダイアグラム（模式図）
（中堀，1994）

地質学からみた深泥池 —近畿の地質・京都の地質と深泥池—

はじめに

　深泥池は京都盆地北東の谷間にある．地下鉄烏丸線北山駅から広いバス通り(下鴨中通)を北へ700ｍ行ったところである．このバス通りは，明治時代の地図には鞍馬街道とある．高度70ｍ台の平地から比高60-70ｍの低平な山々が連なっている間に深泥池がある．池は北区上賀茂にあるが，南と東の山は左京区松ヶ崎で，その境界線はほぼ水際を通っている．

　深泥池の地質を，近畿の地質から見て位置づける．近年出版された，『日本の地質６　近畿地方』(日本の地質「近畿地方」編集委員会編，1987)，『日本の自然　地域編５　近畿』(大場ほか編，1995)，『日本の地形６　近畿・中国・四国』(太田ほか編，2004)などを見ていただいたら，この20年間に，日本の地質の知識がいかに進んだか，理解されるだろう．

深泥池周辺の岩石，層状チャート

　深泥池南堤の東端から池の南側の小径に入ってすぐ，一段高くなるところにチャートが水平に層理面を広げている(図１)．白〜灰色緻密で硬い厚さ数cmのチャート，すなわち放散虫岩である．これは約２億年前に大洋の深海底に堆積した放散虫軟泥であるという．厚さ数mmの粘土岩との縞状の互層が層状チャートで，深泥池付近の山をつくっている地層である．美濃−丹波帯には古生代末から中生代ジュラ紀にかけての厚い層状チャートがある．その微化石層序による年代と層状チャートの厚さとから，厚さ数cmのチャートと厚さ数mmの粘土岩との縞一つは，数万年かかって堆積したことがわかる．

　薄い粘土層は磁性球粒と大陸から飛んできた風成粘土で，厚さ数mm堆積するのに数万年かかり，一方厚さ数cmのチャートは1000年オーダーの期間に堆積したことが，磁性球粒の量比によってわかる．このような互層をした堆積物は現在の深海底ボーリングではみつからず，現在と異なる大陸と大洋の配置によるものという(堀・趙，1991)．

丹波層群

　丹波高地から京都市の南まで，地質構造区分で丹波帯というが，そこをつくっている岩石は丹波層群と呼ばれる．丹波層群は飛騨外縁帯，舞鶴帯，超丹波帯の岩体に続いて大陸に付加した岩体である．すなわち丹後半島は後に花崗岩の貫入をうけているが，飛騨外縁帯という北中国大陸の東縁に古生代前期に付加した土地といわれる．丹波層群は，古生代後期から中生代にかけて堆積した海洋性堆積物と陸源堆積物で，それらが海洋プレートがもぐり込むときに混ざりあって，古生代末に付加した超丹波帯の下へもぐり込むように付加したものという(図２，３)．

　上に述べた海洋プレートの堆積物と陸源砕屑物とがさまざまに混合する複雑な岩体を，堆積岩コンプレックスとしてとらえて研究したまとめは，地質調査所の５万分の１地質図

図１　東の小径にある層状チャート

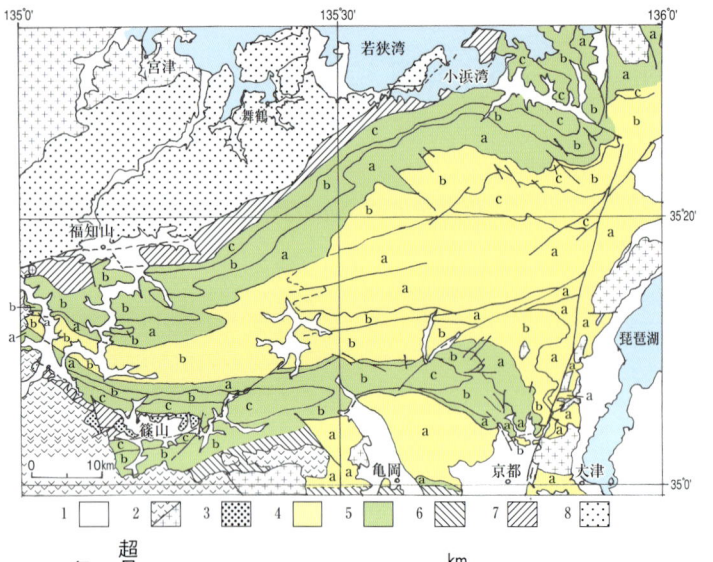

幅「京都東北部」でなされた（木村ほか，1998）．

図4に示すように，深泥池周辺の層状チャートは大原コンプレックスのチャート相に分類されている．北の幡枝のチャート相は灰屋コンプレックスに分類されている．後者は前者に対して北傾斜の衝上断層で構造的上位にあるが，堆積時代は後者が石炭紀～ジュラ紀中期で古く，前者は三畳紀～ジュラ紀後期という．これらのコンプレックスは玄武岩からはじまる海洋性岩石類の上に泥・砂などの陸源砕屑物で終わる地層群のことをいい，大陸に付加した地層群の一つのユニットと理解できる（図3）．

丹波帯の地形形成

丹波層群は中生代ジュラ紀に付加した．図2でわかるように，大きくは平坦に広がり，先に大陸に付加した岩体の下へもぐり込むかたちをとっている．その後中生代白亜紀に丹波層群は酸性火成作用をうけた．すなわち流紋岩質火砕流堆積物に覆われ，地下には花崗岩類の貫入があった．火砕流堆積物の底は当時の地表であるが，花崗岩は新生代はじめからの浸食によって地表にあらわれた．次に地質データがあるのは，新生代新第三紀の海成層である．大陸東縁部が

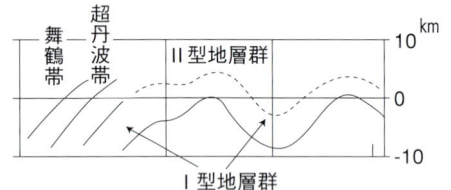

図2　近畿地方北部地域の地質概略図
1：新第三系及び第四系，2：後期白亜紀及び古第三紀の花崗岩と溶岩・火砕岩類，3：篠山層群，4：I型地層群（4a：由良川C，4b：佐々江／鶴岡C，4c：古屋C；大原Cは前2者に含まれる），5：II型地層群（5a：灰屋C，5b：雲ヶ畑C，5c：周山C），6：ジュラ紀付加C，7：超丹波帯，8：舞鶴帯，Cはコンプレックスの略．木村ほか（2001）を簡略化．

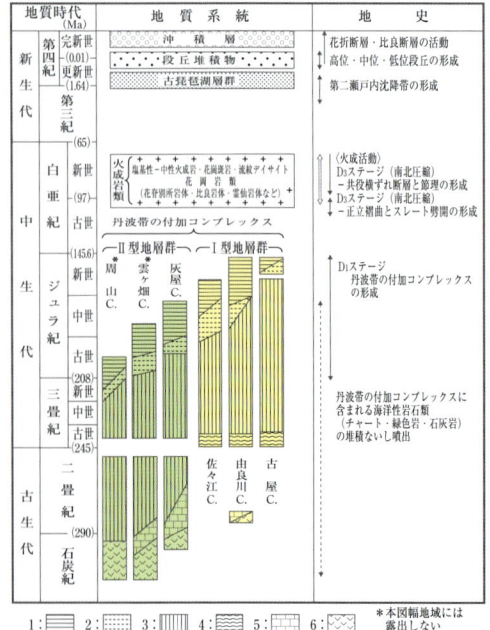

図3　「北小松」地域の地質総括図
1：砂岩・頁岩，2：珪質頁岩，3：層状チャート，4：砥石型珪質頁岩，5：石灰岩，6：緑色岩，Cはコンプレックスの略．（木村ほか，2001）

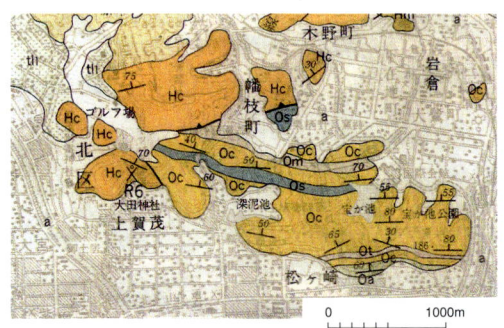

図4　深泥池付近地質図
大原コンプレックス（Oa：黒色頁岩・成層砂岩を伴う砂岩頁岩互層，Os：砂岩頁岩互層を伴う黒色頁岩，Oc：珪質頁岩・層状珪質粘土岩を伴う層状チャート，Ot：スレート質層状珪質粘土岩（砥石））
灰屋コンプレックス（Hc：珪質頁岩を伴う層状チャート，R6：三畳紀中～後期放散虫化石）　（木村ほか，1998）

裂けて開き（グリーンタフ変動），島孤の形成，日本海側と太平洋側からの海進があった．このとき丹波高地は大きな島だったと考えられている．約1600万年前のことである．

中新世の1500万年前には，海は退き，室生火山が大規模な火砕流を流したが，その時，現在の琵琶湖付近から南へ湖東流紋岩の巨礫を運んだ川があったことが知られている．西南日本が時計回りに回転したのはその後である．中新世中期1300万年前頃，奈良の三笠山安山岩が噴出したが，そのときも湖東流紋岩巨礫を運んだ川が奈良付近にあった．

鮮新世には古琵琶湖層群を堆積した最初の沈降が三重県上野付近ではじまった．このとき湖東流紋岩の巨礫を運んだ川は南郷から奥山田を経て信楽へ，また和束から上野へと注いだ．このように琵琶湖付近には中新世から鮮新世へかけて，1000万年以上の長きにわたって山地があったことになるが，その頃の丹波高地のようすは知るすべがない．

古琵琶湖層群は上野から次第に北へ堆積の場を移したが，約175万年前穂高岳付近から噴火した恵比寿峠―福田テフラが，三重県北部から明石・淡路島まで広く降灰した（長橋ほか，2000）．滋賀県では日野・水口・石部・栗東と，甲賀から北へ緩く傾く古琵琶湖層群の上部に挟まれ，北へ緩い傾斜でもぐっている．そしてその北の琵琶湖南湖の底深くでは，厚い古琵琶湖層群の最下部に挟まれている．

京都でも巨椋池干拓地深くに，厚い大阪層群の最下部，基盤のわずか上に挟まれている．大阪でも滋賀県同様，北へ傾斜する泉北の厚い大阪層群の上部に挟まれている．すなわち恵比寿峠―福田テフラが降灰したときは，近畿地方の領家帯には厚い地層を堆積した上に平野があり，その北の丹波帯南縁部は沈降盆のはじまりを迎えていた．175万年前丹波帯と領家帯にまたがる東西性の広大な地域は，深い大きな湖ではなく，池沼・湿地・河川氾濫原の低平地であったと考えられている．北側の丹波帯は丘陵か低い山地だっ

たかと推測され，南側の鮮新世の湖成層は隆起して低い丘陵になりつつあったと推測される．

大阪層群からみた近畿・京都の地形発達―南北圧縮から東西圧縮―

新生代新第三紀中新世に西南日本が時計回りに回転し，地体構造はほぼ東西性になった．鮮新世以来の伊勢湾から淡路島に連なる沈降盆の形成は，南北性圧縮を示す．一方，東西圧縮により，領家帯の南北性山地と盆地の形成，丹波帯の断層ブロック破壊が起きた（藤田，1990）．

近畿の丘陵をつくる大阪層群（市原，1993）は盆地の地下深くにもぐっているが，近年深いボーリングと弾性波探査により，地下構造の知識が増した（京都盆地地下構造調査委員会，2001）．巨椋池干拓地は175万年以上前から沈降盆となったが，宇治川断層（東西性）より北の京都盆地地下は，地層が岩盤にぶつかって上の方の地層だけが北に向かって次第に薄くなる．堀川通の南北断面では，約80万年前のアズキ火山灰層は，深さ200-300mで丸太町通の南で浅くなる岩盤にぶつかってしまい，

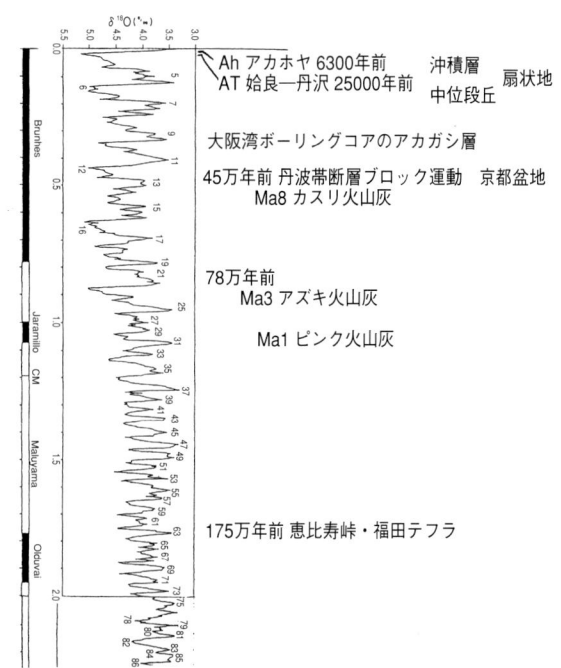

図5 古地磁気極性編年と酸素同位体比曲線・酸素同位体期（Shackleton，1995による）に京都盆地・深泥池の地史を示す．

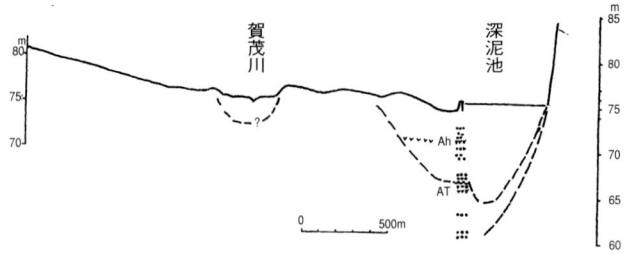

図6　深泥池―賀茂川を横ぎる北東―南西方向断面図
賀茂川付近は明治22年測量陸地測量部の地形図による．そのほかの地形は，大正11年測図京都市土木局都市計画図による．深泥池南堤ボーリングデータは那須（1981）による．Ah：アカホヤ火山灰，AT：姶良―丹沢火山灰

それより北には存在しないようである．

　京都盆地の南北断面，東西断面ともに岩盤に谷地形がある．新しい断層によるものもあるが，大阪層群堆積前からの地形もあるであろう．巨椋池干拓地が沈降したとき，北側の丹波高地から南へ下がる基盤の浸食地形を示すものであろう．大阪層群の海成粘土層（大阪湾からの海進）は山科までで，近江盆地には達しなかった．約100万年以上前に南北性山地形成の兆しがすでにあらわれていたということができる．

　領家帯の南北山地と丹波帯の断層ブロック運動，すなわち京都盆地ができ，広く水をためた琵琶湖ができたのは，45万年前である（石田，2000）．京都盆地と山科盆地の間の基盤山地はこのとき山になり，盆地周辺の丘陵と平地との境の断層もこのときできて，現在までそのストレス状態は続いていると考えられている．

賀茂川扇状地と後背湿地―深泥池の生成

　深泥池の堆積物は粘土・泥炭が主である（深泥池団体研究グループ，1976a, b）が，池南の堰堤で掘削されたボーリングでは，下位から上位まで賀茂川が運んだ砂礫層が挟まれる（那須，1981）．最終氷期には賀茂川は深泥池南堤までたびたび礫を運び，後背の谷にできた当時の深泥池は現在の池より小さく，6-7m低いところにあったことになる．しかしながら，この池は，ときに西と南とに広がり，もっとも広がったときは，上賀茂集落東部から東南へ下賀茂北東まで達したと推測できる（田村ほか，1982）．

　上賀茂集落南東地下にもアカホヤ火山灰が粘土層に挟まれてみつかっているので，後氷期，縄文時代にも深泥池は大きかったことがあると考えられる．現在の深泥池南堤まで賀茂川はたびたび礫を運んだため，弥生時代以降，現在の池の規模を保ってきたのであろうか．

おわりに

　上賀茂から松ヶ崎へ，低山地とその南麓とが西北西―東南東方向に一直線にのびる．ここには断層があるからだろうと思っていたが，堀川・巨椋池測線反射断面図（京都盆地地下構造調査委員会，2001）では，そのようには見えない．丹波層群の構造が東西性であるので，盆地形成に伴う地形発達の結果だろうか．

　低くなだらかでまるい形の京都周辺の山々は，どのようにできたのだろうか．上に述べたように，稲荷の山は45万年前に山になり，風雪に耐えてきた．山の隆起・上昇と気候変化・風化浸食のかねあいの問題である．深泥池付近の山は，45万年前の断層運動による盆地形成以前から，北山から南へ下がる基盤地形であった．少なくとも100万年あるいはそれより一桁上の長い間浸食の場で，堆積物に覆われたことはなかったと推測される．しかし，現在の地形に関係するのは，やはり京都盆地形成以後と考えられる．それは，賀茂川・高野川の流路が45万年前の断層ブロック運動によって決められたといえるからである．

　チャートは緻密な珪質岩であるから，浸食に対して強い抵抗力を持つが，層状チャートは，厚さ1-10cmの層でばらばらに壊れやすい．長く風化にさらされると，まるいなだらかな低山地になることは期待できる．そして低い緩やかな山地であれば，東北から九州までの気候の変化を繰り返した京都では，どの時代でも森林が繁茂し，土壌が発達していたと考えられる．

（石田志朗）

第 2 章

深泥池生物群集の成り立ち

サワギキョウで訪花する昆虫を捕らえようと待機しているオオカマキリ

この章のめざすところ

　深泥池は生物群集の多様性と貴重さに秀でている．その内容は，気候変化を反映した氷期の遺存種と温暖地域種，貧栄養な高層湿原種と富栄養な低層湿原種，人為ないし自然に侵入した外来種が含まれる．生物の生活史や生態はもちろん生物相の調査も十分ではないが，生物群集として天然記念物指定される程度にはよく分かってきた．生息空間としては，浮島，池，集水域に区分されるが，それぞれの生息空間の中で生活史を終える生物とそれらの間を行き来する生物が存在する．この章では，深泥池生物群集の多様さ，生活の仕組み，相互作用，共存のメカニズム，外来種と在来種の問題，生活環境の特異性を分かっている範囲で示したい．とくに深泥池を特徴づける浮島については，その成り立ち，生物にとっての生育環境，その季節的変化，多様な生物が共存する仕組みなどを詳しく示す．具体的で分かりやすい生物の話から専門的な話まで含まれているが，深泥池生物群集の貴重さと保全のあり方を考え，さらには湿地一般を理解するための基礎となれば幸いである．

（藤田　昇）

高層湿原としての特徴

　浮泥池の浮島は湿原である．湿地や湿原の分類は確立してなくて，ラムサール条約の規定では，湿地とは沼沢地，湿原，泥炭地または水域をいい，低潮時における水深が6mを超えない海域を含み，天然か人工か，永続的か一時的か，を問わず，水が停滞しているか流れているか，淡水であるか汽水であるか海水であるかを問わない．しかし，欧米での伝統的な分類では，泥炭地かどうかで湿地を区分する．泥炭とは湿地に堆積して完全には分解されていない植物遺体などの有機質で，主として炭素で構成され，乾かせば燃料となることに名前が由来する．泥炭のある湿地を湿原（mire）と呼ぶ．湿原に厚く堆積する泥炭は，寒冷地ではミズゴケ由来で，熱帯では樹木由来である．ミズゴケが生育すると地表面が隆起し，水位が下がるので，ミズゴケが優占する湿原は高層湿原（bog）という．ミズゴケがなく，ヨシなどが優占する湿原を低層湿原（fen）という．高層湿原の水は貧栄養・酸性で，電気伝導度が低いが，植物遺体からできる腐植質を含んで褐色を帯び，雨水で涵養される．低層湿原の水は富栄養・中性で，電気伝導度は高く，河川水・地下水で涵養される．

オオミズゴケの遺体で構成される浮島

　深泥池の浮島はオオミズゴケ遺体で構成されており，三木（1929）の調査時には浮島全体にミズゴケが生育していたので高層湿原である．高層湿原はミズゴケで隆起した小凸部とそれより低い小凹部が入り混じり，時には池が出現する．小凸部を三木は蘚褥と呼んだ．英語ではhummockというが，深泥池では慣例的にドイツ語のビュルテ（ブルトに同じ）が用いられてきた．同様に小凹部は英語ではhollow，またそれに水がたまるとpoolと呼ぶが，深泥池では慣例的にドイツ語のシュレンケが用いられてきた．高層湿原の中の池は池塘と呼ばれる．

生き残ったハリミズゴケ

　ミズゴケは世界的に種類が多く，分類はむ

図1　ビュルテの中央は，乾燥，被陰，根の影響などによりオオミズゴケの枯死部ができる
（2005年8月18日撮影）

図2 生きたオオミズゴケの周囲にハリミズゴケが生育している健全なビュルテ（2001年10月11日撮影）

図3 ミズゴケが枯死した後に広がるシュレンケのオオイヌノハナヒゲとミツガシワ（2001年10月11日撮影）

つかしい．深泥池では現在オオミズゴケとハリミズゴケが知られている．ビュルテを作る陸生のミズゴケは種類が多く，尾瀬などではビュルテの位置や高さで種類が異なるが，深泥池ではオオミズゴケ1種で，高さ20-30cmの盛り上がりをつくる．陸生のものより種類は少ないものの水生のミズゴケも複数種あるが，深泥池ではハリミズゴケ1種で，浅水部にマット状に広がる．オオミズゴケは西日本の湿原に広く分布するが，ハリミズゴケは環北極要素で氷期の遺存種（レリック）であり，西日本では分布地は限られる．深泥池でハリミズゴケが生き残ったのが重要で，オオミズゴケのビュルテの拡大や貴重生物の生育場所として役立っている．

平安時代と江戸時代に池の南西に堰堤が作られた時に，湿原の水位が上昇してミズゴケ湿原が浮上して浮島ができたと考えられる．その後の浮島の拡大は三木茂の観察から，浮島の周囲のミツガシワなどの水面に広がった水生植物の葉や茎の集団にアゼスゲなどの湿原植物が生育して新しい浮島の母体を形成し，そこにミズゴケが侵入して浮島がつながって大きくなっていったと考えられる．

高層湿原として特異な浮島

深泥池の浮島は高層湿原としては特異な様子を示す．一つは，オオミズゴケからなるビュルテの中央にアカマツなど池周辺の里山の樹木が数mの高さにまで茂っていることである．尾瀬などの高層湿原ではビュルテに地表を這うような矮性の樹木は生育しているが，大きな樹木は見られない．深泥池でも三木茂の調査時の写真では浮島に大きな樹木は見られない．深泥池より富栄養化している新宮蘭沢浮島ではスギなどがもっと大きく育っていることから，これは水質の富栄養化によると思われる．また，樹木が生育するビュルテの中央部ではオオミズゴケが枯死し，その上にリター（落葉落枝）が堆積した落葉床が形成されており，落葉床の泥炭からは特異的にリン酸が検出される．もう一つはミツガシワが浮島の至る所に生育していることである．尾瀬ではミツガシワは湿原の周囲の開水域に生育するだけで湿原泥炭にはほとんど見られない．これは，深泥池の浮島では広範囲にミズゴケが枯死したためと思われる．

進行する低層湿原化

浮島は高層湿原だと述べたが，実は，池の水質の富栄養化と池の浅化により，ヨシ・マコモ・カンガレイなどの植物が広がって低層湿原化が進行した．1980年当時は崩壊したオオミズゴケのビュルテの跡にミツガシワの純群落が広がっていたが，現在ではその多くにオオイヌノハナヒゲが混在するようになった．これはミズゴケ泥炭の分解が進んだためと思われる．現在では，ミズゴケの生育面積は限られており，浮島にミズゴケ泥炭は残っているが，植生としては低層湿原の面積が広くなっている．

（藤田　昇）

絶滅危惧植物と埋蔵種子保存

さらに進む絶滅

　春のミツガシワにはじまり，晩秋のスイランまでさまざまな花が咲き続ける深泥池．トキソウやタヌキモなど全国的にも貴重な植物がなお多く現存していることに変わりはないが，過去に行われた植物相調査の結果と見比べてみると，姿を消した植物の多さに愕然とするのも事実である．蘚苔類（コケ類）以上の高等植物で，環境省版・近畿地方版・京都府版レッドデータブックの少なくともいずれかに取り上げられている植物のうち，深泥池から報告されているものは57種類にのぼる．ところが2000（平成12）年から2003年まで行われた現状調査で現存が確認されたのは，26種類にすぎない．これらの希少植物以外でも，キクモなどの貧栄養の水域で生活する植物がいくつか姿を消している．

　こうした絶滅が一挙に進んだと見られるのは，過去の植物調査から追跡してみると，1960年代後半からである．ちょうど高度経済成長が軌道に乗り，日本列島の各地で国土の改変が劇的に行われ，環境意識は未熟で河川や湖沼の富栄養化が進んだ時期と一致するといえよう．その代表が，アサザ，ガガブタ，フサモ，タチモ，アカウキクサなどの水草類であり，マルバオモダカのような抽水植物が消えたのもこの時期である．やや遅れてサンショウモが姿を消す．なかにはトチカガミやヒツジグサのように，1980年代まで確認されていたが現在は姿を消したものもある．もっとも，1960年代前半までにすでに姿を消していたものにサギソウがあるが，これは園芸用の採取が原因と考えられ，やや意味が異なる．

希少植物

　もう一つの重大な問題は，深泥池では絶滅寸前になっている希少植物が多いことである．環境省版レッドデータブックで絶滅危惧IB類に指定されているクロホシクサやイトタヌキモ（ミカワタヌキモ）（陸生型），京都府ではきわめて少ないヌマガヤ，数個体以下のスイラン，京都府絶滅危惧種のコマツカサススキ，同準絶滅危惧植物のカヤラン（わずか2個体）などがそれである．これらは数年のうちに姿を消す可能性がある．

　深泥池のスイランは開花はするが，2年続けて結実した種子は得られておらず，近親個体だけになっている可能性も考えられる．その他のものは結実が見られ，イトタヌキモ陸生型，クロホシクサ，カヤランは絶滅危惧植物保存繁殖研究会（EPMP）によって，種子からの無菌培養繁殖が軌道にのっており，種子の凍結保存も試みられている．

再び蘇らせられるか

　アサザ，ガガブタ，トチカガミなどのすでに姿を消した植物を，再び深泥池に蘇らせる手立てはないのだろうか．これには二つの可能性がある．一つは，近隣の産地から現存しているものを導入する方法である．確実ではあるが，深泥池のような長い歴史をもつ池では，他産地の遺伝子を持ち込むことには抵抗が大きい．なによりも，かつて池に生息していたものの種子がもし何かの拍子に発芽・成育した場合，区別が難しくなる．もう一つの方法は，池の底土に埋もれている種子を利用することである．低酸素状態で埋もれた種子は，想像以上に長い年月生存している可能性がある．霞ヶ浦ではアサザがこの方法で復活した例があるし，琵琶湖の早崎干拓地ではタコノアシ（ユキノシタ科）の復活も報告されている．深泥池でも試みる価値は充分にあるが，天然記念物だけにあまり攪乱することは問題もある．現在，有効な底土採取方法を模索している段階である．　　　（光田重幸・村田　源）

図1　イトタヌキモ（ミカワタヌキモ）

浮島の植物たち

　植物は動物のように逃げ隠れしないので調査しやすく，深泥池の植物相は1920年代から何度か報告されている．しかし，姿が見えていても，植物の生育環境や他の生物との相互作用を通して，ある植物がある場所になぜ生存し続けるのか，逆になぜ絶滅するのかを説明するのはむつかしい．深泥池では，ミズゴケの水質環境，立地の栄養条件と植物の競争，植物の開花フェノロジーと訪花昆虫の関係などが調べられており，植物の生態がある程度解明できている．この項では，環境適応，共存と競争，相互作用の視点から，浮島の代表的な植物の生活ぶりを示すとともに，貴重種についても触れる．

（藤田　昇）

ミズゴケ類──一年に尾瀬の数十倍伸長

尾瀬の数10倍伸長する深泥池のミズゴケ

　深泥池で現在生育するミズゴケはビュルテを形成する陸生のオオミズゴケとシュレンケにマット状に広がる半水生のハリミズゴケである．鈴木兵二（1978）によると，1971（昭和46）年にビュルテの周辺にコアナミズゴケが生育していたそうである．

　ミズゴケは一般に貧栄養・酸性の水を好み，中性（pH 7）で枯死するという珍しい植物である．深泥池のハリミズゴケとオオミズゴケは緩衝液で実験的に育てるとpH 6以上ではほとんど伸長せずに短期間で枯死する．深泥池現地の池水や流入水で育てるとpHが6以上でもある程度の伸長を示し，図2のように，pHが6で，かつ電気伝導度が大きいと枯死する．すなわち，電気伝導度が40μS/cm，25℃程度だと20日間でも枯死せず，50μS/cm，25℃以上だと枯死する．ミズゴケの涵養水の電気伝導度はなぜ重要なのか．ミズゴケは細胞壁成分のウロン酸が酢酸同様にカルボキシル基をもち，涵養水を酸性化するはたらきがある．そのため，蒸留水のように空気中の二酸化炭素を含んで弱酸性でpHが6程度であっても電気伝導度が小さい，すなわち緩衝能が小さいと酸性化作用がはたらいて健全に生育するが，水道水や排水を含んだ水のように電気伝導度が大きい，すなわち緩衝能が大きいと酸性化作用が追いつかずに枯死すると考えられる．現在の降水は昔のようには貧栄養ではなくなったが，それでも平均的には電気伝導度が20μS/cm，25℃程度なのでミズゴケの生育には十分である．

　深泥池のミズゴケは年20-30cm伸長する．これは尾瀬の数10倍にあたる．これには深泥池の温暖さと栄養塩の多さが関係していると思われる．貧栄養性のミズゴケはpH以外に涵

図1　オオミズゴケ（褐色）とハリミズゴケ（黄緑色）
（2002年12月10日撮影）

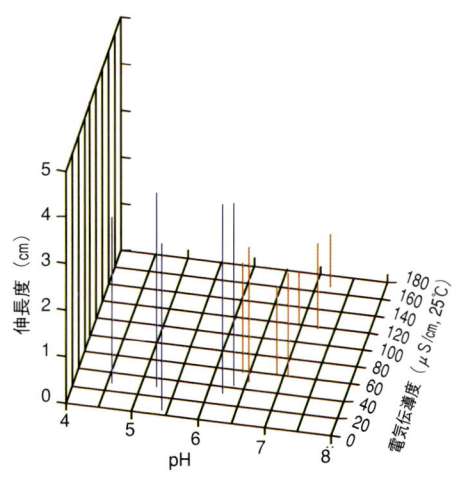

図2　深泥池自然水の水質とハリミズゴケの伸長成長．20日間の栽培で生存は青，枯死は赤で示す．

養水の栄養塩の影響を受けると思われる．栽培実験では，硝酸イオンとアンモニウムイオンは生育に影響しなかったが，リン酸イオンは生育を阻害した．　　　　（藤田　昇）

一年生草本――貧栄養ゆえに生育

深泥池浮島ではハリミズゴケーマット付近にホシクサ類とカリマタガヤ，ハリイなどの一年草が生育する．毎年開花・結実して親植物は枯れ，次の世代は毎年種子から生育する．地下部が越冬して栄養繁殖する多年草と比べて，一年草の代表と思われている雑草は移動能力は高いが，成長競争には不利であり，耕地や路傍など人為などの攪乱の強い不安定な環境に適応して多様化したと考えられる．湿原は水位が高いために樹木は生育しにくいが，森林同様に安定した環境と考えられ，多年草が優占する．しかし，湿原には湿原特有の一年草が分布する．湿原の生きたミズゴケやミズゴケ泥炭は栄養塩の供給が少なくて貧栄養であり，ヨシなどの大型の多年草が侵入できないため競争に弱い一年草が生育できると考えられる．

現在のハリミズゴケマット付近には，本来

図3　一年生草木のケイヌヒゲ（2001年10月11日撮影）

高層湿原には分布しないメリケンカルカヤ・アメリカセンダングサの一年草の帰化植物や多年草のチゴザサなどの優占が見られる．この原因としては，池水の近年の富栄養化がハリミズゴケ部にも影響していることや，ミズゴケの涵養水である雨水が昔に比べると窒素やリンの栄養塩を含むようになったことが考えられる．　　　　　　　　　　（藤田　昇）

トキソウ――蜜を出さず訪れる昆虫は少ないが…

トキソウは草丈の低い貧栄養な湿原に生育するラン科の多年草である．深泥池の浮島では5月下旬ごろ一面の群落が現れる．20cmほどの茎の先に朱鷺色の可憐な花を一つ付ける．かすかな香りがある．どんな昆虫が訪れるのだろうか．

10数年前，トキソウの訪花昆虫を調査した．花盛りの午前，5人ばかりが思い思いに花の前に立った．待つこと数時間….しかし1頭の虫も観察されなかった（その後トキソウの花粉塊を体につけたツヤハナバチがようやく1例観察されている）．

植物と昆虫の関係は，花粉を運んでもらう報酬として植物が蜜を与えるという調和的なものばかりとはかぎらない．トキソウの花は蜜を出さない．いわば「騙し」のテクニックである．報酬がない以上訪れる昆虫が稀なのももっともだろう．

では実を結ぶことはできるのだろうか．花に目印をつけて成り行きを観察すると，およそ20%が果実を作った．人為的に花粉を付けてやると，他家受粉でも自家受粉でも約8割が

図4　かすかな香りがあるトキソウ

実をつけた．この差は自然状態ではトキソウが花粉不足に陥っていることを示す．

花の内部を調べてあらたな送粉者の候補が見つかった．一般の人にはなじみのない花粉を食べる微細な昆虫アザミウマである．花粉塊に群がりあたりを歩き回って花粉を柱頭まで運ぶらしい．こうして大切な花粉を食害する敵までも雇って，「騙し」で失った送粉サービスを補っている．花は花，虫は虫でそれぞれ頑張っているのである．　　（松井　淳）

ホシクサ類

ホシクサ属は湿地に生える一年草または多年生草本で，日本に約40種が生育する．深泥池浮島には，シロイヌノヒゲ，ケイヌノヒゲ，クロホシクサの3種の一年草が生育する．この3種は生育場所が異なり，シロイヌノヒゲはミズゴケの生育部，とくにハリミズゴケーマットに優占する．シュレンケのミツガシワ部には普通は生育しない．

ケイヌノヒゲは，オオミズゴケービュルテが崩壊直後のシュレンケに優占する．1980年当時は浮島に広く見られたが，近年は崩壊すべきビュルテが崩壊しつくして新しいビュルテの崩壊が少なく，古いビュルテ崩壊跡のミズゴケ泥炭の分解が進んだためか，シュレンケのケイヌノヒゲ優占部が少なくなり，かつてのケイヌノヒゲの優占部にはオオイヌノハナヒゲが優占するようになってきた．

クロホシクサは頭花が藍黒色で，深泥池の

図5　浮島の周囲のクロホシクサ
崩壊前の浮島内部のものより明らかに大きい
（2003年11月19日撮影）

ホシクサでは最も小型である．ハリミズゴケーマットには生育せず，ケイヌノヒゲに似た生育場所と思われるが，なぜか浮島での分布は非常に限られている．水位変化に鋭敏で近年の水位低下のために浮島中央部では見られなくなった．

（藤田　昇）

サワギキョウ——ハナバチを誘う踊り子

サワギキョウは湿地に生えるキキョウ科の多年草である．草丈は50cmから大きいものでは1mを越え，8月末から9月初旬にかけて，鮮やかな紫色の花を穂状につける．

よく知られたキキョウの星形の花とはことなり，サワギキョウの花は両手をひろげた踊り子のような左右対称形をしている．しかしよく見ると花びらは付け根のところで一つにまとまり筒となっていて，もともと5枚あった花弁が1・1・3にアレンジされたものと理解できる．

もっとおもしろいのは踊り子の「顔」にあたる部分である．はじめ「顔」の下には細いがわりとしっかりした毛が突き出している．試みにこの毛に指で触れると中からププッと白い花粉が押し出されてくる．花にやってきた虫がこの毛にさわればなにが起こるか，もうおわかりだろう．これは雄しべの葯が隣同士くっついてできた花粉袋だったのである．3枚が一つになった正面の花弁はちょうどそこに花蜂が着陸して蜜源に進むためのプラットフォームの役割を果たす．プラットフォームと花粉袋の距離は花蜂類の「背の高さ」と絶妙にアジャストされている．というわけで，サワギキョウの花は花蜂による送受粉に適応した形であるといえるのだ．実際，深泥池ではクマバチが主要な訪花昆虫である．

開花から2日ほどたつと，今度はその袋を突き破って雌しべが伸び出してくる．こうしてサワギキョウの花は，花粉を送り出す雄の時期と花粉を受けとる雌の時期を分けている．これは雄性先熟と呼ばれ，植物が自家受粉を避ける仕組みの一つとされる．

（松井　淳）

図6　キキョウ　　図7　踊り子のようなサワギキョウ

ホロムイソウ —— 深泥池が世界の分布南限地

ホロムイソウが深泥池にあるのを見付けたのは宮本水文で，村田が同定確認し，『植物分類地理』25巻157頁（1973）に発表した．この植物は北半球の温帯・亜寒帯の湿地にひろく分布し，日本でも本州中部以北のミズゴケのある高層湿原にときどき生育している．

1960年頃までは尾瀬原が世界の分布最南端として知られていた．それが1963年に岐阜県にある天生峠（1300m）で，1973年に深泥池の浮島，さらに近年福井県大野郡和泉村でも見つかった．深泥池は標高わずか70mあまりである．これは世界的な驚異で，今もホロムイソウの世界の分布南限地は深泥池である．第四紀の最終氷期に氷河の南下につれて，このあたりまで過去に分布していたことを示す生きた証拠であり，その時代には京都付近が亜寒帯的気候であったことが考えられる．

単子葉植物で茎は10-30cm，葉は細く直立してやや筒状，花は長さ3mmほどの6枚の花被があるが，小さく緑黄色で目立たない．果期には子房が3個広卵形に膨らむ．

浮島のミズゴケ群落の中は，貧栄養，酸性，過湿で他の植物が生えにくいために，今日まで生き残ったのであろう．　　　　（村田　源）

図8　ホロムイソウ

カキツバタ —— 深泥池ではなぜか白花が多い

5月の浮島はすっかり緑が濃くなる．けぶるような初夏の雨にカキツバタはよく映える．池の南側の散策路から双眼鏡で探せば，すっと立った花茎の先に白い花が見えるだろう．

カキツバタは低湿地に生えるアヤメ科の多年草である．花色はふつう青紫であり，深泥池から約1km西にある大田神社の群落でもそうだが，深泥池ではなぜか白花が多い．

花のしかけが凝っている．三方に開いた3枚の大きな花びら（外花被片）はつけねに模様がある．これは萼にあたるが，昆虫の着陸するプラットホームであり蜜のありかへの入り口となる（本来の花弁である内花被片はずっと小さく外花被片と交互に付いている）．入り口を庇のように覆っている花びらは，雌しべの先が三つに分かれたもの（花柱枝）で，花粉を受けとる柱頭がその下面にある．雄しべは蜜への通路の中にあり，虫が這い込むときに花粉の詰まった葯がちょうど背中に触れるように配置されている．虫が蜜を求めてこの花に出入りすることで花粉が花から花へ運ばれる造化の妙である．深泥池には，ヨーロッパ原産で，明治期に園芸目的で導入されて野生化したおなじアヤメ科のキショウブも見られる．花は黄色で他の景観にはどことなく不釣り合いである．おもに池の岸に沿った抽水植物帯に生育していて，浮島の西の端にも一部侵入が確認されているものの，この30年間ほどでは，浮島上の分布を拡大してカキツバタを圧迫するには至っていない．

図9　白色が多い深泥池のカキツバタ（1995年5月11日撮影）

「何れ菖蒲か杜若」という言葉がある．どちらもすぐれていて優劣のきめがたい意（広辞苑）だそうだが，よく似ているものを指すのに用いられることもある．アヤメは外花被片基部の模様で識別できるが，野外では草地に生え，水辺に生えるカキツバタとは生育場所が異なる．栽培されるハナショウブもおなじ仲間である．しかし，端午の節句の菖蒲湯に入れるショウブは，水辺に生え，葉はにているもののサトイモ科に属し，全く別の仲間の植物である．　　　　（松井　淳）

ミズオトギリ ── 14種もの狩蜂が吸蜜に

　初秋9月に入ると浮島のあちこちでかわいらしいピンク色の小さな花が咲きはじめる．ミズオトギリと呼ばれる多年生草本の花で，午後3時頃開花し夕方にはもう閉じてしまうという風変わりな性質をもっているため，いくら朝早起きして観察にいっても咲いている姿を見ることができない．

　変わっているのは花の咲かせ方だけではなく花にくる昆虫も他の植物と大きく異なる．この花の主要な訪花昆虫は狩蜂類，スズメバチ・アシナガバチの仲間やドロバチ・トックリバチの仲間などで，深泥池では実に14種の狩蜂がミズオトギリの花にやってくる．肉食の狩蜂も初秋には色々な花を訪れ，他の昆虫に混じって吸蜜をする．しかし，ミズオトギリのように狩蜂ばかりがやってくる花はめったにみられない．面白いことに浮島中央部と二次林との境界部ではミズオトギリにやってくる狩蜂の種類が異なる．中央部ではアシナガバチ類が目立ち，境界部ではドロバチの仲間ばかりが訪花していた．アシナガバチ類は

図10　ミズオトギリ（2005年8月18日撮影）

浮島の上の草むらで営巣しているのがよく見られるが，ドロバチの仲間は乾燥した土を巣材に用いるため池周辺の二次林内に営巣している．両者とも営巣場所に近いところに生えているミズオトギリの花を訪れているようである．

　現在，ミズオトギリは京都府のレッドデータブックで準絶滅危惧種に指定されている．京都府下での湿地環境の減少自体がこの種の存続に大きな影響を与えている．　（丑丸敦史）

食虫植物 ── 貧栄養な環境に適応

　植物の光合成は，炭水化物であるブドウ糖を合成する作用で，生きて成長するためのエネルギー源を得る働きである．光合成によって炭素と酸素は体内に取り込まれるが，植物が生きて成長するためには他の元素も必須である．植物は根を通して土壌から水と栄養塩を吸収するのが通常だが，昆虫などの小動物を捕まえて消化，吸収し，動物の体を分解して窒素・リン・カリウムなどの必須元素を取り込むのが食虫植物である．したがって，食虫植物は栄養塩が不足する，貧栄養な環境に適応しており，泥炭湿地には多い．

　深泥池には，浮島のシュレンケのハリミズゴケ部に種類が多く，モウセンゴケやタヌキモ属のミミカキグサ，ホザキノミミカキグサ，イトタヌキモが分布する．ミミカキグサはハリミズゴケが生育していないシュレンケにも

多くみられる．また，モウセンゴケはビュルテのオオミズゴケ部にも見られ，イトタヌキモは池塘にも水草として分布する．開水域にはタヌキモが広く分布する．モウセンゴケは粘液をだす葉の腺毛で陸上の動物を，タヌキモ属は葉や地下茎の捕虫嚢で水中の動物を捕まえる．タヌキモの捕虫嚢は大きいので，ミジンコなど動物が捕らえられているのがよく見える．
　　　　　　　　　　　　　　　（藤田　昇）

図11　ミミカキグサ（黄色）とホザキノミミカキグサ（紫色）
（2005年11月10日撮影）

ミツガシワ──深泥池の富栄養化にも適応して生育

　ミツガシワは周北極分布で北半球の寒冷地に多い．氷期からの生き残りと考えられ，北海道，本州，九州に分布するが，深泥池のような暖温帯の低地には珍しい．湿原の縁から開水域の水面に広がって生育するのが普通だが，深泥池では開水域以外に浮島のほぼ全域に生育し，4月には池全体を白い花絨毯で覆う．

　暖温帯では，貧栄養で水温の低い湧水などがある湿地に限られて生き残ってきたと考えられる．しかし，深泥池では池の富栄養化にもかかわらず，というか富栄養化に適応して，尾瀬などの寒冷地の数十倍から数百倍の年成長を示して旺盛に生育している．夏季の浮島浮上時にいったん葉を枯らし，秋に再び開葉するのが寒冷地の植物の名残であろう．深泥池では氷期からのレリックと考えられているが，氷期以降に新しく水鳥によって運ばれたのではなく，本当に氷期のレリックであることは実は確かめられていない．

　花には，雌しべが雄しべより長い長花柱花

図12　ミツガシワ（短花柱花）（1990年4月4日撮影）

の個体と雌しべが雄しべより短い短花柱花の個体の2型があり，自家受粉を避ける仕組みと考えられている．浮島ではそれぞれがパッチ状に分布するので，個々のパッチは栄養繁殖で広がったと思われる．短花柱花は結実しないと書かれている図鑑もあるが，遠藤彰によると深泥池では2型とも結実するそうである．結実は良く，浮島で種子はよく見られるが，発芽は見たことがない．種子の殻を傷つけると良く発芽するので，発芽能を持っているのは確かである．

（藤田　昇）

イヌノハナヒゲ類──近畿地方では産地は少ない

　イヌノハナヒゲ属（*Rhynchospora*）は貧栄養向陽湿地に生える多年草である．その中でミカヅキグサ，イヌノハナヒゲ，オオイヌノハナヒゲ，イトイヌノハナヒゲが深泥池に知られている．

　ミカヅキグサは最近浮島に生育していることが確認されたもので，学術総合調査の時にはまだ見つかっていなかった．北半球の温帯から亜寒帯に広く分布し，日本でも本州中部以北の湿地ではそれほどめずらしくはない．近畿地方になると産地は少なく，三重県，滋賀県，大阪府に知られていただけで，とびはなれて九州にわずかに産する．ホロムイソウやミツガシワと同じように，北方系の遺存であろう．全体に小さく，小穂は白い．

　ほかの小穂が褐色のものは旧大陸に近縁のものがあり，地域的な変異の多様性に富み，ミカヅキグサよりも古い歴史を持った大陸系の植物と考えられる．

　イヌノハナヒゲは刺針状の花被が果実の2-3倍長で上向きの小突起があり，オオイヌノハナヒゲでは3-4倍長で平滑か下向きの小突起がある．小突起はルーペの倍率では判定が困難で，区別は難しい．種子では，イヌノハナヒゲは光沢がなく，オオイヌノハナヒゲは茶褐色で光沢があるので，一応の区別ができる．イトイヌノハナヒゲは茎や葉が大変細く，刺針状の花被は果実よりわずかに長いだけで，時に刺針状花被に小突起のないのがある．イトイヌノハナヒゲは過去に記録があるが，いまは深泥池では絶滅してみられない．

（村田　源）

図13　オオイヌノハナヒゲ
（1990年10月10日撮影）

低層湿原の植物

身近な植物ヨシ・マコモ

　深泥池はまんなかの浮島に氷期の遺存種が生育するミズゴケ湿原がある．しかしまわりは暖温帯に普通な山あいの池であり低地の湿地にみられる水辺植物が豊かである．

　ヨシの仲間が2種ある．池の北側の道路沿いや病院近くから東の沿岸に広く見られるのがヨシである．一方西岸の公園前から浮島を望むと冬も緑色をしてひときわ高く茂るパッチが目にとまる．こちらはセイタカヨシ（セイコノヨシ）だ．

　マコモは大きな川や湖などの水辺の移行帯で帯状に分布する大型のイネ科植物で，ヨシ群落の外側（沖側）を占めることが多い．一見すると水辺の大きなススキといった風情の植物だ．かつて葉は編んでむしろとした．秋には穂がつき，昔は救荒植物として食べられることもあったようである．平野部の低湿地で人に身近な植物であったことは，和歌で「真菰刈る」が「淀」や「堀江」にかかる枕詞であることからもうかがい知ることができる．また黒穂菌が寄生して肥大したマコモの芽を乾したものを真菰墨といい，絵具や眉墨としたほか，中国などでは食材とされることでもよく知られている．

　自然の比較的よく残された水辺の象徴ともいえるヨシ，マコモなのであるが，これらは湿地でも富栄養な湿原に生育する植物で，現在の深泥池ではこれらの植物が必ずしも歓迎できない事情が一方にある．

シュレンケに優占する特徴的な湿性植物

　この25年間ほどだけを見ても，浮島上ではヨシの分布面積が拡大傾向にある．浮島にヨシが侵入すると，ヨシは他の抽水植物にくらべて生産力が高く，茎葉が分解されて湿原は富栄養化される．その結果，ミズゴケが枯死し，いっそうヨシが分布を広げる．また泥炭にしっかりと地下茎を張ることで浮島の季節的な浮沈を妨げ，ヨシ群落になってしまうとミズゴケは衰退し，

図1　近年浮島で分布を広げているカンガレイ（2005年8月18日撮影）

貧栄養湿地性の矮弱な植物は被陰されて生育できなくなる．マコモは北の沿岸部や浮島外縁部，さらに泥炭底の南開水域の比較的水深の浅い部分で近年生育が非常に旺盛になってきており，水生植物群落の立地を直接侵食するとともに，抽水植物として開水面を埋め，陸化を促進する．

　さて，浮島のシュレンケで優占する特徴的な湿性植物にはほかにカヤツリグサ科のオオイヌノハナヒゲやカンガレイがある．

　オオイヌノハナヒゲはミズゴケ部にも見られるが，ミズゴケのないシュレンケに優占する．高さ60cm内外で叢生し，大きな株を作る．以前はオオイヌノハナヒゲの生育しないミツガシワの純群落状態のシュレンケが広く存在したが，現在ではそのほとんどにオオイヌノハナヒゲが生育するようになった．かつては低湿地に普通な植物であったようだが，2002年に刊行された京都府のレッドデータブック（RDB）では絶滅危惧種（京都府）に指定されている．

　カンガレイはちょっと変わった姿をした植物である．高さは数10cmから1m．断面が三角形の茎だけがツーと涼しげに伸びて，夏には先のほうに茎の破れ目から穂が数個飛び出す．ほんとうは穂は茎の先端についているのだが，穂の付け根にある苞葉が茎と同じく三角形の断面のままつながって伸びるので茎が破れたように見えるのである．葉が見あたらない．形態学上の葉は茎の根元に鞘状のものがあるだけで，光合成はもっぱら茎が行っている．株は小さく束生するが地下茎で面的に広がり，現在は浮島のあちこちで他の植物を排除して密で大きなパッチを作っている．

（松井　淳）

浮島に生育する木本植物

浮島を眺めると，ビュルテの上にたくさん木が生えている．ところが，浮島の上にはたくさんの枯れ木も立っている．枯れたばかりのように見えるものもあれば，枯れてからずいぶん時間がたったように見える枝がなく幹だけになったものもある．よく見ると，枯れ木はビュルテの上にはない．ビュルテが壊れて，根が水につかると木は枯れるからである．

図1 ネズミサシ（2004年11月22日撮影）

環境悪化にともない増加

深泥池団体研究グループ（1976a, b）が，1905（明治38）年以降浮島の上に草原性植物と山地性植物の数が増えたことを指摘した．浮島上で見つかった山地性の木本植物は，三木（1929）が調査した時には14種，桝井の調査時（1963-67）には21種と増えた．深泥池団体研究グループの調査時には23種，深泥池学術調査（1977-1980）の時には28種に増えた．1960年代後半から急に浮島の上に生育する木本植物の数が増加した（表1）．それはまた，ヤチスギランなどが池から姿を消した頃でもある．1960年代からの池の環境悪化が原因である．

1960年代前半に，まず，湿地性のミヤコイバラが浮島に入ってきた．

1960年代後半に，カナメモチ，アセビ，ヤブコウジ，ホツツジ，アオハダが，1970（昭和45）年前半にコバノミツバツツジ，モチツツジ，ヒノキが入ってきた．そして1970年代後半にカクミノスノキ，ネズミモチ，ウワミズザクラ，クスノキ，ジャヤナギが侵入してきた．

健全なビュルテの半数以上（常在度50%以上）に生育する木本種のうち，湿地性のノリウツギ，ジャヤナギ，アカメヤナギ，ミヤコイバラ，アカマツ，イヌツゲ，ネジキ，シャシャンボは，深泥池の周りのアカマツ林にもコナラ・アベマキ林にも見られるが，アカマツ林に多く，基本的にアカマツ林のメンバーである．ソヨゴ，ネズミサシ，ナツハゼなどもアカマツ林のメンバーである．しかし，表のタカノツメより下のものは，今後定着して増えるかどうかはまだわからない．

（田畑英雄）

表1 浮島上のビュルテに生育する木本植物の変化

	1929年	1968年	1976年 ビュルテ	1981年（ビュルテ） 健全+ 223*	退行+ 281*	崩壊+ 122*
イヌツゲ	○	○	c	94.6	92.5	66.3
ノリウツギ	○	○	c	80.7	66.9	51.6
アカマツ	○	○	c	62.3	48.7	11.5
ネジキ	○	○	c	60.9	36.3	4.9
シャシャンボ	○	○	c	51.6	32.0	
ヤマウルシ	○	○	c	26.9	8.2	
ソヨゴ	○	○	c	25.6	6.0	
ネズミサシ	○	○	c	21.1	12.8	0.8
ミヤコイバラ		○	p	17.5	9.6	8.2
ナツハゼ	○	○	p	14.8	6.0	
ウメモドキ	○	○	p	11.6	7.5	4.1
イソノキ	○	○	r	6.7	2.8	
タカノツメ	○	○	r	2.7	0.7	
カナメモチ		○	r	2.2	0.7	
アセビ		○	p	1.3	2.5	
コバノミツバツツジ			r	1.3		
カクノミスノキ				1.3		
ネズミモチ				0.4		
ウワミズザクラ				0.4		
ヒノキ			r	0.4		
アカメヤナギ	○	○		0.4		
クスノキ				0.4		
ヤブコウジ		○	p	0.4		
ケハネミイヌエンジュ		○	r	0.4		
ホツツジ		○	r			
モチツツジ			r		0.4	
ジャヤナギ					0.8	
アオハダ		○	p	r		
クロミノニシゴリ	○	○	r			
アクシバ				r		

*：ビュルテ数，+：発達段階，c：一般的，p：限定的，r：稀
数字は常在度（%）

絶滅した植物

　北村・村田（1981）によると，浮島で絶滅した植物は，コアナミズゴケ，ヤチスギラン，コモウセンゴケ，オギノツメ，ムラサキミミカキグサ，ヤマラッキョウ，シカクイ，コイヌノハナヒゲ，ホタルイ，サンカクイ，サギソウなどである．絶滅の原因としてはいくつか考えられる．例えばサギソウの場合は，売買目当ての人による盗掘が考えられる．ヤチスギラン，コモウセンゴケ，ムラサキミミカキグサ，コイヌノハナヒゲなどのハリミズゴケマットに生育する植物については絶滅の理由として，ハリミズゴケのマットが大きく数を減らした時に絶滅した可能性が考えられる．もう一つは，池水と降水の近年の富栄養化のためかハリミズゴケマットにメリケンカルカヤなどの移入種が侵入し，カリマタガヤなどの一年生草本が密に茂るようになり，小型や匍匐性（ほふく）の植物が排除されたことも考えられる．このように，直接の水質変化だけでなく，植物間の競争による排除，絶滅も生じ得る．

　池では，イチョウウキゴケ，サンショウモ，アカウキクサ，マツモ，オグラノフサモ，タチモ，フサモ，ガガブタ，アサザ，キクモ，ノタヌキモ，フサタヌキモ，マルバオモダカ，クロモ，ヒルムシロ，フトヒルムシロ，ホソバミズヒキモ，ホッスモ，アオウキクサ，クログワイなどである．水草は原因がよく分からずに急激に消長する場合があり，消えたと思われた水草が再び出現する場合もある．深泥池ではっきりしているのは，近年の池の水質の富栄養化，pHの中性化，水道水の放流による過剰な残留塩素などの影響で，アサザ，タヌキモ類，フトヒルムシロなどの山間の貧栄養なため池や水田に生育する植物は見られなくなったと考えられる．ヒツジグサは開水域で消えたが1980（昭和55）年以降浮島のビュルテに陸生型でかろうじて生き残っている．

（藤田　昇）

図1　分布が狭くなったヒメコウホネ

新発見の植物

　深泥池の植物相については，大正時代の小泉・木梨（1920-1921）の調査以来詳しい調査がなされて来た．そのため，外来のものは別にして，新たな高等植物（維管束植物）の発見はもう望めないと見られていた．ところが2002（平成14）年9月に，光田と大本花明山植物園（京都府亀岡市）の津軽俊介・澤田徹は，浮島中央部のオオミズゴケが盛り上がったビュルテで，京都府からは報告されていないカヤツリグサ科の植物に気づいた．全体がオオイヌノハナヒゲにやや似ているものの，果実のつく先端部がいちじるしく白く，その場でミカヅキグサである疑いが強まり，後日標本で検討した結果確定した．2004年8月現在50株ほどが現存している．

　ミカヅキグサは北方系植物の一つで，近畿地方では分布は局所的であり，レッドデータブック近畿2001では絶滅危惧Cにランクされている．カヤツリグサ科の植物の種子は，濡れた状態で水鳥などの足に付着して分布を広げる可能性があり，最近深泥池に入った可能性は皆無ではないが，近畿地方では稀であることから考えると，たぶん昔から浮島にあったのだろう．夏から初秋にかけては果穂が白くて目立つが，秋には茶色に変色し，オオイヌノハナヒゲと見誤りやすい．

（光田重幸）

図1　2002年に発見されたミカヅキグサ

浮島にもキノコが生える

　深泥池内部の浮島周辺および浮島そのものの担子菌類相については不明な点が多い．高津は，1996（平成8）年から1997年にかけて計4回ほど浮島内で調査した．その際，目にした担子菌類の子実体はミズゴケノハナ，ミズゴケタケ近縁種，アミタケ，オウギタケ，ハカワラタケの5種程度と記憶している．確認された種類数の少なさは当然調査回数の少なさによるところが大きいと思われるが，この5種からだけでもその生態は多様であることがうかがえる．

　ミズゴケノハナやミズゴケタケは大きくは植物遺体を分解する菌であり，オオミズゴケの茂った浮島上で見られる．図1のミズゴケタケの子実体がオオミズゴケ上に出ている高さはせいぜい10cm程度であるが，その柄の長さは思いのほか長いことが多く，オオミズゴケの表面より15cm以下から発生していることも珍しくない．子実体柄の基部には白い菌糸マットが見られることもあるが，周辺のオオミズゴケそのものは白っぽくなってはいるが，断片化せずもとの形を維持していることが多いことから，オオミズゴケの分解というより，オオミズゴケと共生もしくは寄生しているという可能性もある．

　また，大きく発達した浮島の中心部にはアカマツが侵入し，9月下旬の調査時にアカマツの下でアミタケとオウギタケの子実体の発生しているのを目撃している．これらの種は生きたアカマツの根と外生菌根共生をしている外生菌根菌であるが，浮島上のアカマツは根を浅く張り，ビュルテの表層内に広く伸ばしているのが知られており，水分で飽和した泥炭内のアカマツの根に発達した外生菌根を見つけることは希である．もしかしたら，浮島のアカマツの外生菌根菌はかなり表層に集中して生息しているのかもしれない．

　また，浮島の端からアカマツの生えている中心までビュルテの表層中のリン酸濃度を測定したところ，樹木が生育して，オオミズゴケが枯死している浮島の中心付近で高濃度であった（表1）．外生菌根菌はリンを可容態リンに変える能力が高い（Smith and Read, 1997）ので，アカマツなど外生菌根性樹種の浮島への侵入は，浮島内のリン酸濃度を増加させ，貧栄養な環境に適応したミズゴケ湿原をさらに衰退させる可能性がある．

　したがって，ミズゴケ湿原における外生菌根菌の多様性をモニタリングすることは浮島の保全の観点からも重要と考えれられる．

（高津文人・藤田　昇）

表1

採水地点 （浮島中心部からの距離cm）	地上植生 （樹木帯：アカマツを含む木本植生，ミズゴケ帯：オオミズゴケのマット）	リン酸濃度 （ppm，ただしn.d.は検出限界濃度以下を意味する）
0	樹木帯	6.27
50	樹木帯	5.84
100	樹木帯	4.26
150	樹木帯	6.04
200	ミズゴケ帯	n.d.
250	ミズゴケ帯	n.d

1996年7月25日，表層を押しつけて採取した水をイオンクロマトで測定

図1　ミズゴケタケ近縁種（2004年12月15日浮島にて撮影）

深泥池に生育する氷河期の生き残りのコケ

　コケ植物は高等植物と比べて分布域の広い種が多い．アジアの熱帯から日本まで分布を広げている種，ユーラシアと北米の冷温帯地域を通して広く分布する種，東アジアの暖温帯地域を日本からヒマラヤの麓まで分布している種，あるいは東アジアと北米東部に隔離分布する種，全世界に広く分布する種などがその例である．深泥池のある京都市周辺で普通に見られるコケ植物の多くは，日本固有種や東アジアを分布の中心とする種であるが，深泥池の浮島上にはその周辺では見られない分布上注目すべき種が生育している．

世界分布最南限のケスジヤバネゴケ

　深泥池のコケ植物が特に注目されるようになったのは，1981（昭和56）年に浮島上でケスジヤバネゴケとアカヤバネゴケという京都府はもとより近畿地方からもそれまで知られていなかった2種の苔類が発見されてからである．それら2種が注目されたのは，近畿地方新産の種が見つかったというだけでなく，それらは深泥池の浮島の氷期から現在までの歴史を考える上で興味深い存在であると考えられたからであった．

　ケスジヤバネゴケとアカヤバネゴケはともに北半球の冷温帯から亜寒帯にかけて広く分布するが，日本では中部地方以北の高山帯にしか分布しておらず，そのようなコケが深泥池で見つかるとはまったく信じられないことであった．とくに，ケスジヤバネゴケはそれまで青森県の八甲田山のミズゴケ湿原が日本での唯一の産地であり，深泥池が日本での2番目の産地ということになったのであるが，その後もまだ他の産地は見つかっていない．深泥池はケスジヤバネゴケの世界での分布の最南限ということにもなる．また，アカヤバネゴケは長野県の白馬岳や八ヶ岳，山形県の朝日岳などの中部地方と東北地方の高山帯からしか知られておらず，深泥池のような低地で見つかるのはきわめて異例のことである．

氷河期以降も生存した2種のコケ

　ケスジヤバネゴケとアカヤバネゴケはいずれも苔類では植物体が最も微小な分類群の一つであるコヤバネゴケ科に属し，植物体の大きさはケスジヤバネゴケで1cm前後，アカヤバネゴケで2mmぐらいである．ケスジヤバネゴケは浮島の周縁部で，生きたオオミズゴケとハリミズゴケの形成するマットの中に水に浸るような状態で生育している．それと対照的に，アカヤバネゴケは浮島上のオオミズゴケや他の植物の遺体によって形成されたやや乾いた腐植上で生育しており，生きたミズゴケのマットの中では決して見つからない．

　これら2種は氷期には近畿地方にも広く分布していたが，氷期以降の温暖化にともなって，深泥池を残してこの地方からは消えていったものと思われる．深泥池では氷期以降も高層湿原に似たミズゴケ湿原が存続しつづけたことによって，これらの種が現在まで生き残れたのではないかと考えられている．浮島でのビュルテの減少が続くと浮島に生育する氷期の生き残りと考えられているこれらのコケの生存を脅かすことになるのではないかと危惧している．

（長谷川二郎）

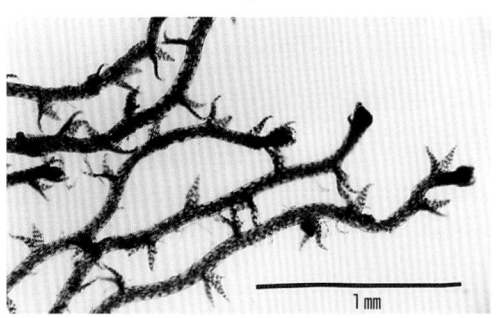

図1　ケスジヤバネゴケ

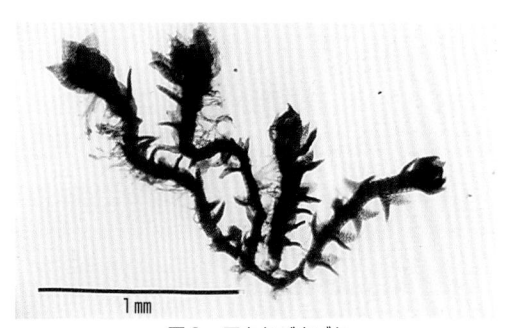

図2　アカヤバネゴケ

浮島の動物

ミズグモとその生息環境

1930年深泥池でミズグモを発見

　世界には約3万5千種のクモが生息しているが，水中で生活するのはミズグモだけである（図1）．ミズグモはヨーロッパから日本まで旧北区に広く分布しており，日本のものはヨーロッパとは別の亜種とされている（Ono, 2002）．

　ミズグモはもっぱら遊泳によって水中を移動する．魚や水生昆虫のようにエラを持っているわけではないが，ミズグモは腹部などに密生する軟毛に空気を付着させ，アクアラングをつけたダイバーのように，水中を遊泳する．ミズグモは，水草などを糸で綴って網を張り，運んできた空気をその下に溜め込んでエアドームを作る（図2）．摂食・脱皮・交接・産卵などは水中に作られたエアドームで行われる（Bristowe, 1958）．

　日本では，ミズグモは1930（昭和5）年に初めて，京都・深泥池で発見された．池から採集されたタヌキモを入れた水槽で，ミズグモが2頭も見つかったのである．このことは，深泥池の開水面に繁茂する水草の間に多数のミズグモが当時は営巣していたことを示唆している．

1977年にはビュルテで採集のミズゴケから

　それから約半世紀後の1977（昭和52）年にはビュルテ（浮島の盛り上がった部分）で採集したミズゴケの間から1頭が，1982（昭和57）年にはビュルテに設置したピットホール・トラップの中から1頭が発見された．年間を通じてほとんど水没しないビュルテでミズグモが発見されたことは，このクモが時には陸上に上がることを示唆している．しかしその後，これらの場所ではミズグモは見つかっていない．したがって，ミズグモはこれらの場所には生息していないか，生息しているとしてもその密度は非常に低いものと思われる．

1993年にはシュレンケで発見

　1993（平成5）年になって新たな発見があった．多数のミズグモが，ハリミズゴケが繁茂するシュレンケ（浮島の平坦な部分）から発見されたのである．ミズグモは大・中・小の

図1　ミズグモ

図2　ミズグモの水中のエアドーム

三つのサイズグループから構成されていることから、このクモは3年で成体になると考えられた。これらのことから、深泥池におけるミズグモの生息地は現在では浮島のシュレンケに限定されていると思われる（吉田，1994）。

ただし、シュレンケの環境は季節によって変化する。もっとも顕著な変化は浮島の季節的な上下動によるものであり、冬にはシュレンケのほとんどは水没し、夏にはほとんどが干上がってしまう。ミズグモはシュレンケの水没期にのみ発見されており、干上がった時期にミズグモがどこにいるのかはわかっていない。水中でしか餌を捕獲できないならば、ミズグモは水を求めて、浮島の縁などに移動しているのかもしれない。

水没している時期でも、ミズグモの分布はシュレンケの特定の部分に局限されている。浮島の上昇がはじまって干上がった部分が増えてくる5月上旬には、ミズグモが採集された場所のpHは採集されなかった場所より低く、溶存酸素もかなり少ないという興味深い結果が得られている。ミズグモの潜在的な捕食者である魚類は、このような低酸素状態では生息できない。しかし、空気呼吸するミズグモにとっては、水中の酸素濃度の低さは問題にならないであろう（Masumoto et al, 1998）。ミズグモの餌となる小型の水生昆虫や甲殻類にとっても棲みにくい環境ではあろうが、ユスリカなどはかなりの低酸素状態で生息するものも知られており、必ずしも克服できない環境ではないのかもしれない。

ミズグモは、日本では北海道・青森県・京都府・大分県・鹿児島県の約10箇所の湖沼で採集されている。その多くは、泥炭が発達しミズゴケが繁茂する高層湿原である。水位の変動があまりない浅い湖沼で、ミツガシワやホロムイソウなど氷河期の遺存植物が繁茂し、水生昆虫が豊富で魚類があまり侵入できないような場所が、ミズグモにとって適切な生息地であるらしい。

（吉田　真）

センブリという名の虫がいる

深泥池の浮島には、ヤマトセンブリ Sialis yamatoensis が高密度で生息している（図1）。幼虫は他の虫を食べるどうもうな捕食者である。4月上〜中旬頃には、本種の成虫が池の岸辺にも飛んできて歩き回る姿を観察することができる。本種は、1995年に林文男と須田真一（Hayashi and Suda, 1995）が新種記載するまで81年間も Sialis japonica（現在のネグロセンブリがこの学名に入れ替わった）に誤同定されていた逸話がある。本種の模式標本は1957年に京都市宝ケ池で採集された標本であり、その後長い間記録されていなかった。このため、深泥池の標本がヤマトセンブリと同定された結果、深泥池の生物学的価値がまた一つ加わったことになる。本種は、その後、東京、神奈川、静岡、奈良、兵庫でも発見されているものの、分布が比較的局限されている希な種とされている。

（竹門康弘）

図1　2002年11月に浮島で採集したセンブリ属幼虫

クモ群集

深泥池には，開水面から陸化の進んだ部分まで，さまざまな環境が存在し，生物の多様な生息場所が形成されている．そのため，クモ類の種数も多い．そのなかで，いくつかの代表的なものを紹介しよう．

湿原の泥やミズゴケの上を徘徊している種として，もっとも目立つのは，コモリグモの仲間である．とくに，水辺を好むミナミコモリグモやチビコモリグモが多く，腹部の先端に白い卵の袋をくっつけて歩き回っている姿をよく目にする．同じく徘徊性のクロチャケムリグモもこの湿原にはたくさん生息している．また，カムラタンボグモという徘徊性のクモがいる（図1）．これは深泥池産の個体に基づいて1992（平成4）年に新種として記載されたものである．体長2㎜ほどの小型種であるため，ほとんど目立たないが，この湿原ではきわめて個体数が多い．さらに，ミズゴケの間や陸化した部分の落葉の間には，何種類ものサラグモ科のクモたち（体長はいずれも1-2㎜）が生活している．

湿原の浮島に生える植物上にもいろいろなクモがいる．樹木の枝先に造網するバラギヒメグモや樹木上を徘徊するネコハエトリ，アサヒエビグモなどは，とくに個体数が多い．

図2　ヨシの葉を巻いて作られたヤマトコマチグモの産室

図3　ヤマトコマチグモの産室を開いたところ

ヤマシロオニグモ，ワキグロサツマノミダマシ，ウロコアシナガグモなどは，各地でふつうに見られる造網性のクモであり，深泥池でも珍しいものではない．また，ヤマトコマチグモがヨシの葉を巧みに折り曲げて，独特の形の産室を作っていることもあるし（図2，3），草原に造網することの多いナガコガネグモが浮島で観察されることもある．

さらに，この湿原では意外なクモが発見されている．地中生活をするクモの一つであるワスレナグモは，地面に縦穴を掘って生活する（図4）．国内における分布域は広いものの，どこにでもいるという種ではない．このクモの雄が，浮島に設置したピットフォール・トラップによって採集されているのである（雄は繁殖期に徘徊するので，トラップで捕獲される）．通常は，ある程度しっかりした地面に巣穴を掘ると考えられるので，これが湿原に生息することは興味深い．湿潤な湿原でどのような巣穴を掘って生活しているのであろうか．このクモの巣穴は地面に丸い穴が開いているだけなので，それを見つけることはきわめてむずかしく，この湿原では巣穴も雌の個体も未発見である．深泥池のクモの謎の一つといえよう．

図1　カムラタンボグモ　　図4　ワスレナグモ

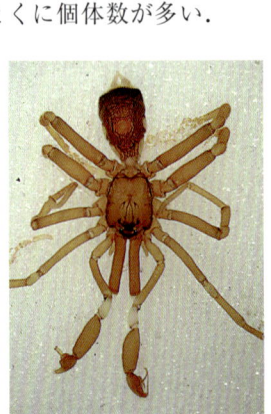

（加村隆英）

ミズゴケを住み処にする ササラダニ

　ササラダニ類は節足動物門クモガタ綱ダニ目の中で他の生物に寄生することなく，落葉や土の中の有機物を分解して生活している働き者である．深泥池においても浮島の古くなったミズゴケを分解したり，アカマツの落葉の中を掘り込んだりして日々奮闘している．

　ササラダニは一般には土壌動物と言われ，ミミズやダンゴムシ，ムカデやヤスデと同じように落葉を分解して，植物の栄養分としてリサイクルを担っている「分解者」である．湿原と言っても深泥池のように浮島が発達し，アカマツのような樹木まで生育している環境には，周囲の森林にも共通した種が生存していると同時に，ミズゴケ湿原に特有な種も生息している．

図1　ヒメヘソイレコダニ

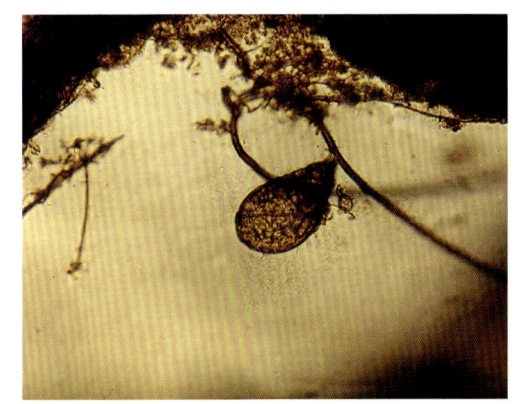

図2　ナミツブダニ

図3　ミズゴケの葉部分のササラダニ

図4　アカマツ針葉を掘り進むヒメヘソイレコダニ

　北日本の湿原のササラダニを精力的に研究している，奥羽大学の栗城さんによって湿原に特徴的であるとされた，多くの属がこの深泥池でも見つかっている．

　Trimalaconothrus, Malaconothrus, Liochthonius, Oppiella, Ceratozetes Trhypochthoniellus などであり，栗城（Kuriki, 2003）の「湿原を標徴するササラダニ」13属中，6属が記録されている．とくに深泥池に多数出現した属として，*Rostrozetes, Rhysotritia* があるが，これらは暖温帯に多く見られるグループであり，アカマツ針葉の落葉中に特徴的なものと思われる．

（高桑正樹）

浮島の底生動物

　浮島はミズゴケ類やその遺体がスポンジのように水を含んでいるので，陸地に見える場所でも踏み込むと沈んで周囲に水たまりができる．その中を手網で掬うとトビムシ類，水生昆虫類，クモ類，ミズミミズ類，底生性のミジンコ類やカイアシ類などの底生動物が見られる．これらの底生動物は，ビュルテとシュレンケがパッチ状に分布する環境構造に対応して複雑な種組成や群集様式を示すと考えられるが，浮島の底生動物群集についてはまともに研究されていない．これは，1970年代の総合学術調査以来，浮島に立ち入る調査をできるだけ控えるという方針により，底生動物群集の調査研究が開水域中心になったためである．このため，浮島内の底生動物群集については未知の部分が多く残されている．たとえば，ヤマトセンブリ，ハッチョウトンボ，ミヤマアカネなどのヤゴ類，ゲンゴロウ類，ガムシ類，水生半翅目などの捕食者が多い割に，それらの餌となるような一次消費

図1　コバンムシの成虫

図2　コバンムシの幼虫
（2005年7月22日撮影）

図3　ハッチョウトンボの雄成虫（2004年9月5日撮影）

者が少ないことは浮島の生物群集の構造を理解するために解くべき謎の一つである．

　また，深泥池の希少種は，浮島の環境と強い結びつきをもっているものが多い．たとえば，深泥池に分布する水生動物と昆虫類のうち，京都府レッドデータブックの掲載種は46種にも上るが，このうちおよそ4割にあたる18種が浮島に分布することが知られている（表1）．生活史が不明の種もあるので実際には半数以上が何らかの形で浮島に依存していると予測される．

　さらに，本来は深泥池の開水域に比較的普通に見られた底生動物が，現在では浮島内の池塘に分布が限られているものもある．たとえば，半翅目のコバンムシは1970年代には南西開水域のミツガシワの根際で普通に採集されたが，1990年代の調査では全く捕れなくなった．ところが2004（平成6）年の底生動物調査で浮島の西側にある池塘にかなりの個体数が残存していることがわかった．同じ池塘でコオイムシも確認されている．このように，浮島の存在は池全体の底生動物群集の種多様性を保全する上でも大いに重要な存在となっている．ただし，深泥池の歴史を考えると，浮島の植生はこの50年間で急速に変化している．深泥池の希少種を保全のためには，浮島の植生や環境を傷めない範囲で，現状を知るための調査を行う必要があるだろう．とくに，浮島の池塘やシュレンケに生息する底生動物については，分類群ごとのリスト作りから再調査する必要がある．　　　　　（竹門康弘）

第2章 深泥池生物群集の成り立ち

表1．深泥池に生息する水生動物と昆虫のうち京都府レッドデータブックに掲載された種のリスト．赤字は深泥池で絶滅したと判断される．背景が黄緑色の種は，生活史の全部ないし一部の生息場所を浮島に依存していると考えられる．背景が緑色の種は，生活史の全部ないし一部の生息場所を集水域の森林に依存していると考えられる．

種　名	京都府カテゴリー	環境省レッドリスト	現状	深泥池における分布域	生態情報
ミズグモ	絶滅危惧種	絶滅危惧Ⅱ類（VU）	生存	浮島内	ミズゴケの生えるシュレンケ内に棲む
ベニイトトンボ	準絶滅危惧種	絶滅危惧Ⅱ類（VU）	生存	抽水植物帯	樹木に囲まれた水草の繁茂した池沼
モートンイトトンボ	準絶滅危惧種	準絶滅危惧（NT）	減少	浮島内	草丈の低い湿性植物の生えた湿地
コバネアオイトトンボ	絶滅危惧種	絶滅危惧Ⅱ類（VU）	減少	浮島北東部	平地や丘陵部のヨシの生えた古い池
ムカシヤンマ	準絶滅危惧種	なし	減少	岸上の湿った土中	オオミズゴケの下の土中に穴を掘って潜伏
アオヤンマ	準絶滅危惧種	なし	減少	浮島周辺の抽水植物帯	腐食質の多い池沼に生息，ヨシの茎中に産卵
キイロサナエ	準絶滅危惧種	なし	減少	開水面または流入細流	河川中下流域の清流の砂底
キイロヤマトンボ	絶滅危惧種	絶滅危惧Ⅱ類（VU）	絶滅	開水面または流入細流	河川中流域の流れの緩やかな砂泥底
マダラナニワトンボ	絶滅寸前種	絶滅危惧Ⅰ類（CR+EN）	絶滅	浮島	林に囲まれているが開けた池沼
ハッチョウトンボ	準絶滅危惧種	なし	生存	浮島内	日当たりの良い湿地や湿原
ナニワトンボ	準絶滅危惧種	絶滅危惧Ⅱ類（VU）	減少	浮島と岸沿いの抽水植物帯	樹木に囲まれた抽水植物の繁茂した池沼
ベッコウトンボ	絶滅寸前種	絶滅危惧Ⅰ類（CR+EN）	絶滅	浮島と岸沿いの抽水植物帯	抽水植物の多い池沼
シャープゲンゴロウモドキ	絶滅種	絶滅危惧Ⅰ類	絶滅	開水面？	清澄な池の水草帯
ヤギマルケゲンゴロウ	絶滅危惧種	なし	生存	浮島内	清澄な池の水草帯
キボシチビコツブゲンゴロウ	絶滅危惧種	準絶滅危惧（NT）	生存	浮島と岸沿いの抽水植物帯	池沼岸辺の水草帯
ムモンチビコツブゲンゴロウ	絶滅危惧種	なし	生存	浮島と岸沿いの抽水植物帯	池沼岸辺の水草帯
オオミズスマシ	要注目種	なし	生存	南東開水面	自然度の高い池沼の水面生活者
ガムシ	要注目種	なし	生存	西南開水面・南東開水面	水生植物の多い池沼，水田，休耕田
キンイロネクイハムシ	絶滅寸前種	なし	生存	抽水植物帯	ミクリやスゲ類を食する
ヒメセボシヒラタゴミムシ	要注目種	なし	不明	浮島と岸沿いの抽水植物帯	平地の湿地や河川敷
クロカタビロオサムシ	絶滅寸前種	なし	不明	東斜面	クヌギ林
ミヤコヒゲナガトビケラ	要注目種	なし	絶滅？	南東開水面	河川中流域に分布
ガマヨトウ	要注目種	なし	生存	抽水植物帯	マコモの茎の中に入り摂食する
ヒメコミズメイガ	絶滅寸前種	なし	減少	抽水植物帯	水草に寄生するが寄主は不明
エサキアメンボ	絶滅危惧種	準絶滅危惧（NT）	減少	ヨシ・マコモ群落内	水草群落内の閉鎖的な水面に生息
コバンムシ	絶滅寸前種	準絶滅危惧（NT）	絶滅	開水面の浮島辺縁部	浮葉植物が繁茂するやや深い池
ヒメミズカマキリ	絶滅危惧種	なし	減少	抽水植物帯	水量の安定した池沼や河川中下流部
カネノクモガタガガンボ	要注目種	なし	不明	不祥	羽が退化している
ハナダカマガリモンハナアブ	絶滅危惧種	なし	生存	浮島とその辺縁	不明，幼虫は岸辺の泥底で生息する？
ルリハナアブ	準絶滅危惧種	なし	絶滅？	不祥	山間の湿地に生息，幼虫は岸辺の泥底び生息する？
クロツヤタマヒラタアブ	絶滅寸前種	なし	生存	チンコ山より北側の岸に限定分布	不明，幼虫は岸辺の泥底で生息する？
クロマルハナバチ	絶滅危惧種	なし	絶滅？	周辺森林	不祥
マイマイツツハナバチ	準絶滅危惧種	なし	減少	周辺森林	カタツムリの殻に営巣する
ヌマエビ	準絶滅危惧種	なし	生存	西南開水面・南東開水面	地域個体群の独自性が高い，農薬に弱い
サワガニ	要注目種	なし	生存	南東流入口	各地の山地渓流上流部
マメタニシ	絶滅危惧種	準絶滅危惧（NT）	絶滅？	不祥	湧水のある池沼
ナタネキバサナギガイ	要注目種	準絶滅危惧（NT）	不明	不祥	陸産貝
ニッポンバラタナゴ	絶滅種	絶滅危惧ⅠA類（CR）	絶滅	西南開水面・南東開水面	ドブガイなどに産卵
カワバタモロコ	絶滅寸前種	絶滅危惧ⅠB類（EN）	絶滅	浮島と岸沿いの抽水植物帯	溜め池などの閉鎖的水域
シロヒレタビラ	絶滅危惧種	なし	絶滅	西南開水面・南東開水面	ドブガイなどに産卵
メダカ	絶滅危惧種	絶滅危惧Ⅱ類（VU）	絶滅	抽水植物帯	各種止水域や緩流部
ホトケドジョウ	絶滅寸前種	絶滅危惧ⅠB類（EN）	絶滅	南東開水面へ流れ込む谷	流れの緩やかな細流
カスミサンショウウオ	絶滅寸前種	絶滅の恐れのある地域個体群	不明	流れ込みと浮島内で繁殖	森林と湿地の組み合わせ
ダルマガエル	絶滅寸前種	準絶滅危惧Ⅱ類（VU）	残存	浮島内のシュレンケで繁殖	オープンな湿地
ニホンアカガエル	要注目種	なし	残存	浮島内のシュレンケで繁殖	林縁や草地と湿地の組み合わせ
ツチガエル	要注目種	なし	不明	流れ込み	自然度の高い森林内

図4　ハッチョウトンボの幼虫

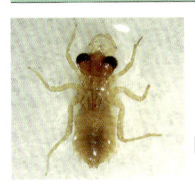

図5　ミヤマアカネの幼虫

図6　ムモンチビコツブゲンゴロウの幼虫

55

開水域の植物とプランクトン

水生植物の変遷

　深泥池の開水域に生育する水生植物群落は，めまぐるしく変化してきた．1928（昭和3）年には，沿岸の抽水植物群落が少なく開水域が浮島を取り囲むように広がっていたため，水生植物の生育範囲が広かった．当時，三好（1927），三木（1929）らが記録した水生植物は32種に上るが，そのうち1979（昭和54）年の調査で確認できたのは，アカウキクサ，クロモ，ウキクサ，シマウキクサ，ヒシ，ジュンサイ，ヒメコウホネ，ミツガシワ，ヒツジグサ，ミカワタヌキモ，タヌキモ，ヒメタヌキモ，ヤマトミクリの13種にすぎず，フラスモ，イチョウウキゴケ，ヒルムシロ，フトヒルムシロ，ホソバミズヒキモ，ホッスモ，ムジナモ（移植種），マツモ，オグラノフサモ，フサモ，タチモ，ガガブタ，キクモ，ノタヌキモ，フサタヌキモ，ヒメタヌキモ（イヌタヌキモ），コタヌキモ（移植種），マルバオモダカ，クログワイの19種は絶滅してしまった（永井,1968；宮本,1974b；北村・村田,1981）．1960（昭和35）年以降，ハス，アサザ，アオウキクサ，チリウキクサ，トチカガミ，エビモ，サンショウモ，コカナダモ，ナガバオモダカ，キシュウスズメノヒエの10種が新たに加わったが，そのうちアサザ，アオウキクサ，チリウキクサ，トチカガミ，サンショウモは絶滅している．

　1970（昭和45）年以降は，開水域における水生植物の分布変化を追うことができる（図3）．1970年代にはヒシとトチカガミが南西開水面を覆っていたが，1990（平成2）年前後にヒシが急増しはじめトチカガミが消えてしまった．1994-5年にはヒシが開水域を厚く埋め尽くしたため，1996-7年に京都市が除去を行なった結果，1998年以降は比較的小さな個体が散見される状態が続いている．エビモは1970年代には南西開水域に分布を拡大していたが，1980年以降は浮島西側付近や流出口付近で細々と生き続けている．ジュンサイとヒメコウホネは70-90年にかけて面積が縮小し続けたが，2000年以降は両種ともに増加の一途を辿っている．とくにジュンサイは，2005（平成17）年には開水域のほぼ全域に広がっている（図1）．また，マツモは1970-80年には消えていたが，1998年に浮島西側の閉鎖的な開水域に繁茂しているのが確認された．その後は増減しつつも消えていない．富栄養水域の指標と考えられるトチカガミ，サンショウモ，シマウキクサが1960-70年代に一端増加して1980-1990年に絶滅したこと（角野,1981；

図1　深泥池のジュンサイ（1993年6月22日撮影）

図2　アメリカミズユキノシタ（2006年10月14日撮影）

村田,1981）や，その後腐植栄養ないし貧栄養水域に特徴的なジュンサイ，ヒメコウホネ，タヌキモが増加していることは水質改善の効果であると考えられる．

一方，外来種の脅威については予断を許さない状況が続いている．ナガバオモダカは1970年後半～1980年代に南東開水域や南水路全域に広がったため，京都市によって毎年除去作業が行なわれ1995（平成7）年にはほぼ鎮圧された．しかし，その後生き残った株が復活しており，2000年以降は深泥池水生生物研究会が除去をつづけている．また，アメリカミズユキノシタは，1996-7年から爆発的に増加し数年でほぼ全域の水際に分布するようになった（図2）．2000年以降は浮島上でも分布範囲を拡大している．一方，コカナダモとオオカナダモの増減は劇的である．1970年～1980年代にはコカナダモが南西開水面で増加したが，ヒシに埋め尽くされた1995-7年には沈水植物が一端消えてしまった．その後最初に現れたのはオオカナダモであった．2001年段階では南西開水域の東岸寄りに少量見られたが，2003年には開水域の半分に2005年には全域に広がった．ところが2005年から再びコカナダモが目立ちはじめており，現在はジュンサイvsオオカナダモvsコカナダモの三つ巴戦の様相を呈している．また，マコモやキショウブなどの抽水植物の分布拡大も開水域を狭めており，水生生物群集を保全していくためには定期的管理作業をする必要がある．

（竹門康弘・宮本水文）

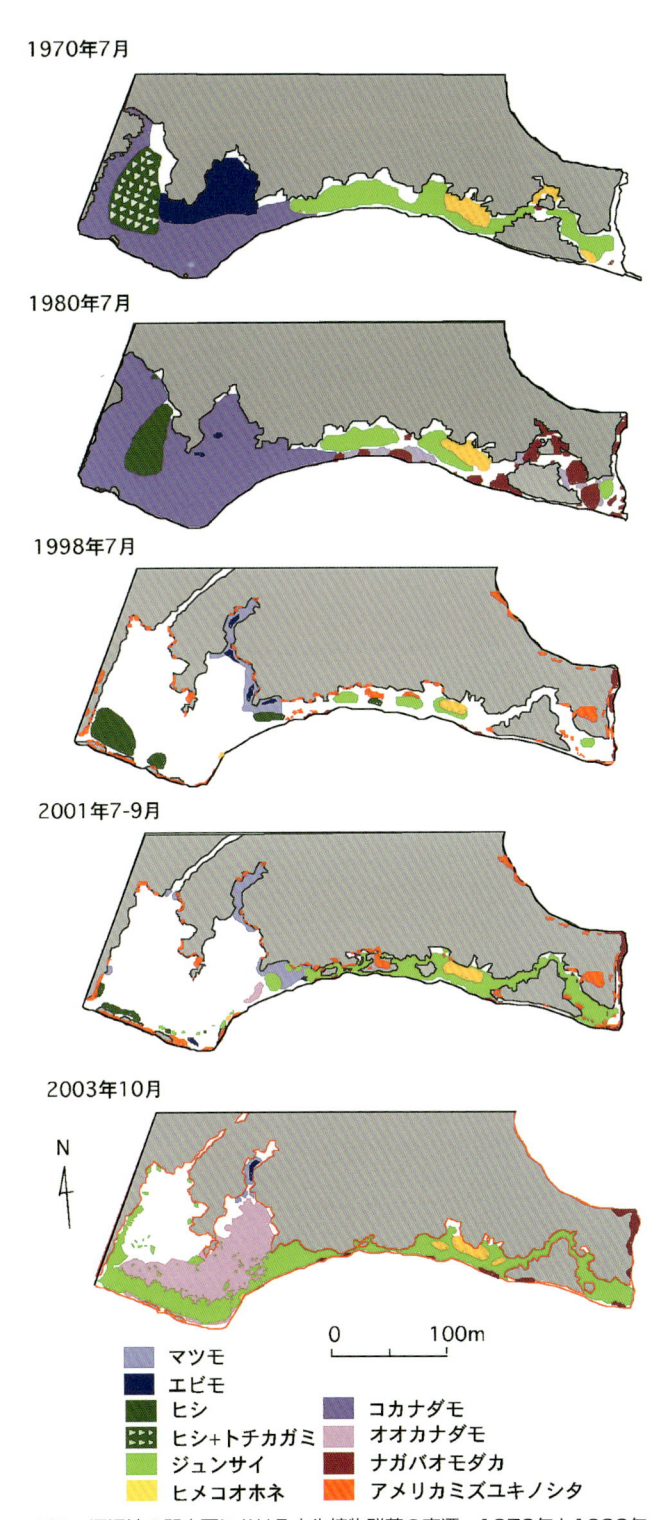

図3　深泥池の開水面における水生植物群落の変遷．1970年と1980年は宮本（1974,1980），1998年は田末（1999），2001年は宮本（未発表）をもとに修正した．本図には分布がパッチ状に特定できる種のみが記されており，タヌキモのように分散している種は記していない．2003年にはアメリカミズユキノシタは池全域の水際に分布が広がった．

ミツガシワ・マコモ・ヨシの侵入

北開水域の状況

　浮島の北開水域はほとんどがミツガシワ・マコモ・ヨシで覆われてしまい，水面が見えなくなっている．ミツガシワは岸から水面に広がって生育する．マコモは一般にヨシよりも水位が深い場所に生育する．ヨシは水中から陸上まで幅広く生育する．北開水域はほとんどがこれらの植物で覆われてしまったが，その経過を見ると，まずミツガシワが水面に広がり，そこにマコモが侵入して初めは底の泥炭に根が届いていないが，そのうち泥炭に達するようになり，水位が浅くなるとヨシが侵入して優占するというように植生が遷移している（図1）．陸化がさらに進むと，セイタカヨシのような陸生の植物，さらには帰化植物のセイタカアワダチソウまで侵入する．

南開水域の状況

　一方，南開水域では，最近，ジュンサイとヒメコウホネが生育している開水面にマコモが侵入して急激に広がり，ジュンサイとヒメコウホネを排除している（図2）．水道漏水自体は懸濁物が少ないが，浄水場配水池での工事に伴い南東部から土砂が流入し，さらにネザサの一斉開花・枯死時に南側の切り開きから雨水と湧水に伴って土砂が流入したために，南開水域が浅化した．

図1　浮島のシュレンケに拡大するヨシ
（2001年10月11日撮影）

開水域への侵入の原因

　開水域へのマコモ，ヨシなどの侵入はどうして生じたのだろうか．それは集水域の開発による池の水の富栄養化である．ヨシやマコモの大型の抽水植物は栄養要求性が強く，貧栄養だと生活できない．富栄養化の典型が病院バス停付近のガマであり，この付近の水質が最も悪いことと対応する．さらに，集水域の開発は池への有機物や土砂の流入量の増加をもたらした．一方，いつまでかは不明だが100年近く前まで行われていた南西開水域での池の底から水を抜いての泥さらいがなくなった．そのため，近年急激に池の浅化が進んでいる．ヨシは池が深いと生育できないので，池の浅化は生育に好都合である．このように開水域の富栄養化と浅化が，フトヒルムシロやヒツジグサ，タヌキモなどの貧栄養性の浮葉型や沈水型の水草から低層湿原性の抽水植物への植生遷移を進め，開水面を減少させている原因である．南開水域は2003年からの水道漏水の流入量の減少で水質が改善され，ジュンサイは回復し，浮島南側でハリミズゴケの回復がみられるようになったが，いったん優占したマコモとヨシは広がり続けており，池の浅化やジュンサイ・ヒメコウホネの圧迫，浮島の浮沈の阻害の問題は残されている．

（藤田　昇）

図2　南開水域に広がるマコモ群落（2007年3月4日撮影）

植物プランクトン相の特徴

　植物プランクトンと呼ばれる水中で浮遊生活を送る微小な藻類は，水環境の変化にともなってその優占種が大きく交代する．ここでは，2002（平成14）年11月，2003年4月，7月に採集された試料の観察結果と，これまでに深泥池で行われた植物プランクトンに関する調査記録をまとめた田中（1992）との比較から，植物プランクトン相の特徴，とくに近年の変化について記述する．なお，湿地や湿原の水深が浅い場所は，水底や水生植物の表面に着生して生活する付着藻類が植物プランクトンに混入することが多いため，2002年，2003年の試料では，水深が150cm以上ある深い場所で採集された試料をおもに観察した．

　2002年，2003年の観察結果を表1に示した．どの試料でも珪藻の*Aulacoseira granulata*（図1）がもっともよく観察された．その他には，2003年4月には珪藻*Asterionella formosa*，7月には緑藻*Coelastrum cambricum*, *Oedogonium* sp., *Pleurotaenium subcoronulatum*が増加した．この結果から，現在の深泥池の植物プランクトン相は，冬から春にかけては珪藻，夏には珪藻と並んで緑藻が優占する特徴を持つことがわかる．

　湿原や湿地は，水質が貧栄養，あるいは腐植質が多いためにやや酸性を示すなどの特徴を持つことが多く，植物プランクトン相も特異であることがよく報告される．深泥池は，かつて，富栄養化を促進する窒素，リン濃度が低く，pH 6 程度の弱酸性の水質を示し，植物プランクトンは高層湿原や泥炭湿地に出現することが多い，珪藻*Eunotia*（イチモンジケイソウ）属，*Pinnularia*（ハネケイソウ）属，緑藻の中では鼓藻が良く観察されることが特徴とされていた．しかしながら，現在，優占する植物プランクトンは，その多くがかつては見られなかった種である．もっともよく観察された珪藻*Aulacoseira granulata*は琵琶湖をはじめ，多くの湖沼で普通に見られる．珪藻*Asterionella formosa*，緑藻*Coelastrum cambricum*（図2）も同様である．かつて深泥池を代表していた*Pinnularia*（ハネケイソウ）属や鼓藻は，水深の浅い地点では，まだ多く見られる場所があるが，もはや代表とは言えないであろう．現在の植物プランクトン相から見ると，深泥池の水環境は大きく変化してきているようである．

（野崎健太郎）

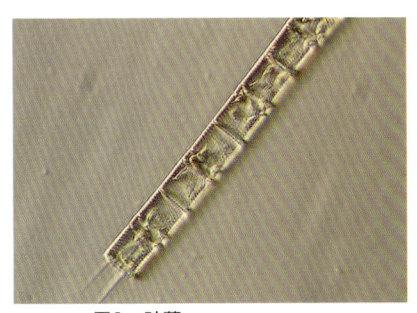

表1　深泥池で観察された主な植物プランクトン

和名　　　種名	
2002年11月	
Aulacoseira granulata	珪藻
Closterium setaceum	緑藻
＊Desmidium aptogonum	緑藻
2003年4月	
Asterionella formosa	珪藻
Aulacoseira granulata	珪藻
Ankistrodesmus falcatus	緑藻
Pediastrum duplex	緑藻
2003年7月	
Asterionella formosa	珪藻
Aulacoseira granulata	珪藻
Closterium setaceum	緑藻
Coelastrum cambricum	緑藻
Kirchneriella lunaris	緑藻
Oedogonium sp.	緑藻
＊Pleurotaenium subcoronulatum	緑藻
Scenedesmus spp.	緑藻
Dinobryon sp.	黄色鞭毛藻

＊鼓藻

図1　珪藻 *Aulacoseira granulata*

図2　緑藻 *Coelastrum cambricum*

珪藻類の特徴

珪藻は，顕微鏡サイズ（5-300μm：1μmは千分の1mm）の，ガラス質の微細で美しい殻を持つ，単細胞あるいは群体性の藻類である．珪藻の種類相は水環境の影響を強く受けるため，水域の汚染や酸性度を調べる指標生物としてよく用いられる．

日本における湿原の珪藻の種類相は平野實（Hirano，1955-60）らの研究によってかなり明らかになってきており，高層湿原ではイチモンジケイソウ*Eunotia*やハネケイソウ*Pinnularia*の種類数や現存量が多く，一般的な湖沼や河川で見られるクチビルケイソウ*Cymbella*やクサビケイソウ*Gomphonema*が少ないことが分かってきている．

今回私たちは，2004（平成16）年6月20日に浮島内水路（St.1），底がなく池とつながっている浮島内池塘A（St.2），浮島内低地（St.3），池と分離されている浮島内池塘B（St.4）の四箇所から，プランクトンネット・沈降法によるプランクトンの採集，ミズゴケ・水草などに付着する付着性珪藻の採集などによって，珪藻試料を得た．

現在採集した試料について検鏡ならびに分類学的検討を行っている．ここでは，これまでに分かってきたことについて報告したい．なお，珪藻の種レベルの和名についてはほとんど命名されていないため，ここでは属名レベルで報告する．

湿原内水路（St.1）では，イチモンジケイソウ（図1-1）などの湿原性の付着珪藻，クサビケイソウ（図1-2）・クチビルケイソウなどの非湿原性の付着珪藻，ヌサガタケイソウ*Tabellaria*などの中間型の付着珪藻，タイコケイソウ*Cyclotella*・ハリケイソウ*Synedra*・ニセタルケイソウ*Aulacoseira*（図1-3）などの非湿原性のプランクトン珪藻が混在してみられた．

それに対して，浮島内池塘A（St.2）では，プランクトン珪藻は見られず，ほとんどが中間型のヌサガタケイソウ（図1-4），湿原性のハネケイソウ（図1-5）・イチモンジケイソウで占められていた．ヌサガタケイソウは，全国の湖沼や湿原内の沼で非常によく見られる種類で，腐食性・貧栄養性種として知られている（田中　2002）．

浮島内のミズゴケ低地（St.3）では湿原性のヒシガタケイソウ*Frustulia*（図1-6）が優占していた．ヒシガタケイソウは，高層湿原の小型の池塘で優占することが知られており，東京大学の加藤和弘氏は水温の変化が大きいことや水域の不安定性が，小型の池塘でヒシガタケイソウが優占することに関係していると推定している．今回採集したような浮島内ミズゴケ低地における本属の優占も同様のメカニズムが影響しているのであろう．

浮島内池塘B（St.4）では，イチモンジケイソウ（図1-7-12）やハネケイソウ（図1-16-19）が優占する典型的な高層湿原型の珪藻組成が見られた．現在，検鏡の途中であるが，既にイチモンジケイソウ6種，ハネケイソウ5種が一つの試料から見出されており，これは平野（1981）が1977（昭和52）年に本浮島を調査したときの出現数を上回っており，最終的な種類数は，さらに増えると考えられる．ヒシガタケイソウ（図1-20），ジュウジケイソウ*Stauroneis*（図1-21）も見られた．これらも湿原性種と考えられる．非湿原性種のクサビケイソウは，池塘Bからは現在の所，一種類の破片のみしか見出されておらず，クチビルケイソウ属3種（図1-13-14）やササノハケイソウ*Nitzschia*（図1-15）と合わせても非湿原種の割合が極めて少ないことが特筆できる．

今回の調査結果から，浮島内の水環境は極めて多様で，浮島内でも非湿原性の種が出現する水路部分と池水の直接影響を受けない浮島内池塘Bではその珪藻の種類相が大きく異なることが分かった．浮島内池塘Bの珪藻植生は，東北地方や北海道の高層湿原の珪藻の種類相に肩をならべれる程豊かであり，湿原環境が良好に保たれていることが明らかになった．

（辻　彰洋）

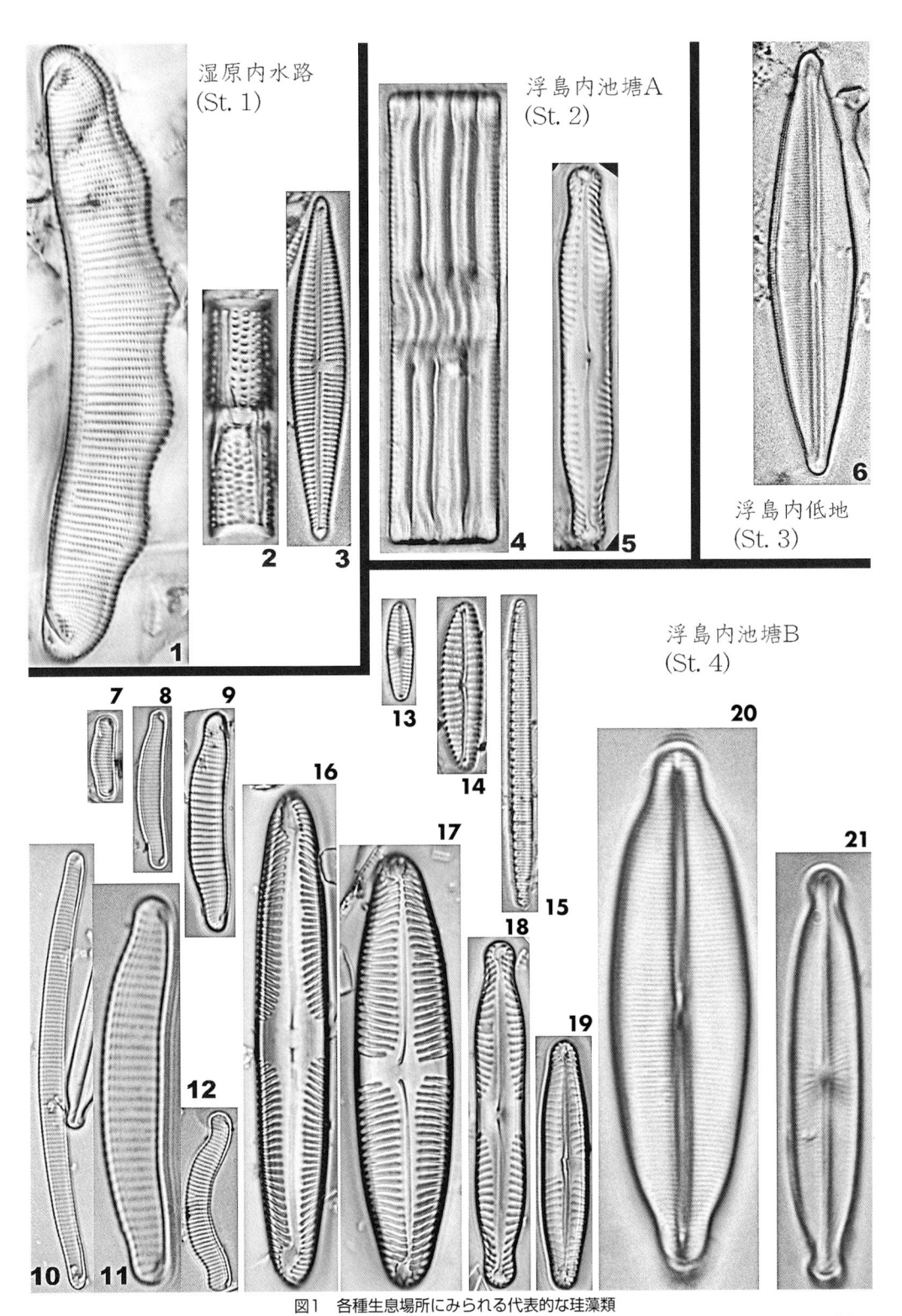

第 2 章　深泥池生物群集の成り立ち

図1　各種生息場所にみられる代表的な珪藻類
1．イチモンジケイソウ属　2．クサビケイソウ属　3．ニセタルケイソウ属　4．ヌサガタケイソウ属　5．ハネケイソウ属　6．ヒシガタケイソウ属　7-12．イチモンジケイソウ属　13-14．クチビルケイソウ属　15．ササノハケイソウ属　16-19．ハネケイソウ属　20．ヒシガタケイソウ属　21．ジュウジケイソウ属

61

緑藻：チリモ類の変化

チリモ類とは，理科の教科書に出てくるミカヅキモやツヅミモを含む単細胞性の接合藻類の総称である．各個体（細胞）は中央に一個の核を持ち，みごとな対称形をしているのが特徴である．また，その多くは，古くて安定した淡水の止水域を好み，水質の変化にきわめて敏感であるとされている．かつては，全国の溜池や水田，湿原などでおびただしい数のチリモ類が観察されたが，開発に伴う生育地の減少や水質の悪化が進行するにつれて急激に姿を消し，今ではむしろ貴重な存在となりつつある．そのような状況の中で，深泥池は今なお多種多様なチリモ類を確認できる数少ない場所である（図1）．

図1 深泥池に見られるチリモ類のいろいろ

深泥池におけるチリモ類フロラ（植物相）のまとまった報告は，1941（昭和16）年から翌1942年にかけて採集された標本にもとづくHirano（1955-1960）および平野（1981）の研究に始まる．その後，いくつかの報告がなされてきたが，最初の報告からおよそ半世紀が経過した今，深泥池のチリモ類フロラの現状を記録し，これまでの変遷を解析することは，今後の深泥池保全のあり方を模索する上で意義深いことと考える．

最新のフロラ調査は，2005（平成17）年8月と9月に3回にわたって池内の各所で採取した標本をもとにおこなった．検鏡の結果，21属126種（変種及び品種を別々にカウント）のチリモ類が確認された．総種数は60余年前のものに匹敵するものであったが，データ解析を進めるにつれて，その種構成は大きく変化していることが明らかとなった．紙面の都合上，ここに全種のリストを示すことはできないが，これまでになされた主な報告とともに，チリモ類フロラの属別経年変化を表1に示した．なお，初期の調査から現在に至る間に，属の概念が整理・変更されたものがあるため，一部の種については新しい帰属のもとで種数を数えた．また，欄外に出典を記したが，経年変化をより明確にするため，表の中には実際に標本が採取された年を示した．

この60余年の間に合計116種のチリモ類が

表1 チリモ類の属別経年変化
（　）内の数字は調査時に新しく確認された種の内数

標本採集年	1941–1942(a)	1950–1960(b)	1977–1979(c)	1989–1994(d)	2005(e)
Spirotaenia	−	−	−	2(2)	1(0)
Roya	−	−	−	−	1(1)
Netrium	2	1	2	3(2)	3(0)
Cylindrocystis	1	−	−	1(0)	1(0)
Gonatozygon	3	1(0)	1	2(2)	2(0)
Penium	−	−	−	3(3)	1(0)
Closterium	19	11(6)	7	17(7)	21(4)
Spinoclosterium	1	−	−	−	−
Docidium	−	−	−	−	1(1)
Hplotaenium	3	−	1(1)	1(0)	−
Pleurotaenium	7	3(0)	3(2)	8(2)	8(0)
Triploceras	1	−	−	1(0)	1(0)
Tetmemorus	−	−	3(3)	4(2)	3(0)
Euastrum	14	2(2)	6(2)	20(12)	12(1)
Micrasterias	10	6(0)	2	7(5)	5(0)
Actinotaenium	4	−	5(3)	4(3)	3(1)
Cosmarium	56	20(6)	27(13)	35(12)	34(9)
Arthrodesmus	6	1(0)	1	2(1)	−
Xanthidium	2	1(0)	−	2(0)	1(0)
Staurodesmus	6	2(0)	−	2(1)	3(1)
Staurastrum	28	8(2)	9(5)	18(9)	20(4)
Spondylosium	5	1(0)	−	−	−
Hyalotheca	2	−	1(1)	1(0)	1(0)
Gymnozyga	1	−	−	−	−
Desmidium	4	2(0)	−	1(0)	2(0)
Sphaerozosma	2	2(1)	−	1(0)	2(1)
Onychonema	−	1(1)	−	−	−
合計種数	127	62(20)	68(30)	134(63)	126(23)

(a) Hirano（1955-1960）　(b) 金綱（1962）　(c) 平野（1981）
(d) 坂東・山縣・山本（未発表）　(e) 今回の調査

62

表2　クンショウチリモ属*Micrasterias*の経年変化と池内分布の概要

標本採集年	1941–1942(a)	1950–1960(b)	1977–1979(c)	1989–1994(d)	2005(e)
M. rotata *	◎	−	−	−	−
M. denticulata var. *angulosa* *	○	−	−	−	−
M. denticulata var. *angustosinuata* *	○	−	−	−	−
M. alata var. *depressum* **	○	+	−	−	−
M. foliacea	○	+	−	−	−
M. lux **	○	+	−	−	−
M. sol var. *ornata*	○	+	−	−	−
M. pinnatifida	○	+	○	−	−
M. crux-melitensis var. *crux-melitensis*	◎	+	−	●	○
M. truncata *	●	−	○	●	○
M. tropica var. *polonica* **	−	−	−	●	−
M. crux-melitensis var. *simplex*	−	−	−	●	●
M. radians	−	−	−	●	●
M. thomasiana var. *thomasiana*	−	−	−	○	○
M. thomasiana var. *notata*	−	−	−	○	○
合　計　種　数	10	6	2	7	5

＊　北方要素　　　＊＊　南方要素
○　中央の浮島部に生育　　◎　浮島と開水域の何れにも生育
●　南部の開水域に生育　　＋　位置情報なし

(a) Hirano (1959)　　(b) 金綱 (1962)　　(c) 平野 (1981)
(d) 坂東・山縣・山本（未発表）　(e) 今回の調査

報告されている．いずれの年代も，ツヅミモ*Cosmarium*，ホシガタモ*Staurastrum*，ミカヅキモ*Closterium*，イボマタモ*Euastrum*が優占属であることは共通するが，報告毎に新しく確認された（）内の種数をみると，属内の種構成は大きく変化していることが示唆される．ちなみに，最も出現頻度が高かったツヅミモ*Cosmarium*属では1940年代初頭に56種が報告されて以来，時間の経過とともに次々と新しい構成種が確認され，当初確認された56種のうち，2005年に生育が確認された種はわずか19種（16.4％）であった．

つぎに，クンショウチリモ*Micrasterias*属の経年変化を詳しく見ることにする（表2）．

Hirano（1959）および平野（1981）によると，1940年代初期の深泥池には，浮島を中心に10種のクンショウチリモが生育しており，*M. rotata*や*M. trunncata*などいわゆる北方要素と*M. alata* var. *depressum*および*M. lux*という南方要素が同時に存在するユニークな場所であった．しかし，その後クンショウチリモ属の種数は急速に減少し，1970年代末にはわずか2種が確認されるのみとなった．1990（平成2）年頃には7種まで増加はしたものの，当初から継続的に生育していると考えられるのは*M. crux-melitensis*と*M. truncata*のわずか2種のみとなった．

かつては周辺の開水域に分布していた北方要素の*M. truncata*（図2）は，浮島部へと分布域を移して現在もなお生育しているが，本来，里地の溜池や水田などを生育地とする*M. thomasiana*が同じ浮島部に確認されるようになったことから判断すると，深泥池の心臓である浮島部も，昔のように安定した環境を維持しているとは考えにくい．

現在の深泥池に生育するクンショウチリモ属は，概して浮島部よりもむしろ南部に広がる開水域での分布が目立ち，なかでも*M. radians*（図2）はヒシやタヌキモに付着したゴミに混じって比較的多く観察される．今後の推移を注意深く見守りたい．　　　（坂東忠司）

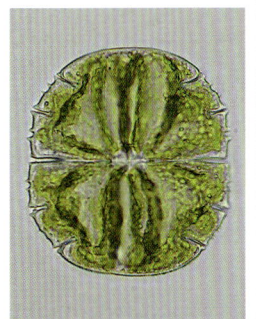

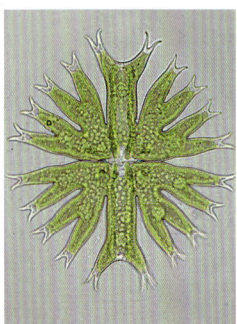

図2　クンショウチリモ属*Micrasterias truncata*（左）と*M. radians*（右）

回復してきた高層湿原性珪藻類

深泥池は京都大学から近いこともあり，京都大学に関係する多くの藻類研究者によって，微細藻類植生の調査が行われてきた．

深泥池の微細藻類の記録としては，「日本藍藻類」を取りまとめた米田勇一が1937-1942（昭和12-17）年に植物分類地理に発表した論文に，深泥池産とされているものが多く含まれており，深泥池の微細藻類植生のまとまった記録として，最初のものと考えられる．

緑藻・珪藻類の記録としては，金綱善恭が1962（昭和37）年に日本陸水学会誌に鼓藻と珪藻を報告している．平野實が1981（昭和56）年に『深泥池の自然と人』に発表した論文は，鼓藻と珪藻の植生を詳細に記載したもので，1941-1942年と1977年の微細藻類植生の変遷を報告している．平野は，高層湿原に特徴的なイチモンジケイソウ *Eunotia*・ハネケイソウ *Pinnularia* と調和型水域に特徴的なクチビルケイソウ *Cymbella* やクサビケイソウ *Gomphonema* の種類数に着目して，その水域の湿原としての度合いを考察している．そのうえで，1941-42年のイチモンジケイソウとハネケイソウの種類数計（E+P）が，16種であるのにたいして，1977年の調査では8種に半減したことを受けて，「これは湿原としての性格を失いつつあると思われるが……現段階では湿原の性質を失っていない」と述べている．

今回（2004年）の私たちの調査では，浮島内の池塘から少なくとも湿原性のイチモンジケイソウ6種とハネケイソウ5種の合計11種を見出した．それに対して，非湿原性の種類はクチビルケイソウ3種とクサビケイソウ1種であった．

今回のデータを平野の過去のデータと比較すると非湿原性のクチビルケイソウとクサビケイソウの種類数が1/3程度になっていることに気づく．平野の試料からは富栄養域のプランクトンとして見られる *Cyclotella comta* なども上げられていることから，浮島周辺部のサンプルが含まれていると推定された．今回の私の調査でも浮島周辺部の湿原内水路からは，非湿原性のプランクトン種やクチビルケイソウやクサビケイソウが多く見いだされており，上記の推定を裏付けている．

浮島周辺部の植生の調査は現在検鏡を行っている最中であるが，イチモンジケイソウとハネケイソウについても湿原内池塘と異なる種類が見いだされており，それらを合わせると今回のイチモンジケイソウとハネケイソウの種類数計（E+P）は，平野の1977（昭和52）年の調査を遙かに上回り，1941-42年の種類数に匹敵すると考えられる．

このことから，珪藻類から見た深泥池の湿原環境は，平野の1977年の調査以降，湿原性を回復し，1941-42年に近い状態に戻っていると推定される．　　　　　　　（辻　彰洋）

	イチモンジケイソウ	ハネケイソウ	クチビルケイソウ	クサビケイソウ	(E+P)	(C+G)	(E+P)/(C+G)
深泥池							
1941-42　（平野 1981）	8	8	6	6	16	12	1.3
1977　（平野 1981）	4	3	3	6	7	9	0.7
2004　（今回の調査）	6+	5+	3+	1+	11	4	2.8
日本の湿原							
八甲田睡蓮沼(平野1975)	8	19	3	3	27	6	4.5
尾瀬原中田代(平野1976)	19	10	4	3	29	7	4.1
比良山　　（平野1981）	(27)		(7)		27	7	3.9
黒沢湿原(三重野他1997)	9	15	6	5	24	11	2.2
調和型水系							
木崎湖　　（平野1978）	1	3	6	5	4	10	0.4
琵琶湖　　（辻1995他）	7	3	18	18	10	36	0.3
檜原湖　　（塩野他1995）	6	12	9	12	18	21	0.9

動物プランクトン

深泥池の動物プランクトンに関する研究はほとんどない.

金綱(1962)は, 植物プランクトン調査の時に採集された動物プランクトンについて記録しているが, マルミジンコ(*Chydorus sphaericus*)とツノオビムシ属(渦鞭毛虫目)の*Ceratium hirundinella*のみである. マルミジンコは水生植物に付着することがあり, 平地の湖や池の水草帯に普通に見られる種である.

水野(1981)は, 水質とプランクトン相を調べた. 甲殻類では, カイアシ亜綱のカラヌス目で3属3種, ケンミジンコ目で2属2種, ソコミジンコ目で1属1種を記録しているが, すべて普通に見られるもので特徴的な種はいない. ミジンコ亜綱では11属11種である. 平地の池沼に見られる普通種のほかに, *Pleuroxus trigonellus*, *Streblocerus serricaudatus*, *Alonella excisa*, *Sida crystallina*など, 北海道の泥炭池沼や高層湿原に多く生息する種類が出現している.

袋形動物門ワムシ綱では, ヒルガタワムシ目で1属1種, 遊泳目で18属28種を記録している. その大多数は普通種であったが, *Trichocerca insignis*, *T. rattus*, *T. tenuior*, *T. bicristata*, *Monostyla acus*, *M. pygmaea*のような北海道泥炭池沼や高層湿原に生息するものも少し出現していた.

原生生物では, 繊毛虫門2属2種, 肉質虫亜門も根足虫上綱9属20種, 鞭毛虫亜門植物性鞭毛虫綱6属13種(ミドリムシ目3属8種, 黄色鞭毛虫目1属3種. ボルボクス目2属2種)を記録している. 鞭毛虫類である*Euglena*, *Phacus*, *Trachelomonas*, *Dinobryon*, *Eudorina*, *Volvox*などの浮遊性のものと, 水草などの上を這い回る匍匐型の有殻アメーバ類(殻性葉状根足虫類)である*Arcella*, *Centropyxis*, *Difflugia*, *Hyalosphenia*, *Nebela*, *Quadrula*, *Assulina*, *Cyphoderia*, *Euglypha*など, 多くの属が出現した. とくに, 水草の多いところや水のpHが低いミズゴケの中の溜まり水では, これら有殻アメーバ類が多い.

池の水質は腐植栄養型から低地性の富栄養型に変化しているが, 腐植栄養型のプランクトン相も少し残存している. これは浮島のミズゴケ部や池塘の水質がまだ酸性・貧栄養であり, 腐植栄養型の水質が残存しているためと考えられる. しかし, 深泥池の富栄養化が進行すれば, 平地の池としては珍しい腐植栄養型のプランクトン相が失われる恐れがある(水野, 1994). (成田哲也)

図1 マルミジンコ

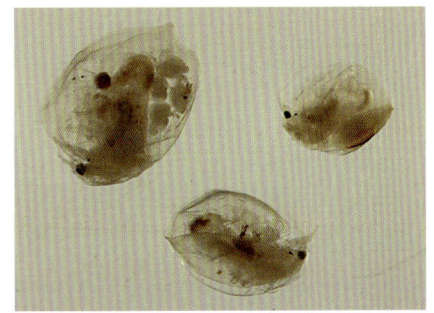

図2 オカメミジンコ

図3 ケンミジンコ目の一種

図4 ソコミジンコ目の一種

開水域の動物

深泥池のトビケラ類
—成虫調査の結果から—

　トビケラ目（毛翅目）はチョウやガが属するチョウ目（鱗翅目）に近縁で，成虫の翅や体表が鱗毛と呼ばれる毛で覆われている．ほとんどの種類は幼虫期には水中で生活し，付着藻類や落葉などの有機物，動物の遺体，動物プランクトンなどを摂食する．また砂粒や葉・小枝などを綴り合わせた巣を背負うものや捕獲網を張るものがあるなど，多様な生活様式を持っている．

　深泥池に生息するトビケラ類については，古くはTsuda（1940）がエグリトビケラ幼虫を，また津田（1943）がコバントビケラを記録している．

　深泥池団体研究グループ（1976a）が1972（昭和47）年の調査で7種，谷田・竹門（1981）が1977年から1980年にかけて行なった調査で幼虫・成虫を合わせて，23種を記録している．その後20年以上が経過し，池だけではなく周辺の環境も変化しているが，これまで継続的な調査は最近まで行なわれてこなかった．

　本稿では，深泥池で1998（平成10）年から1999年かけて行なった灯火採集の結果を中心に述べたい．

飛来した種類の特徴

　灯火採集で得られたトビケラ類は表のように19科55種であった．灯火採集では調査地点周辺に生息する種類だけでなく，近郊の河川や水路などからも成虫が飛来することがある．今回の灯火採集でも，飛来した種類の中には河川に生息する種類が多く含まれていた．たとえばナガレトビケラ科の種類，ヒゲナガカワトビケラ，オオシマトビケラ，ウルマーシマトビケラなどは河川に幼虫が生息している代表的な種である．こうした河川性のトビケラ類は樹木の枝や葉，草本群落などに沿って近隣の河川から飛来してきたものと考えられる．

　幼虫が池に生息している思われる種類の中では，ヒメトビケラ科の複数種，ニッポンコイワトビケラ，マルバネトビケラ，ニンギョウトビケラ，トウヨウクサツミトビケラ，アオヒゲナガトビケラ，グマガトビケラ属の1種などが飛来したが，「深泥池水生生物研究会」が実施した夏期の底生動物の調査結果を見るとトビケラ類はかなり少ない．

過去との比較

　1970年代の調査結果と灯火採集で得られたトビケラ類の種組成と比較すると，池内で豊富に確認されていたコバントビケラが幼虫でも成虫でも全く採集されていないことが目に

図1　エグリトビケラ

図2　ムネカクトビゲラ属　*Ecnomus* sp.

付く．コバントビケラの幼虫は広葉樹やヨシなどの葉を小判にも似た楕円状に切り取って大小2枚を張り合わせた可携巣を作ることからその名の由来があるが，最近の調査でも幼虫は確認されておらず，現在の深泥池には生息していない可能性がある．

また止水性で大型のエグリトビケラは，幼虫については谷田・竹門も記録しているが，目に付きやすい特徴的な大型の巣にもかかわらず最近の調査では確認できていない．その他深泥池で記録されたエグリトビケラ科に属する種類も，成虫を確認することができなかった．

上記2種とも1940年代には記録されていた種であるが，1980（昭和55）年以降に姿を消したことになる．

いっぽう，谷田・竹門（1981）はオトヒメトビケラ属の幼虫を池で確認している．今回の調査では本属の成虫を多数得たが，種の確定には至っていない．深泥池団体研究グループの調査で幼虫が記録されたビワアシエダトビケラは，その後確認されていない．本種は砂粒を綴り合わせ円筒形の巣をつくり，外側に細い植物片を付けている．賀茂川上流には現在でも生息しているが，本種も深泥池からは消滅したかもしれない．

（上西　実・谷田一三）

表1　深泥ヶ池で採集されたトビケラ類（深泥池団体研究グループ（1976a），谷田・竹門（1981）をあわせた）．1972：幼虫，1972-1980：幼虫および成虫，1998-1999：成虫

科名　和名	1972	1977-1980	1998-1999	科名　和名	1972	1977-1980	1998-1999
ナガレトビケラ科				マルバネトビケラ科			
ムナグロナガレトビケラ		●	●	マルバネトビケラ		●	●
ヤマナカナガレトビケラ			●	カクスイトビケラ			
ツメナガレトビケラ科				マルツツトビケラ属の1種			●
ツメナガレトビケラ				クロツツトビケラ科			
ヒメトビケラ科				クロツツトビケラ		●	
マツイヒメトビケラの近似種			●	カクツツトビケラ科			
オトヒメトビケラ属の1種		●		コカクツツトビケラ			●
オトヒメトビケラ属の1種A			●	ヒロオカクツツトビケラ			●
オトヒメトビケラ属の1種B			●	カクツツトビケラ属の1種			●
ハゴイタヒメトビケラ属の1種			●	エグリトビケラ科			
ヒメトビケラ科の1種			●	エグリトビケラ	●	●	
ヤマトビケラ科				セグロトビケラ	●	●	
アルタイヤマトビケラ			●	ウスバキトビケラ		●	●
イノプスヤマトビケラ			●	トビイロトビケラ		●	●
ヤマトビケラ属の1種		●		ホタルトビケラ		●	
ニッポンコヤマトビケラ			●	コエグリトビケラ科			
カワトビケラ科				コエグリトビケラ			●
カワトビケラ属の1種			●	ニンギョウトビケラ科			
ヒゲナガカワトビケラ科				ニンギョウトビケラ		●	
ヒゲナガカワトビケラ			●	キョウトニンギョウトビケラ			●
チャバネヒゲナガカワトビケラ			●	アシエダトビケラ科			
クダトビケラ科				コバントビケラ		●	
モリシタクダトビケラ			●	ビワアシエダトビケラ	●		
Psychomyia acutipennis（和名なし）			●	ヒゲナガトビケラ科			
クダトビケラ属の1種			●	トゲモチヒゲナガトビケラ			●
ヒガシヤマクダトビケラ属の1種			●	ナガツノヒゲナガトビケラ			●
ムネカクトビケラ科				カモヒゲナガトビケラ			●
ムネカクトビケラ		●		トサカヒゲナガトビケラ			●
ヤマシロムネカクトビケラ			●	ヒゲナガトビケラ属の1種		●	
イワトビケラ科				アオヒゲナガトビケラ		●	●
ニッポンコイワトビケラ			●	アオヒゲナガトビケラ属の1種			●
ミヤマイワトビケラ属の1種			●	ハモチクサツミトビケラ			●
イワトビケラ科の1種			●	ゴマダラヒゲナガトビケラ			●
シマトビケラ科				トウヨウクサツミトビケラ			●
コガタシマトビケラ		●		アジアクサツミトビケラ			●
ナミコガタシマトビケラ			●	トウヨウクサツミトビケラの近似種			●
サトコガタシマトビケラ			●	シラセセトトビケラ			●
キマダラシマトビケラ		●		ニセセンカイトビケラ			●
ウルマーシマトビケラ		●	●	ヤマモトセンカイトビケラの近似種			●
オオシマトビケラ			●	ヒメセトトビケラ			●
ギフシマトビケラ		●		ホソバトビケラ科			
エチゴシマトビケラ			●	ホソバトビケラ		●	●
				グマガトビケラ科			
				グマガトビケラ属の1種			●

深泥池周辺のトンボ相の現状

深泥池は高層湿原の浮島があり，水辺にはミツガシワやマコモなどの水草が茂る．周辺はササ原や雑木林がとり囲み，水底には餌になる小昆虫がいて，トンボの生息には今なお適する多様な水辺環境が何とか維持されている．そのために，トンボ相は京都では一番豊かで，2006年現在池周辺で59種の生息を確認できている．しかし，個体数は20-30年前と比べて大きく減少していることは明らかである．その理由は，幼虫の生活に影響する水質の変化や底質の変化，水生昆虫の減少などいろいろ考えられる．なかでも，1970（昭和45）年以後に侵入してきて現在優占する外来魚のオオクチバスやブルーギルに捕食されることが，より大きな要因であると思われる．

トンボ相の現状

深泥池のトンボ相の現状について，2001-2004（平成13-16）年の調査結果から明らかになった点について報告する．調査は池の周辺を週2-3回歩き，採集確認を行なった．浮島内は調査していない．（たとえば，ハッチョウトンボは2001年は池岸まで飛んできて4匹を確認できた．2002年以後も浮島内には普通に生息するが，周辺では確認できなかった．）

イトトンボ科は，7種見られる．小さいが鮮やかな色彩・斑紋に特徴があり，深泥池では水辺のマコモやミツガシワ群落に多く生活している．とくに多く生息するのはアオモンイトトンボで，4月から10月まで長い期間にわたって観察される．西日本でも分布域が非常に限定されるベニイトトンボ（図1）は浮島周辺だけでなく南水路の水辺でも多く見られる．アオイトトンボ科は，4種が生息している（図2）．とくにアオイトトンボが多く，北方系のトンボで5月から11月まで水辺だけでなく南水路の山すそのササ原に多く見られる．分布が限定されるというコバネアオイトトンボも，8月以後にはマコモ群落で多く観察される．

カワトンボ科は，3種を確認．流水性のトンボで，深泥池で幼虫を採集確認したことはなく，鴨川流域には多く見られるので飛来してきているものと考えられる．

ムカシヤンマ科は，ムカシヤンマ1種．中生代起源の原始的なトンボで，個体数は少ないが，南水路の山すその湿った崖の付近で時折観察され，林道で見ることもある．

近年サナエトンボ科は，8種が見られた．ホンサナエ，ダビドサナエ，アオサナエ，オナガサナエ，コオニヤンマなど流水域で生息するものが多く，付近の河川から池まで飛来してきていると考えられる．毎年8月に底生動物の採集調査が行なわれているが，その中でオジロサナエの幼虫が見つかっている．成虫はまだ見つけていないが生息していることは確実である．

オニヤンマ科は，オニヤンマ1種であるが，南東側の水道漏水を含む谷水の流れのところで常に観察される．産卵もよく見られ，幼虫個体は大から小まで生息しているのが見つけられる．

ヤンマ科は，現在9種が見られる．そのうち，今までの記録になく確認できたのがコシボソヤンマとヤブヤンマの2種である．ヤブヤンマやマルタンヤンマ，ギンヤンマなどは

図1　ベニイトトンボ

図2　オオアオイトトンボ

表1．深泥池で生息が確認されたトンボ

科　名	種　名	1967	68～71	77	78	01	02-04
イトトンボ科	モートンイトトンボ	○	○	○	—	—	—
	ホソミイトトンボ	○	○	—	—	○	○
	キイトトンボ	○	○	○	○	○	○
	ベニイトトンボ	○	○	○	○	○	○
	アジアイトトンボ	○	○	○	○	○	○
	アオモンイトトンボ	○	○	—	○	○	○
	クロイトトンボ	○	○	○	○	○	○
	オオイトトンボ	○	○	—	—	—	—
	セスジイトトンボ	○	○	—	—	—	—
	ムスジイトトンボ	○	○	—	—	—	—
モノサシトンボ科	モノサシトンボ	○	○	○	○	○	○
アオイトトンボ科	アオイトトンボ	—	○	○	○	○	○
	コバネアオイトトンボ	—	○	—	—	—	—
	オオアオイトトンボ	○	○	○	○	○	○
	ホソミオツネントンボ	○	—	—	—	—	—
カワトンボ科	ハグロトンボ	—	○	—	—	○	○
	ミヤマカワトンボ	—	—	—	—	—	○
	オオカワトンボ	—	—	○	—	—	—
ムカシヤンマ科	ムカシヤンマ	○	○	○	○	○	○
サナエトンボ科	ヤマサナエ	○	○	○	○	○	○
	キイロサナエ	○	○	—	—	—	—
	ホンサナエ	○	—	—	—	—	—
	フタスジサナエ	○	○	○	○	—	—
	オグマサナエ	○	○	○	○	—	—
	タベサナエ	○	—	—	—	—	—
	ダビドサナエ	—	○	—	—	—	—
	アオサナエ	○	—	—	—	—	—
	オナガサナエ	○	○	—	—	○	○
	コオニヤンマ	○	○	○	○	○	○
	ウチワヤンマ	○	○	○	○	○	○
オニヤンマ科	オニヤンマ	○	○	○	○	○	○
ヤンマ科	サラサヤンマ	○	○	○	○	—	—
	アオヤンマ	○	○	—	—	—	—
	カトリヤンマ	○	○	—	○	○	○
	コシボソヤンマ	—	—	—	—	—	—
	ヤブヤンマ	—	○	—	—	—	—
	マルタンヤンマ	○	○	—	—	○	○
	オオルリボシヤンマ	○	—	○	—	○	○
	クロスジギンヤンマ	○	○	○	○	○	○
	オオギンヤンマ	—	○	—	—	—	—
	ギンヤンマ	○	○	○	○	○	○
エゾトンボ科	トラフトンボ	○	○	○	○	○	○
	タカネトンボ	—	—	—	—	—	○
	コヤマトンボ	○	○	—	—	○	○
	キイロヤマトンボ	○	—	—	—	—	—
	オオヤマトンボ	○	○	○	○	○	○
トンボ科	ハラビロトンボ	○	—	—	—	—	—
	シオヤトンボ	○	○	○	○	○	○
	シオカラトンボ	○	○	○	○	○	○
	オオシオカラトンボ	○	○	○	○	○	○
	ベッコウトンボ	○	—	—	—	—	—
	ヨツボシトンボ	○	○	○	○	○	○
	ハッチョウトンボ	○	○	○	○	○	○
	ショウジョウトンボ	—	—	○	○	○	○
	コフキトンボ	○	○	—	—	○	○
	アキアカネ	○	○	○	○	○	○
	ナツアカネ	○	○	○	○	○	○
	ヒメアカネ	○	○	○	○	○	○
	マイコアカネ	○	○	—	—	—	—
	マユタテアカネ	○	○	○	○	○	○
	リスアカネ	○	○	○	○	○	○
	マダラナニワトンボ	—	—	—	—	—	—
	ノシメトンボ	—	—	—	—	○	○
	ネキトンボ	—	—	—	—	○	○
	キトンボ	○	○	○	○	○	○
	チョウトンボ	○	○	○	○	○	○
	コシアキトンボ	○	○	○	○	○	○
	ウスバキトンボ	○	○				
10科	68種	54種	53種	34種	37種	44種	54種
				43種		56種	

'67-'78は，（上田哲行，岩崎正道，山本哲央（1981）深泥池学術調査団（編）『深泥池の自然と人』：251-252の表１）より引用
'01，'02-'04は辻本典顯（堀川高校２年）の観察による

69

図3 オオルリボシヤンマ

図4 キトンボ

池の北側の博愛会病院前付近で多く見られる．日中は周辺の森林の枝陰で休んでいて，夕方うす暗くなって気温が下がりはじめると活発に飛び回る光景が見られる．コシボソヤンマは，流水域に生息するトンボで鴨川流域から飛来してきているものと考えられる．黄緑色の体色の美しいギンヤンマは，水面を飛びかう代表的なヤンマで池岸からも観察でき親しまれている．ギンヤンマの幼虫は動きが活発であるため外来魚に捕食される割合がとくに多いと言われており，現在の外来魚除去の取り組みにより個体数が次第に回復すると期待されている．オオギンヤンマは，南西諸島から海を渡って飛来してくる南方系のヤンマで，時折観察される．それに対してオオルリボシヤンマは，主に寒冷な湿原に生息する北方系のトンボである．ルリ色の帯が特徴の大きなヤンマで，時折木陰で休んでいる個体が見かけられる（図3）．表には記録していないが，スジボソギンヤンマ（ギンヤンマ×クロスジギンヤンマのF1）も2002年8月，辻本により確認されている．

エゾトンボ科は，4種が見られる．トラフトンボ，オオヤマトンボは幼虫成虫ともに観察されるが，キイロヤマトンボは近くの鴨川流域でも見かけられなくなっていて絶滅していると考えられる．タカネトンボは今までの採集記録になく，はじめての確認である．

トンボ科は，現在もっとも繁栄していて種類の多いグループである．深泥池では19種が生息しており，開水面や岸辺で飛翔する個体が多いのはチョウトンボ，コシアキトンボ，ショウジョウトンボ，シオカラトンボ，オオシオカラトンボ，ウスバキトンボである．寒冷地では普通に生息するヨツボシトンボも，個体数は少ないが生息している．絶滅したと考えられるのがベッコウトンボとマダラナニワトンボの2種である．逆に，今までの記録にないが，近年個体数が増えてきているのがネキトンボである．しかし，アカネ属は全般的に他の種類に比べて個体数が少ない．ハッチョウトンボは浮島を中心に生息していて時に風にのって飛来するのか，南側の公園内で観察されることがある．

表1のように，深泥池では今まで68種の記録があるが，今回の調査ではじめて生息を確認できたのは，ミヤマカワトンボ，オオカワトンボ，ダビドサナエ，コシボソヤンマ，ヤブヤンマ，タカネトンボ，ノシメトンボ，ネキトンボの8種である．また，過去に記録が残っている60種の中で今回確認できなかった種は，モートンイトトンボ，オオイトトンボ，ムスジイトトンボ，キイロサナエ，オグマサナエ，タベサナエ，アオヤンマ，キイロヤマトンボ，ベッコウトンボ，ヒメアカネ，マダラナニワトンボの11種である．このうち，モートンイトトンボ，ムスジイトトンボやアオヤンマなどは，今後浮島における調査をすれば発見できる可能性がある．

（成田研一）

追記：05-06年の辻本の調査によりムスジイトトンボ，フタスジサナエ，ヒメアカネの3種を採集観察し，計59種の生息を確認することができた．

エサキアメンボの絶滅

残念ながらここで，この事実を確認することにする．1990年代はじめまでは確実に生息しているのを確認したし，標本も残っている．くやまれるのは，その後数年間深泥池にはわ

ずかな回数しか訪れていないので，この間の詳しい記録がないことである．ただ残っている断片的なメモには，アメンボ（多い）・オオアメンボ（稀）・ヒメアメンボ（少ない）の目撃の記録があるだけである．たぶんこの2000（平成12）年までの数年間に深泥池の水生昆虫，少なくとも水面を生活の場とする昆虫に大きな変化が起こったらしい．その後，2002年から2004年にかけて深泥池の調査を再開し，月に1-2度の割合で，かねてから気になっていたエサキアメンボの生息地を訪れた．しかしついに一度もその姿を見ることはなかった．ごく限られた場所にしかいないので，見落とすはずもない．エサキアメンボは深泥池から絶滅したのである．

筆者がはじめて深泥池を訪れた1980年代は岸辺の水面は昆虫であふれていた．ミズスマシも見られたし，またそれこそ無数にヒメイトアメンボやメダカハネカクシの一種が水面を歩いていた．貴重なデータになるとは予測できず，数を数えたこともなかったが，少なく見積もって数万個体おそらくはそれ以上だったと思う．カタビロアメンボやミズカメムシも多かった．ところがこれらの水生昆虫は，2000年代にはいると岸辺からほぼ完全に姿を消してしまった．この池から知られている6種のアメンボのうち，ハネナシアメンボ・ヤスマツアメンボも極度にへったようだ．

この生態系の大激変はなにによって引き起こされたのだろう．まちがいなくオオクチバス・ブルーギルという肉食の外来魚が入ってきたことによるだろう．これらの魚が入ってこれないような，浮島の中の孤立した水域では，ヒメイトアメンボやカタビロアメンボは現在も生息しているし，他の種も生き残っている可能性がある．

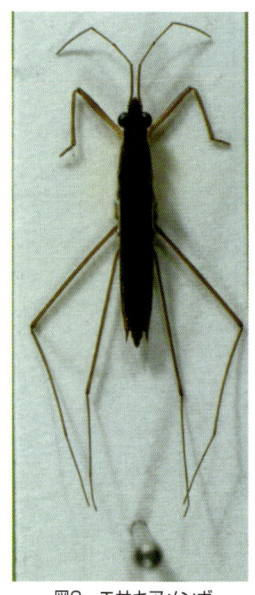

エサキアメンボも同じような原因で絶滅したのだろうか．どうもそれだけではないようである．この種の場合は，生息環境そのものが失われてしまったのである．この種は深泥池ではわずか1カ所，東南の小川が流れ込むところにだけ生息していた．幼虫は流入口のキショウブの群落の間に見られ，成虫も少しその周りにひろがるくらいで，けっして開けた水面にはでていかない．ところがキショウブは外来種ということで駆除され，小川では水質を保つための工事があり，さらに岸辺はミヤマウメモドキのために石組みが作られた．ほそぼそと，わずかな数でやっと生き残ってきたエサキアメンボにとって，外来魚の出現にくわえての，やつぎばやのこれらの環境の変化は，大きな脅威になったにちがいない．

図2　エサキアメンボ

絶滅はいろいろな要因がかさなりあった結果であろう．個人的な考えを言わせてもらえれば，どちらにせよこの種の絶滅は時間の問題だったと思う．他との交流もなくこんな狭い場所で，それもわずかな数では長い期間生き残れるとはとても思えない．しかしともかくも，最後のとどめを刺したのはどうも人間だったらしい．しかもそれが深泥池の保全のための作業だったというのは，たいへん皮肉に思われる．この事実は，現在各地で行なわれている生態系や種の保全・復活の試みが，いかに難しいものかということを示しているだろう．こうしたことを繰り返さないための方策がいま最も問われていると思う．

（大石久志）

図1　エサキアメンボの最後の生息地となった水道水流れ込み付近の岸辺環境．2003（平成5）年8月17日にはキショウブやナガバオモダカが増加しつつあった．

ミドロミズメイガの現状

深泥池ではじめて発見

　深泥池ではじめて幼虫がみつかったので，ミドロミズメイガという名前がついているが，本種は九州から北海道まで分布している水生の蛾である．深泥池では，池の南側開水面に生育するスイレン科のヒメコウホネとジュンサイから採集されていた．しかし，後者の植物には若い幼虫は寄生するが，老齢幼虫や蛹がみられなかった．ところが，最近ヒシにも寄生しているのがみつかり，しかもこの植物だけでも生活をまっとうするらしいことがわかったので，当初考えられていたよりも寄主範囲と分布域は広いようである．しかし，ミドロミズメイガが水生植物が豊富な池にしかみられないことには変わりない．

　ミドロミズメイガはツトガ科ミズメイガ亜科に属するが，ほかのミズメイガ亜科の種の幼虫が植物などで巣をつくって生活するのに対し，この幼虫は生涯を通じて植物組織内にもぐってすごすことで異色である（図1）．ヒメコウホネにおける本種の生活を簡単にたどってみる．越冬後の春から発育をはじめた幼虫は夏までに蛹になり，7月ころに羽化する（図2）．交尾した雌成虫は夜間に水面上に浮いている葉（浮葉）の裏に卵を産み付ける．つまり，卵は常に水に浸っている状態で発育しているのが，陸上のガの卵と異なる．孵化した幼虫はすぐに植物の葉の組織にもぐり，それから筋条の食べ跡をつけながら，内部組織をたべる．外からも葉面の白い筋がはっきりわかるので，寄生しているかどうか判別できる．その後，幼虫の発育が進むと，水中にある葉の茎（葉柄）に入り込み，さらに摂食を続け，老熟すると中をくりぬき部屋をつくって，蛹になる．水中葉柄内の蛹から9月ころ羽化した成虫は，同じように産卵し，ふ化幼虫は葉の組織に入る．しかし，このころにはすでに水温も低下し，水上の植物体も枯死するころで幼虫の発育には適さなくなる．一方，水中にはヒメコウホネのもう一種

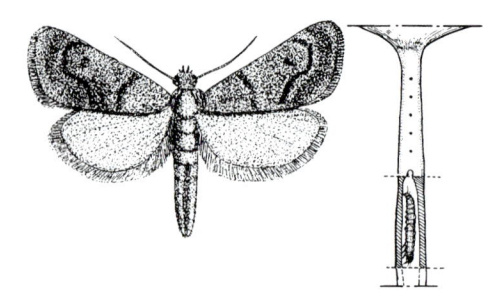

図1　ミドロミズメイガの成虫（左）とヒメコウホネの茎内にいる幼虫（右）

図2　ミドロミズメイガの成虫（上：雌，右：雄）

図3　ジュンサイの葉にもぐるミドロミズメイガ幼虫の線状食痕

類の葉である沈水葉がみられる．広い矢尻状のしっかりした浮葉と形が異なり，ちょうどレタスの葉に似た薄い葉で，これは冬の間そのまま水中でみられる．水生植物のなかには，このように2種類の葉をもつ種も多い．この沈水葉に潜って，2齢幼虫のままで，翌春に水面に現れる新しい浮葉を待つのである．このガの越冬の仕方については，1999（平成11）年の調査でようやく確かめられた．上記のように，本種は深泥池では1年に2回成虫の羽化期があるが，九州や北海道での発生回数は異なるであろう．

　コウホネやジュンサイは近年分布地が少なくなっている植物であるが，深泥池では今でもこの植物がよく残っており，ミドロミズメイガと共存している．

（吉安　裕）

水生植物に依存するネクイハムシ

　ネクイハムシ類は，ハムシ科のネクイハムシ亜科に属する1cmにもみたない小型の甲虫である．小さいながらも，青緑色や赤銅色の金属のような光沢がある美しい虫で，池や沼，湿地などの水生植物上に群がって，成虫はこれら葉や花粉を食べ，幼虫は水中の根についている．ネクイハムシと呼ばれるのは，そのためである．どの植物につくかは，種類によって決まっているし，そのためすんでいる環境もちがっている．ネクイハムシはどこの池にでもいるわけではなく，昔からの自然環境がよく残っているところだけにいる．

　深泥池には，いぜんから3種のネクイハムシがすんでいた．ヤマトミクリにつくキンイロネクイハムシと，ジュンサイ，ヒツジグサ，ヒメコウホネの葉上に見られるガガブタネクイハムシとイネネクイハムシである．

　ところが，キンイロネクイハムシがいなくなってしまい，現在は2種しかいない．1960年代にはいっぱいいたのに，どうしていなくなったのだろうか．1980（昭和55）年ころに調査したときには，浮島などにヤマトミクリが点々と残っていたのに，もうキンイロネクイハムシの姿は見られなかった．このネクイハムシは深泥池の標本に基づいて1956（昭和31）年に新種として発表されている．その大事な模式産地である深泥池にいなくなってしまったのでは困るので，どこかに残っていてほしい．

　ガガブタネクイハムシは5月ころから9月くらいにかけて，ジュンサイやヒメコウホネなどの葉上に群がって，葉をかじったり交尾をしたりしている．かじり跡には丸い穴があいている（図1）．その後，メスの成虫は水中にもぐってジュンサイの葉裏や茎に産卵し，幼虫もこのようなところについているが，根からもよく幼虫が見つかる．このガガブタネクイハムシも，各地で姿を見ることが少なくなっているので，ひょっとして深泥池から姿を消していないか心配していたが，今年（2004年）の9月上旬の現地調査で多数生息

図1　ジュンサイの葉上のガガブタネクイハムシ（穴はかじり跡）

していることが確認されて，ほっとしている．

　イネネクイハムシの成虫は，6月ころから9月ころにかけて，ガガブタネクイハムシと同じくジュンサイやヒメコウホネなどの葉上で見られ，葉をかじっている．メスの成虫は水中にもぐり葉裏や茎に産卵し，幼虫もこのようなところに見られるが，その後幼虫はマコモなどのイネ科植物の根に移り，まゆをつくってさなぎになることが知られている．

　イネネクイハムシは，むかしから水田で栽培するイネの根の害虫として知られ，イネの刈り取り後も湿田として残される東日本の山よりの水田では，大きな被害が続いていた．しかし，戦後に農薬が使われるようになって激減し，現在ではイネの害虫としては扱われていない．このネクイハムシは灯火によく飛んでくる習性を持っていて，1980年の6月下旬に深泥池で灯火採集を行った際には，多数の成虫が飛来した．移動性も環境への順応性も高い種といえるであろう．

　深泥池に何種のネクイハムシが見られるかは，自然環境の良さを判断する一つの指標といえるかもしれない．深泥池のネクイハムシの種類がこれ以上減ることがないよう，良い環境を守っていきたいものである．

〔宮武頼夫〕

外来のカワリヌマエビ属の侵入

淡水エビの種の交代

1970年代の深泥池にはヌマエビ*Paratya compressa compressa*とスジエビ*Palaemon paucidens*の2種の淡水エビが，高密度で生息していた．両種は日本の淡水に広く生息し，いずれも卵サイズに南北を中心にした地理変異が見られる．深泥池や宝ケ池のヌマエビは近傍の琵琶湖，淀川わんど，城北池の個体群に比べて卵サイズが大きく，抱卵数が少ない．また深泥池のスジエビは，琵琶湖より卵サイズは大きいが，十和田湖や宍道湖より小さかった（西野，1981）．

その後，ヌマエビ，スジエビともに遺伝的に大きな地理変異があることが明らかとなった．深泥池の2種は，琵琶湖とは卵サイズが異なり，遺伝的に異なった個体群だと考えられる．琵琶湖水系と繋がりのない深泥池の両個体群は，両種の進化プロセスを考える上で貴重な存在であった．

ところが2004(平成16)年に調査したところ，スジエビは僅かに採集されたが，ヌマエビは全く採集されず，代わってカワリヌマエビ属*Neocaridina* spp. が多く採集された（図１）．いつ頃深泥池に侵入したのかは不明だが，少なくとも2000年に撮影された写真にはカワリヌマエビ属と思われるエビが写っている（竹門，私信）．琵琶湖でも，2001年4月に同内湖（びわ町川道の人造内湖と長浜市の細江内湖）でカワリヌマエビ属が採集され，2003年6月以降，びわ町早崎の琵琶湖岸や早崎干拓地の湛水水田でも多数採集されている（西野・丹羽，2004）．

空輸される「ブツエビ」

2003年6月，兵庫県の夢前川水系（菅生川）でカワリヌマエビ属に外部共生したヒルミミズ*Holtodrilus truncatus*が発見された（丹羽ほか，2003）．ヒルミミズの大部分はザリガニに付着するが，本種は，例外的に淡水エビに付着することが知られており，中国の河南省，広東省からしか報告がない．このことから，菅生川のエビは中国からの外来種である疑いが濃厚だった．丹羽の調査では，関西国際空港の開港後，カワリヌマエビ属をはじめ，生きた淡水エビが中国や韓国から空輸されている．これらのエビはブツエビ，シラサエビと呼ばれ，輸入量は年によっては20トン近くに上ると推定されている．釣り餌用として販売される他，ミナミヌマエビの名で観賞用動物や水槽の苔取り用としてインターネットでも販売されている（西野・丹羽，2004）．

カワリヌマエビ属の分布と分類

カワリヌマエビ属は，日本，韓国，台湾，中国に広く分布し，ミナミヌマエビ*Neocaridina denticulata*はこれら4カ国に分布している．日本からはミナミヌマエビとイシガキヌマエビ*N. ishigakiensis*の2種，韓国から4種，中国からは22種が報告されている（Liang, 2004）．

現在，これらカワリヌマエビ属の形態を比較検討中だが，ミナミヌマエビの第3胸脚は雌雄で大きな差がないのに対し，深泥池産のエビは第3胸脚の形態が雌雄で異なることから，外来種と判断される．

びわ町早崎の琵琶湖岸で2004年5月に採集されたカワリヌマエビ属も，第3胸脚の形態から外来種と判断される．しかし，深泥池産エビの方が雄の額角が長い等，2カ所のエビの形態に差があり，同種かどうかは不明である．

全国に広がる外来カワリヌマエビ

現在，外来種と判断されるカワリヌマエビ属は，深泥池，琵琶湖の他に菅生川，徳島県の吉野川，千葉県，群馬県，新潟県，宮城県の河川やため池で確認されており，日本各地に広がっていることは疑いない．

ミナミヌマエビの分布域は，焼津を除くと北緯35度付近より南の西日本に限定される．一方，外来カワリヌマエビ属は，ミナミヌマエビの分布域だけでなく，それより北の地域からも確認されている．今後，日本各地の標本を精査することで，複数の外来エビが日本に侵入しているかどうかを確認する必要がある．

またミナミヌマエビは中国，韓国に広く分布することから，ミナミヌマエビの外来個体群が日本に侵入している可能性もある．さらに外来のカワリヌマエビ属と在来のミナミヌマエビとの間で，交雑が生じている可能性も否定できない．

いずれにせよ，日本に分布するカワリヌマエビ属と，中国，韓国，台湾の同属について形態的な比較を行うとともに，遺伝的な解析を進めることが不可欠である．

深泥池への侵入が成功した理由

ところで，なぜ深泥池でヌマエビ，スジエビが激減し，外来カワリヌマエビ属が増加したのだろうか？　琵琶湖南湖では1970年代にブルーギルが侵入，定着したが，全長7cm以上の個体の主な餌はヌマエビ，スジエビなどの淡水エビだった（寺島，1977）．北米ではオオクチバスもエビを捕食することが知られており，多くのブルーギルやオオクチバスが生息する深泥池でも，ヌマエビ，スジエビが大きな捕食圧にさらされていると考えられる．

ヌマエビやスジエビの繁殖期は4-6月で，メスは200-300個ほどの卵を腹部に抱き，孵化するまで保護する．孵化したゾエア幼生は体長2-3mmで他の動物プランクトンよりずっと大きく，1カ月ほど浮遊生活をおくる．この時期が，外来魚オオクチバスやブルーギルの繁殖期とちょうど重なる．オオクチバスは仔魚期に，ブルーギルは仔稚魚期をつうじて主に甲殻類プランクトンを捕食する（西野・細谷，2004）．ミジンコなどの甲殻類プランクトンより大きく，動きの鈍いゾエア幼生は，かれらの格好の餌となるだろう．

一方，カワリヌマエビ属は，他のヌマエビ科と比べて雌が抱く卵数は少ないが，卵サイズは大きい．直達発生で，親とよく似た形で孵化し，すぐに底生生活に入る．孵化後すぐに水草等に身を隠すことができる本属の稚エビは，ヌマエビ，スジエビと比べて外来魚に捕食されるリスクがずっと小さいと考えられる．

もう一つの理由は，湖内におけるカワリヌマエビ属の分布にある．すべての個体ではな

図1　深泥池のカワリヌマエビ属

図2　カワリヌマエビ属の拡大写真，額角が長い

いが，深泥池や琵琶湖では，多くの個体が水深数cm-10cm前後の岸辺の水際で採集される．ヌマエビやスジエビは，湖や沼の沿岸部に広く分布するが，これまで水際で多くの個体が採集できたことはほとんどない．浅い岸辺の水際には，体高が大きい外来魚が侵入しにくいと考えられ，本種の分布特性が，オオクチバスやブルーギルからの捕食リスクを小さくしている可能性がある．このことは，捕食性外来魚の存在下で，生活史の中で空間的なレフュージア（避難場所）を利用可能な種のみが生き残ることを示しているではないだろうか．

なお，淡水のヌマエビとミナミヌマエビには扁形動物のエビヤドリツノムシ（*Scutariella japonica*）が付着することが知られている．本種が深泥池，琵琶湖や菅生川のカワリヌマエビ属に付着しているのが確認されている．エビヤドリツノムシは，日本と中国に分布することが知られており，外来カワリヌマエビ属の侵入とともに本種の外来個体群が深泥池に侵入した可能性がある．　　　（西野麻知子）

魚類相の推移と現状

過去の深泥池の魚類相については，1970年代後半の調査結果が長田・細道（1981）にまとめられているほか，細谷の断片的な確認記録が残されているにすぎない（細谷，2001；竹門ほか，2002）．一方，オオクチバスとブルーギルの駆除を開始した1998（平成10）年以降は，エリ網，投網，タモ網，刺し網などを用いた捕獲情報が毎年得られており，深泥池における魚類相の現状を知ることができる．

表1は，それらの情報をすべてまとめたものである．1972（昭和47）年と1977年の記録を合わせると14種の在来魚が生息し，国外外来種としてカムルチとタイリクバラタナゴ，国内外来種にはゲンゴロウブナとホンモロコの生息が確認されていた．カワムツやオイカワなどの流水性魚種は，松ヶ崎浄水場の配水池から大量の水道水が放流されていた頃に人為的に導入されたものと考えられる．ゲンゴロウブナとホンモロコについても，釣りの対象として放たれたものであろう．また，ホトケドジョウは，池ではなく南東の流れ込みに細々と暮らしていたものであり，1970年代には何らかの理由で絶滅したものと考えられる．カムルチについては，1972年以前に移入しているが，当時日本の在来種の多くと共存していた．カムルチは原産地が東アジアであるため，日本の在来種の先祖がかつて共存した経験が遺伝的に刻まれているのかも知れない．一方，ニッポンバラタナゴが絶滅した理由としては，逆にタイリクバラタナゴがきわめて近縁であるがゆえに生じた競争排除が考えられる．あるいは，タイリクバラタナゴと

表1．深泥池における魚類相の変化　Abekura et al.（2004）を改変

○：在来種，　●：国内外来種，　▲：国外外来種，　*：繁殖は確認されていない一時的生息者

科名	名前	学名	72	77	79	85	98	99	2000	01	02	03	04	05
コイ科	カワムツ	*Zacco temmincki*	○											
	オイカワ	*Zacco platypus*			○						○*			
	カワバタモロコ	*Aphyocypris rasborella*	○	○	○									
	タモロコ	*Gnathopogon elongatus elongatus*	○	○	○									
	ホンモロコ	*Gnathopogon elongatus caerulescens*		●*										
	モツゴ	*Pseudorasbora parva*		○	○	○	○	○	○	○	○	○	○	○
	コイ	*Cyprinus carpio*	○	○	○	○	○	○	○	○	○	○	○	○
	ヒゴイ／ドイツゴイ	*Cyprinus* spp.					●	●	●	●	●	●	●	
	ゲンゴロウブナ	*Carassius auratus cuvieri*		●		●	●	●	●	●	●	●	●	
	ギンブナ	*Carassius auratus langsdorfii*		○	○	○	○	○	○	○	○	○	○	○
	オオキンブナ	*Carassius carassius buergeri*					●*							
	キンギョ	*carassius auratus*					●*	●*	●*					●*
	カマツカ	*Pseudogobio esocinus*							●*					
	タイリクバラタナゴ	*Rhodeus ocellatus ocellatus*			▲	▲								
	ニッポンバラタナゴ	*Rhodeus ocellatus kurumeus*	○											
	シロヒレタビラ	*Acheilognathus tabira tabira*				○								
ドジョウ科	ドジョウ	*Misgurnus anguillicaudatus*	○	○	○	○	○	○	○	○	○	○	○	○
	ホトケドジョウ	*Lefua echigonia*	○											
ロリカリア科	セイルフィンプレコ	*Glyptoperichthes gibbiceps*							▲*					▲*
ナマズ科	ナマズ	*Silurus asotus*	○	○										
メダカ科	メダカ	*Oryzias latipes*	○	○	○									
	ヒメダカ	*Oryzias latipes*							●*					
カダヤシ科	カダヤシ	*Gambusia affinis affinis*				▲	▲	▲	▲	▲	▲	▲	▲	▲
タイワンドジョウ科	カムルチ	*Channa argus*	▲	▲			▲	▲	▲	▲	▲	▲	▲	▲
バス科	オオクチバス	*Micropterus salmoides salmoides*				▲	▲	▲	▲	▲	▲	▲	▲	▲
	ブルーギル	*Lepomis macrochirus*				▲	▲	▲	▲	▲	▲	▲	▲	▲
カワスズメ科	カワスズメ科の一種	*Cichlidae* sp.							▲*					
ハゼ科	ドンコ	*Odontobutis obscura*	○	○										
	トウヨシノボリ	*Rhinogobius* sp.	○	○	○	○	○	○	○	○	○	○	○	○
カラシン科	カーディナル・テトラ	*Paracheirodon axelrodi*												▲*
		在来種の種数	13	11	9	5	6	6	6	5	6	5	5	4
		外来種の種数	1	4	4	4	8	7	9	8	6	5	5	8
		外来種の種数割合	0.07	0.27	0.31	0.44	0.57	0.54	0.60	0.62	0.50	0.50	0.50	0.67
			1)	1)	2)	1)	3)	3)	3)	3)	3)	4)	4)	4)

1) 細谷（2001），2) 長田・細道（1981），3) Abekura et al.（2004），4) 未発表データ

ニッポンバラタナゴは交雑することでも知られているので、タイリクバラタナゴと交雑した結果、純粋なニッポンバラタナゴが消えた可能性もある（Kawamura *et al.* 2001）．また，1979（昭和54）年には，すでにオオクチバスとブルーギルが確認されており，これ以後オイカワ，カワバタモロコ（図1），タモロコ，シロヒレタビラ，ドンコ，メダカなど多数の小形魚種が絶滅した．メダカの絶滅には，1985（昭和60）年に確認されたカダヤシによる競争排除が疑われるが，その他の魚種については，オオクチバスとブルーギルの捕食による直接影響や食物連鎖を通じた間接効果によって打撃を受けた可能性が高い．さらに，1998年以後は，ドイツゴイ，ヒゴイ，オオキンブナ，キンギョ，ヒメダカ，カワスズメ科，セイルフィンプレコ，カーディナルテトラなどの観賞魚が次々と捕獲された．こうした事実は，ペットが野外に安易に放たれる現状を反映しており，外来種に関する啓蒙や意識改革が必要であることを示している．

以上のように，70年代に深泥池に生息していた在来種15種の魚類のうち，9種がこの20年間で絶滅もしくは激減した．一方，20年前には記録されていなかった魚種が7種加わったが，そのうち6種が外来種であった．その結果，魚類相全体に占める外来種の割合（外来種率）は7％から60％にまで増えている．

表1の魚類相の経年変化には個体数の多少は反映されていない．1998年以降に計7種の

図1　カワバタモロコ

在来種が記録されてはいるものの，それらの個体数はかなり少なく，いつ絶滅してもおかしくない状況である．1979年には投網によって定量的な捕獲調査が行われているので，1998年以降についても投網の捕獲数に限って魚類種構成比を示せば比較することができる（図2）．これによると，1979年には少なくとも6種の魚類がバランス良く生息していたのに比べて，1998年以降では個体数のほとんどをブルーギルが占めていることがわかる．この状況は，オオクチバスとブルーギルの個体群が駆除事業によって抑制されているにもかかわらず変わっていない．早春にコイ・フナ類の産卵活動は毎年観察されており，2003年以降は春先にフナの稚魚の泳ぐ姿が見られるようになったことは好転の兆しであるが，彼らの多くは夏までに消えてしまうのが現状である．　　　（竹門康弘・安部倉完・細谷和海）

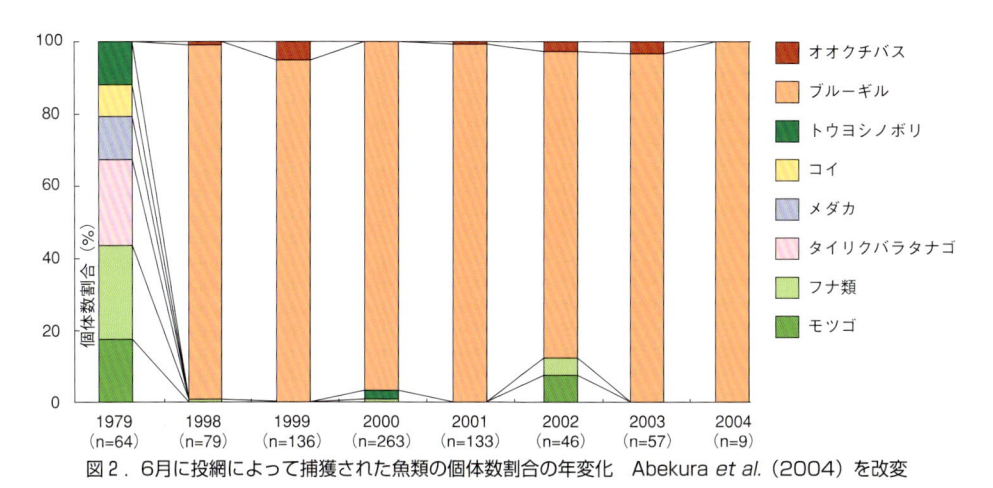

図2．6月に投網によって捕獲された魚類の個体数割合の年変化　Abekura *et al.*（2004）を改変

底生動物群集の変遷
―外来魚は遊泳性動物を減らす―

　深泥池では，外来魚対策の一環として底生動物群集のモニタリングを二つの方法で実施している．一つは，1979（昭和54）年と1994（平成6）年に行った学術調査の方法に則して，サーバーネットやボックスサンプラーを用いて定量的に採集し，個体数や現存量を計数・計量するものである．2002（平成14）年に行った調査の結果，1979年以後ユスリカ科（P.87参照）やミミズ類（図1）のように泥や植物体の隙間に潜り込む掘潜型の小さい動物が増加したことがわかった．ところが1979年に沈水植物群落に多く生息していたヤンマ科やフタバカゲロウ（図2）などのように活発に泳ぎ回る動物は減少していた（図3）．トビケラ目（P.66参照）は1979年以降激減し種多様性も減少した．また，過去には開水面の水生植物群落に広く分布していた種が抽水植物群落内に限定される分布に変化した．これらの結果は，オオクチバスやブルーギルに補食されにくい種が多く生き残っていることを示している．2002年には個体数は増加したが種多様性は回復していない．ただし，イトトンボ科（図4），モノサシトンボ科，チョウトンボ，ショウジョウトンボ，ムネカクトビケラなどが2002年

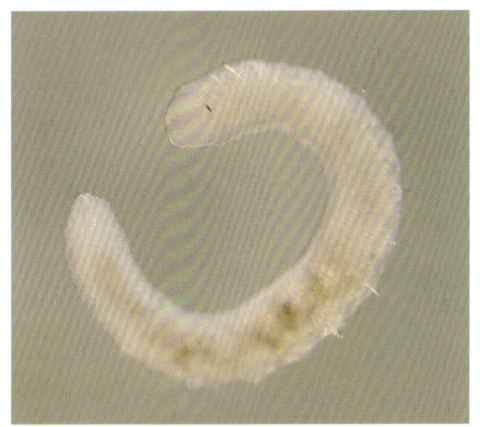

図1　ミズミミズ亜科

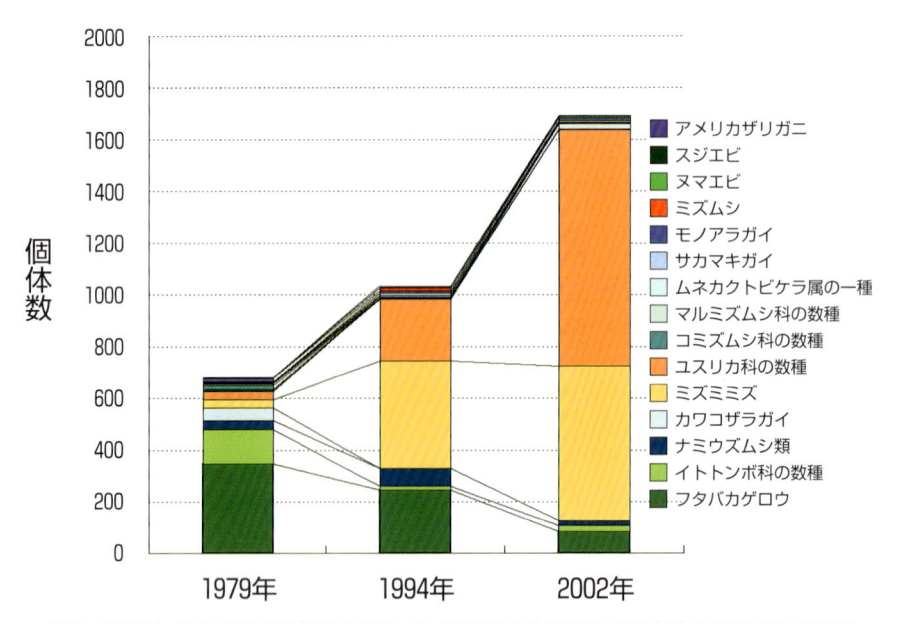

図3　深泥池における底生動物群集の変遷．泳ぎ回る種は緑色系統で泥や植物の隙間に潜る種は黄～赤色系統で示している．

図2　フタバカゲロウ

図4　アオモンイトトンボ

には増加傾向を示しており外来魚除去の効果が現れはじめた可能性もある（図3）．

もう一つの方法は，毎年夏休みに市民参加で実施している底生動物群集調査である（P.188参照）．これは，2002年から毎年8月中旬に下記地図に記した★印の場所で行っている．この調査は，子どもからお年寄りまで広く市民が採集や観察を行なうものであり，出現種数の精度や群集組成における定量性は望めないものである．しかし，上述の学術的な定量調査については，その資料分析にきわめて多大の時間と労力を要するため，毎年実施することは困難である．そこで，定量性は欠いても毎年の状況を簡便にモニタリングする方法として市民参加による観察会形式の調査を企画した．この方法を継続することによって経年的な変化や，突発的な変化を捉えることができる．

（竹門康弘・安部倉完・野尻浩彦）

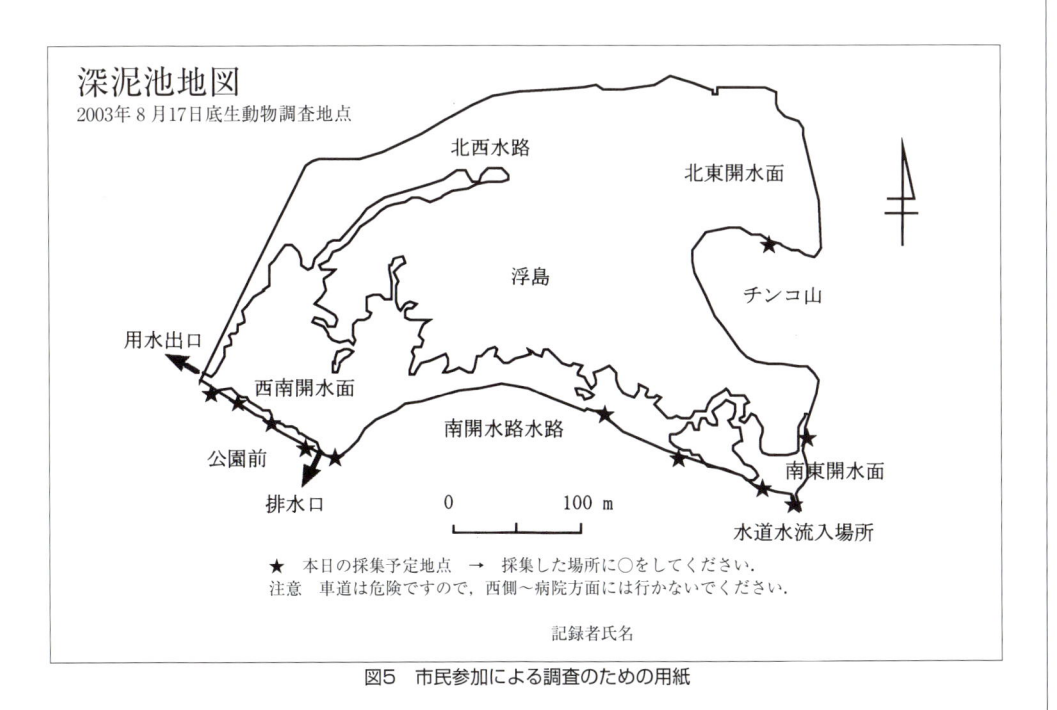

深泥池地図
2003年8月17日底生動物調査地点

北西水路
北東開水面
浮島
チンコ山
用水出口
西南開水面
公園前
南開水路水路
南東開水面
排水口
0　　100 m
水道水流入場所

★　本日の採集予定地点　→　採集した場所に○をしてください．
注意　車道は危険ですので，西側〜病院方面には行かないでください．

記録者氏名

図5　市民参加による調査のための用紙

水辺の鳥類

深泥池には，太古の時代から守り残されてきた湿原があり，その中には水生植物をはじめ多くの野生生物が生息している．特異な環境のせいか，野鳥の生息環境としても重要な位置を占めており，野鳥の会では非常に関心が高い場所といえる．

深泥池で観察できる野鳥には，池の南西にある開水域では水辺の鳥のカモ類が，南東から東部にかけての山林にはヒタキ類やカラ類，キツツキ類などの小鳥が多く，時には上空をタカ類が飛んでいく姿を見ることもある．池の中心にある不思議とも思えるような植物群落「浮島」では，時代の波と共に押し寄せてくる開発が原因なのか，水質の問題や，また，水鳥へのエサやりが原因と思われる水の富栄養化などの問題が起こっている．人間の行為によって池の環境に大きな打撃を与えるような行為は大いに慎まなければならないと思っている．

さて，深泥池周辺の野鳥観察記録としては，個人的には随分昔から観察を続け，記録を残している人もいるが，野鳥の会としておよそ把握しているのは，1974（昭和49）年頃からになる．

過去の記録の中で，とくに珍しいカモ類では国際的にも保護されているトモエガモ（図2・1979-1991年）やアカハジロ，アメリカコガモ，ミツユビカモメが姿をみせている．水鳥以外では，こちらも非常に希な記録としてブッポウソウやオオヨシゴイ，ヤマショウビン等の記録が残されている．ハイイロチュウヒやクロツグミ等が観察されたこともあるが長くはとどまらなかったようである．1974年頃から2003（平成15）年頃までに深泥池で観察された野鳥は約164種となっている．

図1　ヨシガモ

図2　トモエガモ

図3　カワセミ

最近，どこの水辺でも観察できたはずのゴイサギの記録が目立って減りはじめているのに気がついた．ところが，それは何もゴイサギだけに限ったことではなく，1983（昭和58）年以降，急激に野鳥の観察記録数が減りはじめ，それ以前と比較すると半数近くにまで減ってしまった種もある．野鳥にとって，急な環境の変化がもたらされたと思われる．

最後に当会が深泥池で定例観察会をはじめた1997（平成9）年から2003年までのデータを表にしてご紹介する．

【探鳥会野鳥観察】

1，用具：7倍から8倍の双眼鏡．25倍程度のフィールドスコープを使用．
2，時間：基本的に午前8時から10時頃．時には夕方の観察もある．
3，観察日数：月に1回を定例とし，基本的には毎月観察を行う．
4，コース：児童公園から南堤に出る，水辺にそって池を回り博愛病院の手前まで．
　その間に水面，浮島，山手，上空を観察．
　鳴き声等による観察記録も取る．（中村桂子）

表1　深泥池年度別出現状況　　[水辺の鳥]

No.	科名	種名	1997	1998	1999	2000	2001	2002	2003	京都での出現状況	RDB 京都府	RDB 環境省
5	カイツブリ	カイツブリ	◎	◎	◎	◎	◎	◎	◎	留鳥	準危	
45	ウ	カワウ		△			△	△		留鳥		
58	サギ	ゴイサギ	△	○	△	△	△	△	△	留鳥		
60		ササゴイ			△	△				夏鳥	準危	
62		アマサギ	△			△				夏鳥		
63		ダイサギ		△	△	○	○	△	○	留・冬		
64		チュウサギ	△	△	△	△				夏鳥	準危	NT
65		コサギ	○	○	○	○	○	△	△	留鳥		
68		アオサギ	◎	◎	◎	◎	◎	◎	◎	留鳥		
93	カモ	オシドリ			△	△	○			冬・留	絶危	
94		マガモ	◎	◎	◎	◎	◎	◎	◎	冬・留		
95		カルガモ	◎	◎	◎	◎	◎	◎	◎	留鳥		
96		コガモ	◎	◎	◎	◎	◎	◎	◎	冬鳥		
98		ヨシガモ	△	△	△			○	△	冬鳥		
99		オカヨシガモ	○	△	○	△		○	○	冬鳥		
100		ヒドリガモ	○	○	○		○	○	○	冬鳥		
102		オナガガモ	○	△	△		△	△	△	冬鳥		
104		ハシビロガモ	○	△	△					冬鳥		
106		ホシハジロ	△					△		冬鳥		
170	クイナ	クイナ							△	冬鳥	絶危	
179		バン	◎	○	○	○	○	◎	◎	留・夏		
181		オオバン							△	留鳥	準危	
245	シギ	タシギ		△			△		△	旅・冬		
340	カワセミ	ヤマセミ							△	留鳥	絶危	
345		カワセミ	◎	◎	◎	◎	◎	◎	◎	留鳥		
		年間確認種数	17	18	18	15	15	16	18			

◎：よく見ることができる　　○：時々見られる　　△：たまにしか見られない

レッドデータブック（ＲＤＢ）の略称
　京都府　絶危：京都府下において、絶滅の危険が増大している種．
　　　　　準危：京都府下において、存続の基盤が脆弱な種．
　環境省　ＮＴ：存続の基盤が脆弱な種．

表2　2004年2月の探鳥会で観察された鳥種

No.	種名	No.	種名	No.	種名	No.	種名
5	カイツブリ	317	アオバト	430	ツグミ	516	ベニマシコ
94	マガモ	338	ヒメアマツバメ	435	ウグイス	520	イカル
95	カルガモ	350	アオゲラ	468	エナガ	521	シメ
96	コガモ	358	コゲラ	473	ヤマガラ	524	スズメ
99	オカヨシガモ	377	セグロセキレイ	475	シジュウカラ	530	ムクドリ
100	ヒドリガモ	388	ヒヨドリ	478	メジロ	533	カケス
130	トビ	390	モズ	495	アオジ	540	ハシボソガラス
133	オオタカ	408	ルリビタキ	498	オオジュリン	541	ハシブトガラス
179	バン	410	ジョウビタキ	505	アトリ		
315	キジバト	427	シロハラ	506	カワラヒワ		計19科　38種

岸辺域・集水域の動植物

ゲンゴロウ類の特異な分布

　擬人的な名前で古くから親しまれているゲンゴロウの仲間は，日本には3科37属133種もの多くの種類が分布し，京都府内だけでも41種もの記録がある．最も大型のものはゲンゴロウ（ナミゲンゴロウとも呼ばれる）で体長は42mmにも達するが，地下水に生息するムカシゲンゴロウは2mmにも満たない微小な種で，大きさや生息場所（環境）もさまざまである．ゲンゴロウ類のほとんどは幼虫・成虫とも肉食性で，ほかの水生動物を捕らえて餌とすることから，水生植物が豊富でいろんな生き物が多い池や川などの水域が最も生息に適している．深泥池のように水生植物が豊かな水域には，たくさんのゲンゴロウ類が生息しているように思えるが，実際にはどうだろうか．

　1994年から6年間，深泥池の岸辺や開水面の植物帯，浮島内などいろんな場所で計6回もの詳細な調査を実施した結果，コツブゲンゴロウ科とゲンゴロウ科に含まれる12種を確認することができた（表1）．池の規模や植生の豊富さから判断するときわめて貧相なゲンゴロウ相のように見えるが，出現種や種構成は実に特異なものであった．

高い希少種の出現比率

　出現した12種のゲンゴロウ類には，環境省や府・県発行のレッドデータブックで「絶滅のおそれがある」として選定掲載された希少種が5種類も含まれており，その出現比率が極端に高いことが大きな特徴である．これら

図1　ムツボシツヤコツブゲンゴロウ　　図2　ヤギマルケシゲンゴロウ

について簡単に紹介する．

　キボシチビコツブゲンゴロウは環境省をはじめ，愛知・静岡・京都・香川・宮崎の各府県版レッドデータブックで「絶滅危惧種」などとして扱われている．体長は3mm程度と小さいが，顕著な斑紋を有する特徴のある種である．日本における産地は数箇所で，深泥池は日本で5例目の生息地となる．ムモンチビコツブゲンゴロウは京都と兵庫のレッドデータブックで掲載されている．体長2mm程度の微小な種で，深泥池は日本で3例目の生息地となる．ムツボシツヤコツブゲンゴロウは愛知・大阪・和歌山・兵庫・高知・香川・福岡・宮崎など多くの府県版レッドデータブックで選定掲載されている．この種も体長は2.5mm前後と小さいが，特徴的な斑紋のあるきれいな種である（図1）．日本での産地数は比較的多く，深泥池でも過去に記録があった．ヤギマルケシゲンゴロウは京都と兵庫のレッドデータブックで選定されている．体長は2mm弱とかなり小さく，本州では原産地の兵庫県以外で初めて記録された（図2）．オオマルケシゲンゴロウは高知・香川・福岡・宮崎の各県版レッドデータブックで選定されている．体長は4mm程度でこの仲間としては大型である．南西諸島では比較的多いが，本州では静岡，愛知，兵庫に次ぐ記録となる．

　深泥池で確認されたこれらの種類は，日本での産地がきわめて少ないものばかりで，一つの水域でまとまって得られることはきわめて希な現象である．

なぜか少ない普通種

　もう一つの大きな特徴は，多くの水域で優占的に生息している「普通種」とされる種類の一部が，深泥池では欠如するか，またはきわめて個体数が少ないといった現象である．このことを検証するため，深泥池近くの宝ヶ池と小池および過去に調査を行った兵庫県内の数箇所の池の調査結果を，他の水生食肉亜目

(コガシラミズムシ類，ミズスマシ類）も含めて，相の比較表を作成した（表1）．最も多くの種類が確認された加古川市の今池（26種を確認）は，大型種を除いて近畿地方に分布するほとんどの種類が出現し，ゲンゴロウ類の生息には非常に適した環境の池と判断されるが，深泥池で確認された希少種のうち4種を欠いている．この池で個体数の多かった種類，つまりチビゲンゴロウ，ケシゲンゴロウ，ツブゲンゴロウ，シャープツブゲンゴロウ，クロズマメゲンゴロウ，ヒメゲンゴロウ，コシマゲンゴロウなどの普通種は，神戸市や吉川町の池（里山環境にある一般的な溜池）でも優占的に出現しているが，深泥池ではこれらが欠如するか，あるいはきわめて個体数が少ないという妙な現象が読みとれる．

希少種比率の高さと普通種の欠如はおそらく表裏の関係にあるものと推察されるが，要因として考えられる近畿地方の平地では成立しにくい深泥池の高層湿原の存在と併せてきわめて興味深い． (森　正人)

表1　深泥池とその他の池のゲンゴロウ類の種構成比較表

凡例のない数字は個体数を示す．太線の囲みは比較の着目点．＊印は深泥池の希少種

科	種	京都市 深泥池	宝ヶ池	小池	加西市 青野原	加古川 今池	吉川町 無名池	神戸市 無名池
コガシラミズムシ	キイロコガシラミズムシ Haliplus eximius				7	3		
	ヒメコガシラミズムシ Haliplus ovalis				4			
	マダラコガシラミズムシ Haliplus sharpi				2			
	コガシラミズムシ Peltodytes intermedius					12	4	3
コツブゲンゴロウ	キボシチビコツブゲンゴロウ Neohydroc. bivittis	*63						
	ムモンチビコツブゲンゴロウ Neohydrocoptus sp.	*21			1			
	コツブゲンゴロウ Noterus japonicus	99	4		38	66	8	5
	ムツボシツヤコツブゲンゴロウ Canthydrus politus	*6			20	20		
ゲンゴロウ	ヒメケシゲンゴロウ Hyphydrus laeviventris					12		
	ケシゲンゴロウ Hyphydrus japonicus				35	28	44	12
	ヤギマルケシゲンゴロウ Hydrovatus yagii	*3			3			
	マルケシゲンゴロウ Hydrovatus subtilis	2			11	6		
	コマルケシゲンゴロウ Hydrovatus acuminatus					16	2	
	オオマルケシゲンゴロウ Hydrovatus bonvouloiri	*15						
	チビゲンゴロウ Hydroglyphus japonicus	2	2	4	18	20	9	16
	マルチビゲンゴロウ Leiodytes frontalis	27		2	23	37		
	ツブゲンゴロウ Laccophilus difficilis		2		44	56	30	21
	コウベツブゲンゴロウ Laccophilus kobensis				12	5		
	ルイスツブゲンゴロウ Laccophilus lewisius					2		
	シャープツブゲンゴロウ Laccophilus sharpi				33	19		
	ホソセスジゲンゴロウ Copelatus weymarni					2		
	クロズマメゲンゴロウ Agabus conspicuus					28	4	18
	チャイロマメゲンゴロウ Agabus regimbarti				4	1		
	マメゲンゴロウ Agabus japonicus	33	3		6	6	2	3
	キベリクロヒメゲンゴロウ Ilybius apicalis					13		
	ヒメゲンゴロウ Rhantus suturalis	3	12		23	39	11	43
	ハイイロゲンゴロウ Eretes sticticus		1			1		
	シマゲンゴロウ Hydaticus bowringii					3	16	
	コシマゲンゴロウ Hydaticus grammicus	1	5	4	4	18	8	2
ミズスマシ	オオミズスマシ Dineutus orientalis		2	8		15	5	
	ヒメミズスマシ Gyrinus gestroi					4	11	
	ミズスマシ Gyrinus japonicus					2		
4科	32種	12種	8種	4種	15種	26種	16種	9種

京都市深泥池：1994年7月14，21，29日，1995年8月18日，1996年9月11日，1998年12月10日，1998年2月27-3月9日，1999年2月22-23日の調査の確認総個体数を示した．
京都市宝ヶ池：深泥池の東方約500mにあり規模は同程度．水生植物は貧弱でわずかに池の北西部に抽水植物が見られ，ゲンゴロウ類が若干得られた．1996年9月12日の調査の確認総個体数を示した．
京都市小池　：深泥池の北西約1kmにあり規模はやや小さい．池の東岸を中心に調査を行ったが，水生植物が比較的多く生育している割にゲンゴロウ類は貧弱で，隣接のゴルフ場の影響が考えられる．1996年9月11日の調査の確認総個体数を示した．
加西市青野原：青野原の西部にある無名の溜池で，規模は深泥池程度．流入部を中心にスゲ類などの植生が豊かで湿地状を呈している．1993年8月21調査の確認総個体数を示した．（兵庫県）
加古川市今池：平野部にある規模の大きい溜池で，オニバスをはじめとする水生植物が豊富であった．なお，この池は調査の翌年には造成工事により消滅した．1992年9月13日の確認総個体数を示した．（兵庫県）
吉川町無名池：棚田地区の最上部にあり小規模な溜池で，ジュンサイやヒツジグサなどの浮葉植物が豊富な環境である．1996年9月21日調査の確認総個体数を示した．（兵庫県）
神戸市無名池：丘陵部の斜面にある水生植物が貧弱な小規模の溜池である．1995年9月15日調査の確認総個体数を示した．

ミギワバエの宝庫
―深泥池の環境の多様性―

まずミギワバエについて説明しておこう．体長2-3mm大きくて5mmほどの一見変哲もない小バエだが，顕微鏡で拡大して見ると，身体や翅に模様があったりしてなかなか美しい．

このハエの面白さはその生態にあって，「進化の完全な開花を見る」と言われるほどの多様性がある．変わったものでは幼虫が温泉中にすむもの，クモやカエルの卵を食べるもの，はては湧きだした石油の中にすむものもあるという．さらに生きた植物に食い入って大害をあたえ，農業害虫として有名なものもある．ただし，多くの種の幼虫は腐った植物など有機物の多い泥の上にすみ，バクテリアなど微生物を食べる．藍藻を食べる種も多い．藍藻はしばしば毒性があり，また動物にとって必要だが自身で合成できない栄養分（ステロール）をふくんでいないため，ふつうは動物の食べ物とはならない．しかしミギワバエにだけは，身体の中でこの栄養分を作ることができるため，藍藻だけを食べて育つことができるうえ，その毒素を身体の中にためて天敵の寄生バチから身を守っているという．

海外では非常に注目され，くわしく研究されているが，日本では1970年代に調べられてからというもの，ほとんど研究がなされていないし，生態に至っては全くといっていいほど知られていない．京都でもどんな種類が生息しているかということすらまだよくわかっておらず，深泥池ではこれまで全く調べられたことがなかった．そこで2002年から深泥池を本格的に調べはじめ，現在なお調査を続けている．

38種のミギワバエを確認

これまでのところ，深泥池からは38種類のミギワバエが発見された（表1）．まだもう少しは増えるかもしれない．ミギワバエは現在のところ日本全土から約100種がしられていて，最も良く調べられている神奈川県では56種の記録がある．その神奈川で最も種類の多い場所ですら20種ほどだから，深泥池の種類数の多さは目をみはるものがある．ここは日本で最も多くの種類が記録されたミギワバエの宝庫なのである．

調べていくと，ミギワバエはわずかな環境のちがいでもあらわれる種類がかわってくる．種類数の多さは，深泥池の環境がいかに多様かということを示している．このことをよりはっきりさせるため，まずは5箇所の地点をきめて，そこを2年間かけて継続的に調べてみたところ，次のことがあきらかになった．

まず第一に池の周囲と浮島ではミギワバエ相が大きく異なり，浮島は他にない独特なミギワバエ相をもっている．周囲は35種と種類が豊富なのに対して，浮島は18種と約半分の種類しかいない．浮島にいるミギワバエは，種類の上ではたしかに本土に広く分布するものが多いが，少数ながら北方性の遺存的な種がふくまれていて，数の上ではこの方が非常に多い．代表としてはクロトゲミギワバエがあげられる．この種は北極をとりまくように分布し，日本では北海道と本州北部から知られている．琵琶湖からも記録があるが，京都のみならず近畿の他の場所からはいまのところまったく発見されていない．

これにたいして池の周囲は，もちろん大半が本土に広く分布する種類で占められている．しかし少数ながらが南方性の種も入って

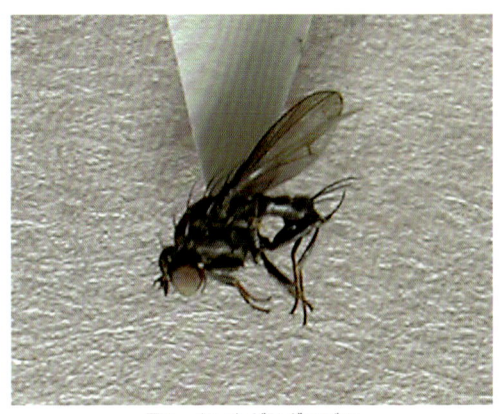

図1　クロトゲミギワバエ

きていることに特徴がある．また驚くことに，これまで日本から知られていない種が，少なくとも6種も発見された．

水際環境の多様さを反映

第二の特徴は，池の周囲でも西側の開けたところと，東側の樹木におおわれたところでは種類が大きく異なることである．とくに南西の端の入口のところは草地からなだらかに水際に移り変わっていくという自然な環境のため，最もミギワバエの種類が多く，わずか20-30㎡の範囲に28種（日本のミギワバエの1/4以上！）を数える．驚異的な密度である．ただし，たぶんここで発生しているのは10種ほどで，他の種は池のどこか別の環境で発生していて，そこから餌を食べに飛んでくるのだろう．これらの種の真の生息場所はまだわからない．

他方，東側でミギワバエの多いところは小川の流れ込み口のあたりで，14種が記録された．種類が少ないが，さらにほんとうにここにすんでいる種は3種ほどしかいないらしい．しかもうち2種はこれまで日本から知られていない種で，深泥池のほかにはほとんど記録のないきわめて稀な種である．たぶんもともと平地性で，湿地の林の縁のようなところにすむ種らしい．このような環境が開発で失われてしまい，自然度の高いところにほそぼそと生き残っているのである．実際この生息地も，ほんの10㎡に満たないところである．

このように，深泥池は北方性の種が生息す

表1．深泥池で記録されているミギワバエ科の種名リスト

1． *Psilopa polita*（Macquart, 1835）
2． ? *Rhynchopsilopa* sp.
3． *Typopsilopa* sp.
4． *Ptilomyia* sp.
5． *Cavatorella spirodelae* Deonier, 1995
6． *Hydrellia griseola*（Fallen, 1813）　イネミギワバエ
7． *Hidrellia magna* Miyagi, 1977
8． *Hydrellia isciaca* Loew, 1862　コトニミギワバエ
9． *Notiphila*（*Agrolimna*）*sekiyai* Koizumi, 1949　イミズトゲミギワバエ
10． *Notiphila*（*Dichaeta*）*caudata* Fallen, 1813　クロトゲミギワバエ
11． *Notiphila*（*Notiphila*）*dorsopunctata* Wiedemann, 1824
12． *Notiphila*（*Notiphila*）*watanabei* Miyagi, 1966　ワタナベトゲミギワバエ
13． *Paralimmna*（*Paralimmna*）*opaca* Miyagi, 1977
14． *Ochthera*（*Ochthera*）*chrcularis* Cresson, 1926
15． [*Ochthera*（*Ochthera*）*mantis*（De Geer, 1782）]
16． *Allotrichoma*（*Allotrichoma*）*nigriantennale* Miyagi, 1977
17． *Allotrichoma*（*Allotrichoma*）*setosum* Miyagi, 1977
18． *Discocerina*（*Discocerina*）*obuscurella*（Fallen, 1813）
19． *Lamproclasiopa* sp.
20． *Hecamedoides litoralis* Miyagi, 1977
21． *Hecamedoides* sp.
22． *Polytrichophora* sp.
23． *Zeros* sp. A
24． *Zeros* sp. B
25． *Nostima picta*（Fallen, 1813）
26． *Nostima verisifrons* Miyagi, 1977
27． *Philyglia takagii* Miyagi, 1977
28． *Philyglia* sp.
29． *Axysta* sp.
30． *Hyadina fukuharai* Miyagi, 1977
31． *Hyadina pulchella* Miyagi, 1977
32． *Hyadina japonica* Miyagi, 1977
33． *Pelina aenescens*（Stenhammar, 1844）
34． *Parydra*（*Chaetoapnaea*）*lutumilis* Miyagi, 1977
35． *Parydra*（*Chaetoapnaea*）*quadripunctata*（Meigen, 1830）
36． *Limnellia stenhammari*（Zetterstedt, 1846）
37． *Setacera breviventris*（Loew, 1860）
38． *Scatella*（*Scatella*）*stagnalis*（Fallen, 1813）
39． *Scatella*（*Scatella*）*obsoleta* Loew, 1861

るだけではなく，こうした失われかけている平地の湿地性の種の生息地としても貴重である．だから浮島にかぎることなく，池の周囲の自然を含めた保護を考える必要がある．

ミギワバエの本当に生息している場所は限られていて，しばしば驚くほどに狭い．深泥池にこれだけ多くの種類がいるということは，それだけ多くのさまざまな環境があるということである．今後の深泥池の保全は，こうしたさまざまな小さな環境にも配慮したものであってほしいと考える．　　　（大石久志）

希少種が続出する双翅類

進んでいないアブ・ハエの仲間の調査

こんな小さな池の双翅類（アブ・ハエの仲間）くらいわかっているだろうと思うかもしれないが，じつはまだほとんどまったく調べられてはいないのである．たしかに手元にある資料だけでも数百種をかぞえる．しかしそれは半分にも満たないかもしれない．さらに標本があっても，名前を知るだけでもたいへんな努力が必要なのである．このような事情でまとまったことは述べられないが，水辺に見られる種について，大きなまとまりごとに，知られていることを述べていこう．

ガガンボは種類も豊富だが，いまのところまったく調べられていない．ただカネノクモガタガガンボは翅がなくなってしまった変わりだねで，こんな低いところで見られるのはめずらしく貴重な種である．

カもよくわからないが，ヌマカに消滅した種の記録がある．

このほかユスリカやヌカカの仲間も多数生息してるが，これらもくわしくは調べられていない．

希少種の発見

ミズアブの仲間もまだ調査がいきとどいていないが，最近あいついで新発見があった．2003年には京都府レッドデータブックで絶滅危惧種とされるコガタノミズアブが，続いて2004年にはこれに近縁の日本で数箇所の産地しか知られていないきわめて希少な種（学名は検討中）が発見された．前者は台湾まで広く分布する種，後者は北方性の種である．

アシナガバエは小型だが肉食で，金緑色の美しい種．池の周辺には非常に多い．種類もかなりな数になるらしいが，この仲間は日本で研究がもっとも遅れているものの一つ．

ハナアブでは，本州でここだけに生息するとされたハナダカマガリモンハナアブが有名だが（最近，他にも数箇所産地が確認された），ほかにもクロツヤタマヒラタアブ（絶滅寸前種）やキヒゲアシブトハナアブなどの希少種が生息する（図1）．またタマヒラタアブ2種（ともにまだ名前がついていない）も珍しいもので，とくにそのうちの1種は深泥池以外の標本をまだ見たことがない．

図1　キヒゲアシブトハナアブ

美しいルリハナアブ（絶滅危惧種）はかっては各地に見られたが減少いちじるしく，残念ながらこの池からは姿を消してしまったようである（原因は不明）．

幼虫が貝に寄生するヤチバエは，周辺地域に比較して豊富で，珍しいものも採集されている．

フンコバエは種類が多く，ほかではあまり見かけないものもあるようだが，まだまったく調べられていない．重要なミギワバエについては84-85頁を参照のこと．

生息分布の成り立ち

以上のようにわからないことだらけだが，ともかく水辺に生息する種類は相当に豊かだと思われる．近くの桂川や木津川・宇治川と共通な種類も多いが，ここでしか見られないような貴重な種もかなりある．それらの種の成り立ちは大きく二つに分けられる．

一つは北方性の種で，飛び離れて深泥池に孤立して分布している．池の古さと，独特な環境によって生き残っているのだろう．もう一つはかつては平地の池や沼・湿地に広く生息していたが，開発によって絶滅し，かろうじて自然度の高い深泥池に生き残っている種である．

いままでは前者のみが注目されてきたが，それ以上に後者の大切さも考える必要がある．北方性の種は一応ほかにも安定した産地があるが，平地性の種はどの産地とも絶滅の危機にあるから．そして深泥池でも，しだいに姿を消した種がでてきている．

ともかくも急いでくわしく調査するのが先

決だろう．まだ重要な新発見がかなりでてくるはずである．そして各種ごとの特性をふまえたきめこまかな保護策を考えていくことが重要である． （大石久志）

ユスリカ科の特徴

深泥池のユスリカ相はこれまで幼虫でしか調査されていない．このため種名が不明のものが多く本来の種組成は未だ明らかにはなっていない．ただし，1994-1995（平成6-7）年に行なわれた幼虫調査の結果，いくつか特記すべき特徴も認められている．

血色素をもつユスリカ亜科
―溶存酸素の低い泥底に幼虫

まず，最も種数が多いのがユスリカ亜科であることは泥底の止水環境では通例のことであるが，中でも血色素をもつユスリカ属，ホソミユスリカ属（図1），クロユスリカ属（図2），セボリユスリカ属，ハモンユスリカ属が多いことは溶存酸素濃度が低下しがちな深泥池の環境条件をよく反映している．

ただし，水温の低下する冬期には，エリユスリカ亜科も増加する．とくに早春には開水面でキソガワフユユスリカ*Hydrobaenus kondoi*が成長し，3月頃の暖かい日には黒い体色の成虫が大量に羽化する様子を見ることができる．

豊富なモンユスリカ類

もう一つ，深泥池の特徴として特記すべき点は，モンユスリカ亜科の種の豊富さである．これまでに，12属ものモンユスリカ亜科（図3，4）が記録されており，その中にはヒメユスリカ属*Pentanura*のような北方性の属とともにナガツメヌマユスリカ属*Fittkauimyia*（図4）のように南半球との共通属も見られた．モンユスリカ亜科の多くは，主に他のユスリカ科幼虫を食べる捕食者であることから，モンユスリカ亜科の種多様性が高いことは，生物群集の機能的な細分化が進んでいる可能性が考えられ，深泥池の奥深さの一端を示すものと思われる． （竹門　康弘）

図1　ホソミユスリカ属の一種（ユスリカ亜科）

図2　クロユスリカ属（ユスリカ亜科）

図3　ヒラアシユスリカ属の一種（モンユスリカ亜科）

図4　ナガツメヌマユスリカ属の一種（モンユスリカ亜科）

マコモに依存するガマヨトウ

　深泥池には，この本にも登場するように，貴重な植物を含めて多くの水生植物が生育している．しかし，時代とともに植物相も少しずつ変化してきているようである．たとえば，最近では池の南側や西側の端にマコモの群落が目立つようになり，除去の対象になるまで繁茂している．マコモはイネに似ているがそれより大型のイネ科植物で，日本の湿地に普通に生育している（図1）．このマコモの茎の中にいる緑色のガの幼虫（図2）をみたのは，1998（平成10）年の春であった．これがガマヨトウ *Archanara aerata* との最初の出会いである．羽化した成虫をもとに調べると，本種は本州の近畿以北の日本に分布し，それまで京都では記録がなかったことがわかった．しかも，比較的希で生態も不明ということで本種の生活環を調べるきっかけになった．こうして，ガマヨトウの具体的な生態調査を1999年に行なった．

生活環―卵で夏から春まですごす

　はじめに書いたように，このガマヨトウ幼虫は植物体の茎の中にしかいない．そこで，生活環を調べるために4月から8月まで，深泥池の南端のマコモを定期的に根元から刈り取り，中に潜っているさなぎの発育状況（幼虫齢の構成）および幼虫と蛹の有無と数をチェックした．その結果，幼虫は4月から7月

図2　マコモ茎内のガマヨトウ幼虫

までしかみられないこと，しかも若い幼虫は4月だけで，春から夏にかけて幼虫は茎の内部を摂食して次第に成長し，6月になって初めて蛹が発見されるようになることがわかった．老熟した幼虫は体長が約30mmにも達する．その蛹から7月に成虫が羽化し，その後マコモでは幼虫がみられなくなることから，深泥池では1年に1回発生する生活をおくっている昆虫であることが確かめられた（吉安・鴨志田，2000）．茎の中で目立つ幼虫に比べて成虫は大変地味な色をしている（図3）．湿地にすむ多くのガ類はニカメイガをはじめとして，たいてい枯草のような褐色の斑紋をもっている．これは湿地に多いイネ科植物の中にいてもわかりにくいような隠蔽色なのかもしれない．雌成虫は交尾した後，7月-8月初めにマコモに産卵するが，その卵は翌春まで孵化しないので，翌年の4月までの7-8箇月間を卵ですごすことになる．

　チョウにも夏から翌春まで卵ですごす種はいるが，ガではこのような例はあまりないようである．いずれにせよ，幼虫期が春から夏にあたるような生活環は寄主となる植物の状態が重要であるかもしれない．マコモは土中の地下茎で冬を越しているが，春になって地上にマコモの新鞘がでてくると同時に，ガマヨトウの幼虫も孵化して，新鞘のところに潜り込む．幼虫が潜り込んだ植物は中心の葉が黄色に変色してしまうので，外から見えなくても寄生していることが判断できる．このガの幼虫にとっては，春に出てきた最初の若い

図1　深泥池の開水域に生えるマコモ（2002年7月1日撮影）

図3 ガマヨトウの成虫

一部の半水生のカメムシ（たとえば，ミズギワカメムシ類）や水際の腐植物を餌とするハエ類はこのようなところでしかみられない．近年の湿地の埋め立て等による減少のなかで，水域だけでない，このような中間の遷移的環境の破壊で多くの生物がみられなくなっていると思われる．その意味で，深泥池の多様性保全のためには，マコモの生育する周辺環境の管理も考慮すべきであろう．

変わった産卵

　一般に，ガ類は寄主となる植物の一部に卵を産む．そこで，このガもマコモのどこかの部分に産卵していると考え，葉や茎などいろいろ探してみたが見つからなかった．そこで，夏に羽化してきた雌成虫を自然な状態にした植物と一緒にケージに入れて観察することにした．卵をどこに産むかはこれでわかった．みつかりにくかったのは，このガが特殊な産み方をするからであった．雌は葉脈に沿って，葉の縁を細く折りまげてその中に卵を産み込んでいた．折りたたみを開くと卵がきちんと一列に入っている．だから，外からみてもわからなかったのである．ガマヨトウが属するヤガ類では卵を葉の表面に産み付けるのが一般的であったので，このような産卵様式を想定できなかったのである．なぜ念を入れた産卵をするのか，その意義については色々考えられるが，少なくとも卵で7-8箇月もの間，水際の不安定な場所において過ごすには，葉に包まれたほうが卵の生存にとって有利なのであろう．野外で繁茂するマコモ群落のなかで，卵をみつけるのは至難の業である．

　深泥池の環境の維持にとってはやっかいな植物であるマコモだけに依存して生活しているガがいることを知ったのは最近のことである．まだまだたくさんの昆虫が様々な植物をそれぞれ利用して生きていると思われる．これからも少しずつ調べていくことにしたい．また，変わった昆虫が新たに登場することになろう．

（吉安　裕・鴨志田徹也）

植物体が発育に必要なのであろう．マコモはその後10月ころまで枯れないので，夏から秋まではまだ幼虫の餌として利用できると思われるが，夏に羽化した雌親は越冬する卵を産むようにプログラムされているようである．おそらく，幼虫時代に発育するときの日長や温度が休眠する卵を産むのに関与していると思われるが，この点については明らかではない．植物の栄養状態も含めて調べてみる必要がある．

マコモへの依存とその生育環境

　ガの名前からわかるようにガマが寄主植物として記録されていたが，深泥池で調べたガマからは，似ているが別種のガしか採れなかった．近畿のほかの地域でもマコモやガマなどのイネ科植物を採集して調べてみたが，ガマヨトウはマコモからしか採れなかった．このことから，少なくとも近畿ではガマヨトウは他のイネ科植物を寄主としないで，まったくマコモに依存した生活をおくっていることが確かめられた．一方，寄生されたほうのマコモ植物体は大きくなれば中にガマヨトウの幼虫がいても枯死することはなかった．ガの幼虫は植物にそれほどのダメージは与えないようにみえる．

　深泥池では，小さな浮島のようになったマコモ群落も一部にみられるが，マコモが生育する場所はおもに池の端である．水域と陸域をつなぐ浅い水たまりとなる場所には，植物寄生性のガマヨトウだけでなく，多くのほかの昆虫の生息場所にもなっている．たとえば，

植物の開花・開葉フェノロジー

深泥池には，中央に高層湿原的な浮島植生があり，一部にヨシ群落や開水域の水草群落が見られる．周辺の山裾には落葉広葉樹のコナラ・アベマキ林が，尾根にはアカマツ林があり，そこに暮らすさまざまな植物が四季おりおりに豊かな表情を見せてくれる．

深泥池の春の訪れ

深泥池の春は周辺の林の低木からはじまる．3月中旬にコバノガマズミが葉を開き，次いで，低木のコバノミツバツツジやモチツツジ，高木のウワミズザクラ，リョウブなど十数種の樹木で開葉がはじまる．4月になると，ヤマザクラやアベマキも開葉し，林は急速に賑やかさを増してくる．中旬には，林の優占種のコナラも薄黄色の葉を開く．アオハダや岸辺のハンノキなど40数種が葉を拡げ，開葉がピークになる．5月上旬には半数以上が，6月中にはほとんどが開葉を終え，林は黄緑色から深緑色へと落ち着きを見せてくる．

浮島のビュルテに生育する樹木の春は遅く，4月上旬に，ウメモドキやミヤコイバラなどの湿地性の低木やノリウツギなどが開葉をはじめる．下旬には多くの種が開葉を終え，6月上旬にはほとんどの樹木の開葉が完了する．

浮島の草本は，樹木に比べて，開葉期間が長い．シュレンケでは，アゼスゲ，カキツバタなどの多年草が3月中旬から開葉し，4月には，ミツガシワやヨシ，キショウブなども葉を開く．開水域ではヒシが葉を拡げ，水中でもタヌキモが枝を伸ばしはじめる．中旬になると，シュレンケには一年草のシロイヌノヒゲが，ハリミズゴケの上ではカリマタガヤが芽生える．ビュルテにはススキや珍しいホロムイソウの葉が伸びはじめ，陸生型のヒメコウホネも葉を拡げる．下旬には，ヒメコウホネやジュンサイが開水域に葉を浮かべ，ヨシやセイコノヨシも伸長をはじめる．このようにして浮島の草本は4月下旬〜5月上旬にかけて開葉のピークを迎え，6月上旬には半数が，7月中旬には3分の2の種が成長を終える．

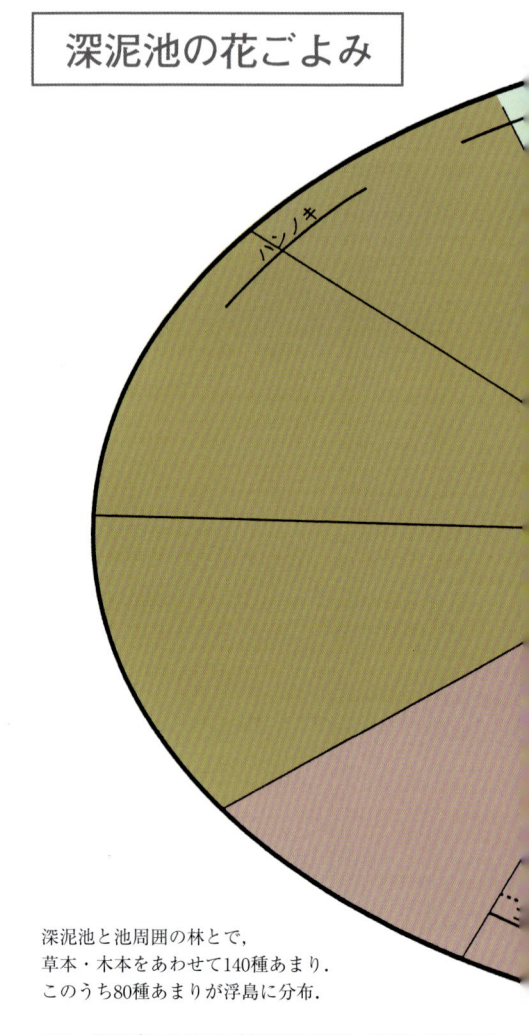

深泥池の花ごよみ

深泥池と池周囲の林とで，草本・木本をあわせて140種あまり．このうち80種あまりが浮島に分布．

図1　深泥池でみられる植物の開花期．数字は月を示す．

表情豊かな花の饗宴

周辺の林では，3月中旬にアセビが開花し，岸辺のハンノキも水面を花粉で黄色く染める．4月になると，コバノミツバツツジがピンクの華麗な花で林を飾り，ついで，短命なヤマザクラが春を告げる．下旬にはコナラ，アベマキも一斉に開花する．5月中旬になるとピンクのモチツツジやクリーム色のコツクバネウツギの花が開く．ついで，ネジキの花が咲き，6月にはクリの花の香が漂う．9月中旬のホツツジまで連続的に開花が見られるが，4月〜6月とくに5月下旬に多くが開花する．

ビュルテの木々の開花は4月下旬のネズミ

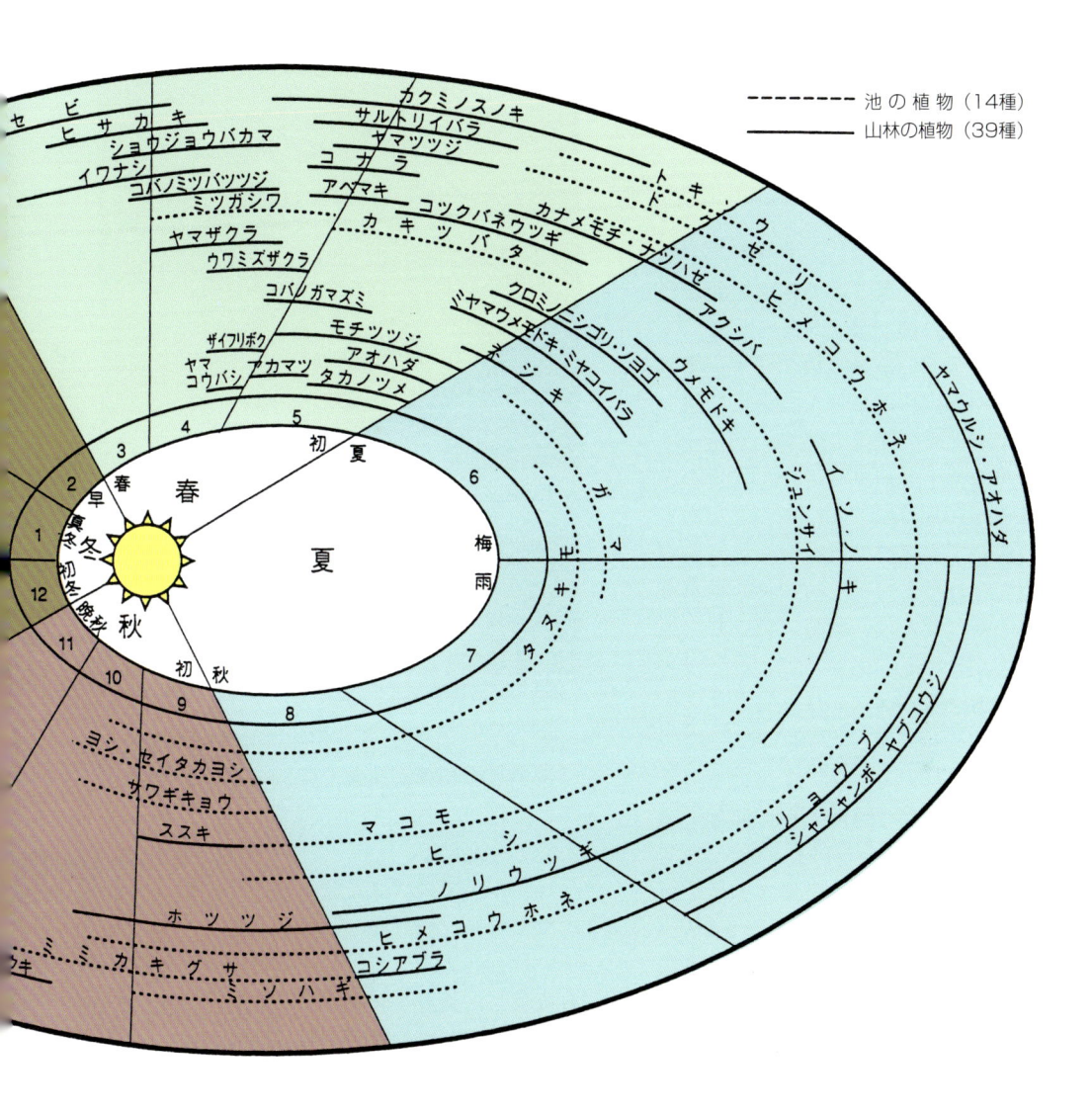

サシにはじまり，5月下旬にはヤマウルシやネジキなど最も多くの種が開花する．6月にはミヤコイバラの白花が浮島を彩り，8月中旬〜9月上旬にかけて，ノリウツギが開花の最後を飾る．5月下旬〜6月上旬が開花のピークで5，6種の開花が見られる．

　浮島の草本は種数も多く，さまざまな花が次々と登場する．4月中下旬，シュレンケはミツガシワの白い花で埋め尽くされる．5月，浮島の縁はキショウブ（外来種）の黄花で彩られ，中旬にはカキツバタが青紫色や純白の大きな花を咲かせる．ビュルテに生育するヒメコウホネも開水域より一足速く黄色の花を開きはじめる．下旬にはドクゼリの傘型の花序が初夏の風に揺れ，ハリミズゴケの上ではトキソウがピンクの花を6月上旬まで咲かせる．6月，ジュンサイが水面から花茎を伸ばし，紫褐色の小さな花を開く．浮島の浮上によって干上がったシュレンケではミミカキグサの黄色の小さな花が9月上旬まで咲き続ける．6月下旬にはタヌキモも黄色い花を水面からのぞかせ，9月中頃まで咲き競う．9月になるとシロイヌノヒゲの金平糖のような花が咲き，サワギキョウの紫色の花が風に揺れるススキの穂とともに深泥池の秋の訪れを告げる．4月中旬，ミツガシワによってはじま

った草本の開花は，5月下旬〜8月下旬まで6〜8種の開花が続き，9月の12種をピークに減少したのち，10月末のセイタカヨシの開花で幕を閉じる．

実りの季節

周辺の林では，5月下旬にヤマザクラが黒紫色の果実をつける．種ごとの結実期間が長いため，常に多数の種で果実が見られる．9月になると結実している種の数が増え，黒紫色のナツハゼや赤いウメモドキの果実に続いて，クリやアベマキの堅果も熟す．下旬にはコナラの堅果も落下し，コバノガマズミの赤い実が現れる．10月にはアオハダの実が赤く熟し，やや遅れてソヨゴの実も橙赤色（とうせき）に色づく．10月下旬〜12月上旬は，約20種の木が実をつけているが，その後，次第に減少し，1月下旬の6種で終わる．

ビュルテの木々の結実は9月上旬のウメモドキとナツハゼにはじまり，10月のソヨゴ，ミヤコイバラ，11月のノリウツギ，シャシャンボ，アカマツと続く．11月上旬〜12月中旬にかけてやや多い傾向がみられる．

浮島の草本の結実は，5月中旬〜1月下旬まで続き，10月中旬〜11月中旬が最も多い．5月下旬には，ミツガシワの薄茶色の種子がシュレンケの水面に漂い，7月には，ドクゼリの種子が実る．8月になるとカキツバタの赤紫色の種子が水面を漂い，やや遅れてトキソウの果実が実る．9月上旬には，ミミカキグサも小さな袋状の果実をつける．9月末，ガマの穂が現れ，10月中旬には，ススキも種子を飛ばしはじめる．11月にはいると，ヨシやセイタカヨシも穂が実る．

植物の冬支度

周辺の林では，10月中旬〜11月中旬を中心に多くの樹木が黄葉・紅葉する．10月にはウワミズザクラが黄葉し，続いてヤマザクラやヤマウルシが紅葉する．下旬にはコナラやアベマキも色づきはじめ，タカノツメも黄葉して，林は色とりどりに彩られ，秋本番を迎える．11月になると，落葉がおこり，下旬には

図2　周辺の林のヤマザクラと浮島のミツガシワの開花

ほぼ半数の18種が落葉している．コナラはもっとも遅く，12月中旬に落葉を終え，林は静かに冬を迎える．

ビュルテでは，8月にナツハゼが，9月にはヤマウルシが紅葉し，周辺の林よりも一足早い秋を迎える．10月に入ると，ノリウツギも黄葉し，黄葉・紅葉のピークを迎える．11月下旬のネジキの黄葉で秋が完了する．10月になると落葉が起こり．12月中旬に，ネジキが落葉して，全ての落葉が完了する．

浮島の草本は，長期にわたって枯れがすすみ，10月下旬〜11月上旬に多く見られる．早いのはアゼスゲで，7月上旬には枯れはじめ，11月下旬まで続く．シュレンケのミツガシワは夏に一度枯れるが，秋に再び開葉し，完全に地上部が枯死するのは12月上旬である．オオイヌノハナヒゲは10月下旬に，サワギキョウ，ガマ，マコモ，ススキは11月上旬に枯れる．12月になると，タヌキモ，カキツバタが枯れ，1月上旬にはセイタカヨシが枯れて冬を迎える．

春から夏，そして秋へと姿を変えた植物も，春までのわずかな期間，休息の時を迎える．

（片山雅男）

コバノミツバツツジ
―燃料用のシバ材に用いられた―

　京都盆地の平野部の北端が丹波山地の前峰群にぶつかる位置に深泥池はある．平野部がこの地で収束するのは，長年の地質年代に及ぶ侵食作用をものともせずに耐え抜いてきた巨大な硬い岩盤の存在があるからである．この岩盤はチャートと呼ばれ，古生代から中生代にかけての極めて古い時代の堆積作用で形成された二酸化珪素の岩盤である．

　深泥池を抱え込む松ヶ崎の丘陵を歩くと，この岩の露頭が各所に現れる．過去の地質運動や風化作用により，岩盤の節理（割れ目）が大きな箇所ではアカマツなどの「杭根」と呼ばれるクサビ状の根が入り，そこではアカマツ，コナラなどが樹高20m近くにまで発達する場合もあるし，あるいはシャベルで土壌をかなり深くまで掘り進むことができる箇所もある．しかし，このチャートの山は，やはり全体として固く，侵食を被ることが少ない．このため，地形は乳房状に丸い上昇地形と呼ばれる形状をなしており，この形の低山帯が京都盆地の衣笠から西山一帯にかけて広がっているため，京都固有の景観を作り上げていると言っても過言ではない．

　京都産の良質スギ材として北山杉が知られているが，床柱に用いる目の詰まった磨き丸太用材は，この貧栄養なチャートを基盤とする立地で生産される．しかし，低山の丘陵地形である松ヶ崎辺りでは，山はより乾燥しているため，古くから燃料用のシバ材が生産されてきた．とくにコバノミツバツツジ（図1）の柴材はもっとも火力が強く，1950（昭和25）年頃までは盛んに生産され，市中に供給されていた．白川女や大原女がこのツツジの枝を売りに市中に出た．これほど名高くはないが，松ヶ崎，衣笠，西山一体も同じくコバノミツバツツジの一大産地であった．貧栄養で樹木が育ちにくい山を積極的に経済資源として活用する方法の一つがシバ売りであったのであろう．

　この商業用生産のための集約的なツツジ山管理は，その「ひこ生え」＝萌芽の生長を待ち，7，8年おきにツツジを根際から刈るという循環的な生産方法であった．ツツジ以外にはネジキ，リョウブなどが商用材として続き，これ以外ではナツハゼなども用いられてきた．

　都の歴史を培ってきたこのシバ刈り，シバ売りの里山利用も今や昔のこととなり，松ヶ崎の山を歩くと，コバノミツバツツジは，アカマツとともにその大部分が枯れ果て，コナラが森の最上層，林冠を制し，その下層には常緑広葉樹が増加しつつある．深泥池を取り囲む森のうち，谷あいでは，チャートの破砕された礫が堆積する崩積土地形となっているため，もともとアベマキの薪炭材を育てていたが，コバノミツバツツジが占めていた山の中上段部では，コナラ林へすっかりと姿を変えてしまった．このまま，放置が進むと，コナラと同じように岩盤にクサビ状の根を貫入させることができる常緑高木であるコジイが優占するところも増加していくものと思われる．ただし，硬い岩盤のチャートゆえに，土壌の風化が進まないところでは，林が豊かな高木林に発達することはないであろう．そこの林床では，落葉低木のコバノミツバツツジにかわりサカキなどの限られた種類の常緑下層木が暗い林を作り上げていくことが容易に予想できる．

（高田研一）

図1　柴材に用いられていたコバノミツバツツジ

深泥池の訪花昆虫と開花フェノロジー

はじめに

深泥池の浮島とその周辺の植物が春から秋にかけてどのように開花し，そこにどのような昆虫が訪れるのか．ここではそのフェノロジーを追ってゆこう．

季節が移るにつれさまざまな開花植物に，ハナバチ・カリバチ類，ハナアブ類，チョウ・ガ類，甲虫類など多数の昆虫が訪れ，その花蜜や花粉を利用している．その多くは自らの栄養のためであるが，ハナバチ類は，それだけでなく，その幼虫に給餌するために花粉と花蜜を巣へ持ち帰る．そうしたハナバチ類にとっては，浮島やその周辺にその営巣地として枯木や裸地など適切な場所がなくてはならない．カリバチ類にとっても，それぞれの狩猟対象になる特定の昆虫やクモ類の生息が基本条件であり，その営巣場所も近くになくてはならない．もちろんハナバチやカリバチだけではなく，多くの昆虫がそこで生息しつづけるためには，その生活史に対応して花という生活資源とともに，その生活を成り立たせる生態的諸条件のあることが前提になる．ハナアブ類では，その幼虫期をすごすことのできる有機泥に富んだ浅い湿地，つまり深泥池なら浮島という場所が不可欠であるし，ヒラタアブ類の幼虫には餌のアブラムシが必要である．チョウやガ類にもその幼虫期の食草になる特定の植物がなくてはならない．ハナムグリなどの甲虫類では，その幼虫期をすごす森林の豊かな土壌が周辺に必要である．そしてもちろん，こうした訪花昆虫の送粉活動が，顕花植物の種子生産や繁殖にさまざまに貢献している．

こうした訪花昆虫の活動をより詳細にとらえることによって，深泥池の生物群集がどのように成立しているのかについて，浮島だけでなく池岸から周辺の集水域の森林のありようまで，昆虫と植物の，さらには種子散布にかかわる鳥類なども含めた，複雑な生態的なネットワークの一端を少しずつ解明できる．深泥池の生物群集とは何なのかを，昆虫たちの訪花活動を通して，われわれは従来よりさらに深く認識できるようになってきた．

たくさんの昆虫と植物が登場するが，そのすべてを写真や言葉で説明する余裕はない．どうか詳しくは図鑑などを参照していただきたい．これでも名前すら挙げていない種がまだたくさんいるし，それについては参考文献を探索してほしい．生物群集というのはその全体とともに，その細部にこそ尽きない魅力がある．

春

春先に咲くのはコバノミツバツツジ．まだ冬枯れの林に赤紫の色を添えて，越冬から醒めたばかりのコマルハナバチの女王が訪れる．キムネクマバチも飛来するが，しばしば開花していない蕾に口吻（中舌）を刺し込んで吸蜜する（送粉に寄与しないので「盗蜜」という）．他にケブカハナバチやニホンミツバチ，ニッポンヒゲナガハナバチ，マイマイツツハナバチをはじめとするツツハナバチ属の3種，コハナバチ属やミカドヒメハナバチなどのヒメハナバチ属2種の記録がある．数は多くないが，ルリハナアブと北方性のハナダカマガリモンハナアブも飛来しはじめる．アセビも3月から咲きはじめ，アカタテハな

図1　コバノミツバツツジ

ど越冬したタテハチョウ類とともに，ヒメハナムシ科の甲虫が多数訪れている．

ミツガシワは3月下旬から4月中下旬，浮島とその周辺一帯を埋め尽くし，深泥池の春の花舞台をつくる．ここには氷期以来共存してきたハナダカマガリモンハナアブをはじめとするハナアブ類，なかにはハナダカマガリモンハナアブよりさらに珍しい北方性のキヒゲハナアブも記録されている．個体数はごく少ないと思われるが，深泥池の古い歴史を示す驚くべき事実である．他にも在来のニホンミツバチ，成虫越冬したルリタテハ，キタテハ，テングチョウ，ツマキチョウ，ベニシジミ，アゲハチョウなど春のチョウ類が軒並み姿を見せる．40種を超える訪花昆虫がすでに記録されている．

初夏

5月になると，カクミノスノキにコマルハナバチ，ヒメハナバチ属の1種が訪れ，ヤマツツジにはセダカコガシラアブという，背中が盛り上がった奇妙な形のアブが飛来し，花の近辺で配偶活動をする．浮島の周縁のドクゼリは，かなり古い外来植物であるが，特徴的な花序がハナアブ・ハエ類，アシナガバチやコアオハナムグリなど多数の昆虫を惹きつける．クロバイの花にもベニシジミやトラフシジミ，ハナムグリ類，ヒメハナバチ類が，コバノガマズミにはホソツヤケシコメツキをはじめ4種のコメツキ類が，また浮島のヤマウルシにはコマルハナバチが訪れている．

カキツバタには多くのハナバチ類が訪れる．キムネクマバチとオオ，コクロ，トラのマルハナバチ属3種が記録されているが，マルハナバチ類は近年個体数が減っている．ツツハナバチ属，ヒメハナバチ属，ヤマトツヤハナバチもよく見られる．キホリハナバチの記録もある．ハナアブ類ではシマアシブトハナアブやハナダカマガリモンハナアブ，甲虫類ではオオハナノミがいることもある．カキツバタと同属で外来種のキショウブは，花筒が筒抜けでカキツバタと異なるため，色々なハナバチだけでなく，ハナアブが筒の中まで入り込む点で少し異なる．

図2　ミヤコイバラ（1990年8月23日撮影）

図3　ヤマツツジとセダカコガシラアブ

池周辺のカナメモチには，チャバネセセリやアオスジアゲハ，ヒメウラナミジャノメ，さらにキムネクマバチやコマルハナバチ，ヒメハナバチ属の1種とともに，アシブトハナアブ，シマハナアブも多いが，ハナダカマガリモンハナアブはやや少ない．アオハダにはコマルハナバチ，クロミノニシゴリにハナダカマガリモンハナアブの記録もある．モチツツジにはコマルハナバチが多いが，調査が不十分であり，たぶんハナバチ類がかなり広範に飛来していると思われる．

5月中旬から6月にかけて浮島ではトキソウが開花する．かなり詳細に観察したが，ヤマトツヤハナバチやオオマルハナバチ，さらにハナアブ類が訪れるものの，送粉に関与しているかどうかは確認できていない．

ホソバヨツバムグラにはヒラタアブ類の記録がある．浮島のイヌツゲは5月から6月に

かけて開花し，ハナアブ類が多く，ハナダカマガリモンハナアブ，シマアシブトハナアブとともにヒラタアブ類もよく来る．同じころナツハゼはもっぱらニホンミツバチ，フタモンとセグロのアシナガバチ属2種，クロスズメバチ．6月の浮島のソヨゴには，コハナバチ属1種，ヒメムカシハナバチ属1種，ヤマトツヤハナバチなど小型ハナバチ類とヒラタアブ類，ヒメヒラタタマムシやスジグロシロチョウなど，おなじくウメモドキにはニホンミツバチが来る．

6月，浮島のミヤコイバラを訪れるのは，ニホンミツバチをはじめ，キムネクマバチやコハナバチ属の1種，ヤマノチビムカシハナバチ，さらにハナダカマガリモンハナアブやホシメハナアブ，ヒラタアブ類，ハナムグリまで多彩である．

夏

6月から7月にかけてジュンサイの花は，朝早くに咲いて昼には閉じる「一日花」で，大量の花粉をともない，風媒花とされる．よく訪れるハナダカマガリモンとシマアシブトのハナアブ2種は，口吻を伸ばして花粉を舐めるようにして食べるので，送粉への寄与はやや低いかもしれない．しかし，ニホンミツバチも花粉を集めによく訪れ，こちらは送粉にも寄与していそうである．ヒメコウホネの杯状花には小型のハエ類が多数佇んでおり，またハナダカマガリモンハナアブもよく訪れている．ヒメハナバチ属の1種も少数ながら

図4　ジュンサイ（1993年6月22日撮影）

記録されている．タヌキモは奇妙な花をつける．註)花粉はないが，ニホンミツバチ，ハナダカマガリモンとシマアシブトの2種のハナアブがよく飛来し，チャバネセセリも吸蜜にやってくる．ところが8月のヒシの花にはタヌキモと同じハナアブ2種も来るが，セイヨウミツバチがかなり飛来していた．セイヨウミツバチはかつてミツガシワにも訪花の記録があるが，近年ではもっぱらヒシだけのようである．

7月，浮島のイソノキにはニホンミツバチ，ハキリバチ属とチビムカシハナバチ属の各1種，キムネクマバチ，それにアシナガバチ属2種，キイロスズメバチやミカドドロバチなどとともに，ベニボタルが訪れているが，ハナアブ類ではシマアシブトがわずかに記録されているだけ．ところが，おなじく浮島のシャシャンボには，ニホンミツバチなどとともに，シマアシブトハナアブ，ハナダカマガリモンハナアブもかなり飛来している．

図5　ミツガシワとハナダカマガリモンハナアブ

初秋

8月から9月にかけて浮島のノリウツギにはとくにハナムグリ類が多く，ハキリバチ類からチビドロバチやオオカバフドロバチ，アシナガバチ属も混じる．9月のミズオトギリの訪花昆虫はたいへん特異で，シマアシブトとハナダカマガリモンの2種のハナアブも飛来するが，スズバチ，サムライトックリバチとミカドトックリバチ，オオフタオビドロバ

チなどハマキガなどを狩るドロバチ類が集中する．ホザキノミミカキグサやミカワタヌキモ，ミミカキグサの花には，観察例は少ないが，これまたハナダカマガリモンハナアブが記録されている．

サワギキョウに飛来するのはキムネクマバチ，ヤマトツヤハナバチ，コハナバチ属の1種，チャバネセセリ，ホシホウジャクとヒメクロホウジャクが特徴的である．ここにはハナアブ類は，シマアシブトハナアブが1例あるのみで，ほとんど記録されていない．キムネクマバチは浮島や周辺の枯れたマツなどに営巣しており，個体数も少なくない．ナガバノウナギツカミには，チャバネセセリとニホンミツバチをはじめ，もっぱら小型のハキリバチ属，ヒメハナバチ属，チビムカシハナバチ属などの5種のハナバチ類とヒメヒラタアブやルリハナアブなど6種ばかりのハナアブ類が訪れている．

こうして，平年なら10月半ばで，深泥池の虫たちの訪花活動はほぼ終了する．

図6　サワギキョウとキムネクマバチ

おわりに

深泥池でこれまでに調べられた開花植物47種に，訪れた昆虫の種類は，ハナバチ類6科37種，カリバチ類3科18種，寄生蜂類3科4種，アリ類6種，ハナアブ類19種，その他のハエ・アブ類21種，チョウ類6科9種，ガ類2科3種，甲虫類13科20種，半翅類5科5種，総計142種が確認されているが，未同定の種もあり，ていねいに調べるとさらに増えるだろう．比較可能な他地域の調査がごく少ないので，断定はできないが，深泥池は，少なくとも面積あたりでみると，訪花昆虫群集のかなり豊かな場所と言えそうである．なによりも特記すべきは，多彩な植生で，湿地と周辺の森林が隣接して，しかも浮島というかたちで湿地の草本と小さな潅木が混在しており，通常の温帯林では夏に「花枯れ」が起こるが，水生植物の開花がそれを補うかたちになり，季節的に花が絶えることがないという，昆虫にとっては恰好の場所になっていることである．とくにハナアブ類の多さは注目される．これは湿地の一般的な特性とはいえ，とりわけハナダカマガリモンハナアブなどは，ミツガシワだけではなく，6月以降もジュンサイやタヌキモやヒメコウホネなどの水生植物から，浮島の草本・潅木の花にも軒並み訪れており，生活史の展開において，おそらく北方や高山地の湿地の訪花昆虫群集におけるハナアブ類とも異なった，深泥池ならではの特徴を示しているのではなかろうか．ハナバチ類では，山地とちがって地中営巣するコハナバチ類が少ないのは当然としても，ツツハナバチ類の割合が京都近辺の他の場所とくらべてもやや高い．マルハナバチ類の減少は，深泥池にかぎらず近年の一般的傾向であるが，とくに周辺森林の現況にかかわって，深泥池の生物群集の保全の重要課題の一つである．訪花昆虫たちの動態はなかなか複雑で，まだ不明なことが多いが，深泥池の生物群集のたいへん興味深い特性を示していることは確かであろう．

最後に，これらのデータを得るについては，京都市の支援のもと1992-96（平成4-8）年に京都大学の多数の院生・学生の協力があった．記して感謝の意を表明しておきたい．

（遠藤　彰・松井　淳・丑丸敦史）

註　タヌキモは，イヌタヌキモとオオタヌキモの雑種第一代なので，花に花粉がない奇妙な花をつける．だから，種子はできない（P.99参照）．

モウセンゴケは昆虫の敵か？味方か？

　食虫植物として知られるモウセンゴケは葉から粘液を出し，ハエなどの昆虫を捕えて栄養としている（前頁参照）．この場合モウセンゴケは昆虫にとって捕食者であり，虫の敵ともいえる．しかしながら，モウセンゴケが常に昆虫の敵であるかというとそうではない．

　6月になると浮島の上でモウセンゴケの小さな白い花が咲きはじめる．丸まったタコの足のような花序の下の花から一花ずつ（時に二花）咲いていく．深泥池では，モウセンゴケの花はミズオトギリとは逆に午前中しかみることができず，お昼になると閉じてしまう．おもしろいのは，咲く花は常に花序の最も高い位置で上を向いてお皿状に咲くことで，上向きのこの花にはハナダカマガリモンハナアブを中心にしたハナアブの仲間がやってくる．上向きの花にハナアブはとまりやすいようで，結構頻繁にやってきては花粉を食べている．さすがのモウセンゴケも花では粘液を出さず，逆に花粉を報酬にして昆虫に来て花粉を他の花へ運んでいってもらっている．つまり花においてはモウセンゴケとハナアブは相利共生，つまり味方の関係にあるといってよいだろう．

　このように花粉を昆虫に運んでもらっているモウセンゴケの花には隠されたすごい仕掛けがある．咲いている花では雄しべの葯と雌しべの柱頭が遠い位置にあって自らの花粉が自分の柱頭につかないようになっているのだが，花がしぼむ段になると雄しべが丸まって柱頭に自家花粉がつくようになっている．このような受粉の仕組みを遅延自家受粉という．多くの植物で他殖（他個体の花粉により受精した）種子由来の個体は自殖（自家受精による）種子由来の個体よりも生存率や繁殖力が高いことが知られている．ハナアブが他個体の花粉を運んできてくれれば他殖種子を生産できるのであるが，必ずしも常にハナアブが来てくれるとは限らない．他殖種子だけしかつくらないのでは，万が一ハナアブが花粉を持ってきてくれない時には種子がまったく残せない．それを防ぐための遅延自家受粉で，ハナアブの訪花がなくても受粉が可能で，自殖種子がつくられるのである．実験的にモウセンゴケの花にハナアブが近寄れないように袋かけをしても，多くの種子が作られる．どうも完全に昆虫に依存するということはないようである．

（丑丸敦史）

図1　6月に咲きはじめるモウセンゴケの白い花（1990年6月20日撮影）

図2　柱頭に自家花粉がつく仕組みをもつモウセンゴケ（1990年6月20日撮影）

タヌキモの謎 —DNAの分析から—

　浮遊性の水生植物タヌキモは，葉に付いた袋（捕虫囊）で虫を捕らえ，養分を吸収する食虫植物である（図1）．夏には黄色い花で水面を彩るが，正常な種子を実らせることはない．いったいなぜ，タヌキモは正常な種子をつくれないのだろうか？　また，種子をつくれないタヌキモが，どうやって集団を維持しているのだろうか？

　この謎を解くために，私たちはまず，タヌキモに近縁とされるイヌタヌキモとオオタヌキモの交配実験をおこなった．その結果，両者の間には交配能力があり，イヌタヌキモを種子親（母親），オオタヌキモを花粉親（父親）とした場合には多数の種子がつくられ，逆の組み合わせではわずかな種子しかできなかった．このような方向性が生じる原因は分からないが，種間で雑種がつくられた場合，核DNAは両親から受け継がれ，葉緑体DNAは（多くの植物では）母方から受け継がれる．タヌキモのDNAを分析した結果，核DNAはイヌタヌキモとオオタヌキモの両方，葉緑体DNAはイヌタヌキモに由来していた．つまり，タヌキモはイヌタヌキモを種子親，オオタヌキモを花粉親として生まれた不稔の雑種第一代と結論できる．また，様々な湖沼を調査した結果，すべてのタヌキモ集団がわずか1-2個のクローンで占められていた．正常な種子をつくれないタヌキモは，切れ藻や殖芽によるクローン繁殖によって集団を維持していたのだ．

　タヌキモ類の分布域に注目すると，イヌタヌキモはほぼ日本全土，オオタヌキモは北日本，雑種であるタヌキモは北日本を中心に，西日本でも確認されている．3種の分布域が

図1　タヌキモ（2006年9月23日西開水域にて撮影）

重なる北日本で調査を行なったところ，タヌキモは今現在の交雑によって生じているわけではなく，気候変動が激しかった過去（おそらく氷河時代）に形成され，クローン繁殖で生き残ってきたものと推察された．西日本でタヌキモが分布しているのは，京都の深泥池や滋賀県の八雲ヶ原湿原など，氷河時代の生き残りが生育している場所であり，この仮説を支持している．しかし，興味深いことに，深泥池を含む西日本のタヌキモ集団では，通常とは逆の葉緑体DNA（つまりオオタヌキモ型）が確認されている．この一見不可解な現象は，およそ1万2千年前の最終氷期以降，分布を北に移す過程で取り残されたオオタヌキモ集団が，南方から分布を拡大してきたイヌタヌキモ集団に取り囲まれ，多量の花粉がオオタヌキモに供給されたと考えれば，納得がいく．まだ仮説の域を出ないが，深泥池を含む西日本のタヌキモ集団は北日本のそれとは異なる歴史を持っているとみなせそうである．

（亀山慶晃）

池と周辺の森を行き来する動物

アオイトトンボ──夏の高温時には周辺の森へ移動

　深泥池では，アオイトトンボの雄の羽化は6月上旬から始まり，7月下旬にはすべて完了する．羽化した後雄は性成熟まで一定の期間が必要（この時期の雄をテネラルと言う）で，体色や目の色で四つのステージに分けられ，ステージ4の完全に性成熟した雄の目は青色を示す．6月下旬から7月上旬にかけてステージ1の若い個体が出現するが，およそ7日間で次のステージに移行し，8月中には全体の約70％の個体がステージ4の性成熟に達するようになる．

　トンボ類の多くの種で，未成熟の期間は羽化した水域を離れ，山など別の場所で過ごし，性成熟後再び水域に戻るとされているが，このことを示す具体的なデータはあまり示されていない．しかし，深泥池のアオイトトンボでは，水辺で羽化した時にマークされた個体が水域から30-45m離れた地域で過ごした後，繁殖のために再び池に戻ることが確認された．本種では，体温がおおむね28℃であり，これ以上の高温は生理的にも回避することが知られており，本種が8月に主に生息している場所は，林床植生がササであり，気温は20℃台で推移している．この時期に温度が30℃になるような開放された空間に本種が見られるのは極めて希である．このように深泥池のすぐそばに集水域の森林があることは，本種の個体群の維持にとって必須の条件となっている．

　　　　　　　　　　　　（俣木　徹・村上興正）

図1　アオイトトンボ

ニホンアカガエル──ウシガエルに駆逐されないのはなぜか？

　冬鳥を除くと，深泥池でもっとも早く活動をはじめる脊椎動物はニホンアカガエルかもしれない．小さめのトノサマガエルくらいの大きさだが足が長いスマートなカエルで，その名の通り，明るい赤橙色（せきとう）だが，まわりの状況によって黒っぽくもなる．

　ニホンアカガエルの繁殖期は京都のカエルの中では一番早く，毎年，2月の終わりにははじまる．この頃に昼間，親ガエルの姿を見つけるのは難しいが，池の浮島の中や周囲の水中に，握り拳（こぶし）のような大きさと形の卵塊が見られる．

　繁殖は通常は夜間になされ，数日間続く．雄はか弱い声で鳴き，それにひかれた雌の到来を待つ．ペアが形成されると，後は雌が好みの場所に移動し，一つの卵塊を短時間内に産み出し，雄はそれに射精する．

　雌の好む場所は決まっているようで，いくつもの卵塊が固まって見られることが多いが，これには利点がある．寒い時期に産み出される卵は，ときには氷結することもある．塊どうしがさらに集まって卵塊群をつくることにより，保温効果を高めているのだ．短期間の繁殖が終われば，親ガエルたちは再び，しばらくの春眠に入るようだ．

　なお，深泥池にはニホンアカガエルよりも，もっと注目すべきカエルもいる．それ

図2　ニホンアカガエル

はダルマガエルで，本土産のカエルの中では唯一，環境省のレッドデータブックに載っている．

これらのカエルが，いま池でもっともはびこっているウシガエル（食用ガエル）に駆逐されてしまわないのはなぜだろうか？その理由は，ウシガエルが，もっと簡単に利用できる餌，そして原産地以来の本来の餌である，アメリカザリガニが多いためのようである．他の餌，それも同じ外来種が身代わりに食べられてくれるのであれば，在来の小型カエルたちにとっては，またとなく有り難いことだ．　　　　（松井正文）

カスミサンショウウオ ── 京都市内では数少ない生き残りの場所

日本は小型サンショウウオ類の宝庫である．北海道から九州まで，地域に固有の多くの種が分布している．深泥池に生息するカスミサンショウウオは，全長12cmほどでイモリと同じくらいの大きさだが，背中は褐色，腹も淡い褐色でイモリのように赤くない．尾の縁に黄色い帯のあるのが特徴だ．

カスミサンショウウオは小型サンショウウオ類としては分布範囲が広い種で，西日本の低地に見られる代表的な種であった．しかし，このサンショウウオの主たる生息地は，丘陵地という，もっとも開発されやすい場所にあり，京都や大阪では今や絶滅が危惧されている状態で，環境省のレッドデータブックにも載っている．京都市内でもかつては広く分布していたが，どこでも絶滅してしまい，深泥池は今では数少ない生き残りの場所である．しかも，ここでも細々と生きながらえているにすぎない．

小型サンショウウオに限らず，尾のある両生類は暑さが苦手のようだ．その点で，熱帯で大繁栄しているカエルの仲間とは対照的である．しかし，他種の小型サンショウウオにくらべれば，カスミサンショウウオは結構，高温に強い種類である．それは西日本

図3　カスミサンショウウオ

に広く分布し，九州の鹿児島の北部まで見られることからも想像がつくだろう．

したがって，カスミサンショウウオは氷期の名残と言われる深泥池が涼しいから，そこに住んでいるのではない．ちょうど深泥池が氷期以来，まわりから取り残されてきたように，カスミサンショウウオは，この付近ではまわりの集団が絶滅していくなかで，深泥池に取り残されてきたのにすぎないと思われる．

ニホンアカガエル，ダルマガエル，カスミサンショウウオにとって，深泥池の浮島は今や，陸の孤島，いや最後の楽園とも言える貴重な場所なのだ．　　　　（松井正文）

深泥池周辺の菌類
―朽木と相利共生―

深泥池周辺の菌類はテングタケ科・イグチ科などをはじめとして暖温帯性の菌類相を持っており，近隣の里山である吉田山の菌類相とは共通種が多い（小田ほか，2002）．深泥池周辺は落葉広葉樹のコナラ・アベマキと常緑広葉樹のアラカシが混生する林となっており，アカマツはわずかに存在する程度でツブラジイはほとんど見られない．このため，ツブラジイ・アカマツに対して選好性を持つ菌類はほとんど見られず，この点において吉田山の菌類相とは顕著に異なっている．

深泥池周辺はコナラ・アラカシといった外生菌根性の樹木が優占している．外生菌根はマツタケ・トリュフなどいわゆるきのこがマツ科・ブナ科・カバノキ科などの形成する菌根で，外生菌根を通して菌から樹木へ土壌中の水分・窒素・リンが，樹木から菌へ光合成産物が移動しており，菌類と樹木は相利共生関係にあるとされている（図1，2）．深泥池では，外生菌根性の樹木が多いことから外生菌根菌の種多様性は高く，夏にはテングタケ科・イグチ科・ベニタケ科の菌類，秋にはフウセンタケ科の菌類を中心に多数の外生菌根菌が発生する（表1）．外生菌根菌の中には特定の樹木に対して特異性を持つものが知られているが（Molina and Trappe, 1992; den Bakker *et al.*, 2004），深泥池においてはキクバナイグチ（図4）などコナラを選好する傾向のある菌類も存在するものの，樹木に対して顕著な特異性を持った菌類は見られない．近年，樹木が外生菌根菌を共有して菌根によるネットワーク（Common Mycorrhizal Networks，図3）を形成することにより，樹木間で炭素・窒素などの移動が起きることが指摘されているが（Simard *et al.*, 1997），深泥池の樹木群集においても樹木に対して特異性を持たない外生菌根菌はこのような物質循環の役割を担っているのかもしれない．

また，深泥池周辺ではキクバナイグチ（図4）のように，しばしば樹木の材から発生する外生菌根菌が見られる．従来，外生菌根菌と腐朽菌は栄養利用の面から明確に区別されてきたが，近年の研究で両者の違いは必ずしも明確ではなく，外生菌根菌も腐朽菌のようにしばしばキチン，ポリフェノールなどの土

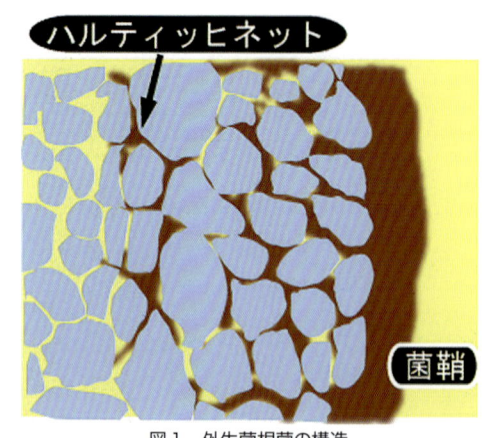

図1 外生菌根菌の構造．
外生菌根では菌糸は根の表面を覆って菌鞘と呼ばれる構造を作り，菌糸は根の細胞壁には侵入せず細胞間隙に入り込んで根の皮層でハルティッヒネットと呼ばれる構造を作っている．

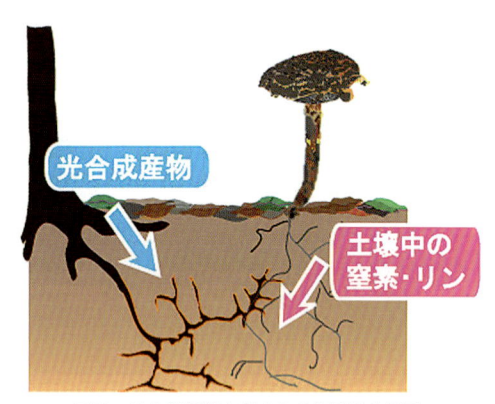

図2 外生菌根菌と樹木との相利共生関係．

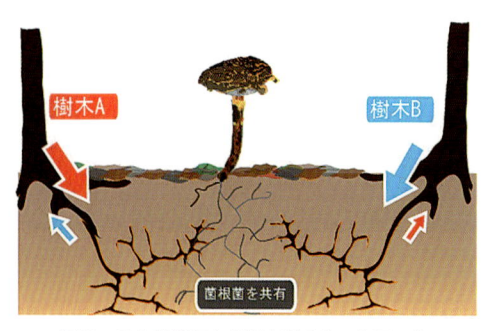

図3 外生菌根による樹木間のネットワーク．
菌根によるネットワークを通じて，樹木間で炭素・窒素などの栄養の循環が起こっている．

表1　深泥池に見られる菌類

和　名	学　名	採集日	生　態
【担子菌類】			
ヒラタケ科			
ヒラタケ	*Pleurotus ostreatus* （Jacq.:Fr.） Kummer	2002/11/ 1	木材腐朽菌
マツオウジ	*Lentinus lepideus* （Fr.:Fr.） Fr.	2002/ 4 /19	木材腐朽菌
ヌメリガサ科			
ベニヤマタケ	*Hygrocybe coccinea* （Schaeff.:Fr.） Kummer	2000/ 4 / 8	落葉腐朽菌
キシメジ科			
オオキツネタケ	*Laccaria bicolor* （Maire） P.D.Orton	2002/ 8 /22	菌根菌
オオホウライタケ	*Marasmius maximus* Hongo	2001/ 7 / 7	落葉腐朽菌
ヒメカバイロタケ	*Xeromphalina campanella* （Batsch:Fr.） Maire	2001/ 7 / 7	木材腐朽菌
ムレオオイチョウタケ	*Leucopaxillus septentrionalis* Sing. & A.H.Smith	2000/10/ 8	落葉腐朽菌
テングタケ科			
カバイロツルタケ	*Amanita vaginata* （Bull.:Fr.） Vitt.	2003/ 8 /22	菌根菌
テングタケ	*Amanita pantherina* （DC.:Fr.） Krombh.	2001/ 7 / 7	菌根菌
コテングタケモドキ	*Amanita pseudoporphyria* Hongo	2001/ 7 / 7	菌根菌
ヘビキノコモドキ	*Amanita spissacea* Imai	2001/ 7 / 7	菌根菌
ヒメコナカブリツルタケ	*Amanita farinosa* Schw.	2001/ 7 / 7	菌根菌
ドウシンタケ	*Amanita esculenta* Hongo & Matsuda	2001/ 7 / 7	菌根菌
コガネテングタケ	*Amanita flavipes* Imai	2001/ 7 / 7	菌根菌
ドクツルタケ	*Amanita virosa* （Fr.） Bertillon	2002/10/ 8	菌根菌
ハラタケ科			
カラカサタケ	*Macrolepiota procera* （Scop.:Fr.） Sing.	2002/10/ 8	落葉腐朽菌
ヒトヨタケ科			
イタチタケ	*Psathyrella candolliana* （Fr.:Fr.） Maire	2000/11/11	木材腐朽菌
フウセンタケ科			
ウスムラサキフウセンタケ	*Cortinarius subalboviolaceus* Hongo	2002/ 4 /19	菌根菌
キンチャフウセンタケ	*Cortinarius aureobrunneus* Hongo	2000/11/11	菌根菌
ムラサキアブラシメジモドキ	*Cortinarius salor* Fr.	2000/11/11	菌根菌
ムラサキフウセンタケ	*Cortinarius violaceus* （L.:Fr.） Fr.	2002/10/ 8	菌根菌
チャツムタケ	*Gymnopilus liquiritiae* （Pers.:Fr.） Karst.	2000/11/11	木材腐朽菌
ヒメアジロガサモドキ	*Galerina helvoliceps* （Berk. & Curt.） A.H.Smith & Sing.	2002/12/ 1	木材腐朽菌
ヒダハタケ科			
ニワタケ	*Paxillus atrotomentosus* （Batsch:Fr.） Fr.	2001/ 7 / 7	木材腐朽菌
サケバタケ	*Paxillus curtisii* Berk. in Berk. & Curt.	2001/ 7 / 7	木材腐朽菌
イグチ科			
キイロイグチ	*Pulveroboletus ravenelii* （Berk. & Curt.） Murr.	2001/ 7 / 7	菌根菌
ハナガサイグチ	*Pulveroboletus auriflammeus* （Berk. & Curt.） Sing.	2001/ 7 / 7	菌根菌
クリイロイグチモドキ	*Gyroporus longicystidiatus* Nagasawa & Hongo	2001/ 7 / 7	菌根菌
ニセアシベニイグチ	*Boletus pseudocalopus* Hongo	2001/ 7 / 7	菌根菌
キアミアシイグチ	*Boletus ornatipes* Peck	2001/ 7 / 7	菌根菌
ムラサキヤマドリタケ	*Boletus violaceofuscus* Chiu	2001/ 7 / 7	菌根菌
ヤマドリタケモドキ	*Boletus reticulatus* Schaeff.	2003/ 8 /22	菌根菌
アカヤマドリ	*Leccinum extremiorientale* （L.Vass.） Sing.	2003/ 8 /22	菌根菌
ウラグロニガイグチ	*Tylopilus eximius* （Peck） Sing.	2001/ 7 / 7	菌根菌
ミドリニガイグチ	*Tylopilus virens* （Chiu） Hongo	2001/ 7 / 7	菌根菌
アケボノアワタケ	*Tylopilus chromapes* （Frost） A.H.Smith & Theirs	2001/ 7 / 7	菌根菌
キニガイグチ	*Tylopilus ballouii* （Peck） Sing.	2001/ 7 / 7	菌根菌
チャニガイグチ	*Tylopilus ferrugineus* （Frost） Sing.	2002/ 7 /11	菌根菌
ヌメリコウジタケ	*Aureoboletus thibetanus* （Pat.） Hongo & Nagasawa	2001/ 7 / 7	菌根菌
オニイグチ科			
コオニイグチ	*Strobilomyces seminudus* Hongo	2003/ 8 /22	菌根菌
キクバナイグチ	*Boletellus emodensis* （Berk.） Sing.	2003/ 8 /22	菌根菌
ベニイグチ	*Heimiella japonica* Hongo	2001/ 7 / 7	菌根菌
ニセショウロ科			
ヒメカタショウロ	*Scleroderma areolatum* Ehrenb.	2003/ 6 /25	菌根菌
コツブタケ科			
コツブタケ	*Pisolithus tinctorius* （Pers.） Coker et Couch	2001/ 7 / 7	菌根菌
イッポンシメジ科			
アカイボカサタケ	*Rhodophyllus quadratus* （Berk. & Curt.） Hongo	2001/ 7 / 7	落葉腐朽菌？
ミイノモミウラモドキ	*Rhodophyllus staurosporus* （Bres.） J.Lange	2002/ 4 /19	菌根菌？
ベニタケ科			
カワリハツ	*Russula cyanoxantha* （Schaeff.） Fr.	2001/ 7 / 7	菌根菌
ニオイコベニタケ	*Russula mariae* Peck	2001/ 7 / 7	菌根菌
アイタケ	*Russula virescens* （Schff.） Fr.	2001/ 7 / 7	菌根菌
アカカバイロタケ	*Russula compacta* Frost & Peck apud Peck	2001/ 7 / 7	菌根菌
シロハツモドキ	*Russula japonica* Hongo	2001/ 7 / 7	菌根菌
カレバハツ	*Russula castanopsidis* Hongo	2001/ 7 / 7	菌根菌
オキナクサハツ	*Russula senecis* Imai	2001/ 7 / 7	菌根菌
チョウジチチタケ	*Lactarius quietus* Fr.	2000/11/11	菌根菌
ニオイワチチタケ	*Lactarius subzonarius* Hongo	2000/11/11	菌根菌
多孔菌科			
ツガサルノコシカケ	*Fomitopsis pinicola* （Swartz.:Fr.） Karst.	2000/ 4 / 8	木材腐朽菌
カワラタケ	*Trametes versicolor* （L.:Fr.） Quel.	2000/ 4 / 8	木材腐朽菌
ヒメキクラゲ科			
タマキクラゲ	*Exidia uvapassa* Lloyd		木材腐朽菌
アカキクラゲ科			
ハナビラニカワタケ	*Tremella foliacea* Pers.:Fr.	2001/ 7 / 7	木材腐朽菌
ハナビラダクリオキン	*Dacrymyces palmatus* （Schw.） Burt.	2001/ 7 / 7	木材腐朽菌
【子嚢菌類】			
ズキンタケ科			
クロハナビラタケ	*Ionomidotis frondosa* （Kobayashi） Korf	2000/ 4 / 8	木材腐朽菌

103

壌有機物を分解する能力を持っていることが指摘されている（Hibbert *et al.*, 2000; Read and Moreno, 2003）．酸性の森林土壌では土壌の有機態窒素の無機化速度が遅く，無機態窒素が不足することが知られており（Lindahl *et al.*, 2002），深泥池においてはこのような外生菌根菌による土壌中の有機態窒素の利用が，窒素の物質循環に大きな役割を果たしているのかもしれない．

　しかしながら，現在のところ，これらの予測を裏付ける基礎データは不足しているため，今後，深泥池における外生菌根菌の詳細な調査が必要と思われる．　　　（佐藤博俊）

図4　キクバナイグチ
コナラの古くなった樹皮から発生しているが，コナラと菌根を形成している．しばしば，倒木から発生するものも見られる．

図5　ベニイグチ

図6　コオニイグチ
アラカシと菌根を形成している．二次林の落葉の積もった酸性土壌を好む．

図7　ウラグロニガイグチ

図8　コテングタケモドキ
夏季に最も発生量の多い菌類の一つで，有毒とされている．

浮島のしくみ

浮島はなぜ浮くか

浮島を作る微生物

深泥池浮島に足を踏み入れると，歩を進めるたびに足元からジュワジュワと気泡がでてくる．このガスが浮島泥炭層内にたまると浮き袋の役割をして浮力がつく．また，泥炭中に気泡がたまるとその体積で浮島はふくらむ．この浮力とふくらむという作用によって，夏には浮島全体が浮き上がるのである．このガスは浮島泥炭層の中にいるバクテリアなどの微生物が有機物を分解して生成したもので，大ざっぱに言えば，4割が二酸化炭素，4割がメタン，他に窒素ガスなどが含まれている．

泥炭層中の水に酸素があるのは表層のみで，その下はほとんどの場合，酸素はない．有機物は酸素のない状態で微生物によって分解され最終生成物であるメタンガスになる．メタンを出す微生物はメタン生成菌と呼ばれ，太古の昔，地球上にまだ酸素がなかった時代に地球上を支配していた古細菌の一種である．深泥池の浮島泥炭層内ではそのような微生物がガスを生成して，泥炭層を浮き上がらせて，浮島を作ったのである．

植物によって空気中に放出されるメタンガス

泥炭層内でできたガスはその後どうなるのであろうか．微生物はガスを生成し続けるが，いつまでもたまり続けられるわけでもないし，風船のように爆発してしまうこともない．気泡としてたまったガスは，時々小さなバブル（気泡）として大気に放出される．また，水の中をゆっくり移動して（拡散という），空気中に放出されたり，あるいは，水といっしょに，少しずつ下流に流れていくだろう．しかし，もっとも多くのガスが空気中へと放出される経路は，浮島上の植物によるものであると考えられる．

ヨシのような湿地の植物は，酸素がない泥炭土壌中に根を張って水や養分を吸収している．根の細胞の呼吸に必要な酸素を供給するため，湿地の植物は根に空気を送り込むための通気組織を発達させている．イネやヨシの地上部がストロー状（中が空洞）となっているのはそのためである．この空洞は根までつながっていて，水とともに植物体内に吸い上げられたメタンは，この通気組織を通って，茎の先の葉と葉の隙間から空気中に放出されている．

温室効果ガスとして知られるメタンは，地球の気温を決める重要な成分で，過去の地球の気温の主要な変動要因であると考えられている．過去の湿地の広がりが放出されるメタンの量を変動させ，地球の気温を変化させてきたという仮説もあり，自然の湿地から放出されたメタンは地球規模の環境に影響を及ぼしてきたと考えられる．

分解速度が上がると浮島消滅の可能性も

ところで何故，深泥池に泥炭層が存在しているのであろうか．これには炭素循環の速度が関わっている．浮島上の植物は光合成を行い，空気中の二酸化炭素を吸収して有機物（植物体）を作っている．この有機物は植物細胞が死んだ後，微生物に分解されて，二酸化炭素やメタンとなって空気中に戻る．泥炭層ができるのは植物が有機物を作る速度より微生物が有機物を分解する速度が遅いためである．もしも分解速度が速ければ泥炭は貯まらず，どんどん空気中にガスとなって戻っていくはずで，泥炭が形成されたのは，水に浸かっているために有機物の分解が遅く，しかも，ミズゴケが他の植物よりも分解しにくい有機物からなっているためである．

ミズゴケは養分の少ない（貧栄養という）水環境にのみ生育できる植物で，このミズゴケが何千

年もかけて浮島を作り上げたのである．現在の浮島はミズゴケを探し当てるのが難しいほど，ヨシやミツガシワが繁殖しており，これらの植物遺体の分解速度は明らかにミズゴケよりも速い．分解の速度が有機物の生成速度を上回れば，浮島泥炭はやせ細り，やがて浮島が消滅する可能性もあるかもしれない．

(杉本敦子)

浮島の水質
―1994-1995年の水質調査より―

浮島の降水とシュレンケのハリミズゴケマットとミツガシワ優占部，浮島下水層，周囲の開水域の水質を1994（平成6）年から1995年にかけて毎週調べた（図1）．浮島に供給される水は浮島に直接降る降水と周囲の池の水である．ミズゴケが生育できるためには，電気伝導度で50μS/cm, 25℃より低い，pHで6より低い水質が必要である．

その時々の降水の水質は降水量の大小や季節によって変わるが，平均的にはpH5，電気伝導度20μS/cm, 25℃程度で，ミズゴケを養うに十分に貧栄養であった．シュレンケのハリミズゴケ部では，年間を通してpHが4台，電気伝導度が30μS/cm, 25℃程度で，当然ながらミズゴケの生育に適していた．一方，同じシュレンケでもミズゴケの生育が見られない浮島南部のミツガシワ部では，冬季にpHが6以上，電気伝導度が50μS/cm, 25℃以上に上昇した．開水域の水は通年ほぼpH6以上，電気伝導度50μS/cm, 25℃以上であった．これらのことから，浮島の沈下する冬季に池の水が浮島に浸入し，浮島で池の水の影響を受けた部分ではミズゴケが枯死することが分かる．なお，2003年の初めから南東部からの水道水漏水の水道局によるポンプアップ対策が行なわれたため，水道水漏水の流入量が減少し，南開水域の水質に対する水道水漏水の影響は現在ではこの当時よりは小さくなっている．浮島南部のミツガシワ優占部で池の水が浸入した冬季の増加時でも50μS/cm, 25℃を上回らなくなっており，一部ではハリミズゴケの回復が見られるようになった．浮島北側では降水時に電気伝導度が上昇し，冬季には浮島北部の大ビュルテの切れた中央部から電気伝導度が50μS/cm, 25℃を超える，ミズゴケを枯死させる水が現在でも浮島に侵入している．浮島下水層の水は年間を通してpH5.75，電気伝導度60μS/cm, at 25℃程度で，変動が小さかった．これは，浮島下水層の水が上下の泥炭中の水はもちろん，水平の動きによる開水域の水との交換が小さいことを意味している．

(藤田　昇)

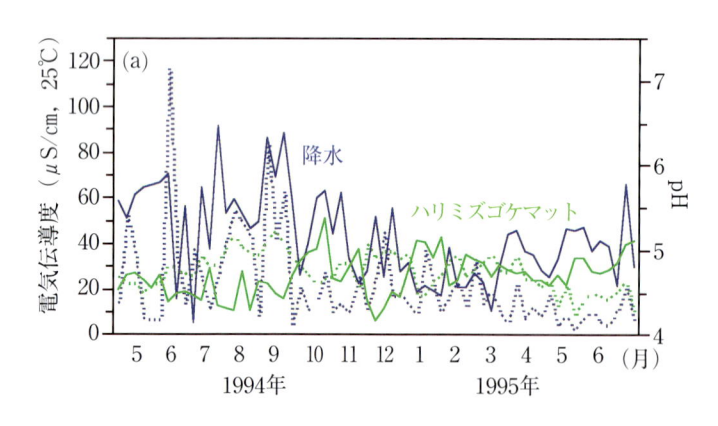

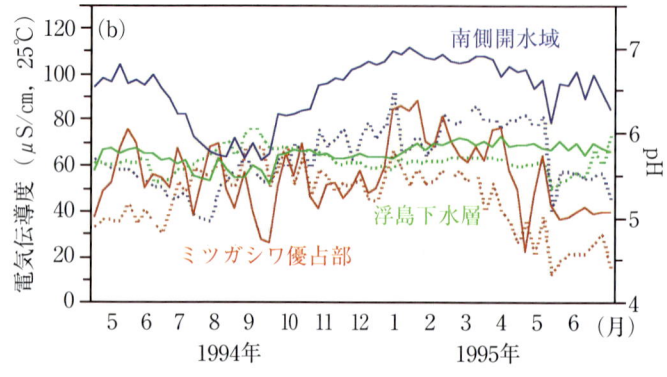

図1　降水と浮島の2地点（ハリミズゴケマットとミツガシワ優占部），浮島下水層，南開水域の水質．破線は電気伝導度，実線はpHを示す．

山からの流入水量の減少が招く水質変化

深泥池には氷期を生きぬいた貴重な生物が生息し，また植物体が自ら浮島を形成しているなど珍しい自然が残されていて，その生物群集は天然記念物に指定されている．ところが，岸辺に近寄っても，写真に示すように開けた水面は南にある堤のあたりに見かけられる程度に減っており，池の西側や北側の道路沿いにはヨシが密生して水面はほとんど見えない．冬には枯れた黄褐色のヨシの間に少し盛り上がった浮島が見え，その上に点々と生えたアカマツの葉の緑色が目立つ．これが最近の深泥池の様子である．

生物は生育環境の栄養状態にたいへん敏感で，養分の乏しい貧栄養のもとではそれに適した生物が，また富栄養のもとでは異なった種類の生物相に変わる．現在は改善されたが，京都の水道水が昔に比べて一時カビ臭くなったのも水源である琵琶湖が富栄養化してきたためである．

深泥池でも最近は水質が変わってきていることが危惧される．その原因は池への流入水量の減少に起因しているかもしれない．それは集水域の山地に舗装道路が建設され，また建物敷地として使われだしたので，池への汚水流入を避けるために，雨水が側溝を通して下水管に接続され，全体として池への流入水量が減ったことの影響ではないかと推測される．

これをより明らかにするために，1991（平成3）年からほぼ3年間，深泥池の水位や雨量，気温などが観測され，そのデータを元に深泥池の水収支が見積もられた．

まず，周辺山地からの流入量がどのようになっているかである．幸い，深泥池の集水域と同じ基盤地質である京都大学上賀茂試験地に小流域が設定され，農学部灌漑排水学研究室で山地からの雨水流出量が観測されていた．距離も1.5kmと深泥池に近くかつ植生もアカマツと環境条件や景観が類似するので，自然系の山地からの雨水は上賀茂と同様に流出する（池から見れば流入）と見なした．とすれば，現在の深泥池の水の収入は集水域山地に降った雨水が地表に沿う直接成分と土壌を浸透して基盤に沿う基底流出との両流出（流入）成分と，池への降水である．支出は池からの蒸発散と南側の堤に設けられた余水吐を通しての流出成分である．他に灌漑用樋門もあるが，その操作が不定期であり，量的な考慮からは除外した．収入と支出の差が池の貯留水量で，これは池の水位観測から求められる．

図1 深泥池を北側から望む

問題は，現在の深泥池への雨水流入が元の自然系と同じではないことである．古くは円通寺へ通じる鞍馬街道の小谷も集水域であったとのことであるが，今ではこの谷の雨水は深泥池には流入していない．集水域での道路建設と側溝敷設，建物建設などの人為効果を考慮して見積もった水収支は観測される池の水位変化を概ね再現していることが判った．

その結果，現在では山からの流入水量は元々の量の7-6割程度にまで減少していると考えられる（P.203参照）．このことは，池に入った水の循環速度を遅らせるので，水質は貧栄養から富栄養化に向かうであろうし，山地からの流入水が比較的年変化幅の小さい水温維持に貢献したのに比べて，流入水減少により池水の水温年変化幅を大きくしているであろう．

（福嶌義宏）

深泥池のpHと化学成分
―1994年1年間7地点での調査結果より―

深泥池では，浮島付近の水が酸性（pH〜5），開水域の水が弱酸性（pH〜6），南東部流入水が中性（pH〜7）を示し，場所によってpHが大きく変化する．このpH変化は，浮島の植生保全の観点から詳しく研究されており，酸性の水がミズゴケの生育を促進し，ミズゴケが周囲の水を酸性にする，という植生と水質の相互作用の重要性が指摘されている．しかし，深泥池における化学成分間の相互作用は，あまり研究されていない．そこで，深泥池内のpH変化が他の化学成分にどのように作用するのかを調べるために，溶存態元素（Al, Mn, Fe, PO_4-P, Si）と粒子態元素（Al, Mn, Fe, P, Si）の分布を観測した．観測は，7地点（南東部流入水，山側開水域，道路側開水域，浮島下水層，浮島池塘，浮島シュレンケ，山側湧水点）で，1994年4月から1年間，毎月1回行った（浮島下水層と山側湧水点は夏季のみ）．

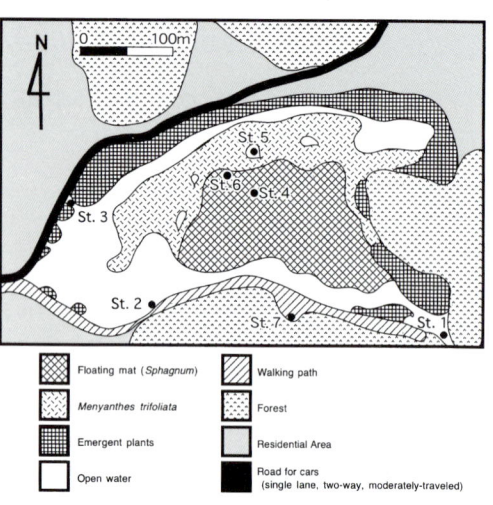

図1 採水地点 St.1：南東部流入水, St.2：山側開水域, St.3：道路側開水域, St.4：浮島下水層, St.5：浮島池塘, St.6：浮島シュレンケ, St.7：山側湧水点.

pHが低いほど上昇する溶存金属濃度

観測された溶存態Al濃度は，pHが低いほど上昇する傾向が認められた．この傾向は，代表的な含Al鉱物（非晶質Al(OH)$_3$およびギブサイト）の溶解度が，pHの低下にともなって上昇することで説明できた．同様に，溶存態のMnとFeの濃度も，pHが低いほど上昇する傾向が認められ，含Mn鉱物および含Fe鉱物の溶解度で説明できた．一方，溶存態のPO_4-PとSiの濃度はpHが低いほど低下する傾向が認められた．この傾向は，pHが低いと溶存態Al濃度が上昇し，PO_4-PやSiと溶存態Alの沈殿が生成すると考えると説明できた．粒子態元素（Al, Mn, Fe, P, Si）の濃度はいずれもpHと相関しなかった．

北米や英国の湿原でも同様に，pHが低いほど溶存金属濃度が上昇する傾向が観測されている．このようにpHが低い湿原で溶存態金属濃度が高くなる原因として，pHが低いために鉱物の溶解がすすむことと，溶存有機物濃度が高いために金属の有機錯体が安定に溶解することの両方が指摘されている．また，水中の反応だけでなく，大気からの降下物供給も微量金属の溶存濃度に影響を与える．北米では，湿原の溶存態金属濃度は，内陸の湿原の方が海岸沿いの湿原よりも高い．内陸の方が，大気経由で降下する粒子態金属（主に土壌粒子）の量が多いためである．深泥池の場合，粒子態金属濃度が溶存態金属濃度に影響を与えることはなく（粒子態濃度と溶存態濃度の相関は低い），土壌粒子の供給量は溶存態金属濃度に影響を与えていないと考えられた．

今回，観測された溶存態金属濃度は，深泥池内で懸濁・沈殿している鉱物がpHに応じて溶解していることを表しており，山側（南）開水域と道路側（北）開水域に大きな違いはなかった．しかし，環境の変化（例えば周辺の人口や交通量の増加）によって，pH以外の要因（例えば粉塵の降下量）の寄与が現在よりも大きくなる可能性があり，深泥池のpHと化学成分の関係を定期的に確認することが望ましい．

（越川昌美・堀　智孝・杉山雅人・藤田　昇）

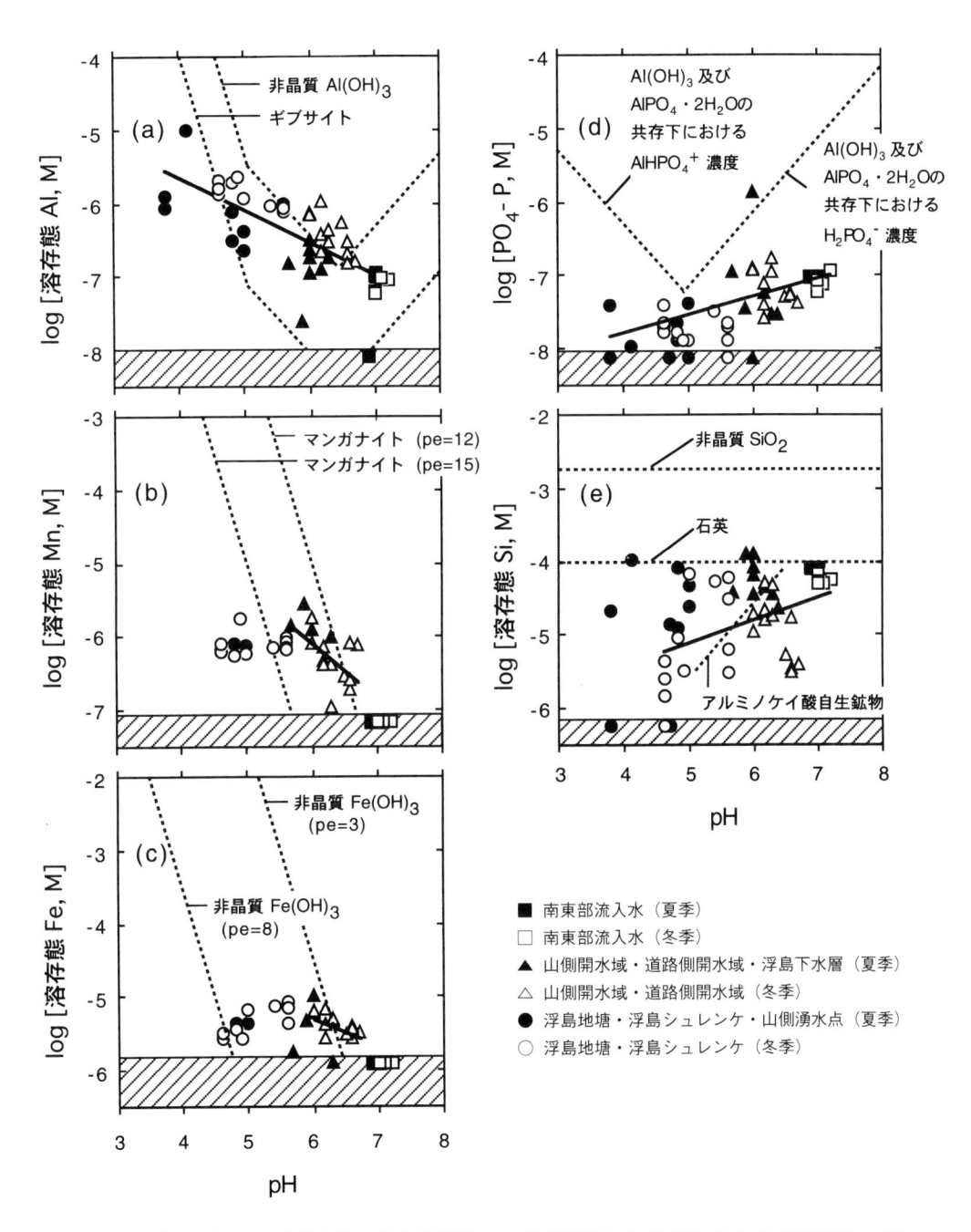

図2 深泥池における（a）溶存態Al（b）溶存態Mn（c）溶存態Fe（d）PO₄-P（e）溶存態SiとpHの関係．夏季（4月〜9月）と冬季（10月〜3月）のデータを区別して示した．検出限界未満のデータは，影をつけた領域に示したが，回帰直線には含めていない．実線は観測したデータの回帰直線（溶存態AlおよびPO₄-Pは全データ，溶存態Mnは山側（南）開水域・道路側（北）開水域・浮島下水層の1年のデータ，溶存態Feは山側（南）開水域・道路側（北）開水域・浮島下水層の冬季のデータ，溶存態Siは冬季の全データから求めた）を，点線は理論的に導かれた鉱物・沈殿の溶解度を示す．溶存態Mnおよび溶存態Feの溶解度は酸化還元状態（相対的電子活動度peで表す）を考慮して求めた．

浮島の浮沈パターンと植生との関係

　私たちは，浮島の植生と浮沈との関係を探るために調査を行った．

水位観測による浮島の浮沈
　浮島上の植生の異なるシュレンケの27か所に水位計をおき，1979（昭和54）年12月から1981年2月まで31回にわたり水位を観測した．開水域の水位は南西水門に設置されている水位計の観測によった．1980年には6月前半に田植えのための水利用による水位の急激な低下があったことが近年との違いである．
　この結果，浮島の観測地点間で次の4点の浮沈パターンの違いがみられた．
1. 開水域の水位計を基準として浮島の位置を測ると，冬季の沈下時と夏季の浮上時との差，つまり年間の浮沈量には観測地点によって1.4cmから34.3cmの大きな開きがあった．
2. 浮島の浮上量と秋の沈下が始まる時期に観測地点間で違いがあった．冬季から6月初めまでの浮島の浮上量には0cmから18cmまでの違いがあり，秋の沈下が始まる時期には11月から1月までの差があった．
3. 降水と蒸発による開水域水位の短期間の変動に対し，同調して浮沈した観測地点と同調しなかった観測地点が存在した．
4. 田植え時の32.7cmという開水域水位の急激な低下に対して，浮島の多くの観測地点では冠水面がなくなったが，一部の観測地点では冠水面が残った．

浮沈パターンと植生の対応関係
　浮島ではモザイク状に植生が変化するが，シュレンケの植生の種類と浮島の浮沈パターンとの対応関係には，実際の浮沈量と図1から次の3類型がある．
1. オオミズゴケのビュルテの外縁部やハリミズゴケが生育する部分．三木の調査時に広くみられた浮島本来の高層湿原的な植生の部分で，年間の浮沈量は4-10cmと小さく，水位は最大10cm程度，年間を通して浅く冠水している．田植え時の減水時にも干上がらない．ミズゴケ2種の生育は良好である．
2-1. ミズゴケがなく，オオイヌノハナヒゲが優占し，ミツガシワが混在する部分．年間の浮沈量は10-34cmと大きく，冬季は深く冠水し，5月には浮上が始まる．この付近では，オオミズゴケとハリミズゴケが退行している．
2-2. ミツガシワの優占部．年間の浮沈量は20-23cmで，ハリミズゴケ部より大きく．冬季は冠水する．オオイヌノハナヒゲ部に比べると冬季の最大沈下量が小さいが，5月には浮上が始まらず，6月まで20cm以上の冠水状態が続く．ミズゴケは生育しないが，ビュルテの崩壊を示す枯死木が散在することがあり，オオミズゴケ－ビュルテの崩壊後に形成されると思われる．
3. ヨシ部．年間の浮沈はほとんどなくなり1.3-2.6cm程度．これはヨシの地下茎が浮島水層下の堆積物まで達し，浮島の浮沈が妨げられるためと思われ，開水域の水位の変動に応じて水位が変化する．ヨシ部に囲まれたオオミズゴケのビュルテは崩壊している．

ヒーラー型ボーラーによる泥炭の内部構造の季節変化の調査
　浮島が沈下する1980年2月と浮上する8月に，浮島の表面下4mまでの内部構造の季節変化を植生の異なる地点で調べた（図2）．浮島の内部構造は表面から浮島堆積物，浮島水層，その下約2m以下は泥炭になり3.6m前後に1-5cmのアカホヤ火山灰の堆積層があった．8月には浮島堆積物は120-180cm，その下に20-100cmの浮島水層があった．2月には浮島堆積物は20-40cm厚くなり，水をより多く含む「緩い浮島堆積物」の層が現れ，浮島水層は0-50cm程度になった．季節によって浮沈の変化を生じない泥炭中の粘土層と火山灰層を基準にすると，オオイヌノハナヒゲ部とミツガシワ部（A～D）では浮島は8月に浮上し，

2月に沈下しており，ミズゴケ部（E，F）とヨシ部（J）では浮沈は明らかでなかった．これらの結果は浮島の水位観測による浮沈の植生による違いとよく対応した．

ぼしている．このような複合的な環境変化と相互作用により植生が変化していることが明らかになった．

（土屋和三・藤田　昇）

浮島の浮沈の要因

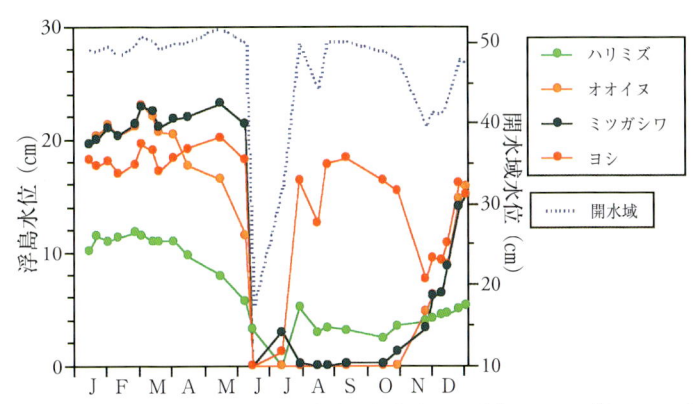

浮島の浮沈の要因として，浮島堆積物の分解により発生するメタンや二酸化炭素などのガスの発生に加えて，ミツガシワやヨシなどの地下茎の分布，浮島堆積物の保水力による緩衝効果が考えられる．水質の変化が，ミズゴケを枯死させ，ミズゴケの枯死がミツガシワやヨシの生育を促進し，浮島の浮沈パターンが変わり，さらに浮島堆積物の分解が進行し，植生に変化を及

図1　植生の異なる浮島と開水域の水位の変動（1980年）．ハリミズはハリミズゴケ部，オオイヌはオオイヌノハナヒゲ優占部を示す．6月の水位の急激な低下は田植えのための放水による．

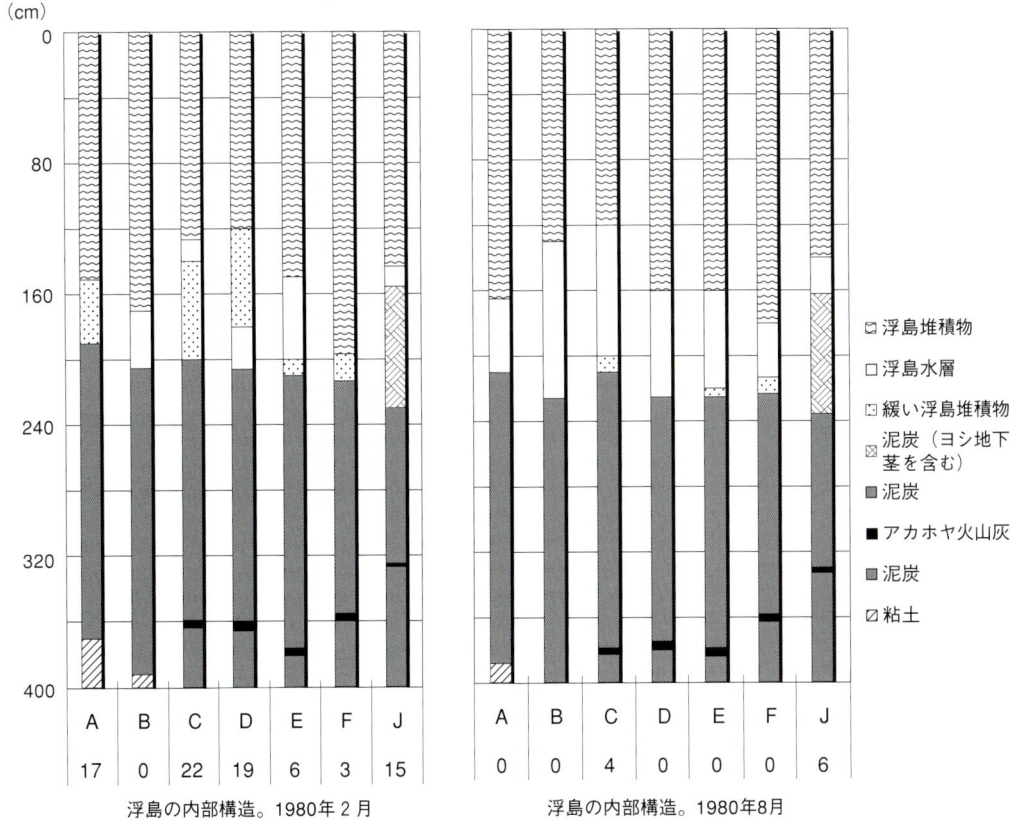

図2　浮島の浮き沈み

深泥池を潤す水の動き

水はどこから来るのか

　深泥池を潤す水がどこから来るかを考えてみよう．まず深泥池には流入河川があるわけではない．京都では年間の降水量がおおよそ1500mmほどで，池とその周辺の山林に降った雨水が直接池に流入したり，あるいはいったん地中に浸透した後流入し，池を潤してきた．池を中心にして，池より標高の高い山林に降った雨は重力により池の方向に流れてくるので，通常は，池からながめて最初の尾根を境界として，池の集水域と考える．深泥池の集水面積は池自体が97000m²で，これは集水面積の16%にすぎない．池の面積の5倍にあたる山林も深泥池の集水域である．

　ただし，森林では，降った雨の数10%は樹木の葉の表面などにひっかかって地面に達することなく蒸発してしまう．また，いったん地面にしみこんだ水も，森林の植物が根から吸い上げて蒸散する．日本のような温帯域では，降水量の半分以上がこうして大気に戻り，これを蒸発散と呼ぶ．福嶌らの見積もりによると，深泥池集水域では降水量の60-70%が蒸発散で大気に戻るので，残りの30-40%が深泥池を潤す水となりうる．

　池には流入河川があるわけではないので，集水域からどのようにして池に水が入っているかを調べるのは容易なことではない．ここで水の安定同位体比が，池や泥炭層内の水の動きについて興味深い知見を与えてくれた．水の安定同位体とは，通常の水が$H_2^{16}O$であるのに対し，自然界には$H_2^{18}O$が約0.2%存在しており，これらを安定（つまり放射性ではない）同位体と呼ぶ．雨水，池の水，地下水ではそれらの量比がわずかに異なるため，水の安定同位体比から，起源の異なる水が混ざる様子を見ることができる．

降雨のたびに異なる安定同位体比

　まず，最も対照的な水の動きは，浮島周辺の池の水と浮島泥炭層内および浮島下の水の流れである．雨が降るたびに，浮島周辺の池の水は異なる同位体比を示し，これが順次，蒸発しながら南西の堰から流出していくと考えられる．一方，浮島泥炭層内および浮島の下の水の同位体比の変化は非常に小さく，雨の後に流入した水で入れ代わることはない．この結果には，次のような可能性がある．

　一つは，浮島泥炭層内とその下の水が浮島上に降った雨だけで涵養されている可能性，もう一つは，浮島の下に周辺の山林とつながる水源がある可能性である．浮島泥炭層内の水は入れ代わりにくいことは事実であるが，水は浮島表面から蒸発したり，浮島上の植物の蒸散で，表面から失われて入れ替わっていく．その量は，正確にはわからないが，仮に年間の降水量の半分と仮定しても750mmはあり，浮島上の水の深さを2000mmとしてもそれより圧倒的に大きい．つまり，入れかわりにくいのは事実だが，1年に3-4回のペースで入れ代わっている計算となる．

貧栄養を必要とする
ミズゴケにとっての重要問題

　いずれの可能性の場合でも，養分の少ない（貧栄養な）きれいな水を必要とするミズゴケの生育には重要な意味を持つ．人が空気を汚す以前は，雨は天然の蒸留水なので，そこに含まれる養分は非常に少ない．また，周辺の山林に降った雨を起源とする湧水も，二酸化珪素でできたチャートという貧栄養な岩石の風化土壌でろ過された水である．このような水によって，深泥池の浮島のミズゴケは生育し，現在まで生き延びてきたと考えられる．

　近年の周辺地域の開発は，山林にしみ込むはずだった雨水を側溝を通して排水してしまい，水源の涵養量を減少させている可能性がある．また，きれいなはずだった雨水には，人が排出した様々な物質が溶けている．たとえ人の生活排水が直接流入していなくても，これらのことは貧栄養を必要とするミズゴケにとっては重大な問題である．　　　（杉本敦子）

植生の変化

2003（平成15）年10月に撮影された航空写真による植生の解析結果（図1）を見ると，まず顕著なのは浮島南部における微小ビュルテ（ミズゴケが生育して盛り上がった部分）の崩壊と，浮島北部におけるビュルテの拡大・陸化である．京都大学理学部植物生態研究施設深泥池研究グループが報告した1977（昭和52）年までのビュルテの変遷（図2）では，考察されている1977年までにすでにビュルテ単純化の傾向が見られるものの，大小のビュルテは黒点で捉えられるような形で，なお離れて存在していた．それが現在では，南部にあった微小ビュルテ数は，5分の1以下に激減している．ただ，浮島の南西縁部では従来の離在ビュルテが統合され，アカマツやネジキなどの低木が密集する形に変化している（写真のDtで示した部分）．

浮島北部では，この低木密集地域の拡大が，さらに著しい．現在ではわずかに残されたシュレンケを低木密集地とビュルテ植生とが取り囲むように変化している．つまり，池中央にある浮島本体では，北部にシュレンケは実質上残っていないに等しいのである．

また，浮島はビュルテ上に生えた樹木が生長と共に衰えて転倒し，再びシュレンケに帰るのが安定した姿とされる（いわゆる輪廻説）．その傾向は，上記研究グループの報告にもあり，崩壊したビュルテとして図化されている．しかし現在では，踏査の結果そのような崩壊ビュルテを見つけることは難しい．

これらの事象を総合すると，浮島北部はすでに「浮島ではなくなっている」，つまり，樹木の根が泥炭層に到達し，陸化への道を進んでいると判断される．上記研究グループによる大ビュルテ北部でのボーリング結果では，当時すでに水の層が検出されておらず，その可能性は確定的に近い．また，浮島南部では，ほんらい倒壊するはずの樹木性ビュルテの倒壊がまったく見られないことから，浮島南部

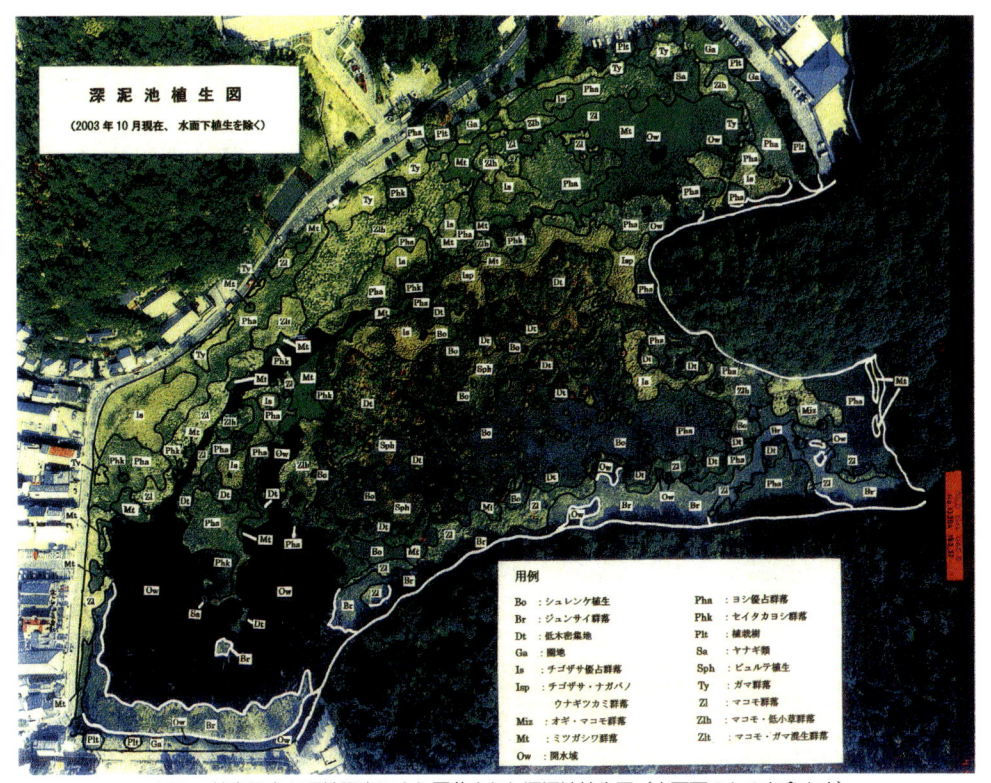

図1　航空写真と現地調査により区分された深泥池植生図（水面下のものを含まず）

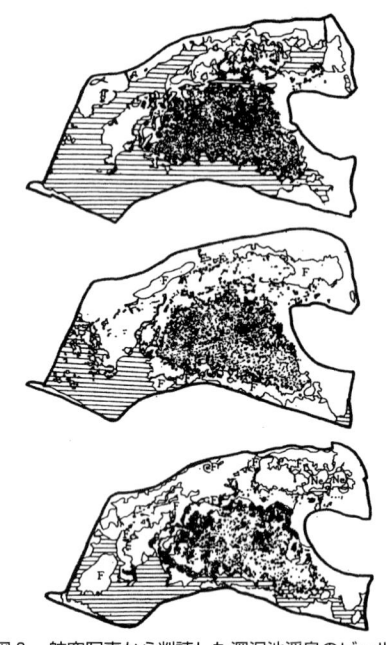

図2 航空写真から判読した深泥池浮島のビュルテ（黒い部分）の変遷．上から1960年1月，1964年9月，1977年9月．「深泥池の人と自然」による

図3 2003年10月撮影の航空写真と現地調査から識別したビュルテと低木密集地（黒い部分）

図4 2003年10月撮影の航空写真と現地調査から識別されヨシの優占するエリア（セイタカヨシを含みます）

においても，高層湿原は乾燥による森林化への道を歩みはじめた可能性がある（図3）．

ミツガシワ群落の激変

つぎに目立つのは，ミツガシワ群落の変化である．1980年代には，ミツガシワ群落は前記大ビュルテの周辺シュレンケ植生の大部分を占めていた．現在では，乾燥化が進む大ビュルテ北半部から消失したのは当然としても，南半部においても部分的にしか見られない．浮島全体の乾燥化を物語るものと判断して良いであろう．

一方，池の北東部にあった大きな開水域は周辺からミツガシワが押し寄せ，現在ではわずかな面積しか残されていない．数年のうちに開水域は消滅するものと見られる．このあたりは深泥池で最も富栄養化と汚染が進んだエリアとされ，ミツガシワは水質浄化に貢献していると判断して良いが，池の北部と南部との水の循環を阻害する点が心配である．

ヨシ群落の拡大

ヨシ群落の拡大も，一部のエリアで顕著である．池の北部や西部では目立った変化は見られないが，浮島南東部で，従来ミツガシワ群落だった場所がヨシ群落に大規模に入れ替わっている（図4）．池の東南水源地には琵琶湖由来の水道水が永く流入しており，その水に含まれる硝酸イオンやカルシウムイオンがヨシの生育を促している可能性があると指摘されているが，確かに浮島東部から浮島本体へのヨシの分布拡大は，浮島全体への大きな脅威と言えるだろう．

ヨシの何が問題かというと，地下茎が縦横に張りめぐらされているために浮島を水平方向に固定するだけでなく，場所によっては浮島の四季にわたる浮沈運動を阻止することである．浮島は冬には水面下に沈む部分が多く，水没することによって一部の植物を寒さから守ったり，種子の発芽を阻止すると考えられる．初夏から秋にかけては浮島は浮上し，ビュルテの一部は通気性が良くなって，多様な植物をはぐくむことに寄与する．それらの浮沈運動が阻止されることは，浮島植生の単純化につながる恐れが多分にある．

（光田重幸・松井　淳）

ヨシの侵入と浮島植生の変化

ミズゴケの枯死とヨシの侵入

浮島植生の近年の著しい変化は、ミズゴケの枯死とヨシの侵入である。ヨシは1934（昭和9）年には池の北側と西側、チンコ山の南側のいずれも岸辺に生育していたが、現在では北側と東側から浮島に分布を広げている。ヨシが深泥池にいつ頃から分布していたかは分からないが、池の岸辺のようにミズゴケ湿原以外の場所には古くから分布していても不思議はない。それではなぜ近年になって急激にヨシが池から浮島まで広がったのだろうか。

ヨシは大型の抽水植物であり、地下茎で栄養繁殖してパッチ状に広がるので、水生植物としては競争力が強く、優占する。逆に言えば、それが近年までなぜ分布を広げなかったのだろうか。

ヨシが優占する条件は、立地が富栄養であることと水位が深すぎないし陸化して乾燥しすぎないことである。深泥池の近年の変化である水の富栄養化と池の浅化、および浮島でのミズゴケの大規模な枯死はヨシの分布拡大に適した。1980（昭和55）年から現在までに浮島でヨシとセイタカヨシは図1のように分布を拡大した。浮島でヨシの分布拡大が顕著なのは南東部と北部で、オオミズゴケのビュルテが崩壊し、ハリミズゴケマットが大規模に消失した場所である。深泥池でのヨシの結実率は非常に悪く、年2-3mの速度で分布が拡大しているので、ヨシの分布拡大は栄養繁殖によっていると思われる。ただし、浮島の南西部のように、種子と地下茎のどちらが運ばれたためかは分からないが、新しく飛び地としての分布の拡大も生じている。このまま放置すると、ミズゴケの生育部を除いて浮島全体にヨシの分布が広がるのは時間の問題である。

ヨシは浮沈を妨げる

ヨシは湿原で地下茎を深く伸ばす。浮島でも3m以上の深さの、浮島下水層の下の泥炭層にまで地下茎を伸ばしていることが確かめられた。そのため、ヨシは浮島を浮島下水層より下の泥炭に固定する錨の作用があり、ヨシが優占すると浮島の季節的な浮沈が弱まり、浮島が通年冠水した状態に陥る。冠水した状態ではビュルテを形成するオオミズゴケの生育ができなくなるため、かりに池の水質が改善されてミズゴケの生育が可能になったとしても、ビュルテの回復はむつかしい。泥炭表層のミズゴケがなくなると泥炭は表面から分解が進む。

また、ヨシは稈（茎）から地下茎を通気組織として地下に酸素を送っており、ヨシが分布すると泥炭の分解が早まる。泥炭中の歴史が失われるという意味でも、二酸化炭素を泥炭として貯えるのではなく二酸化炭素やメタンなどの温室効果ガスを多量に放出するという意味でもヨシの分布拡大は問題である。

なお、ヨシ帯の中でチゴザサが密に生育したいくつかの場所では、原因は不明だが、ヨシの稈密度が著しく低下して衰退する現象が生じている。　　（藤田　昇）

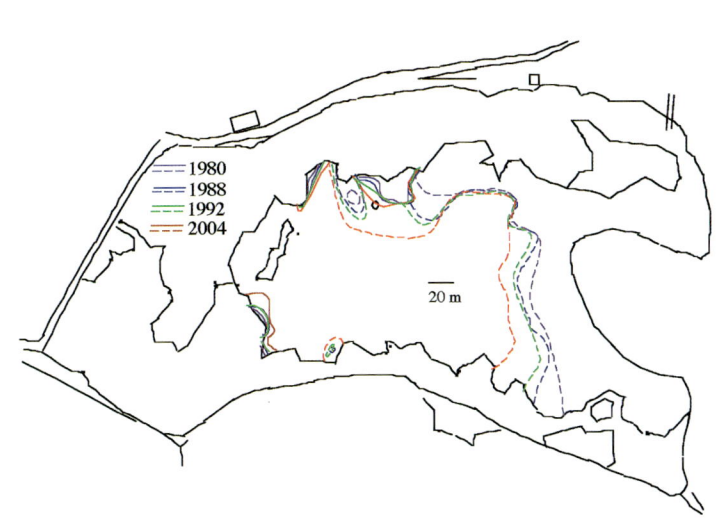

図1　ヨシとセイタカヨシの浮島内部への分布の拡大．浮島の線が分布境界線でそれより外側に分布．破線がヨシ，実線がセイタカヨシ．数字は調査年度．浮島内の横線は縮尺．

ヨシが湿地で優占するしくみ

植物の体を支え，水と養分を地中から吸いあげるのが根の働きだと，誰でも小学校で教わる．砂漠のような乾燥した土地ではとりわけ水は貴重な資源だ．そういう所には地下深くの水を求めて非常に深くまで根を伸ばすように進化した植物がいる．

ところが深泥池浮島のような湿原では，水が不足することはありえない．浮島の泥炭はもともとぬかるみ状態で，地表まで水で飽和しているからである．だとすれば，湿地の植物はみな根が浅くていいのかというとそうでもない．事実として，湿原でも根の深さは植物の種類によって実にさまざまだ．水辺を代表する大型抽水植物のヨシは，浮島上でも2.5mもの深さまで生きた根があることがわかった．地下深くでは酸素濃度が低くなるので，低酸素に耐えるためのコストが必要であるにもかかわらずである．

湿地でのヨシの根の深さは，水の吸収のためでなければ養分を吸収するためではないかと考えられる．しかし植物が地中のどの深さから養分を吸収しているのかを明解に示した研究はこれまで無いに等しかった．

わたしたちは主要な養分の一つである窒素に注目した．深泥池浮島のような湿原では，外部からの窒素供給は降水と集水域からの流入水に限られる．一方長い年月をかけて堆積した泥炭は植物の遺体であり，徐々にではあるが微生物によってその中の有機態の窒素が植物に利用可能なアンモニアなどの無機態窒素に分解される．

自然界に存在する窒素はほとんどが原子量14の^{14}Nだが，約0.4%だけ原子量が15の重い^{15}Nが存在する．放射性同位体のように放射線を出して壊れないのでこれらは安定同位体と呼ばれる．両者の比率は，個々の物質ができる過程の違いを反映して変化する．この比率を窒素安定同位体比というが，泥炭の深さによって窒素安定同位体比が異なればどの深さから窒素を吸収しているかが推定できる．植物遺体である湿原の泥炭は深くなるほど堆積年代が古く，分解が進んでいる．泥炭の深さ別の窒素安定同位体比を測定すると深くなるほど重かった．軽い同位体の窒素（^{14}N）が先に分解されやすいので，泥炭が深くなるほど分解が進んで^{15}Nの比率が高くなるためである．したがって，泥炭が分解されてできるアンモニアも深いほど重いと考えられる．

では植物体の窒素はどうだったろうか．樹木の幹に着生し雨水由来の窒素しか利用できないコケ（マルバヒメクサリゴケ・イワイトゴケ）は非常に低い窒素安定同位体比を示した．同様に雨水涵養のオオミズゴケも-3.2と低かった．シュレンケとビュルテに生育する植物の根の深さと窒素安定同位体比の関係（図1）から，ヨシは圧倒的に根が深く，窒素安定同位体比が最も高かった．同じヨシでもビュルテに少数分布するヨシはシュレンケより根が浅く，窒素安定同位体比も低くなった．このように，植物の根の深さと窒素安定同位体比に関係があり，ヨシは根が深く，深い泥炭から供給される窒素をたくさん吸収していることが明らかになった．

ヨシは他の植物と比べて飛び抜けて深いところまで根を伸ばし，そのことによって他の植物には手の届かない場所の窒素資源を独占していることがわかった．これこそヨシが大型の水辺植物として湿地でもよく成長し，優占する仕組みだったのである．　　（松井　淳）

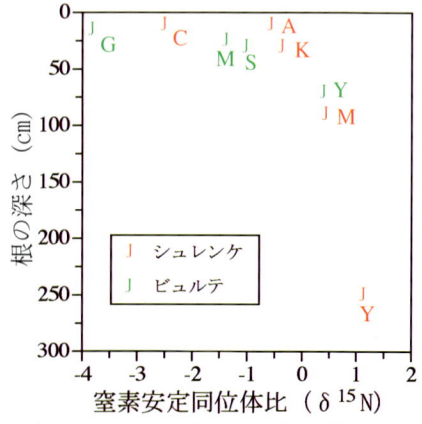

図1　浮島のシュレンケとビュルテに生える植物の根の深さと葉の窒素安定同位体比の関係．Y：ヨシ，M：ミツガシワ，K：カキツバタ，A：アメリカセンダングサ，C：チゴザサ，S：ススキ，G：サワギキョウ．

ビュルテのサイズと植物の種多様性

　面積の異なる多数の島の植物を調べ，横軸に島の面積，縦軸に出現した種数をとってグラフに表すと右上がりの曲線が得られる（種数—面積曲線という）．面積が増えると，
① 含まれる個体数が増加して定着がより容易となり，
② 異種の共存を可能にする異質な環境がより多く含まれるようになることから，種数が増加すると推定される．
　しかし，現実の島では両者の関係が入り組んでおり，その効果を別々にとらえるのは難しい．
　さて，深泥池の発達したビュルテを観察すると，同心円状に三つの環境が認められる．周縁部のハリミズゴケからなる湿った層（ハリミズゴケーマット），その内側のオオミズゴケからなるやや乾燥した層（オオミズゴケーマット），そして，真中の一番盛り上がった部分にある乾燥した落葉の層（落葉床）である．これらの三つを環境の単位として，筆者は深泥池のビュルテの発達段階（生成から消滅まで）を図1のように推定した．タイプⅠ（シュレンケのハリミズゴケのマットでビュルテの前段階），タイプⅡb，タイプⅤは単一の環境から構成されており，タイプⅡaとタイプⅣは二つの環境，タイプⅢは三つの環境からなる．

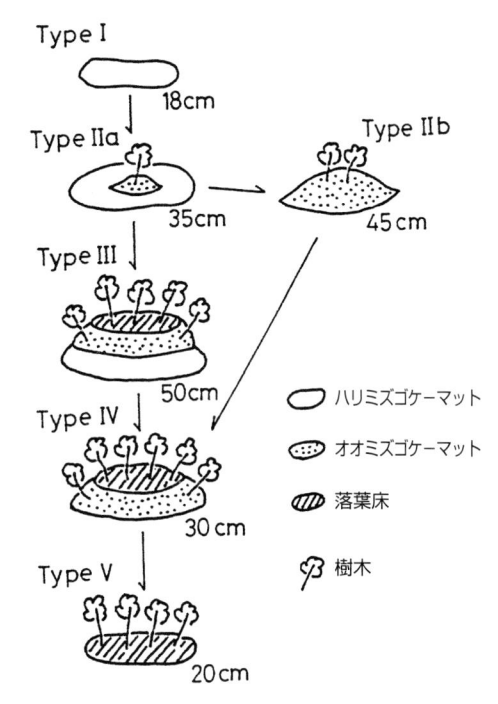

図1　ビュルテの発達段階
数字は平均的な高さを示す．

ビュルテのタイプによって異なる出現種数

　次に，上記のさまざまな発達段階のビュルテを含むように，深泥池の143個のビュルテを調査し，ビュルテの面積，高さ，タイプ，環境ごとに出現する植物の種名を記録した．図2はタイプごとの草本と木本の出現種数を示す．草本はタイプⅠから多数が生育し，タイプⅣまで総数（20種前後）はあまりかわらない．タイプⅤはビュルテ崩壊末期なので，総種数が半減し，とくに草本の落ち込みが著しい．ミツガシワ，ススキ，アメリカセンダ

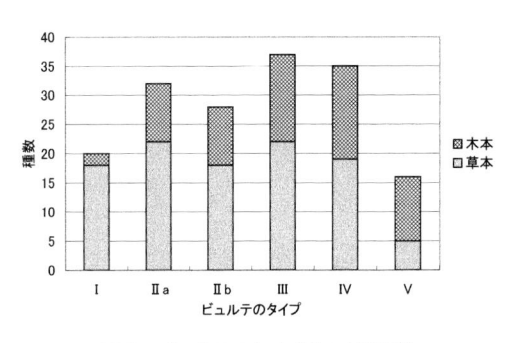

図2　ビュルテのタイプ別の出現種数

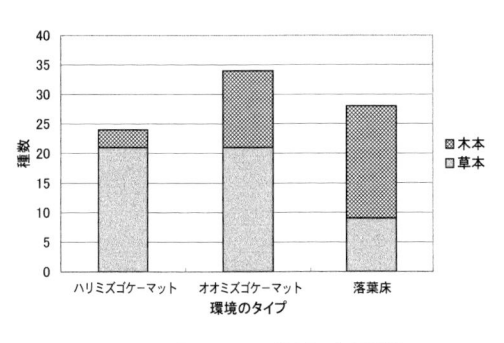

図3　ビュルテの環境別の出現種数

ングサ，チゴザサはタイプI-Vの全てに出現した．一方，タイプIで見られた木本はイヌツゲとノリウツギのみであり，ビュルテが発達してくると大幅に種数が増加した．イヌツゲとノリウツギに加えて，タイプIIaから出現したネジキ，アカマツ，シャシャンボなど8種はビュルテ崩壊末期のタイプVまで残存した．

図3は環境ごとの出現種数を示す．草本ではハリミズゴケ床とオオミズゴケ床に共通するものが多いが，湿性環境を好むミミカキグサ，ホザキノミミカキグサ，ハリイはハリミズゴケ床のみに出現した．オオミズゴケ床と落葉床のみに現れて比較的よく見られたのはサルマメのみであり，落葉床のみに出現した草本は皆無であった．一方，木本は落葉床で圧倒的に種類が多く，数は少ないがタカノツメ，カナメモチなどは落葉床のみに出現した．なお，ハリミズゴケ床とオオミズゴケ床に出現した木本種はすべて落葉床でも見られた．

図4は調査した143個のビュルテを一まとめにして種数—面積曲線を描いたものである．個々の点にばらつきはあるが右上がりの直線で近似される関係が認められる．図5は，図1の六つのタイプ別に種数—面積曲線を描くと，図4と同じように直線で近似された関係を，図4の直線に重ね合わせたものである．タイプI（ハリミズゴケ床のみ），タイプIIb（オオミズゴケ床のみ），タイプV（落葉床のみ）は一つの環境のみ，タイプIIaとタイプIVはそれぞれ二つの環境，タイプIIIは三つの環境を含むビュルテであるが，それぞれの種数—面積曲線においては面積が増えても種数の増え方は変わらない．そこで，これらの種数—面積曲線は，はじめに述べた面積の増加が種数の増加に及ぼす効果のうち①の個体数増加による定着が容易になる効果のみが反映されたものと解釈できる．三つの環境のタイプIIIの種数—面積曲線が図5の一番上に，二つの環境のタイプIIaとタイプIVがそれに次ぐことは，②の環境の多様性が増すと種数が増加する効果が加わっている．全体をまとめた直線ではこの二つの効果が合わさって六つのタイプの直線より傾きが急になっている．

以上のように，深泥池のビュルテを島に見立てて種数—面積関係を検討することで，面積の増加が種数の増加をもたらす二つの効果を別々にとらえることができた．（清水善和）

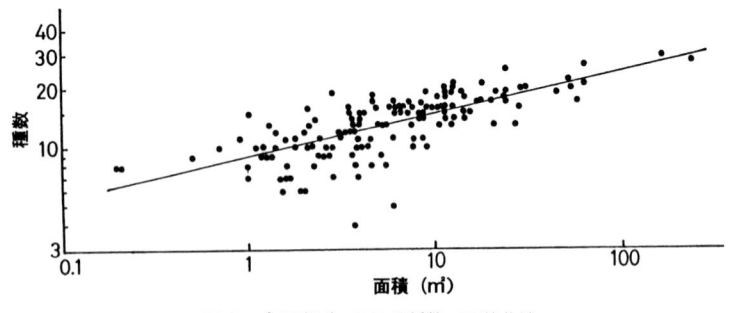

図4　全調査ビュルテの種数—面積曲線

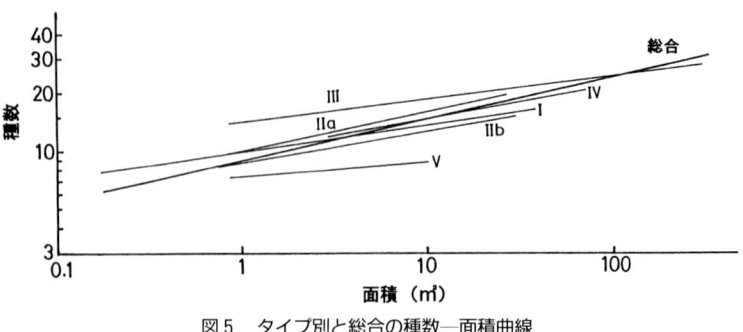

図5　タイプ別と総合の種数—面積曲線

浮島植物の共存と競争

浮島で1㎡あたりの植物の種数を調べると，シュレンケのハリミズゴケーマットでは10種をこえて最も多く，ヨシやミツガシワの優占部では2，3種と最も少ない．植物がどの程度共存できるかは，植物間の競争の強さが関係している．浮島ではどのように植物の競争が作用しているのだろうか．

植物には地上部の光をめぐる競争だけでなく，地下部での水や栄養塩をめぐる競争がはたらいている．湿原では水不足は考えられないので，栄養塩をめぐる競争が重要となる．土壌中での栄養塩の動きは栄養塩の供給速度と移動速度で決まる．栄養塩の供給速度が小さく，移動速度が大きいほど植物間の競争は激しくなり，供給速度が大きく，移動速度が小さいほど競争は緩和される（Huston and DeAngelis 1994）．栄養塩の移動速度は栄養塩の拡散速度と栄養塩が水と一緒に動くマスフロー速度で決まる．泥炭中の水の動きは遅いので，湿原では栄養塩の拡散速度と泥炭の分解による栄養塩の生産速度が栄養塩の供給速度を決める．

ハリミズゴケ泥炭とミズゴケ以外のヨシやミツガシワなどの遺体の泥炭を比べると，分解による栄養塩の供給速度には差がなく，拡散速度はミズゴケ泥炭が小さい．したがって，ミズゴケ内では，貧栄養で植物間の競争が弱い．そのため，富栄養を好むヨシなどの低層湿原性の植物は侵入せず，貧栄養に耐えられるホシクサなどの一年生草本やミミカキグサなどの食虫植物が多種共存する．同じミズゴケでもハリミズゴケーマットは植物が多く，オオミズゴケーマットは少ない．オオミズゴケはハリミズゴケに比べて分解速度とイオンの拡散速度がより遅く，また高さのため表層が乾燥するなど植物の生育に厳しいためであろう．競争に強い大型植物の侵入を妨ぐことができるミズゴケーマットは避難所（refuge）の役割を果たしている．

一方，ミズゴケ以外のヨシやミツガシワなどの植物遺体からなり，ミズゴケが生育していないシュレンケでは，栄養塩の拡散速度が大きく，富栄養で，植物間の競争が激しい．栄養塩の要求度が高くて生長が良く，競争に強いヨシやミツガシワ，カンガレイなどが優占し，共存種数は少なくなる．

ミズゴケが枯死してビュルテが崩壊した直後のシュレンケには枯木の幹が残存し，ケイヌノヒゲが優占し，ミツガシワ，カキツバタなどが生育するが，時間とともにミズゴケ泥炭の分解が進むとオオイヌノハナヒゲが侵入して優占し，ミツガシワと混交するだけの単純な群落になり，多様性は低下する．

ホロムイソウは北方の湿原ではシュレンケに生えるが，深泥池ではシュレンケではなく，ビュルテのオオミズゴケ生育部にのみ残っている．オオミズゴケ生育部は貧栄養で他の植物は侵入できにくいのでホロムイソウが残り得たと考えられる．近年発見されたミカヅキグサも同様であると考えられる．（藤田　昇）

図1　ハリミズゴケーマットに侵入するオオミズゴケ
（2002年12月10日撮影）

図2　ミツワガシワ（長花柱花）
（1990年4月4日撮影）

第3章

深泥池の文化と歴史

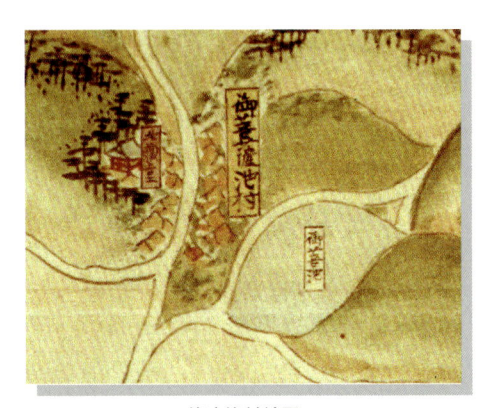

洛中洛外絵図
〔1786（天明6）年〕より

この章のめざすところ

　深泥池とその周辺の歴史や文化を知ることは，それ自体おもしろく意味があることは言うまでもない．しかし，そうした歴史や文化の背景にあった自然環境，また人と自然との関わりなどを考えれば，いっそうおもしろくなる．

　貴重な自然が残り国指定の天然記念物ともなっている深泥池は，京都という長い歴史のある都市の近郊に位置し，旧石器時代より人が近くに暮らしていたために，かなり古くから人間のさまざまな影響を受けながら今日に至っているものと考えられる．

　人の影響としては，池の植物や魚類などの動植物採取のような直接的なものもあれば，周辺の森林などの植生を利用することにより，池の水質や水量などに影響を及ぼすといった間接的なものもある．

　人間の自然への影響というと，少し前まではそれを悪ととらえられる傾向が強かったが，近年では里山の保全・再生の動きなどに見られるように，人間の活動により守られてきた自然についての認識や評価が高まり，人間の自然への関わりの重要性が認められてきている面がある．

　天然記念物に指定されている深泥池も，かつて築堤がなされ，ため池として利用されていたという側面もある．また，そこではかつてはジュンサイが採られ，池の重要な産物ともなっていた．また，その周辺の森林では古くから薪炭などの利用のほかに，地表の落ち葉までも採取されるなど，過酷とも言える利用がなされていた．

　かつてのような人との関わりがなくなった深泥池は，その周辺域の自然も含めて，近年急速にその姿を変えつつあり，その保全のあり方が模索されている．深泥池とその周辺の歴史や文化を明らかにすることは，そのことを考える上でも大いに意味があるであろう．　　　（小椋純一）

歴史記述に見る深泥池

池とはなにか

　池が歴史のうえに登場して長い．すでに古墳時代には大規模な農地開発にともなって灌漑用の用水池がつくられ，また飛鳥時代からは庭園の一部としての池もつくられた．そういう意味で池は，人々の暮らしと身近な存在であったといえる．

　このように歴史上，「池」には二つの意味がある．一つは農業用水をためるための施設として，いま一つは観賞用に作られた庭園の一部としてである．

　前者の水を貯えるための池とは，主として水田農業の灌漑に使用する農業用水を確保する施設であって，多くは谷筋をせきとめ，また平地に土手をきずいて，そのなかに貯水され，用水路を通じて田畑に灌漑される．農業生産への能率のみがもとめられ，建設にあたって池の浄化や周囲の景観などが考慮されることはなかった．今もそうした多くの池は，たとえば奈良盆地などにたくさん見ることができる．

　後者のほうの庭園の池は，自分の住宅なり皇族・貴族たちの宮殿なりの内に水を引いて貯水し，石組や樹木などを配して観賞する．ごく小規模なものから，大きいものは船を浮かべることができるほどのものまであって，たとえば平安京の宮城のすぐ南には，かつては東西約250m・南北500mもあった大庭園の神泉苑の池があった．そこでは詩歌・管弦などをともなう舟遊びが，実際に行なわれたという史料も残っている．後年二条城の建設によって大幅に池面積の縮小を余儀なくされたが，今もこの池の名残りは現地にみることができる．

　むろんこの両方の池は完全に役割が区分できるわけでなく，庭園の池である神泉苑の池水はことあるごとに放水されたことが史料のうえでも確認できるし，平安京の南郊外に暮らす農民たちの田地への灌漑用水として使われ，単なる支配者たちの鑑賞・遊覧用のみの池として終わったわけではない．

　深泥池は自然の池で，人工的に築造されたものではないが，歴史のうえからは灌漑用・観賞用の両方の側面を持っていた．ただ，多くの他の人工池と異なって，最初からそこに存在したいわば自然の池であるという特徴を持つが．

　初めてこの池が京都に暮らす人間との関わりをもったのは，灌漑用水としてである．文献記録を持つ時代よりはるか前のことだが，深泥池周辺地域ではたとえば植物園北遺跡などですでに弥生時代の人間生活の足跡が確認されており，このころから水田に灌漑するための用水として，池水が使用されたであろうことが推測される．

　しかしこの利用がきわめて地域的に限定されたものであり，コミュナルな（共同社会的な，地域的・自治的な）ものであることにも，注意が必要であろう．深泥池は，古い時代には京都に暮らす人々全体の生活に関係するものではなかった．池のごく一部の周辺地域にのみ，関係を持った．

平安京と深泥池

　794（延暦13）年10月，京都は日本の首都となった．皇族・貴族や国家の官僚たちが，旧都の長岡京から新しく京都に移住してきた．深泥池とその周辺は，ごく普通の農村から一挙に都市郊外となったのである．これによって深泥池は，十数万という平安時代の日本最大の人口をほこる首都の近郊となり，春に秋に，また通りすがりに貴賤の人々に親しまれることになった．

　深泥池のことが最初に歴史史料に登場するのは，829（天長6）年10月のことで，当時の天皇であった淳和天皇（在位823-833）が

　泥濘池に幸して水鳥を羅猟す．

図1　洛中洛外絵図
〔1786(天明6)年〕図中央付近に深泥池が描かれている

という簡単な記事を持つのみだが，この池で狩猟を行なっている．平安京北郊外にあった離宮の紫野院（北区紫野）に滞在する際のことだが，そこからさらに北方にあたる深泥池に狩りに出かけたことになる．狩猟の対象は初冬にあたる旧暦10月のことだから，この季節にこの池に飛来してくる「水鳥」であったが，皇族・貴族の娯楽としての狩猟が，池の周辺で行なわれていたのである．平安京近郊にはいくつもの遊猟に適した野や原などの地があったが，深泥池周辺もその一つとして親しまれたのである．

平安京・京都に暮らす人々の，参詣道としても深泥池は利用された．池の西を通り，急な坂を幡枝へ越え，そこから木野を経て鞍馬寺・貴船神社へ参詣する．著名な後白河法皇の今は亡き息子高倉天皇の妻で，洛北大原に隠棲していた建礼門院徳子をたずねての大原御幸を，『平家物語』は

　鞍馬どをりの御幸なれば，彼清原の深養父が補堕落寺，小野の皇太后宮の旧跡を叡覧あって，それより御輿にめされけり．

と，清原深養父の補堕落寺（補陀落寺）を経て，「小野の皇太后宮の旧跡」は不祥だがさらに北行し，江文峠にかかる傾斜のある道になって輿に乗ったといい，法皇が深泥池のそばを通る「鞍馬通り」と呼ばれた道を通って大原へ向かったと記している．ちなみにこの時に使用された道は，二軒茶屋から静原，そこから東へ折れて江文峠を越えて大原に入る道で，この道は今もそのままにたどることができる．

また一般庶民の参詣について記録した，平安時代末ころに編さんされた歌謡集である『梁塵秘抄』は，「貴船へ参る道」として

　　何れか貴船へ参る道，賀茂川・箕里・御菩薩池，御菩薩坂，幡井田・篠坂や一二の橋，山川さらさら岩枕

と，鴨川を北上し，「御菩薩池」から「幡井田」(幡枝)を経る貴船神社へのコースをあげるし，さらにまた謡曲『鉄輪』には糺ノ森から深泥池（御菩薩池）を経て，市原野・鞍馬川経由で貴船神社への道が記されている．現在の鞍馬寺・貴船神社へむかう鞍馬街道は，柊野から二軒茶屋にたっする原峠を経由するが，古くは深泥池の池のそばの道が用いられたようである．

このように皇族・貴族のみでなく，京都に暮らす多くの庶民までが平安時代以降，時代を越えてこの池に親しみ，接触を持つようになった．

はなやかな男性遍歴によってよく知られているが，平安時代最大の女性歌人の和泉式部は深泥池について，

　　なをきけば　影だにみえじ
　　　みどろ池に　住水鳥の　あるぞあやしき

と詠んだ．名前を聞いていると，もの影すら見えないほどのさびしげな深泥池だが，その池に水鳥が住んでいるというのは不思議なことだ，という意味である．和泉式部はおそらくは貴船神社なり鞍馬寺なりに参詣の途中にこの池のそばを通り，池の美しく，興あるそ

の姿に歌作の意欲をもよおしてこの歌を詠んだものであろう．平安時代後半期ころの池近くの様子は，『今昔物語集』の表現をかりると「人離レタル所」，つまり人里はなれたさびしい場所ではあったが，人間生活と深いかかわりを持つ池であった．

神と仏の池

和泉式部が歌のなかに「あやしき」池と詠んだのは，この池が神の宿る池でもあったからと考えられる．鞍馬への街道に面して東側に，低い山に囲まれてけっこう奥深く広がる深泥池は，そこに神がいると認識されていた．

この深泥池には，大蛇が住んでいたという伝説がある．『小栗絵巻』という中世の説話集に見えるものだが，蛇は竜と並んで水をつかさどる神の化身である．竜神もかつて池中に祀られていたという伝えもある．また池の端の穴には「鬼神」がいたともいい，江戸時代の名所案内記ともいうべき『京師巡覧集』は，豆を投げてこれを退治したのが節分の起こりだという説さえ伝えている．

これらの伝承から，深泥池には敬虔な地元の人々の池への深く篤い信仰が，脈々として息づいていることがよく理解できる．貴船神社は水の神であるが，深泥池村にこの神社がまつられているのは，貴船神社への参詣道であったということももちろんあろうが，池の水神への畏敬があったことをも見逃すことができない．

仏についても同様で，平安時代の末ごろに池の近くに地蔵菩薩が祀られた．今の伏見区六地蔵の地名を残す場所もその一つだが，京都地方へ向かう辻々の要衝6箇所に地蔵が建設されるが，その一つが深泥池に安置されたことを鎌倉時代に書かれた『源平盛衰記』が記している．6箇所はともに交通の要地で，いわばその要地を守護するために地蔵が安置されたのだが，深泥池もそうした人々の行き交う要地の一つであったことが分かる．

様々な暮らしの姿

京都は巨大な消費地だから，食料がその典型だが，あらゆる消費物資を確保するためにたえず周辺地域との緊密な連携を必要とする．中世・近世の，京都から地方に発する交通路は「京の七口」と呼ばれたように7箇所があったが（実際にはそれより多かった），その一つに「若狭口」として「御菩薩池」があげられており（『京都御役所向大概覚書』），深泥池の西を通る道の重要性がよく理解できる．中世には池のそばに関所がもうけられたことがあったが（『親長卿記』），これも人馬の通行や物資の流通が盛んであることを物語るものである．通過地としてではあったが，池とその周辺の持つ性格は，古代からずっと引き続いていたのである．

深泥池の村人の生活ということでは，土一揆の起こった舞台になったことが注意される．土一揆とは，農民たちが圧力行動をおこない，また武装蜂起して税の減免などを領主に要求するものだが，団結力が強く，情報収集にすぐれた自治意識の高い農村が起こすことが多い．深泥池村の，先進的な性格がよく分かる．

早くに河骨（コウホネ）が採取されていることも（『言経卿記』），蓴菜（ジュンサイ）がこの池の特産物であることと考えあわせて興味深い．河骨は蓴菜とよく似たスイレン科の植物で，漢方薬にする．深泥池が単なる貯水池ではなく，その他にも人間の生活に関係する役割を持っていたことが理解できる．

あまり知られていないが，江戸時代の著名な文化人の池大雅の「池」はこの深泥池の池であった．深泥池村の富裕な農民の家に生まれ，画家として大成したが，落款に「深潭池氏」と刻むほどにこの池には終始愛着を持ち続けた．

また深泥池村では陶器制作も行なわれ，それは深泥池焼と呼ばれたが，京焼の名人の野々村仁清も一時ここに住んで作品作りにあたった．発展する都市京都の郊外にあって，周縁として交通や文化のうえで重要な位置を，歴史を通じて深泥池とその周辺はしめつづけたのである．

（井上満郎）

古来の水利用 —溜池としての深泥池—

　深泥池は古くからの天然の池であるとともに，人が農業用水を確保するための溜池でもあった．そのことは，1904（明治37）年8月の上賀茂村による「田地養水溜池払下御願」（『史料京都の歴史6』所収）からもわかる．その文書は，上賀茂村が内務大臣に宛て提出したもので，1871（明治4）年に上地された元上賀茂神社領であった深泥池など三つの溜池の払い下げを求めたものである．それによると，深泥池などは古くから田地必需の溜池であり，上地後も溜池として利用されていた．その文書では，江戸初期の正保年間（1644-1650）より池の修繕や樋門改修等を村が行ってきていたというが，南堤が築かれたのが約1500年前（那須，1981）とされることから，溜池としての利用はさらにさかのぼるものと思われる．

　深泥池の水が，これまで具体的にどのように利用されてきたのか，また池がどのように管理されていたのかは，古老から話を聞くことができる．ここでは，本章の後にも登場する地元の古老に伺った話の概要を中心に記す．

　古老によると，深泥池の水は農業用水として使われていたため，昭和初期に池を富田病院が買ったとき，田んぼが一反でもある以上は池を埋めてはいけないという約束があったという．池の水は田植えの時期に入ると，通常の樋を抜いて使っていた．また，池からの水は，賀茂川の水が減って水が不足するときやスグキを植え付ける9月にも使われてきた．過去には，日照りで賀茂川の水が減り，水が来なくなったとき，樋を抜いたことが何度もあったという．水不足のときには，上流の農地所有者が先に水を取ってしまうことなどにより，水をめぐる喧嘩がよくあった．

　近年では，梅雨前や台風の時期には洪水を防ぐ目的で，池の水を抜いたことがある．ただし，その水の抜き方は，水門の調節により20-30cmほど水位を下げる程度であった．

　一方，昭和より前には数年に1回は水位を大きく下げて行う泥抜きがあったようである．古老にもその様子を直接知る人はいないが，亡くなった肉親などからそれについての話が数多く伝えられている．その泥抜きのための樋は，「ドビ」などと呼ばれ，かつては人が潜ってそれを空けたという．その出水口は深泥池の南にある公園北側の堤の下方にあったが，現在はコンクリートの壁となって塞がれている．

　田中俊輔さん（1934年生まれ）に現地で教えていただいたその樋の推定位置は，写真（図1）に示す通りである．その付近の現在の水深は浮泥も含めて1.5m程度であり，出水口との高さ関係からも，その深さ程度か，それよりも若干深いところに樋があったものと考えられる．その泥抜きによって下がる水面の高さは，溜池としては小さなものであるが，それでも現在調節可能な水位に比べれば大幅に水位を下げることができたことになる．ただ，深泥池の水底はもっと深いため，その樋を抜いたくらいでは，深泥池が干上がることはない．

　水を抜いた時期は定かではないが，近くの農地の水需要などから考えると，秋から冬の頃であった可能性が高い．

（小椋純一・中村　治・竹門康弘）

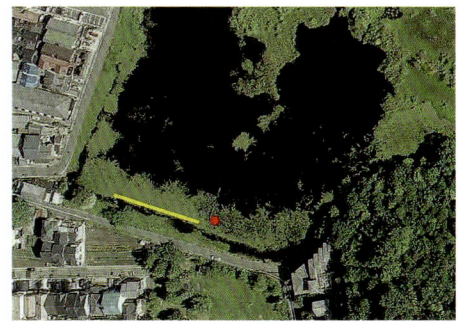

図1　深泥池南堤近くにあったという泥抜きの樋の推定位置（赤点付近）
［赤点左方の黄線部は，2004（平成16）年夏のダイビング調査により見つかった石積みの位置を示す．写真は2004年5月26日撮影］

深泥池集落の歴史と景観の変遷

村の環境と集落の成立

　賀茂川と高野川にはさまれた三角地帯，その北辺は高度200m程度の小山塊とその南に扇状地性低地が広がる．急な山地斜面と平坦な低地との境界はゆるやかに入りくんだ曲線をなす．このような地形は近年に沈降運動が活発で河川の堆積作用が卓越していることを意味している（図1）．また，用水の不足から谷間をせき止めた多くの灌漑用溜池が分布する．宝ヶ池は松ヶ崎村が1763（宝暦13）年に北浦溜建設を申出たものであり，上賀茂の蟻ヶ池は柊原新田が開かれた1664（寛文4）年ころに築造された可能性がある．一方，深泥池は山地から流れ下る開析谷が湿地化したもので，数万年前にさかのぼる長い歴史をもつ点で特異である．谷口に堤を築いて水位を上げ，灌漑池としたのは古代以前であったろう．それは池下に池ノ尻，畦勝，豊田などの小字をもつ条里型地割が分布する点から推定される．その結果，池はチンコ山を間にはさんで歪んだU字形を呈する．西岸の高度75-80m付近に位置する深泥池集落は北と西にアカマツ・コナラの里山を背負い，東に池，南は低地に向かって開けている．

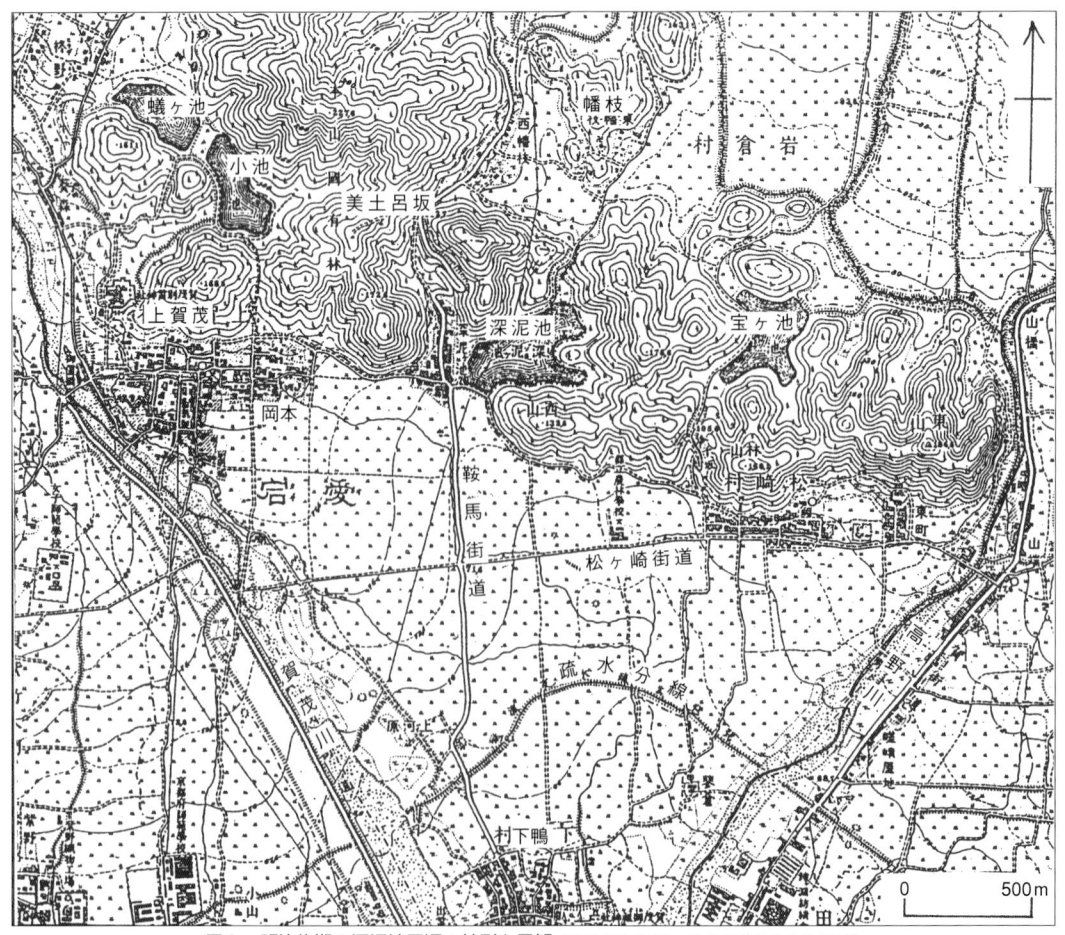

図1　明治後期の深泥池周辺の地形と景観（明治42年測図　正式2万分の1地形図）

829（天長6）年に淳和天皇がこの地に水鳥猟をおこなった記事があり，遊猟の池であった．京の人々の命と生活を支えた賀茂川は皇室御用水でもあり，水源にあたる川上神，貴船神社は貴賤をとわず崇拝が厚かった．平安期から参詣者が多く，京から下賀茂，深泥池の傍を通り美土呂坂を越え，幡枝から鞍馬・貴船へ至る東鞍馬街道は主要な巡礼道であった．1157（保元2）年に御菩薩池地蔵が祀られ，その後廻り地蔵と呼ばれ京六地蔵の一つとなる（地蔵像は明治前期に寺町鞍馬口の上善寺に移された）．室町期になると街道は近在から薪炭，丸太や柴を運びこむだけでなく京と若狭を結ぶ主要道となり，上賀茂社は関を置き通行料を取った．

この地域は上賀茂村の一部に含まれ，1451（宝徳3）年の検地帳によると街道沿いは全て田地で人家はなく，地蔵堂一宇のみが記されている．岡本郷からの出作りであったろう．しかし，1532（享禄5）年の検地帳には深泥池在住の田地耕作人が記載される．村の成立はこの約100年間，16世紀初頭に岡本から移ってきた人々が集落を形成した可能性が高い．1678（延宝6）年の検地帳によれば35軒140余人および貴布禰神社と宝池寺，地蔵堂が記され，幕末期1856（安政3）年検地帳では57戸，321人であって，200年間に戸数は1.6倍，人口は約2倍に増加している．現在までの深泥池の戸数と人口の変化を図2に示す．1960-70年にかけて最大の増加を記録し，70年には211世帯556人に達した．しかし，それ以後は減少に転じ，90年には153世帯418人になった．最近では人口減少にも歯止めがかかりつつある．これはアパート・マンションに若いカップルやシングルが転入してきていることを反映している．

絵図にみる景観と変化

深泥池集落の景観を図3の深泥池図（岩佐家文書，京都市歴史資料館蔵）から読み取ってみよう．図の作成年は不明だが，中央に神坂山，編笠山，賀茂山などに囲まれた御泥池および東端の大豆嶋（豆塚・チンコ山の別称

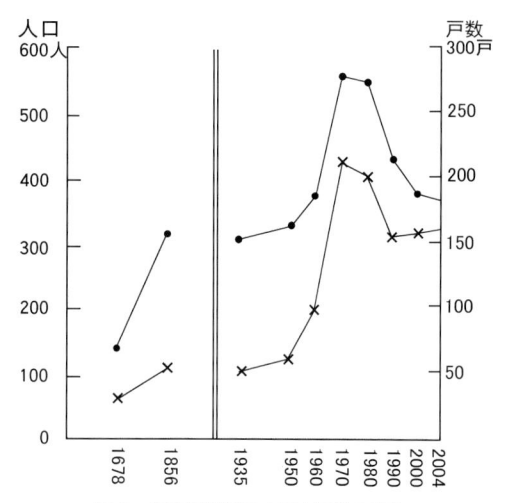

図2　深泥池集落の人口と戸数の変化
（京都市の総統計より作成．●が人口，×が戸数を示す）

をもつ）を大きく描いている．神社（貴布禰社）から池を一周する神輿道を強調しており，御影像谷出口に神輿据檀とその詳細を記すなど，祭礼と神輿巡行路に係わる事象が詳しい．池の西端には古土居と新土居百間に限られた沼五段余が明記される．新土居を池中に新たに築いて囲い地を作ったことを示す．御泥池里は鞍馬街道にそって草葺の平入り民家が17戸あり，地蔵堂のみが瓦葺き．鳥居をもつ貴布禰社が朝日谷出口に大きく記される．池からの用水路は池西端から新古両土居の下を通じ，急折して南方の田地へ流れ込んでいる．

つぎに図3より新しい上賀茂村絵図（作成年不明，府立総合資料館蔵）をみると，街道沿いに描かれた家屋は39戸に増え，神社および御制札（場）が示される．池の表現は単調になり，（大）豆島を周回する点線道が示される．新土居によって囲われた沼は埋立てられ，大部分が田に変じている．そのほとんどが上賀茂社の御修理および御祈祷料田となっており，上賀茂社により開発が実施された可能性が高い．柊原新田が同社の御神事・御修理料として開発された経緯と極めて似ている．この結果，旧水路は廃棄され，池南端に堤と水門を新たに設置したことを明示している．この状況は明治期まで大きく変化しなかったであろう．1889（明治22）年には字深泥池

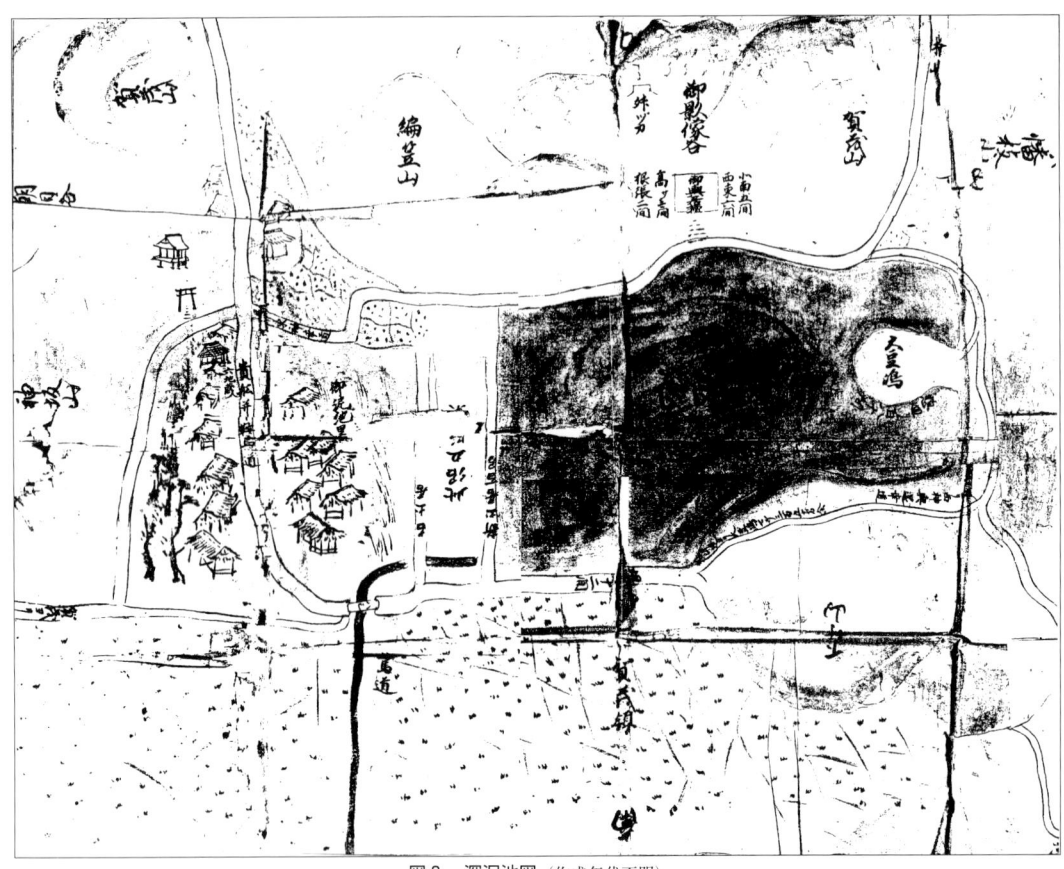

図3　深泥池図（作成年代不明）

に2町3反，字狭間に3町6反の農地があった．1908（明治41）年作成の上賀茂村全図（府立総合資料館蔵）は地籍図で，1筆ごとの地番と地目，道路と水路，村・小字界が記入されている．鞍馬街道の西側字深泥ケ池に46，東側の字狭間に35，合計81の宅地割が認められる．宅地の大部分は道路に面する間口が狭く，奥行きの長い短冊状をなす．とくに，街道と岡本への道にはさまれた南西部に宅地が集中的に分布する．上賀茂社の料田は東西に細長く短冊状の田8面とハタ2および宅地1に細分されている．なお，上賀茂村の南西部は1918（大正7）年に，残りの村域も1931（昭和6）年に京都市上京区に編入され，1955（昭和30）年には分区により北区となった．

都市化による変貌

　京都北郊の純農村地域が劇的に変化するのは昭和初期以降である．京都市の市区改正設計は旧都市計画法にもとづく都市計画事業として1919（大正8）年に認可を受けた．京都市街地の外郭道路（環状線）として西大路通とともに北大路通が道幅27.3mの1号線として設計された．さらに，道路用地は土地区画整理事業によって確保するものであった．1921（大正10）年から着工された都市計画道路新設拡築事業は外郭道路建設と並行して道路幅の10倍（150間）の距離を区画整理地区に指定し，計画的な道路網を整備していったのである．京都市の場合，その多くが地主らの主導による土地区画整理組合により実施された点は特筆されよう．こうして，外郭道路沿いに良好な住宅地帯を配置し，ついで市電を通して輸送機関を確保していった．北大路通の鞍馬街道－高野川間（約1.1km）は1932（昭和27）年，鴨川－鞍馬街道間（0.47km）は1933

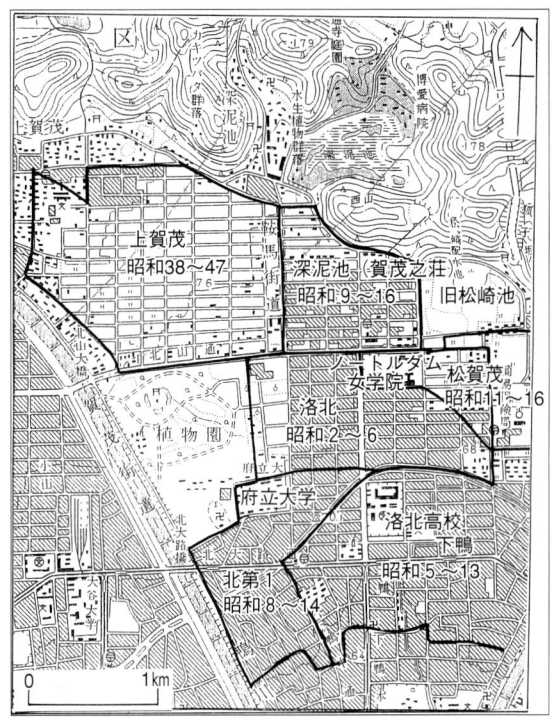

図4 土地区画整理事業地区（地区名と事業期間を示す）
昭和45年修正測量 2.5万分の1地形図による

（昭和28）年にいずれも約半年の工事期間で完成された．

これと並行して実施された土地区画整理事業地区を図4に示す．北第1地区は市の代執行，下鴨地区は市助成による組合事業であった．両地区とも実施前は狭隘な道路と乱雑に建ち並んだ住宅が密集する地域となっていた．1934年には北大路橋から高野上開町まで東へ市電路線が延長されて交通至便となった．一方，洛北地区はこれより早く府の援助により事業に着手，高級住宅街を作ることを意図して家屋は道路より1間以上後退させている．さらに，疏水分線沿いに桜や楓の植樹もおこなった．深泥池（賀茂之荘）地区は鞍馬および松ヶ崎両街道以外はあぜ道ばかりの農地が広がっていた．事業は1941（昭和16）年に完了，池尻・風呂ノ木など小字が含まれており，深泥池の南端まで新区画が拡大した．

鞍馬街道以西の上賀茂地区は1973（昭和48）年の区画整理完成まで待たねばならない．北大路通から北の山際線まで直交街路により区画された整然とした住宅地帯が形成され，スプロール状開発が避けられたことは特筆すべき成果であった．しかし，古代以来の歴史的文化財としての地割が完全に消滅してしまったことを忘れることはできない．一方，昭和初期の都市計画街路として北山通が決定されたが，大戦などの影響により大部分は昭和30年代以降に着工されていった．本地区では1962（昭和37）年頃に整備されたが，当初はスグキ畑のなかを通じている状況だった．

こうした変化とは別に，1907（明治40）年に松ヶ崎村に愛宕郡立農林学校が開学し（図1），1918（大正7）年鞍馬街道沿いの下鴨に府立農林学校が桂から移転してきた．大正天皇即位記念のために広大な博覧会予定地が下鴨の小作農民の反対を押し切って買い上げられ，曲折をへて1924（大正13）年には大典記念植物園として開園した．一方，上の事業完成により交通事情が改善されたため，広い敷地を必要とする学校の転入が続いた．1929（昭和4）年京都第1中学校が，翌年には京都高等工藝学校がいずれも左京区吉田地区から移転してきた．その後も，ノートルダム女学院中学校（1952年），京都府立総合資料館（1963年）などが設置された．こうして良好な住宅地区および文教地区として発展したのであった．1990（平成2）年に地下鉄烏丸線の北大路－北山間が開通，1995（平成7）年に京都コンサートホールが開館，1997年には国際会館駅まで延長するに至って，北山駅を起点に北山通を中心とした人通りの多い繁華な地区になっている．北山通沿いにはおしゃれなブティックやレストランなど青山通に匹敵するといわれるほど若者の多いファッショナブルな街に変貌をとげた．それでもスグキ畑が点在し，京都最大の蔬菜地帯が共存する不思議な景観をみせている．

（植村善博）

深泥池地区の暮らしと池

　深泥池村は深泥池の西側にあり，鞍馬街道が村を南北に通っている．室町時代後期に上賀茂村の岡本地区から15人ほどが池の西端に移住して深泥池村ができたといい，延宝6（1678）年には35軒に140余人が住み，安政3（1856）年には57軒に321人が住んでいた．ここでは深泥池地区で営まれていた暮らしを概観し，深泥池地区の暮らしの中で池がもっていた意味について考えてみたい．

　深泥池地区で営まれていた暮らしを知るにはそこで生産されていた物産を知るのがよいであろう．ところが物産の生産高を記した『京都府地誌』（明治10年代），明治41（1908）年の調査結果を記した『京都府愛宕郡村志』には，深泥池地区だけの数値は記されておらず，それが含まれている上賀茂村全体の数値が出ている．それゆえ深泥池地区で営まれていた暮らしというのはよくわからないのであるが，上賀茂村全体のそれと似たものであると考えて，以下において見ていきたい．

農産物から見た上賀茂の暮らし

　『京都府地誌』（明治10年代）には，上賀茂村（人口3117人）の民業として，男は「農業」，女は「農業行商ヲ兼ス」と記されている．行商するのは野菜である．明治41（1908）年の調査結果を記した『京都府愛宕郡村志』（上賀茂村の人口は4299〈小山の115人を含む〉）を見ても，野菜を売って生計をたてるという暮らし方に変わりはないが，ナス，スグキが増え，スイカ，ダイコン，カブラナが減っている．賀茂ナス，スグキなど，他の産地にはない商品価値の高いものを中心に生産するようになっていったのであろう．

　スグキは明治時代にすでに農家経済における年間収入の主要部分を占めるようになっていたのであるが，第一次世界大戦（大正3年〜大正7年・1914年〜1918年）後の経済好況

表1　上賀茂村の農産　（単位：貫）

	明治初期	明治41年（1908）
スイカ	7500	1800
ナス	7000	36000
ダイコン	15000	記載なし
蕪菜	12300	6000
スグキ	9800	30000

の波に乗ってスグキ販売の拡充と宣伝がはかられたため，京都はもとより，大阪，神戸，東京の各市場における地歩が固まり，上賀茂村ではスグキを中心とする農業経営が安定したという．昭和初期には，上賀茂村の女性は，大阪の木賃宿に泊まりこみ，スグキの行商を行うようになっていたのである．

　そのため上賀茂村ではスグキ作りが一年の暮らしの中心をしめるようになっていった．上賀茂村では6月初めに早稲の田植えをし，9月初めにはそれを収穫してしまう．その後すぐに田を耕してスグキなどを蒔く．スグキを3回間引き，3回目に間引いた後，スグキとスグキの間に麦を植える．そして麦が芽を出した12月末にスグキをすべて引く．麦は5月末に収穫する．つまり上賀茂村では三毛作を行うところがあったのである．それゆえ米に対する依存度が相対的に低かったのであるが，それでも単位面積あたりでは近隣地区と大してかわらないほどの生産高をあげている．しかも上賀茂村では明治41（1908）年調査の『京都府愛宕郡村志』によると，夏に畑でナス（36000貫），カボチャ（2300貫），スイカ（1800貫），キュウリ（300貫）などを植える農家が多かったのである．上賀茂村はきわめて集約的な農業を行っていたのであった．

　しかし集約的な農業を行うということは，それだけ肥料も多く必要とするということである．最も重要な肥料は人糞尿であったが，

図1　スグキ漬け前のそうじ作業（北村宅，1999年撮影）

図2　スグキを漬ける（北村宅，1999年撮影）

図3　スグキ漬けの樽と天秤（北村宅，1999年撮影）

この集約的な農業を行うのに十分なだけの人糞尿を上賀茂村だけで供給できるわけではない．上賀茂村の人は京都から人糞尿を有償で得てきたのであった．現在の河原町今出川の三菱銀行のところにあった交番前を午前10時までに通過しないと，罰金を科せられたとい う（松尾慶治『岩倉長谷町千年の足跡』）．何とかそこを通過して，府立大学前あたりにあった団子屋で一息つき，団子を食べるのが楽しみであったという話が残っている．

深泥池のジュンサイ採り

　肥料を用いて栽培したわけではないが，上賀茂村の人が京都へ売りに行く野菜の一つとなっていたと思われるのが，『京都府地誌』（明治10年代）において上賀茂村の物産として出てくるジュンサイ（5石）である．上賀茂地区には深泥池の他にも池があったが，ジュンサイが採れたのは深泥池だけであるから，これは深泥池で採れたジュンサイのことである．ジュンサイは京料理に欠かせないものの一つで，新芽先端の寒天状でまだ開いていない部分を，すまし汁や酢の物に入れる．深泥池でジュンサイ採りを認可されていたのは2軒の農家であった．6月から8月にかけて舟に乗り，先に鎌をつけた竹竿でジュンサイを刈り取り，新芽だけをむしりとって，桶に入れ，残りは池に戻した．小さな芽ほど高級品ということになるが，芽はむしりとられた後も時間がたつと開いていく．そのため，採取は昼まででやめ，採れた芽を，午後に京都の料亭などに売りに行ったのであった．

　問題は『京都府地誌』に出てくるジュンサ

イの生産高である5石（1石=10斗=100升）という数字である．ジュンサイが本当によく採れるのは盛夏だけであり，戦後には，よく採れた時期でも，1日1升程度しか採れなかったということを考えると，5石というのは容易に採れる量ではない．かりに1日1升採れる日が100日あったとしても，生産高は1石でしかない．採取を認められた家が2軒あったので，かりにその倍採れたとしても，2石でしかない．明治初期にはずいぶんたくさんジュンサイがあったのかもしれない．

薪材生産から見た上賀茂村の暮らし

生活には燃料が必要であるが，上賀茂村の人はそれをどこで入手していたのか．上賀茂村には山林が少ないので，自家消費量もまかなえず，官山の払い下げを受け，下生を刈らせてもらっていた．そして日ごろの料理や暖をとるのには，麦ワラを燃やしていたという．ところがこの統計によると，上賀茂村の薪材生産が，山林面積がその4倍を越える岩倉村や静市野村の薪材生産より多いのである．

それは貴船などの山を買い，それを切って京都に売っていたからかもしれない．慶長4(1599)年4月の「賀茂別雷神社文書」によると，深泥池の農民が貴布禰山・黒木山の草刈権を得ている．明治時代の中ごろになっても，雲ヶ畑へ行く途中にあって「二里余もある十三石山に山仕事の手伝いに出かけたりしました．」と述べている人がいる（『上賀茂百年のあゆみ』）．そのあたりまで山仕事に行っていたのである．これはさらに昭和時代になってからもそうで，昭和30年ごろまでは「市原，二軒茶屋，岩倉長谷の坂原，八瀬などで木を切る権利を買い，柴を作りに行っていた」という（田中俊輔氏談）．

鞍馬街道と上賀茂村

以上のことから，上賀茂村の人は，京都から人糞尿をもらって作物を作り，深泥池でジュンサイを採り，野菜やジュンサイを京都に売るほか，後背地となる北山地域と密接な関係を持ちながら暮らしていたということがわかるであろう．

ところで後背地となる北山地域と上賀茂村，さらに京都を結んでいたのは，深泥池地区を通っていた鞍馬街道である．それを通って北山地域からは鞍馬石，薪炭などが運ばれ，京都からは日用品や食料品が運ばれていったのであるが，そこを行きかう人との関係で生まれてきたように思われるものがある．

その一つは祇園祭で使われる「ちまき」作りである．それに使うチマキザサ（九枚笹）を生産しているのは，『京師巡覧集』（1679年刊）に「コノ在所（市原）ノササノ葉ハ洛中ニヒサギ粽（チマキ）ニ用之」と記されているので，かつては鞍馬街道沿いの市原地区あたりであったようである．しかし最近ではもっと奥の花背地区の人が生産している．葉に隈どりの出る前の9月か10月ごろに日陰ものを選んで採る．それまでに採ると，葉の色が白っぽく，かつ，葉も弱いという．天日で干したそのチマキザサの葉を深泥池地区の農家が仕入れ，ちまきにまくのである．深泥池地区の農家は，野菜売りを通じて昔から鉾町と親しく，その関係からちまきを作るようにな

表2　愛宕郡各村の薪材生産

	山林面積(町)	薪材(棚)	金額(円)
上賀茂村	230	1250	4130
岩倉村	937	790	3950
静市野村	946	350	1750
鞍馬村	1156	1720	3350
大原村	2112	1600	8000

『京都府愛宕郡村志』（1908年調査・ただし岩倉は『岩倉村誌』（1905年8月）の数字）

図4　チマキザサの乾燥風景

図5　ジュンサイ採り（昭和30年代中頃）

り，その材料であるチマキザサを，鞍馬街道を行きかう人を通じて花背地区から仕入れるようになったのであろう．ちまきの中身にも笹を入れていたが，祇園祭で使われるちまきの量はずいぶん多い．そのため，今ではワラを入れている．そのワラも今では岩倉などで作ってもらっている．ちまきを巻くのはチガヤ．今では畳屋で畳の切れ端をもらい，畳に使われているイグサで巻いている．

なお，京都近辺でちまきを巻いていたのは深泥池地区だけではない．白川女も巻いていた．おそらく花売りを通じて鉾町と親しくなり，その関係で巻いていたのであろう．深泥池地区で生産されるちまきは平べったいが，北白川のはもう少し丸いという．チマキザサは鞍馬の人が昭和初期には売りにきており，中身のワラは滋賀里（大津市）から仕入れていたのであった（田中くめ氏談）．

さて，もう一つ，鞍馬街道と関係があるのではないかと思われるのが，明治10年代の『京都府地誌』に記されている「小鳥」15,000頭である．それ以上のことが記されていないうえに，『京都府愛宕郡村志』には出てこないので，よくわからないが，昭和30年ごろまでかすみ網を使って鳥を採り，売っていた人がいたことを考えると，捕獲された小鳥のことであろう．その人の話によると，獲っていたのは食用にするツグミ，ヒヨドリ，アトリなどのほか，飼育用のメジロ，ウグイス，ヤマガラなど．それを獲るのは上賀茂村ではなく，芹生，大見，百井地区などである．10月15日から3月15日までが猟期．鳥山に入って，小屋をたて，そこで暮らす．朝3時，山の峰に長さが100mの網を段々に広げ始める．6時頃に全部の網を広げ終えると，おとり用のいろんな種類の鳥を出し，飛んでくる鳥をおびき寄せる．網にかかった鳥の背骨を折って，ドンゴロスと呼ばれる大袋に入れておくと，

10時には上賀茂柊野地区から運び屋が来て，それを上賀茂地区の商人宅へ運んでくれるのである．その運び屋は鳥山で暮らす人の食料なども運んでいた．上賀茂地区の商人は，おそらく京都の料理屋に出入りしているうちに，小鳥が高く売れるということに目をつけ，北山地域の人を組織して，小鳥を入手していたのであろう．食料事情がずいぶん悪化していた昭和19(1944)年11月に結婚したある夫婦は，鳥山に入っていた人からツグミを分けてもらい，結婚式に来てくれた人に1人あたり5羽ずつもらってもらった．すると，もらった人が「あのツグミで作ったトリメシはうまかった」と後年，よく話していたという．

そのように人々が行き来した鞍馬街道であるが，深泥池から幡枝へ抜ける峠（馬頭観音の峠）は極めて急であった．そこでその坂を少しでも緩やかにしようとする工事が昔から何度か行われていたが，明治21(1888)年にも，地方税の補助を受け，7箇村によってその工事が行われている．

他方，二軒茶屋で鞍馬街道と分かれ，原峠，朝露を通って上賀茂地区に至る鞍馬街道の支線も昔から使われていたが，御薗橋が常設ではなかった．御薗橋が常設となったのは明治15(1882)年のことである．それがさらに明治22(1889)年に改造され，しだいに鞍馬街道よりも鞍馬街道の支線が用いられることが多くなっていったのではないであろうか．花背，鞍馬，雲ケ畑，上賀茂村から運ばれてくる電柱（杉丸太），庭石，薪炭，農産物などを載せた馬車，牛車，自動車がたくさん通過するので，御薗橋を堅牢なものにして欲しいという嘆願書が昭和4(1929)年9月16日に提出されている．それが受け入れられて，付け替え工事が行われていたものの，昭和10(1935)年6月29日の水害で流失．昭和12(1937)年10月に竣工している．

暮らしの変化と深泥池

鞍馬街道を通じて後背地である北山地域と密接に結びつきながら暮らしていた上賀茂村であるが，経済の中心はあくまでも農業であった．大正時代末から昭和初期にかけて農業が活発になって，収入が増えると，それをさらに増やすために深泥池に目がつけられたのではないであろうか．深泥池（8町1反）は，明治37(1905)年8月に「田地用水溜池払下御願」が上賀茂村から内務大臣宛に出され，明治41(1909)年に内務省から上賀茂村に払い下げられて，上賀茂村のものとなっていた．その深泥池の西南部1万1千坪を上賀茂村は埋め立てようとしたのである．ただしそれは経費が多額なため，とりやめとなったのであった．しかし昭和2(1927)年における深泥池の天然記念物指定にあたり，所有者である上賀茂村は，将来，埋め立て計画が具体化するなどの場合においては，その部分について現状の変更を許可してもらえるようにというやりとりを，三木茂博士，池田京都府知事，内務大臣官房地理課長赤木氏との間でおこなっていたという（富田芳子，「開発の歴史」，『深泥池の自然』56，京都新聞，1993年）．昭和6(1931)年に深泥池が上賀茂村から北波長三郎，谷安太郎，稲井新次郎氏に払い下げられたのは，埋め立て計画が挫折したからかもしれない．そして払い下げによって得た金を上賀茂村は地元民に還元した（古老の話では，村は深泥池を財産と考え，村人に株を持たせ，それを高値で売却することによって，その売却益を村人に還元したという）ほか，上賀茂小学校の校舎改築にも使ったようである（『上賀茂百年のあゆみ』）．

深泥池が売られてしまったということは，深泥池が地元住民にとってあまり役に立たない存在であったからではないであろうか．たしかに深泥池の水は田植えや渇水の時などに田の灌漑に用いられた．しかし深泥池の水をあてにしている田は，深泥池の南方から東南方に広がる田だけであり，そう広くはない．深泥池の西南方に広がる田は，賀茂川の水によって潤されている．ジュンサイを採取することはできたが，それは深泥池地区の経済を左右するほどのものではない．大正生まれの古老たちは，「田の溝川のドジョウを獲って食べることはあっても，深泥池の魚を採るこ

とはなかった」と言う．池で泳ぐ子どもがいたほか，盆には，池のほとりにござを敷き，鉦をたたいてお精霊さんを送ったが，それは経済面でのかかわりではない．

深泥池地区は，目の前に深泥池という大きな池があるのに，生活用水に苦しんだところでもあった．深泥池地区の地下水は多量の鉱物質を含有し，しかも赤色を帯びていて，飲料水に適さないのである．そのため，住民は農作物，食器，器具，機械などの洗浄に河水を利用し，飲料水には二重三重にろ過した水を用いていた．おまけに大正13(1924)年には，蔬菜など食用農作物の洗浄に河水を使用することが禁じられた．河水を使ってはならないということは，池の水も使ってはならないということであろう（ただし小川をせき止めた水や深泥池でスグキを洗うということは，その後も続けられていた）．そのため上賀茂村は昭和4(1929)年に水道の設置を願い出，昭和6(1931)年に水道が設置されたのであった．深泥池が役に立たない存在であると思われたとしても，不思議ではない．

深泥池が売られた理由はともかくも，深泥池の所有権は昭和7(1932)年に深泥池合名会社に移転．昭和10(1935)年に柴田寿次氏が深泥池を買い，昭和11(1936)年に富田旭氏が買っている．富田氏が深泥池を買ったのは昭和11(1936)年であるとしても，富田氏が病院を建てたのはもっと早く，古老の話では昭和3(1928)年頃であったという．お披露目のときに子どもたちに菓子がふるまわれたのであった．また，富田氏は上賀茂の子どもに教科書を無料で与えたという．ところが病院（結核療養所）ができると，人々は池とのかかわりをさらに少なくしていったのであった．

その流れは，深泥池南側地域の宅地化によって加速されていったのではないであろうか．大正12(1923)年10月21日に市電の烏丸線の今出川－植物園前間が開通して，京都駅から市電が植物園前まで運転されるようになり，出町－植物園間で市バスが昭和3(1928)年5月10日に運転開始されたのをうけ，深泥池土地区画整理組合が昭和9(1934)年3月28日に設立され，深泥池地区はやがて住宅地として発展していくことになる．

深泥池は，自然にできた池をもとにして，土手を積み上げてできた池であるから，樋を抜いたとしても，すべての水が抜けるわけではないであろう．それにしても，昭和に入ってからは，深泥池の水位を大きく下げて水を田に流さなければならないほどの渇水は起こっていない．それは厳しい渇水の年がなかったということもあるであろうが，深泥池の水をあてにしている深泥池の南方から東南方に広がる田が宅地化され，深泥池の水を使う必要がなくなったのではないであろうか．

ジュンサイ採りの終わり

人々が深泥池とのかかわりを少なくしていった中でも，ジュンサイ採りは続けられていた．ところが戦後，ジュンサイの収穫量が減っていった．池の東南部丘陵にある松ヶ崎浄水場配水池から高濃度の残留塩素を含む水道水が大量に流入するようになり，酸性環境を好むジュンサイなどが弱ったのである．さらに昭和30年代中ごろ，病院から流れ込むし尿や薬品混じりの汚水の影響が顕著になり，富栄養を好むハス，ヨシ，マコモなどが繁茂して開水域が減少し，外来種がはびこって，ジュンサイが減少したのであった．また汚いと思われるようになったのであろう．そのころから農家は深泥池でジュンサイを採らなくなり，宝ヶ池や丹波で採るようになったのであった．今では広島などから仕入れている．こうして深泥池地区の人々と池とのかかわりはさらに少なくなったのであった．

そのころから深泥池の貴重さは，以前にも増して繰り返し論じられるようになった．そして現在では下水施設が整い，水道水の流入もほとんどなくなった．さらに，2000年までに深泥池の大部分が京都市によって買い上げられた．しかし外来種がはびこって在来種が絶滅していく現象はまだ進んでいる．深泥池の状態はわたしたちが生きる地球環境悪化に対する警鐘の役割を果たしているのかもしれない．

（中村　治）

深泥池周辺の植生と人の関わりの歴史

　かつて深泥池周辺において，どのような植生と人の関わりがあったのだろうか．そのことについて，古老への聞き取り，文献，遺跡調査結果，花粉・微粒炭分析結果をもとに考えてみたい．
　昭和初期から昭和30年代はじめ頃の状況については，地元の古老から話を聞くことができる．深泥池の近くにお住まいで，幼少の頃から深泥池周辺のことを見てきた1915（大正4）年2月生まれの松尾三郎さんと1934（昭和9）年5月生まれの田中俊輔さんなどに，「池の昔を語る会」（2004-2005年に5回開催）で話を伺うことができた．以下は，まず池の周辺植生と人の関わりについてのその主な内容をまとめたものである．

図1　「池の昔を語る会」で語る松尾三郎さん

地元住民の語りより
・山での燃料採取
　燃料の薪炭のうち，柴（鎌で刈れるような小さな雑木）はほとんどを近くの山から採っていた．晩秋から冬にかけての雪の降る頃には，深泥池周辺の山に村の人達がみな行ったという．みな鎌で柴を刈り，それを軒下などに積んで乾燥させた後に燃やした．柴刈りの道具は鎌だけで，鋸は使わず太い木は切らなかった．ただ，太いマツの木の枝は，鎌を使って採取していた．そのことについて，松尾さんは次のように語っている．
　「おばあさんとか女どもが，竿竹の先に鎌をぐっとくくって，大きな松の枝を折って薪（たきぎ）にしました．松の枝は頭から引っ張っても，なかなか取れしまへん．それを鎌で，先に下からどんどんと揺らしてから引っ掛けてがんと落とすと，ぱきっと折れる．」

　また，山の太い木の枝葉については，山師が木を切って割り木にして売った後に残ったものをもらうことができた．
　深泥池付近の人々にとって，北西側の国有林（官林）を除けば，山の所有関係は明確ではなかった．そのため，国有林以外の山の柴や下枝は自由に採取していた．松ヶ崎山やケシ山などは，山主が誰かわからず，みな自分ところの家の柴を刈るような顔をして，柴刈りに出かけていたという．ただし，割り木などを十分買うことができた一部の裕福な家では，そのような柴刈りをする必要はなかった．
　一方，国有林では柴などを自由に採取することはできなかったが，毎年決められた区域の下柴をもらうことができた．それは村中の共同作業で行われ，刈った柴は頭割りで持って帰った．柴は，一部に鋸（のこぎり）で切るようなものもあったが，ほとんどは鎌で刈れる程度のもので，ササなども刈った．採取した柴などは自家用分だけで，採取時期は1月半ば頃から3月半ば頃にかけてであった．その作業のために，市原のあたりまで行くこともあったという．それは，昭和30年頃まで続いた．
　なお，燃料を近くの山ですべて確保できたわけではなかった．火力があり火持ちのする燃料としてのマツやクヌギの割り木は，どれだけ家計が苦しても仕入れて，3月にみな軒に積んだという．柴も，岩倉や八瀬（やせ）などの山のものを買ったりもした．炭は，鞍馬から女の人が背中に2-3俵負って年に一度売りにき

たという．戦時中から戦後にかけては，炭1俵と麦2升を交換していた．また，野菜と交換することもあった．炭を焼いていたのは，花背や百井で，鞍馬や静原では焼いていなかった．

・柴以外の山の産物

付近の山から得られた柴以外の産物としては，マツ葉を中心とした落ち葉があった．それはコナハと呼ばれ，燃料にされた．それを熊手で集めるコナハ搔きも冬場の仕事で，昭和30年頃まで行われていた．

マツタケはかつて多く採れたが，山で採ったマツタケを売ることはなかったという．他にシメジなどのキノコも採れた．

また，量的には少ないが，サカキやウラジロやマツなど，正月に自家用に使う植物の採取も行われた．次は，それについての松尾さんの言葉である．

「12月の25日になったら，朝から2時，3時ごろまでかかって山をずっと歩いて，サカキ，ウラジロ，ササやマツなどを採って正月の準備をしたもんです．サカキは，8組，16束を採ってきたもんです．」

なお，静原からは，春と秋の彼岸とお盆の3回，仏さんに供えるシキミを売りにきたということで，シキミは近くの山にはなかったようである．

・林の様子

山にはマツが多かった．マツの木は，中にはやや大きなのもあったが小さなものが多かった．クヌギもあったが，マツが3本あれば

図2　高山からの眺望（1948年頃）

図3　西山北斜面からケシ山方面（1948年頃）

クヌギが1本あるかないかといったところだった．マツは自生のもので，とくに大事に育てられたというものではなかった．山では人がよく柴を刈ったり，コナハを集めたりしたために，人が入りやすかった．ツツジが咲く頃には，花を切りに行く人もいた．

・池の近辺の植物利用

マコモは道路の際にあって，それを刈って草履にした．その頃は，みな学校行くのに，

草履を履いていた．池の周辺の草で利用したのはマコモだけで，ほかには全くなかった．屋根の材料となるヨシや，その他肥料などにできるような草は池にはなかった．家の屋根葺きには，ムギ藁を使った．

文献より

明治期と近世における深泥池周辺の山の植生，また植生と人の関わりについては，文献からある程度知ることができる．たとえば，1881（明治14）年から1884（明治17）年頃にまとめられたと考えられる『京都府地誌』（京都府立総合資料館蔵）には，その付近の山について次のような記載が見られる．

「本山　本村北二丁ニアリ…（中略）…樹木叢生ス」［上賀茂村・山の項の記載］，「本山　官ニ属ス村ノ北ニアリ…（中略）…二間以下松杉桧凡三拾九万弐千百七十五株」［上賀茂村・森林の項の記載］，「御所ケ谷山…（中略）…矮松生ス，此它下山（村ノ辰巳位ニアリ），長代山（西北ニアリ），明神山（西ニアリ），大別当山（南ニアリ）　共ニ卑小ナレハ略ス亦矮松生ス」［幡枝村・山の項の記載］

上記の一部には深泥池からやや離れた山もあるが，これらの記述から当時深泥池周辺では森林として取り上げられるのは，本山国有林しかなかったことがわかる．しかも，その林は2間（約3.6m）以下という低いものであった．また，その他の周辺の山はすべて「矮松生ス」といった状態で，かなり小さなマツしか生えていないような山であったことがわかる．

本山国有林の明治38年の状態については，『京都事業区施業按説明書』（近畿中国森林管理局蔵）から知ることができる．それには，たとえば次のような記載がある．

「既ニ屡々下草ヲ採取シ又ハ林木ヲ伐裁セルコト等アルニヨリテ腐植質ハ勿論其他ノ地被ヲ流出シ甚シキハ土壌ノ崩壊セルトコロアリ…（中略）…地力甚シク減退シ其回復頗ル長時日ヲ要スベシ」

「従来頗ル濫伐等ノ難ニ遭遇セシガ如ク其地力何レモ瘠退シ大部ハ赤松ヲ存スルノミニシテ…（中略）…林木ノ生長非常ニ遅緩ニシテ到底建築用トシテ良用材ヲ得ルコト能ザルノミナラズ処々ニ土壌ノ崩壊シテ山骨ヲ露出セルトコロアリ」

これらの記述から，本山国有林では明治30年代後期においても，アカマツしか生えていないようなところが大部分を占め，樹木の成長は悪く大きな樹木はなかったことがわかる．また，その理由として，過去から下草の採取や樹木の伐採等により林地が酷使されて痩せていたことが挙げられている．同書では口碑等としながら，そのかつての山の利用・管理状況を次のように記している．

「神山本山ノ両国有林ニ於テハ賀茂神社ニ於テ山奉行ナルモノヲ置キテ山林一切ノ事務ヲ司ラシメ而シテ地元人民ニ対シテハ小柴等ノ自由採取ヲ許可シ松杉桧等ノ如キハ其伐採ヲ禁止シ若シ其禁ヲ犯スモノアランカ即チ罰金ヲ徴シ又ハ入山ヲ禁ジタリト云フ」

これによると，かつて上賀茂神社は山奉行を置き，本山などの山林を管理していた．そして，マツ・スギ・ヒノキ等の伐採は禁止していたが，地元民が小柴等を自由に採取することは許していたという．

本山国有林は，『京都府地誌』では深泥池周辺の山では唯一森林とされ，その付近では最も良い植生が見られた山と考えられるが，そこでも上記のように苛酷な山の利用があったことから，それ以外の山では，それ以上に苛酷な利用がなされていたものと思われる．どの山も「矮松生ス」といった状況は，そうした苛酷な山の利用を反映したものであろう．

なお，江戸初期，1684（貞享元）年の上賀茂神社の古文書（『日本林制史資料　第二』所収）では，山林での盗みに対する過料を，「五斗　立木，三斗五升　根起，八升　柴，五升　木葉，五升　手折，八升　松葉」と定めている．落ち葉でも米5升から8升の過料（一人約半月から1箇月分の米の量に当たる）

第3章 深泥池の文化と歴史

図4 西山北斜面から本山方面（1948年頃）

ということから，当時は樹木のみならず落ち葉までも貴重な資源としてさかんに利用されていたことがわかる．

山の柴や落ち葉は，燃料や田畑の肥料にも利用することができるが，地元の古老への聞き取りや明治期の文献によると，明治から昭和前期頃にかけての深泥池村の肥料は町からの下肥（人糞尿）が主体で，付近の山や池周辺の植物はほとんど利用されていなかった．付近の山の柴や落ち葉は，ほとんど燃料として使用されていたものと思われる．

江戸時代の上賀茂神社の古文書からは，江戸初期の頃にも社領の山の区域を定めて行う山刈りや下刈りがあったことがわかる．それによると，作業区域は社領の集落ごとに決められ，使用できる道具は鎌だけで，斧，鉈，鋸の使用は禁止されていた．この江戸初期のやり方が，昭和前期における本山国有林での下柴刈りにつながっている．

一方，上賀茂神社の古文書（『賀茂別雷神社文書　第一』所収）のうち，1599（慶長4）年に記された「御泥池里百姓中請文」から，慶長4年から同8年にかけて，毎年12石6斗の請米により，深泥池の村の人々が深泥池から5km以上も離れた貴船山の柴草を採取することになっていたことがわかる．その柴草のどの程度が自家用に使用されたかは明らかで

ないが，その頃でも，近くの山から燃料のすべてをまかなうことができていなかった可能性をうかがうことができる．

なお，同文書は貴船山の「黒木山草山之事」について書かれていることから，貴船山では黒木（柴を竈で蒸して黒くなったもの）だけでなく草の採取も行われたものと考えられる．採取した草の用途としては，屋根葺き用，家畜の飼料用，肥料用などが考えられる．

遺跡調査より

深泥池周辺の植生と人の関わりの歴史は，遺跡調査結果からも考えられる．たとえば，深泥池の東岸に近いところや北方のケシ山のあたりには，いくつもの窯跡が見つかっている．そのうち1984（昭和59）年から1985年にかけて発掘調査が行われたケシ山の窯跡群は，製鉄との関連があると見られる7世紀前半から後半にかけての炭焼窯跡2基と，7世紀後半の瓦窯跡2基である．また，深泥池の東岸に近いところの窯跡は須恵器窯で，これもその時期のものと考えられている．

ケシ山窯跡群出土の炭の多くはコナラと見られることから，7世紀の頃の深泥池周辺にはコナラが比較的多く見られる林があった可能性が高い．また，同じ時代にいくつもの窯が存在したことから，その頃は池の周辺には林が十分にあり，それが窯の燃料として使われたものと思われる．ただ，それらの窯の使用期間が短く，8世紀に入ると深泥池北方の木野付近で須恵器生産が開始されていることなどから，7世紀の終わり頃には燃料としての林が不足してきていたのかもしれない．

花粉・微粒炭分析より

深泥池での花粉分析結果から，アカマツと思われるマツ属が増えはじめる頃より，ソバ

139

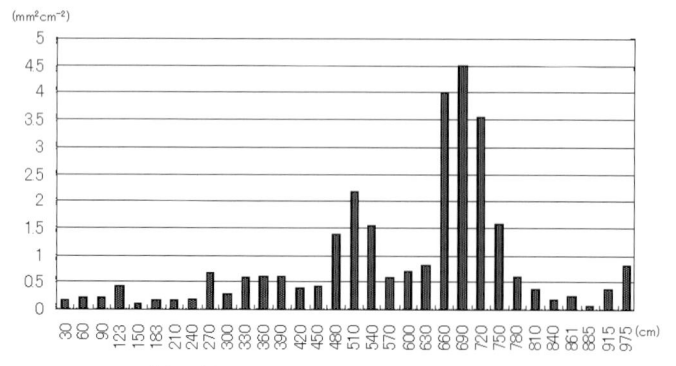

図5 花粉分析試料に含まれる微粒炭量（横軸は深さを示す）

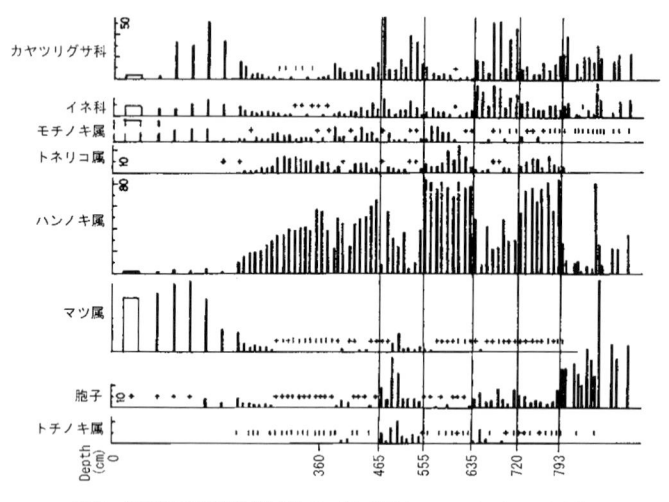

図6 深泥池の花粉分析結果の一部（中堀，1981より〔一部改変〕）

の花粉も出現する．その頃より深泥池周辺でソバが栽培されるなど，植生に及ぼす人の活動の影響がかなり大きくなっていたことがわかる．その時期は，炭素14年代測定の結果から，弥生時代のおわり頃と考えられる（IAAA-40587）．

一方，花粉分析試料中に含まれる微粒炭から，過去にその付近の植生に火が入った歴史や火を介した人間と植生とのかかわりの歴史なども考えることができる（『京都府レッドデータブック下』）．その概要は次の通りである．

深泥池の花粉分析試料中には微粒炭が多く含まれ，縄文草創期から前期頃にかけての層では特に多く含まれる部分がある．その大量の微粒炭出現は，深泥池周辺でその時代に長期にわたり連続的に植生に火が入っていた可能性が高いことを示している（図5）．

また，その微粒炭の量的変化と花粉分析結果（図6）を比較すると，その関連がはっきりと見られる部分がいくつかある．たとえば，深さ660-750cm付近と480-540cm付近では微粒炭が特に多く出現するが，花粉分析ではその付近でハンノキ属やトネリコ属が大幅に減少する一方で，カヤツリグサ科が急増する．また，イネ科も660-750cm付近でかなり増え，480-540cm付近でも増加傾向が見られる．また，480-540cm付近では，トチノキ属，胞子，マツ属が急増する．これらの相関は，火や何らかの人為が植生に大きな影響を及ぼしたことを示唆している．なお，深さ480-540cm付近は，試料の年代測定結果などから，今から9000年から1万年あまり前頃と考えられる（IAAA-40588, 40589）．

その火の原因は，日本列島の自然条件を考えれば，自然発火というよりは人為的なものである可能性が高い．そのことは，上賀茂遺跡（縄文早期・中期）など，深泥池から近い所にその時代の遺跡があることからも考えられる．また，微粒炭増大期におけるトチノキ属の増加などは，人間による食糧確保との関係をうかがわせる．

以上のことから，深泥池周辺では，縄文時代草創期から前期の頃，火を介した人間の影響がかなり大きい時期があり，それによって植生に大きな影響が及んでいたものと考えられる．その影響の範囲は定かではないが，微粒炭増大期のマツ属や胞子の増加などから，池のすぐ近辺だけではなく山地部までも含んでいた可能性が高いように思われる．

（小椋純一）

浮島はいつからあるのか？
―堆積物は自然の古文書―

　深泥池の特徴の一つは，池を被う浮島の存在である．この浮島はいったいいつからあるのだろうか？

　これまでの調査では，浮島が形成されはじめたのは約2200年前（深泥池団体研究グループ，1976b）あるいは約4000年前（中堀，1981）と推定されてきた．当時の手法では放射性炭素年代を測定するのに数十gの試料が必要であったため，ピンポイントでの年代測定が難しかった．しかし近年，測定手法が改良され，数十mgの試料でも測定することができるようになったので，2004（平成16）年に新しくボーリング調査を行った堆積物の年代測定を実施したところ，現在の浮島を形づくるミズゴケ層が，これまで推定されていたよりも新しい時代に形成されたものである可能性が浮上してきた．

浮島は1000年前以上にはさかのぼらない

　浮島の上から筒状の採泥器（直径7cm）を使って掘り取った堆積物は，深さ180cmまでが未分解のミズゴケ遺体，その下におよそ30cmの泥炭層を挟んで，深さ210cmから320cmまでは有機物を多く含む泥状の堆積物からなっていた（図1）．放射性炭素年代測定によると，ミズゴケ層の下の泥炭層からでてきた種子の年代は，およそ200年前と1000年前であった．この年代測定値から判断すると，今回ボーリングした地点のミズゴケ層が形成されはじめたのは，遅ければおよそ200年前，早くても1000年前以上にはさかのぼらないということになる．

堆積物からわかる人間活動の姿

　このほかにもこの堆積物を分析してわかったことはいろいろある．たとえば，花粉分析の結果，これまでの報告（深泥池団体研究グループ，1976b；中堀，1981）と同様に，アカマツの花粉と考えられるマツ属花粉が堆積物の上部で増加するという傾向がみられた（図1）．このマツ属花粉の増加現象は縄文～弥生時代の人間活動によって本来の植生が破壊された結果を示していると考えられていた．しかし今回，マツ属花粉が増えはじめる層の年代を測定したところ，約1400年前という結果が得られた．このことは，深泥池の周辺で人間活動による森林の変化がはじまったのは，従来推定されていたよりも遅く，7世紀～8世紀ごろであることを示している．

　今後，これまでの調査結果と比較しながら必要に応じて調査地点を増やし，分析をすすめることで，浮島が形成される過程やアカマツが増加した時期など，深泥池の変化の全体像や周辺の植生の歴史を，より詳しく読み解いていきたい．

（佐々木 尚子・高原　光）

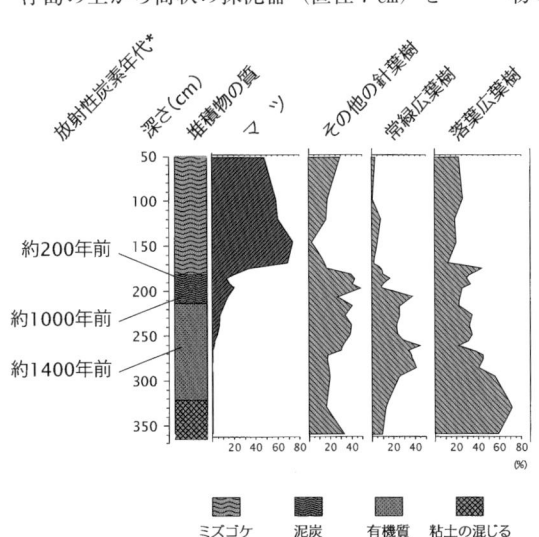

図1　2004年に採取した深泥池堆積物（04MZ）における高木花粉の変遷．
　　　各花粉分類群の出現率は，高木花粉の合計数を100％として算出した．左端に放射性炭素年代値と堆積物の質を示している．
　　　*放射性炭素年代と実際の暦年代との間には多少のずれがある．

里山植物の変遷

　深泥池周辺の里山は，東西3.5km，南北1km，比高差約100m（最高点は標高179m），チャートを基岩としている．深泥池の西の上賀茂，東の松ヶ崎はいずれも古い歴史をもつ洛外の集落であり，スグキ，はたけ菜（菜の花漬けをつくる）を裏作としていた水田が北山通りの開通と前後し，近年急激に住宅地に変わった．

　里山の現在の所有関係は，上賀茂では「本山国有林」と民有地であり，松ヶ崎では京都市の「宝が池公園」と民有地である．送り火の「妙・法」の火床は定期的に刈り取りが行われ，歴史・文化遺産と一体となした景観として，深泥池周辺の里山は「歴史的風土特別保存地区」に指定されている．

　この地域の里山の戦後の大きな変化は，上賀茂神社の神域林を造成して現在の「京都ゴルフ倶楽部」が1948（昭和23）年に開設されたこと，「燃料革命」により里山の伝統的な利用がとだえて30年余りたち，里山と人との関わりが疎遠になったことである．

　里山の周縁では，1920（大正9）年に採集され新種記載されたカミガモソウやサイゴクヌカボなどの絶滅危惧植物の生育していた上賀茂神社周辺の湿地は消滅している．平安時代末期の藤原俊成の和歌に歌われている大田神社のカキツバタの池は，深泥池とともに世界に誇る生きた文化遺産であり，池の水源となっているイチイガシ，シイの大木やリンボクのある社叢を含め京都盆地の平地部の原生的自然の断片である．

土地分割をしなかった「松ヶ崎百人衆」

　里山は，地域それぞれの自然と人の歴史を背景に現在の姿がある．旧松ヶ崎村は，日本では例外的な余裕のある耕地と里山所有の伝統がある．それには，分家による土地分割をせずに，一軒あたり「田一町山一枚」を所有していたといわれる「松ヶ崎百人衆」の存在がある．宝暦13（1763）年に，深田を溜池に改修し現在の「宝が池」のはじまりをつくっている．日蓮宗を奉じる地元民により1931（昭和6）年に組織された「松ヶ崎立正会（りっしょうかい）」が，送り火の「妙・法」等の地域の慣例を継承している．

　松ヶ崎西町の中川助嗣氏（73歳）によれば，2月の節分が終わってから「山入り」し，1年分の自家用の燃料を集め，当時の里山について「大きくなりすぎた木をきる」「木の葉は袋につめてたき付けにした」と，その利用についてのべ，「山は美しかった」「妙の火床

図1　深泥池航空写真（2003年6月3日）

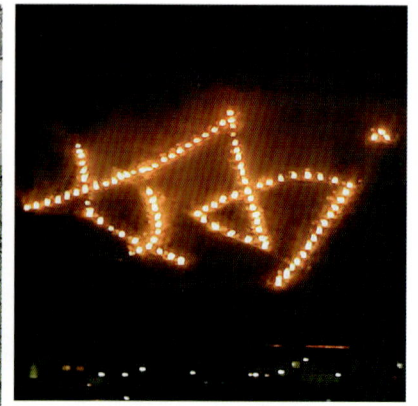

図2　鎌倉時代末期に日像が書き点火したことにはじまるという松ヶ崎の「妙」送り火

は，春はツツジの花に彩られた」「土が無く岩が多い山」と語られている．阪本寧男氏によれば，里山には子どもたちの特別な秘密の場所の「すいば」(ゲンジ(クワガタムシ)捕りのクヌギの大木や，マツタケやシメジ等がとれる場所)があった．月後れの灌仏会(かんぶつえ)にはもち花(モチツツジ)を竹竿の先につけて供え，田植えはじめの「さびらこ」にはクリの花の咲いた枝を田の水口に供えたという．人の暮らしと里山とが密であった時代の一例である．

放置から30年余り，進む植生の変化

現在，里山は放置されてから30年余りたち，スギ・ヒノキが植林された部分もある．新宮神社や涌泉寺裏に限られていたシイが増加し，稚樹がふえている．4月下旬にはシイの萌黄色の林冠が際だって目立つようになった．アカマツ林から低木の繁茂するコナラ林への植生変化と，マツ枯れによるアカマツの枯死により常緑広葉樹のサカキ，ソヨゴ，クロバイがふえた．コバノミツバツツジ等の低木は林縁部ではまだ花をつけているが，閉鎖された林内では枯死がすすんでおり，間伐による光の回復が必要である．林内は見とおしがきかず，立ち入りにくく，落葉と腐植層がふえシュンラン，イワナシなどの生育が衰えている．それでも，多様な樹木の展葉・開花・成葉・落葉には，五感にふれる季節とりどりの美しさがある．

里山に人の多様な関わりと生物種の多様性を創成する時機が到来している．土地所有者・子どもからお年寄りまでの地域住民・NPO・行政などのネットワークの知恵が求められている．

（土屋和三）

図3　深泥池の航空写真 (1927年9月陸軍撮影)

深泥池周辺の遺物と遺跡

　ここでは，深泥池の周辺に点在する遺跡（埋蔵文化財）について，考古学的な調査成果や出土遺物を含めて概観してみたい．

　深泥池北方には低丘な松ヶ崎丘陵から本山丘陵が連なり，その北及び東には岩倉盆地（東西約2.5km・南北約3.5km）が広がっている．一方の南側は賀茂川扇状地に当り，深泥池と岩倉盆地側では20m前後の高低差がある．

　図1に示すとおり，この周辺は京都盆地北域でも古墳が集中的に築かれた地域であり，また瓦や土器などを生産した窯跡が大半を占める．そのほか，池の南西一帯には京都市内でも屈指の規模を誇る弥生時代から古墳時代の集落跡「植物園北遺跡」が広がっている．

　まず，最初に古墳時代以前の遺跡（図1と表1の番号に対応）を見ていきたい．

縄文・弥生時代の遺跡

　この付近で最古の人々の痕跡が伺えるものは，深泥池北方にあるケシ山の山頂付近（14）で採集されたサヌカイト製国府型ナイフ形石器で，時代が1万年以上前にさかのぼる．そのほか時代が下るが本山丘陵，妙満寺裏山，一条山麓などでもサヌカイトやチャートの石器が採集され，京都盆地内でも早くから人々の生活の痕跡の一端を伺うことができる．

　次の縄文時代・弥生時代に入ると，岩倉盆地北部の岩倉中在地遺跡（左京区岩倉中在地町ほか）からは，石鏃・石匙（ほか高杯・白磁・宋銭など）が出土し，また，縄文土器・弥生土器（ほか須恵器・中世土器など）が採集されている．

　2005年，その遺跡の南，同志社小学校建設予定地からは，弥生時代後期から古墳時代初頭の集落跡が見つかった．

　そのほか，先に述べた深泥池の南西一帯に広がる集落跡「植物園北遺跡」については後に述べる．

古墳時代の古墳群

　次に古墳時代に入って，深泥池周辺に点在する古墳は，八幡古墳群・本山古墳群・幡枝古墳群・ケシ山古墳群・西山古墳群・林山古墳群などが知られている．

　まず，岩倉盆地内西方の八幡古墳群（10）は，丘陵南側に3基（内1基未確認）が存在し，主体部は横穴式石室である．その西方の鞍馬街道沿いにある本山の尾根筋及び東向き斜面には推定40基程からなる本山古墳群（11）がある．この古墳群で1963（昭和38）年に発掘された本山神明1号墳は，被葬者を安置する玄室が平面「T字形石室」と呼ばれる特異な形状（図2）で，須恵器・鉄刀・刀子・鉄鏃・鉄斧・耳環・土玉などが出土し，6世紀前半築造と推定されており，当該古墳群の成立時期を考えるうえで貴重な調査例となっている．

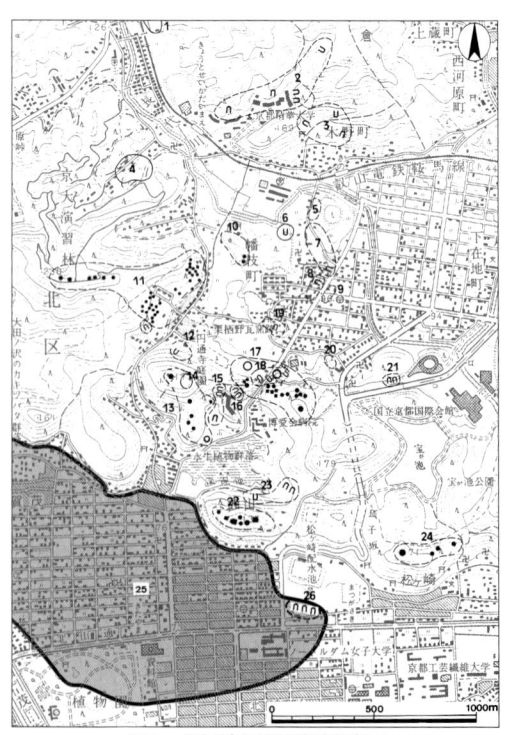

図1　深泥池周辺の遺跡分布図
（図中の番号は表1に対応）

次に，幡枝古墳群(17)は，深泥池北方の檜峠の東・西両丘陵部に15基，岩倉盆地側の平地に2基の，合わせて17基の古墳で構成される．

岩倉自動車教習所内にかつて存在した幡枝1号墳（1976年頃消滅）からは，造成工事中に銅鏡のほか鉄剣管玉，などが出土している．

銅鏡は直径20cmほど，周縁部に鋳造後に陰刻された文字を有する「夫火竟」銘四獣鏡（現在所在不明，図3）である．死者を葬った主体部は粘土槨と推定され，副葬品に朱が付着しているのが確認されており，5世紀前半築造と考えられる．そのほか，1988年に市道岩倉上賀茂線の市道拡幅に伴って発掘が実施された幡枝2号墳（図4・図6）は，直径11.5m，高さ約2mの円墳で，墳頂部から木棺直葬の二つの埋葬施設を検出，棺内と墳上部からは鉄剣・鉄刀・金具・鉄鏃・刀子等の金属遺物や須恵器・土師器が出土し，築造は幡枝1号墳に続いて5世紀後半頃と推定され，墳頂で埋葬時に何らかの祭祀が行われている．この古墳は，墳丘の断ち割り調査の結果，築造当時の地表面には20cm前後の炭を含む明褐色泥土層が確認されたことから，古墳が築造される以前に，この周辺一帯では「山焼き」のような行為が行われた可能性のあることが報告されている．この平野部にある1・2号墳は，地域の有力者を葬った古墳とみられ，その後，百年あまりの空白期を経て，丘陵部に横穴式石室を持つ群集墳が順次築造され，7世紀前半段階で築造を停止したと考えられている．

ケシ山古墳群(13)は，深泥池の北西のケシ山（178m）を中心に点在する古墳群で，頂上にある古墳は，直径約22m，高さ約2.5mの比較的規模の大きな円墳（埴輪が確認され，この地域の首長墓と見られる）のほか，ケシ山の東と南斜面

表1　深泥池周辺の遺跡一覧表（図1の番号と対応）

No	遺跡名	種類	時代	遺跡の内容
1	二軒茶屋遺跡	邸宅跡	平安時代	（詳細不明）
2	中の谷窯跡	窯跡	奈良前期〜平安前期	京都精華大学北方にある中の谷に須恵器を焼成した窯跡が点在，1基は1987年に発掘，平安時代の灰釉陶器を焼成したことが判明している．
3	木野窯跡	窯跡	奈良前期	木野の集落北方谷筋で窯3基が確認されている
4	本山遺跡	窯跡?	平安〜鎌倉	（詳細不明）
5	一条寺遺跡	散布地		遺物が散布
6	妙満寺裏庭窯跡	窯跡	奈良前期	須恵器の窯跡と考えられるが詳細不明
7	妙満寺窯跡	窯跡	平安前期	9〜10世紀に緑釉陶器を焼成した窯とみられる
8	元稲荷窯跡	窯跡（窖窯）	飛鳥時代	市内最古の瓦を焼いた窯で，須恵器も焼かれた．瓦は北野廃寺へ供給されている．
9	東幡枝遺跡	散布地	平安後期	（詳細不明）
10	八幡古墳群	古墳	古墳後期	横穴式石室を持つ古墳が点在
11	本山古墳群	古墳	古墳後期	円墳42基からなる古墳群，横穴式石室を持つ，1963年に明神1号墳が発掘され，平面T字形の特異な横穴式石室をもつ古墳と判明している．
12	円通寺西方窯跡	窯跡	平安?	灰原が確認されたが詳細不明
13	ケシ山古墳群	古墳	古墳後期	ケシ山の山頂付近から裾にかけて円墳が点在
14	ケシ山遺跡	散布地	旧石器	標高178mの山頂付近でサヌカイト製の石器が見つかっている．
15	深泥池瓦窯跡	窯跡	奈良前期	御用谷（ごんだに）の入口付近で1930年に瓦窯跡1基発見，さらにその上方で1984年に瓦窯2基が発見され発掘された．瓦は北白川廃寺に供給されている
16	ケシ山炭焼窯跡	炭窯跡	飛鳥〜奈良前期	製鉄（タタラ）に用いる白炭を生産していた横穴を持つ長大な窯を2基発見，1984年に発掘．
17	幡枝古墳群	古墳	古墳中期・後期	山頂から平地にかけて点在，平地にある1・2号墳と，山域にある群集墳とは時代が異なる
18	南ノ庄田瓦窯跡	窯跡	平安後期	窯跡3基確認，1基を発掘し，ロストル式の平窯と判明している
19	栗栖野瓦窯跡	窯跡	奈良前期〜平安時代	「延喜式」木工寮式に「栗栖野瓦屋」と記載された官窯（平窯）で，平安時代を通じて瓦を焼成し，緑釉瓦や二彩陶器も生産した．さらに古い奈良前期創業の窖窯からは，焼成途中の瓦を詰め込んだままの窯跡も発見された．
20	南池田窯跡	窯跡	飛鳥時代	瓦が散布し，窯跡の可能性が高い
21	木野裏窯跡	窯跡	奈良前期	北斜面に2基を確認，瓦陶兼業窯と呼ばれるもので，瓦や土器を焼成，瓦は来た北白川廃寺へ供給されている
22	西山古墳群	古墳	古墳後期	深泥池に南丘陵上方に7基点在する
23	深泥池遺跡	窯跡	飛鳥時代	池の東岸斜面に2基，南岸斜面にも1基窯跡が確認されている．
24	林山古墳群	古墳	古墳後期	林山頂上及び東西の尾根上に古墳が4基点在
25	植物園北遺跡	集落跡	弥生〜古墳	植物園の北方一帯に広がる大集落跡
26	芝本瓦窯跡	窯跡	平安時代	窯跡を2基確認，製品は西寺や広隆寺から出土

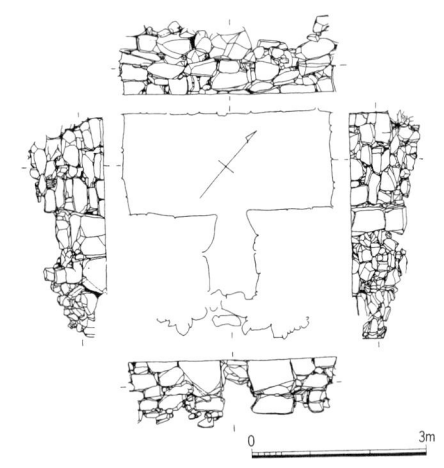

図2　本山神明1号墳石室実測図

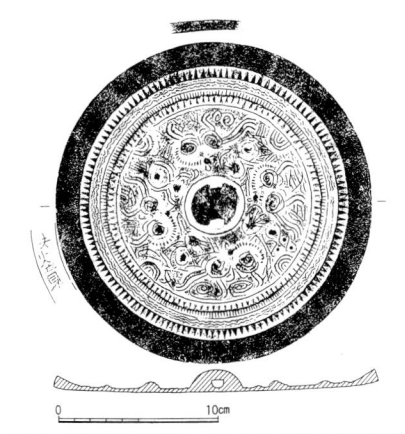

図3　幡枝1号墳出土「夫火竟（鏡）」銘四獣鏡

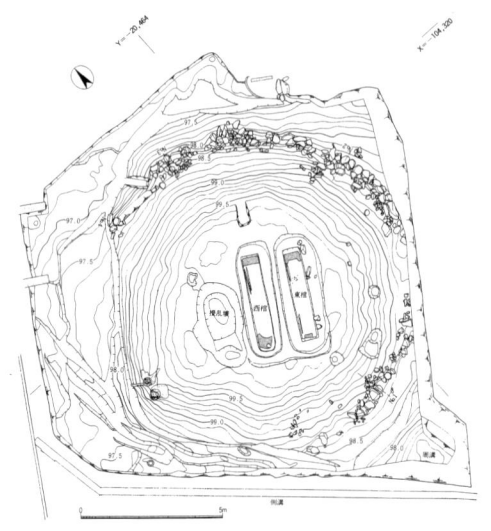

図4　幡枝2号墳実測図

図6　1988年発掘の幡枝2号墳（南から）

にも古墳状のマウンドが残る．

　西山古墳群（24）は，深泥池南方，西に突き出す丘陵上（標高133m）にある古墳群で，7基確認，京都大学考古学研究会の調査では，平面形状が長方形や墳丘に張り出しを持つものがあると報告され，特異な墳丘形態が伺われるが，未調査で詳細は不明である．そのほか，京都盆地を見下ろす林山頂上から東方尾根に4基の古墳（林山古墳群）が点在する．

古代の窯業生産遺跡

　次に窯業(ようぎょう)生産遺跡であるが，岩倉盆地周辺から深泥池に点在する瓦や土器を焼成した古代生産遺跡を，まとめて「岩倉・幡枝窯跡群」と呼ばれ，付近一帯は京都盆地の中でも屈指の窯業生産地であった．

　この地域の須恵器の生産は，古代の山背（城）地域では7世紀初めと早い段階から操業が始まり，継続的に生産が行われて8世紀後半頃から衰退することが明らかになっている．また，7世紀代に入って仏教寺院が地方にも創建されるのに伴い，山背国最古の寺院である北野廃寺（京都市北区紅梅町付近）へ供給する目的で7世紀前半から瓦の生産が開始され，7世紀後半も瓦の生産が続けられた．さらに，平安京遷都に伴い，8世紀末頃に西賀茂地域で生産されていた瓦は，幡枝の栗栖野(くるすの)やその周辺に拠点を移して，平安時代を通じて宮殿官舎や寺院の屋根に葺く瓦が生産されている．

　まず，この地域で最も古い窯は，7世紀初めに須恵器を焼成した深泥池東岸（東窯）と南岸窯（23）で，また瓦陶兼業窯(がとうけんぎょうよう)（瓦と須恵器を焼成）と呼ばれる幡枝元稲荷窯（8）が7世紀前半に操業，7世紀後半には深泥池東岸（西窯）でも須恵器が焼かれ，深泥池北方にある深泥池瓦窯（15）（御用谷窯(ごようだに)とその上

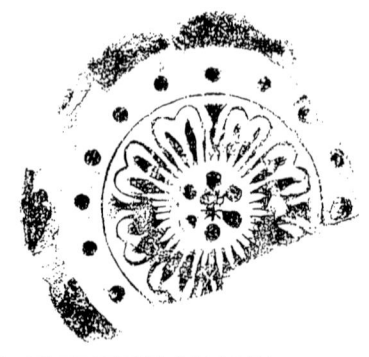

図5　栗栖野瓦屋で焼かれた瓦の拓本
　　　窯跡を発見した木村捷三郎氏が採集した瓦で，文様の中心に「栗」銘を持つ

図7　深泥池瓦窯（ケシ山窯）出土の蓮華文軒丸瓦
　　　7世紀後半

146

図8 中の谷窯跡1・2号（奈良時代前半）
窯内からは焼成途中の須恵器が出土した

方で1984年に発掘されたケシ山窯）では瓦（図7）が，またケシ山窯のすぐ東で見つかった7世紀前半頃の炭焼き窯（16）では，タタラの燃料に使う白炭が生産され，近傍で鉄が作られていた．さらに，その東方にある木野墓窯（21）は瓦陶兼業窯で，須恵器と瓦が生産された．そのほか，妙満寺窯（7）と妙満寺裏窯（6）が7世紀後半に須恵器を生産し，そのころ栗栖野窯5・6号窯（19）でも須恵器と瓦が生産されている．

続いて7世紀末には，木野窯（3），8世紀初頭には中の谷窯（2）で須恵器が焼かれ，中の谷窯では平安時代に灰釉陶器なども生産（図8）されている．また，その北方の皆越窯（左京区岩倉木野町ほか）では，8世紀中頃に須恵器が生産されている．その後，西暦794年の平安京遷都に伴い，深泥池東方の松ヶ崎（芝本瓦窯跡（26））でも瓦が焼成され，また，7世紀後半に須恵器や瓦（図5）を生産していた幡枝栗栖野に，新たに官窯（国家経営で木工寮が管轄）である「栗栖野瓦屋（19）」が設けられ，平安時代を通じて瓦が生産された．ここでは無釉の瓦以外に緑釉瓦や緑釉・二彩陶器なども生産され，現在，遺跡主要部が史跡栗栖野瓦窯跡（19）として保存されている．また，平安時代後期には南庄田瓦窯（18）など，周辺部でも瓦が生産されている．

この地域に多くの古代窯業遺跡が存在するのは，良性な粘土（淡水性粘土など）や薪などの燃料が豊富に得られたることが生産拠点となった理由であり，それが消長を繰り返しながら古代より連綿と続き，須恵器や灰釉陶器・二彩や緑釉単彩陶器・瓦のほか，近世に入ってから木野を中心に土師器の生産が行われた．

竪穴住居跡が発見された植物園北遺跡

次に，深泥池の南西に広がる植物園北遺跡について触れてみたい．1974（昭和49）年に地下鉄烏丸線事前ルート調査によって発見，その後は下水道敷設工事に伴う立会調査により，3～4世紀（弥生時代後期から古墳時代前期）と，5～7世紀（古墳時代後半から飛鳥時代）の二時期を中心とした竪穴住居跡（図9）が点在する集落跡と判明した．その規模は，北区上賀茂から左京区下鴨及び松ヶ崎に至る東西約2km，南北1.2kmの広大な範囲が予想され，北方にある上・下賀茂社の存在から鴨氏に関係した集落と考えられている．最近では発掘が進展し，旧石器時代の石器（掻器）や縄文時代中期後半の土器を含む土壙や晩期の甕棺墓，弥生時代前期の土器，これまで希薄であった古墳時代中期頃の竪穴住居跡も確認され，そのほか奈良時代の竪穴住居跡，平安時代から室町時代の建物跡なども見つかっている．

この地に居住した古墳時代の人々の中には，農業以外に上記の各種窯業生産に従事していた者も含まれる可能性がある．また，深泥池周辺の丘陵部は死後の葬送の場所と認知していた可能性が高い．一方，岩倉盆地内でも，今後さらに多くの集落跡が発見される可能性がある．
（梶川敏夫）

図9 植物園北遺跡の竪穴住居跡（古墳時代）北西から．
1990年の上賀茂松本町の発掘現場（一辺約6m）

深泥池周辺の遺跡から見た文化

　深泥池の周辺には，旧石器時代にさかのぼる石器などが見つかっているが，人々の生活の痕跡が明確になるのは，植物園北遺跡の集落が形成される弥生時代後期頃（3世紀）からである．

　この遺跡は，縄文時代晩期から室町時代の遺構・遺物が見つかる複合遺跡であるが，主な遺跡は弥生時代後期から古墳時代前期と古墳時代後期から飛鳥時代の2時期の竪穴住居を中心とした集落跡である．

　そこではムラが形成されて水田経営が行われ，その後，古墳時代に入って富の蓄積や身分格差などにより有力者が出現，5世紀代には，その特別な人のための墓所（古墳），つまり奥津城が北方の丘陵頂部や岩倉盆地内の平野部に築かれ始める．さらに6～7世紀前半には墳丘の縮小化とともに複数の人の埋葬（追葬など）が可能な横穴式石室を持つ古墳が多数築かれ，やがて墳丘を持つような古墳は築かれなくなり，遺構として残りにくい遺棄を含む土葬や火葬が一般的となった．

深泥池の築堤はいつ，だれが？

　今のところ，深泥池湖畔近くに営まれた集落と池との関係は考古学的に明らかにできないが，1981（昭和56）年刊行『深泥池の自然と人』によると，約1500年前に深泥池の築堤がなされ，現在の池の規模になったといわれている．

　古代から水田経営や畑の耕作には水資源が欠かせず，灌漑用水の確保や治水を目的に築堤する必要性があったと考えられるが，これは5世紀後半頃には嵯峨野に進出した渡来系氏族「秦氏」が葛野大堰を築いて治水事業を行った例からも十分考えられる．また植物園北遺跡の発掘でも，南北方向の流路跡が何箇所かで検出されており，長年にわたりムラが存続した理由の一つとして，それらを含めて耕作に適した水資源が豊かな土地であり，またそれを背景に上・下賀茂社が祭祀されるに至ったと推測される．

　『山城国風土記』逸文に引く鴨氏は，もと大和国葛城郡の豪族で，相楽郡岡田を経て山背国を北上し，京都盆地北部に進出してきたといわれ，古墳時代中期から後期にこの地域に進出し，それまで定住していた人々と融合，あるいは住み分けをしたのであろうか．

　この解明には，今後の植物園北遺跡の発掘成果に期待したいが，先述の平面T字形の石室を持つ本山古墳群や，平面形状が長方形や墳丘に張り出しを持つ古墳を含む西山古墳群など，この地域に特徴的なものが存在するのは，被葬者の文化の違いや出身地の差を示すものか，興味深いところである．

窯業に適した周辺の土と豊富な薪

　次に生産遺跡であるが，この盆地周辺丘陵部に当る環境は，窯業に最良な土（埴土）と豊富な薪の供給が可能であり，アクセスも比較的容易であるなどの利点から，古代の工人

図1　深泥池瓦窯跡（ケシ山窯）の発掘写真，左が1号・右が2号窯で窯から掻き出された灰と瓦が投棄された灰原（東南から）

第3章　深泥池の文化と歴史

図2　ケシ山窯跡のすぐ横で2基発見された炭窯跡，横穴が見える（東から）

図3　ケシ山炭窯跡・周辺出土遺物（7世紀前半中頃）左上は鞴の羽口，左上は鉄滓の小塊，右下は鉄滓が付着した須恵器の杯身・蓋

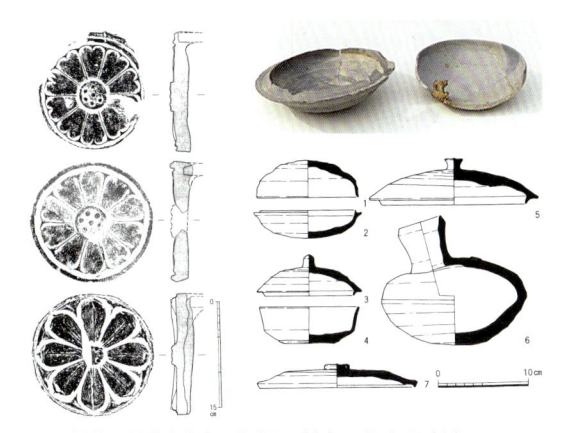

図4　幡枝元稲荷窯出土の軒丸瓦（左）と須恵器（右）実測図，京都大学考古学研究室保管

たちがそれに目をつけ，7世紀初頭から須恵器や瓦の生産地として発展，土の採掘や燃料の薪の消費による窯場の移動を繰り返しながら，窯業生産地として存続した．

　生産された製品は，須恵器・灰釉陶器・二彩陶器・緑釉（単彩）陶器・土師器・瓦・緑釉瓦などのほか，7世紀前半の深泥池東岸窯跡採集遺物の須恵器には，生活雑器以外に陶棺の破片が採集されているのが注目される．

炭焼きや鉄製の遺構も存在

　次に，瓦や土器以外の生産遺跡として注目すべきは，深泥池を南眼下に見下ろす御用谷の上方で1984年に発見，発掘された深泥池瓦窯跡［ケシ山窯（図1）］のすぐ傍らで発見された炭焼き窯跡（図2）である．

　この窯は，鞴（送風器）を使った露天精錬に必要な，高温を発生する白炭を焼成した窯で，等高線に近い方向に若干の傾斜をもつ全長10m余りの並列する2基の窯跡が検出されている．この炭窯の下方には，窯から掻き出した灰原（灰が溜った場所）があり，その中から炭や灰に混じって鞴の先に付ける羽口のほか，製鉄の際に発生する鉄滓の小塊が，沢山見つかっている．（図3）

　残念ながら，タタラ製鉄の推定場所は，かつての造成工事のためにすでに破壊されていたが，この炭窯のすぐ近くで7世紀前半に製鉄が行われたのは確実である．

　そのほか，この炭窯跡から北方2.6kmの岩倉上蔵町でも，1991（平成3）年に全長12.5m以上ある炭窯（焼場谷炭窯跡，奈良時代か）が発見，発掘されている．

　この地域における製鉄の原材料となりうる砂鉄や鉄鉱石などの存在は不明ながら，古代の鉄は武器のほか建築材や生活用具・農具等の材料となる重要な生産品で，鉄の生産普及は文明を飛躍的に進展させることから，当該地域の重要性の一端が伺われる遺跡である．

　また，この地域では7世紀初めから平安時代後期の12世紀頃まで土器や瓦が生産されていたが，鎌倉・室町時代の生産遺跡は今のところ確認されていない．

幡枝元稲荷窯跡で見つかった中世の「かわらけ窯」

　この地域でも最古といわれる幡枝元稲荷窯跡は，1963（昭和38）年に発掘が行われ，床面が階段状の窖窯で7世紀前半に瓦と須恵器（図4）を焼成したことが判明しているが，1996（平成8）年にその近くで行われた発掘で

149

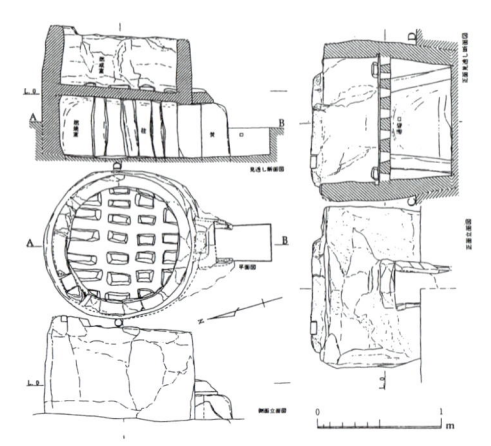

図5　土師器（かわらけ）窯（木野「藤本家」現存窯実測図）

図6　窯詰状態で見つかった栗栖野6号窯（7世紀後半）（左）と，瓦を取り出した窯内部の写真（右）

焼土塊が見つかり，復元の結果，16世紀半ばの土師器（かわらけ）窯の破片と判明した．

木野に残る「愛宕社文書」によると，最初に嵯峨野で土器を生産していた集団が，土が悪いため，質のよい幡枝に応仁年間（1467-69）頃に移ってきたとされている．さらに，16世紀後半，戦乱のため在地の土豪山本氏の許可を得て，幡枝から北方の木野に移住し，そこで土師器（かわらけ）の生産が続けられ，農・林業以外の生産物として近年まで生産が続けられた．現在，木野町では1955（昭和30）年頃まで使用されていた「かわらけ窯」が保存（図5）されている．

栗栖野窯跡で発見された焼成途中の瓦

そのほか，栗栖野窯跡では，史跡栗栖野瓦窯跡の指定範囲外の東斜面で，1985（昭和60）年に7世紀後半代の窖窯（6・7号窯）が発見され，発掘の結果，6号窯は全国的にも極めて稀な，焼成途中の瓦が窯詰め状態を保ったままの瓦窯であることが判明した．通例，窯跡が検出されても，窯体内に遺物が残っていることは珍しく，窯構造に使われた瓦や，焼成を失敗した未製品，あるいは取り残しの製品の一部が残っている程度である．しかし，この6号窯は，ほぼ焼成を終える段階の瓦が窯詰め状態のまま残っていたのである．（図6）

何故，焼成完了段階で，瓦を取り出すことなくそのまま残されたのか，様々な解釈が考えられるが，とにかく窯内からは約541枚の丸・平瓦が出土し，白鳳期における瓦生産の実態を知る上で極めて重要な調査成果となった．

次に，平安京遷都に伴い設けられた瓦工房についてふれてみたいが，古代この周辺は山背国愛宕郡に属し，8世紀末の平安京遷都後は山背国を山城国に改められている．

栗栖野に設けられた平安時代の瓦工房に関しては，平安時代の10世紀に成立した法典である『延喜式』巻34の木工寮式に「栗栖野・小野両瓦屋より京中に至る，車一両賃四十文」という記述があり，また『小右記』の1018（寛仁2）年11月25日の条には，賀茂社に関連して「美度呂池並びに篠丁等代田，瓦屋の処」とあって，平安時代の人々には深泥池周辺は瓦屋があるとの認識があったことが分かる．

栗栖野瓦窯跡からは，文様のある軒先瓦の中心飾りに「栗」銘を入れたものや「木工」銘（木工寮の略字）が入った平瓦が出土し，『延喜式』記載の官窯「栗栖野瓦屋」の跡と判明した経緯がある．

その他の遺跡

そのほか，深泥池の東方にある崇道神社御旅所（左京区上高野小野町）の通称「おかいらの森」では，これまで付近から布目瓦が沢山みつかり，「小乃」銘を入れた瓦が見つかることから，文献にある小野瓦屋の跡ではないかといわれてきた．

2004（平成16）年2月に初めて発掘が行われ，

11世紀前半から中頃まで操業していた有牀式平窯（ロストル式とも呼ばれ，焼成室床下に複数の通煙溝をもつ窯）1基が検出（図7）され，さらに「小乃」・「木工」銘を持つ瓦が出土し，改めて『延喜式』所載の小野瓦屋の跡と確定された．また，ここで生産された瓦は，平安宮や藤原頼通の邸宅である高陽院（中京区堀川通丸太町北東）などにも供給されている．そして，この調査では御旅所の小高い丘約770㎡全体が焼成不良の廃棄瓦を積み上げてできた丘であることも判明した．

そのほか，子供が拾った土器の破片を京都市埋蔵文化財調査センターに届けたことで発見された尼吹ノ谷窯跡（左京区岩倉上蔵町）は，岩倉川に注ぐ尼吹ノ谷川の上流にあり，平安時代の9世紀末に須恵器のほか緑釉陶器の素地を生産していたことが判明している．

次に，池の周辺にあるその他の遺跡に目を向けてみると，深泥池の東方にある松ヶ崎廃寺（左京区松ヶ崎御所ノ内町ほか）は，『日本紀略』992（正暦3）年6月8日条に「中納言源保光卿供養松ヶ崎寺，号円明寺」とあり，平安時代中期に源保光により創建された寺院で，その後に歓喜寺と改められて天台宗延暦寺の末寺であった．しかし，1307（徳治2）年に住職の実眼が日蓮宗に改宗して妙泉寺と改められた．その後1536（天文5）年の天文法華の乱で焼失し，1575（天正3）年に再興，現在も寺地を替えて涌泉寺が法灯を保っている．

この松ヶ崎寺の旧境内と推定される松ヶ崎小学校内では，これまで1978・1993・2003年の3回発掘が行われ，石垣のほか西側に縁側を持つ南北6間（約10.9 m）以上，東西2間（約3.6 m）以上ある礎石建ちの建物跡（図8）が検出され，さらにその東方から11世紀にさかのぼる庭園跡が見つかり，景石（庭石）・洲浜（海浜を真似た池の汀）・遣水（導水施設）などを検出，平安貴族の別業（別荘）の存在が確認された．

以上，深泥池周辺に点在する主な遺跡の発掘成果を，遺構・遺物などを通して紹介した．

深泥池周辺は市街地郊外にあって，太古の自然を残す深泥池のほか，緑豊かな丘陵部が残り，そこには集落跡や古墳，土器や瓦，製鉄などの生産遺跡のほか，城や寺，貴族の別荘跡など多くの遺跡が点在し，また，2005年2月には，岩倉盆地中央の同志社小学校建設地から，3世紀前半にさかのぼる方形竪穴住居跡が8棟見つかり，盆地内で初めて集落の存在が確認され，話題となった．

しかし，近年この地域も市街地と同様，区画整理や宅地開発などが増え，年々環境が激変しつつある．それらの開発に伴って，これまで残ってきた遺跡の発掘件数も増加し，そして発掘後は大半の遺跡が破壊される運命にある．

これまで判明した多くの貴重な発掘成果も，その裏には，代償として多くの遺跡が地上から姿を消していった事実にも我々は目を向ける必要があるのではないだろうか． （梶川敏夫）

図7 小野瓦窯（屋）跡で検出された瓦を焼いた平窯

図8 松ヶ崎廃寺で発掘された天文法華の乱で焼かれた建物跡（北から）

深泥池の須恵器 ―陶土はどこから来たか―

　深泥池南東部の谷に，7世紀に須恵器を焼いた窯の跡が，斜面の麓部にひっそりと残っている．池の北には瓦を焼いた窯跡が2箇所で確認されている．須恵器や瓦を焼いた窯は，このほかにも岩倉盆地の周辺に数多く見つかっており，「岩倉窯跡群」と呼ばれている．

　須恵器は5世紀代に朝鮮半島からの渡来人が作り始めた硬質のやきもので，ロクロ（回転台）による成形と，傾斜地を利用した窯（穴窯）を使った還元焔焼成を特徴とする．還元焔焼成のため須恵器は灰色～青灰色をしている．須恵器窯の立地条件としては，原料となる陶土，燃料である薪，窯を造るに適した斜面などが考えられる．

掘削が容易な岩倉盆地周辺の斜面

　窯の立地する地質についてみてみると，ほぼすべての窯は基盤岩の斜面上に造られている．ケシ山瓦窯（図1中4）は風化したチャート層中に，また栗栖野5・6号窯（同同6）は強く風化した砂岩層中にトンネル状に掘られている．このほか発掘調査はされていないが，木野第1・2窯（同11，12），中の谷第2窯（同15）はチャート層，深泥池東岸窯（同1），木野墓窯（同5）は頁岩層，皆越第1-4窯（同17-20）は砂岩層に立地していると考えられる．このように，窯はいろいろな地質のところに造られており，窯を造るとき地山の地質を選んではいないようである．これは岩倉盆地周辺の地形が全体になだらかで，岩石の風化が進行していて，どのような地質においても掘削が比較的容易であったためと考えられる．

須恵器に含まれる砂粒の観察

　さて，これらの窯で焼かれた須恵器の陶土はどこの土を使ったのだろうか．その手がかりは須恵器に含まれる砂粒が与えてくれそうである．今回，図1中アンダーラインで示した7つの窯の須恵器に含まれる砂粒を実体顕微鏡および偏光顕微鏡で観察した．これらの須恵器の胎土（須恵器の製品として焼かれた材質を胎土といい，もとの材料をさす陶土あるいは素地土と区別して呼ぶのが一般的）は全体に精良であるが，0.5mm以下の細かい砂粒が非常に多く混入している（図2）．少量であるが1-2mmの砂粒が点在する．5-7mmに達するものも見られるが非常にまれである．それらの砂粒のうち，1mm以上のものは，白色のチャートがほとんどである（図3）．

　0.5mm以下の細かい砂粒は石英粒が多く，チャート粒を伴っている（図2下段）．これらの粒度特性および含まれる鉱物組成はどの窯跡の試料も似通っており，胎土から窯跡名

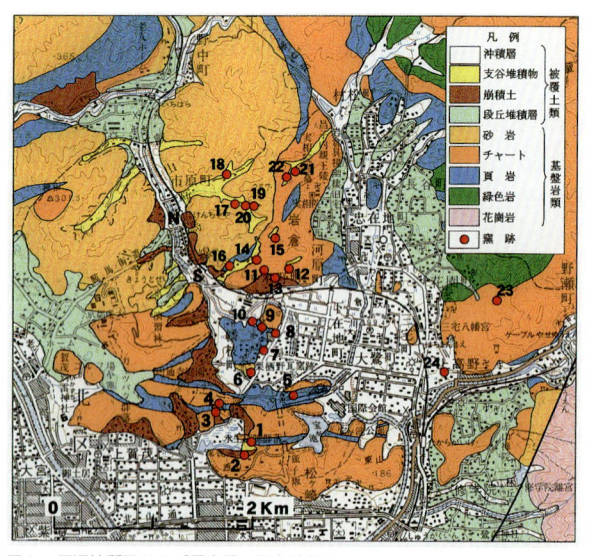

図1　周辺地質図および須恵器・瓦窯跡分布図．
　1深泥池東岸窯，2深泥池南岸窯，3御用谷窯，4ケシ山瓦窯，<u>5木野墓窯</u>，6栗栖野瓦窯，7幡枝稲荷窯，8妙満寺前窯，9妙満寺窯，10妙満寺裏窯，11木野第1窯，<u>12木野第2窯</u>，13木野第3窯，14中の谷第1窯，15中の谷第2窯，16中の谷第4窯，<u>17皆越第1窯</u>，18皆越第2窯，19皆越第3窯，<u>20皆越第4窯</u>，21尼吹ノ谷第1窯，22尼吹ノ谷第2窯，23はぶ池窯，24小野瓦窯，N二軒茶屋，S精華大学前　アンダーラインは今回，須恵器中の砂粒を観察した窯
　（基図は国土地理院発行5万分の1地形図「京都東北部」図幅を使用）

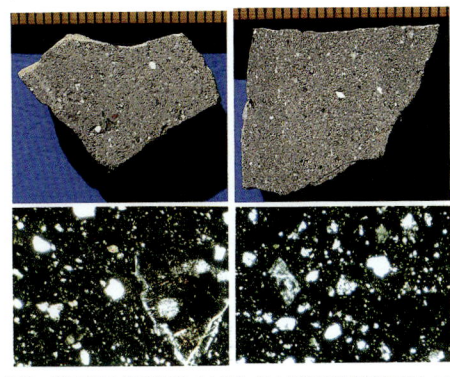

図2　須恵器の接写写真（上段）および偏光顕微鏡写真・直交ニコル（下段）．左列は深泥池東岸窯．右列は皆越第4窯．二つの窯は遠く離れ，その地質条件もまったく異なるにもかかわらず，両者の胎土は非常に似通っている．上段のスケールの1目盛りは1mm．下段写真の横幅は約1.5mm．

図3　白色チャートの大きな砂粒．皆越第4窯．スケールの1目盛りは1mm．

を言い当てることは不可能である．このことからこれらの須恵器の陶土は，ある定まった同一の地質条件の土層から採取されたことが推測される．

陶土は河川沿いの粘土層を利用

　一般に陶土は窯場に近い所で調達するのが普通である．京都盆地側の沖積層は扇状地性の礫層が優勢で，陶土採取の候補地からは除外される．岩倉盆地周辺で陶土になりうる可能性のある地質を挙げてみれば，図1中で被覆土類とした4種類の地層中の粘土と，基盤岩類（頁岩・砂岩）の風化土があげられる．このうち「支谷堆積物」の粘土は，それに含まれる砂粒の種類が須恵器の胎土中の砂粒と一致しないという現象が認められる．すなわち，深泥池東岸窯・木野第2窯・中の谷第2窯付近の谷底に分布する粘土は，流域に砂岩層がほとんど分布しないため石英粒をほとんど含んでいない．また，皆越谷の粘土には流域にチャート層が非常に乏しいため，チャート粒がごくまれにしか含まれていない．したがって，胎土中に石英粒が多く含まれる深泥池東岸窯・木野第2窯・中の谷第2窯の須恵器の陶土は，付近の谷底に分布する粘土を使用していないことになる．また，チャート粒が普遍的に含まれる皆越谷の須恵器は，皆越谷の谷底に分布する粘土を使用していないことになる．

　「崩積土」および「風化土」も上と同様のことがいえる．岩倉盆地西部（叡電精華大学前〜二軒茶屋駅西側）に分布する洪積「段丘堆積層」中の粘土も，チャートの砂粒をほとんど含まないことから使用された可能性は低いものと推測される．

　したがって，現在の河川沿いの平地に分布する沖積層の粘土層が利用された可能性が最も高いものと考えられる．石英（せきえい）の砂粒が卓越し，チャート粒が伴われるという胎土の鉱物組成から地域を絞れば，岩倉盆地の西寄りの地域（叡電精華大学前〜下在地町付近）が最も有力と考えられる．この地域の粘土中に含まれる砂粒は，上流域に花崗岩質な砂岩層が優勢に分布するため，石英粒が卓越し，また，その南東側にチャート層が分布するためチャート粒も含まれ，胎土と一致する鉱物組成となっている．深泥池東岸窯の陶土も，峠を越えた岩倉盆地のこのあたりの粘土を利用したものと推測される．

　なお，上流域に風化した花崗岩質な砂岩層が優勢に分布するという地質条件が，岩倉盆地西部に密集して須恵器窯が立地した要因の一つになったことが考えられる．この砂岩層からもたらされた石英粒は，陶土の耐火度を高め，須恵器を硬質にする役割をはたし，また，長石粒が風化して生じた粘土は，陶土に白色の色調と粘着性・可塑性（かそ）をもたらしている．この砂岩層が岩倉盆地に良質の陶土層を堆積させた母岩となっているのである．

（藤原重彦）

深泥池の妖女伝承 —現代都市伝説の原風景—

　口承文芸の研究者松谷みよ子は『現代民話考』において，都市生活に欠かせない列車，自動車などの乗り物をモチーフとする話群を設定している．いわゆる「タクシーの怪談」はその一類であるわけだが，同様の話例を京都市の口頭伝承に求めた場合，しばしば深泥池を話の舞台とするものに行きあたる．例えば現行のインターネット上には，次のような恐怖体験が語られている．

　「1969（昭和44）年10月6日深夜．1台のタクシーが京大病院から一人の客を乗せた．年の頃は40前後．肩まで伸びた洗い髪が印象的な，陰にこもった感じのする女性であった．客は深泥ケ池と行き先を告げた．しかしそのそばまで来たとき，後部座席の客は消えており，慌てて警察を呼んだが，結局転落した形跡も見あたらなかった．その日京大病院で亡くなった，深泥ケ池辺りに住んでいた女性患者がいたそうである．」

　京都の現代民話に散在する〈深泥池のタクシー伝説〉はこれにとどまらないが，その多くに「池」と「女」のモチーフが抱き合わせで語られることは，噂話の背景に淵の水精を女性の姿にシンボライズする伝統的な民間説話の潜在を思わせる特色であった．

　もちろん深泥池を特殊な異空間とみる民衆の心意には，その地が平安京の鬼門にあたる艮（北東の方角・鬼門）に位置し，疫病を祓う「魔滅塚」（除夜の炒豆と桝を埋めた豆塚の転嫁とも）の伝承が古くから信仰されたこととも，大いに関わりを持っていたかもしれない．

　しかし，中世から江戸期に流布した深泥池をめぐる説話・伝承の全体像にひき比べてみるなら，池のほとりに消える妖女の都市伝説は，この場所に固定して語られた蛇婦の物語と無縁には起こりえなかったのではないだろうか．この点を明らかにするためには，ひとまず前近代の説話・伝承にさかのぼって，噂話の源泉を考えてみるべきであろう．

説経節『小栗判官』の物語

　「説経節」とは，中世の寺院を発生源とする語り物文芸の一つである．16世紀半ばの成立とみられる『小栗判官』は五説経の代表作として知られ，現世と冥府の間を往還する主人公の数奇な遍歴譚を描く．その冒頭部分は，世継ぎのいない二条大納言兼家が鞍馬の毘沙門天に祈願して申し子を授かることからはじまる．

　生まれた子は18歳で元服して小栗と名乗る．21歳までに72人の妻を迎えるが，いずれも気に入らず，ある雨の日の，本当の出会いを求めて鞍馬寺に妻乞いに行くことになる．道中，市原野の野辺で小栗は懐より横笛を取り出して吹きはじめる．するとはるか遠くの山脈に響きわたる美しい音色を耳にした深泥池の大蛇が「笛の男子を一目拝まばや」と岸から上がり，美しい姫に化身してはるばる鞍馬寺の境内にやって来る（図1）．小栗も一目でこの女を見染め，二条の館に連れ帰って夜毎に愛でいつくしんだ．いつしか二人の噂が都にひろまり，父の兼家は水精と交情した息子をそのままにしておけなくなって，常陸国へ追放する．以上が波乱に満ちた小栗遍歴説話の序章である．

　『小栗判官』に登場する深泥池の蛇妖は，話型のうえでは人と精霊の契りを語る異類婚姻譚の1バリエーションとみてよい．柳田国男によれば，この系統の昔話は神と人の〈幸福なる婚姻〉をいう神話的伝承を素源とするもので，聖婚の結果生まれた子種の行く末を語る始祖伝承を特色とする（『日本昔話名彙』『口承文芸史考』）．

　これに対して，蛇との交わりを原因とする小栗の追放と流離は，古代アニミズムの神話

図1 『小栗判官』

伝承が社会生活の現実や秩序に応じて変容し、むしろ異類婚姻の破綻を話の中心にすえはじめた時代の説話傾向を示すものであった。同じく五説経の一つ『信田妻』は人間の男と狐女房の離別を描き、室町期お伽草子の『蛤草子』においても、やはり異類婚姻は不幸な結末におわる。そのような中世以降の物語の常套モチーフをふまえて、蛇妖との契りを発端とする小栗の流浪が発想されたものであろう。

そうとすれば、深泥池をめぐる古態の蛇伝説には、単なる妖怪の噂とは質の違う、古代アニミズム伝承の残像とその変容のプロセスが見てとれるのではないだろうか。

笛の音に誘われる蛇婦

さらにまた、蛇婦が小栗の笛の音に誘われて姿をあらわすというのは、天女と若者の恋を語る昔話「笛吹き聟」の話型にも類似する。この種の伝承のうち、ことに歴史記述をともなう「蛇女房」の話に越前堀江氏の異類婚姻が想起される。時は室町中期、朝倉家の臣・堀江景経は世に知られた笛の名手であった。ある晩、澄んだ音色に魅せられた池の大蛇が美女に化身して求愛し、景経の奥方となり子を生む。しかし産所の中で蛇の正体を見られた女房は、男児を残して水精の世界に去る。子は成人して越前の勇将・堀江景重となった。この家の当主は代々脇の下に蛇性の聖痕を示す3枚の鱗を生じたという(『朝倉始末記』)。池の主との交情から生まれた武将の伝記、そして蛇の血筋をもつ一族の始祖伝承は、さかのぼれば『平家物語』巻八「芋環」の緒方三郎惟義の話に祖型を見ることができる。また各地方の民談に流伝した事例では、新潟の五十嵐小文治、長野の小泉小太郎、群馬の沼田万亀斎等の昔話に、蛇性の血筋のモチーフが見出される。

そうした説話・伝承の幅広い裾野を基層として、小栗と深泥池の蛇婦の異類婚姻譚が生成した点を理解すべきであろう。ハナシの世界とは、時代や地域をこえて相互に連鎖する伝承の渦の中より発生するものなのである。

なお、笛の音のモチーフをともなう蛇婦求愛の物語を広く人々の心象に根付かせた、いま一つの文化事象として、民間伝承に材を得た江戸期の芸能、文芸の普及も、この際視野に入れておかねばなるまい。とりわけ17世紀以降の京阪において、「笛吹き聟」のモチーフは歌舞伎の舞台に脚色されて〈笛の音に誘われる蛇婦〉のイメージ世界を都市民衆の間に浸透させて行った。

例えば、1764(明和元)年7月に京都の沢村座で上演された『女夫浪龍宮往来』では、女形の名優・中村富十郎の扮する龍女が、貴公子の笛に心を奪われ「水中より浮かみいづる」場面が大評判となった(『絵本むかし鏡』)。それを描いた絵入狂言本の挿図(国立国会図書館蔵)の下方に「淀川のわたし」とあるので、舞台の設定は南山城の水辺とわかる。あえて深泥池としないところに、所を自由に変える歌舞伎芝居特有の趣向をみるべきであろう。こうした潤色が繰り返されることによって、江戸期上方の大衆に、『小栗判官』のバリエーションともいうべき蛇妖出現の心象風景が一般化して行ったわけである。

仏教思想の影響

　一方，深泥池の蛇婦伝承には，仏教説話の形式をもつもう一つの類話が存在し，主に近世の名所記，故事書に筆録されている（1684（貞享2）年刊『雍州府志』等）．
　1742（寛保2）年刊の『扶桑怪談弁述鈔』によれば，かつて賀茂の「神池」であった深泥池の大蛇が女に化けて紫野・大徳寺の徹翁和尚（1295-1369）の庵を訪ねる．説法を聴聞した功徳により，女は蛇身を脱して成仏したという．大徳寺の傍に涌く「梅雨水」は蛇が善導の謝礼に献上した霊泉と伝え，また一説に梅雨の季節になると大いに「水漲り出る」ので，この名が付いたとの由来もある（『京羽二重織留』）．
　妖婦の本性を淵瀬に沈んだ業深い女とみる梅雨水の伝説は，中世の僧坊に語られた女人成仏の仏教説話と同種であろう．『法華経』の説く「竜女成仏」の思想を拠り所として，竜蛇身の業婦が高僧の助力を得て極楽に生を転ずるといった内容であり，各地の寺院縁起に類型的な蛇婦成仏の因縁を見出すことができる．
　京都周辺の事例に限っても，嵯峨二尊院の「龍女ケ池」の大蛇済度（『二尊院縁起』）や，空也上人を導師とする愛宕山「日暮の滝」の蛇婦の成仏譚（『月輪寺縁起』）など，きわめて類型的な仏教説話の散在が目につく．ことに後者の『月輪寺縁起』は，末尾に決して水枯れしない「龍女水」の献上をしるしており，寺院の唱導した雨乞いの儀礼と水脈信仰がこの種の説話の成立背景となっている点を示唆する．
　こうした寺院伝承は主に中世後期の禅宗，浄土宗系の宗派を中心に全国規模の伝承圏を確立したものであり，いずれも「神人化度説話」（高僧による土地神の教化と従属）の典型的な話形を示す．

図2　『蓮如絵伝』

　また，それらは仏教各宗の宗門史に名を残した名僧の法力説話となって伝承される場合も少なくない．図2に掲げた真宗・蓮如上人の竜女済度は，絵解き法談にとりこまれた一例である．
　田畑に水の恵みをもたらす湖沼の水精や雷，竜に象徴化された雨・水の神を崇敬し，土地神として祭祀する民俗文化は，古代社会以来さまざまな地方の宗教儀礼に姿を変えて今日に至った．そうしたアニミズムの世界観を基層に，超絶した宗教的呪力により自然神をも従え，土着の神を寺の守護神に転ずる高僧の活躍を民衆に理解されやすい説話の形で描いたところに，竜女成仏型の蛇婦伝承が成り立ったわけである．その意味において，深泥池の梅雨水伝説は，一般的な異類婚姻の昔話とは話の目的性を異にする「仏教説話」に分類すべきものであった．
　さて，以上，説話・伝承史に立ちあらわれる二つの潮流をバックグラウンドとして，洛北の神秘なる池泉・深泥池にまつわる口碑伝承が伝播し，今日の幽霊話へと変遷した点が明らかになる筈である．「池」と「女」の結び付きを通して，我々は現代民話の原風景を垣間見ることになるだろう．　　（堤　邦彦）

第4章

深泥池生態系管理への取り組み

外来魚捕獲事業のため定置網を設置する深泥池水生生物研究会のメンバー

この章のめざすところ

　前章までに明らかになったように，深泥池の自然やそれに係る文化は，その歴史性や多様性において日本全体の中でも特筆できるほど特異的で素晴らしいものである．一方，近年深泥池の自然は，人為によって急激に衰退しており，現状のまま放置することは深泥池の特質を永久に失わせることとなることは明らかである．したがって，現段階でできうる限りの保全対策を講じておくことが緊急かつもっとも重要なことである．本章では，深泥池の保全にとって集水域を含めた水質及び水量の管理がもっとも重要なことやミズゴケ類の保全や外来種駆除を含む池の中の生物群集の管理が必要なこと，あるいは道路を含む人為のあり方が池の保全にとって重要であること．また，これら数多くの問題に対して，現在行われている保全対策やその体制を概観し，行政・研究者・市民を含めた保全のための努力や協働の実態や必要性，さらには今後の取り組みに向けてなすべきことをできるだけ列挙するように心がけた． （村上興正）

深泥池の水問題

水位・水質・水収支

水位

深泥池の水位については，1999（平成11）年から現在まで連続観測が続けられている．

1999年より2004年までの5年間で最高水位は1999年6月27日の18.5cm，最低水位は2003年8月4日のマイナス20.6cmである．上下の最大差は約40cmにおよぶ．しかし，この最高値は異常値といえよう．梅雨の季節に200mmを超える降雨があり，このような値となったからである．5年間を通じてこれ以外の最高値が，2003年8月17日の6.7cmであり，6cm台の水位は通常に記録されているからである．マイナスの記録は上記以外は5年間で20cmを記録したことはない．自然水位としては－16.9cmから－15.5cmがそれぞれ記録されている．総体的には8月はマイナス水位を記録することが多い．

池の水位は当然，大雨のときは急激に上昇し，降雨終了後はすみやかに降下する．2003年9月23-26日における105.5mmの降雨で27日までに約8.7cm水位が上昇した．また2003年11月9-11日の44.5mmの降雨で，16日までに8.6cm水位が上昇した．水位1cmを上昇させる降水量は各々約12mm，4mmになり，このときに要する時間は4から5日である．池の状況によって異なるが，その状況は降水量10mmに対して池の水位は約0.8から2.0cm上昇する．上昇するために要する時間は4時間ほどである．水位の降下については，プラス5cmから約2週間で0水位となる．当然のことだが，その間に降水があれば，それに影響される．

水質

深泥池の水質については，近年以下のようにいくつかの問題が指摘されていた．

① 天然水であれば，電気伝導度が50-70μS/cm以下であるはずであるが100μS/cmを越えることがある．
② 池の南東の沢に流れ込んでくる水は電気伝導度が150μS/cmほどであり，天然水ではなく，松ヶ崎浄水場の漏水である可能性が高い．
③ 池の北には大雨のときには病院地域に降った水が流れ込んでいる．このとき，溝などの中に溜まった古くて汚い堆積物を攪拌して流れ込み，池の水質に悪影響を与えている．
④ 池の西の道路から雨天のときには表面水が

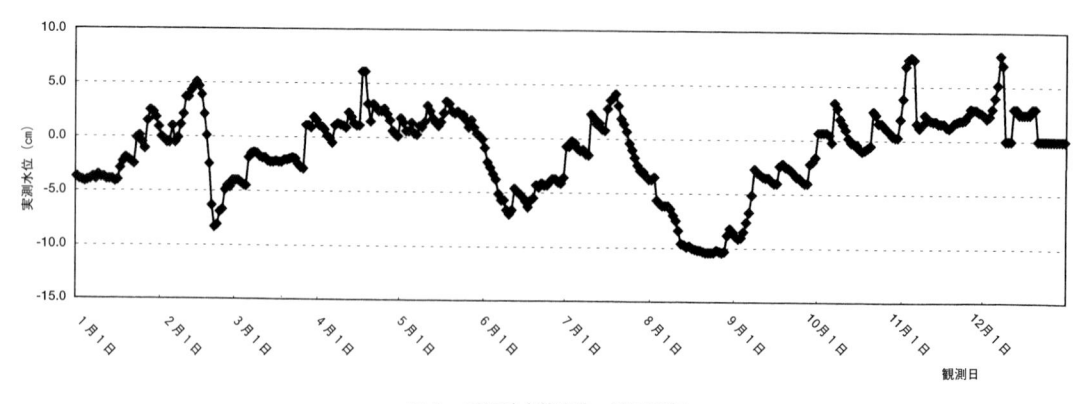

図1　深泥池水位変化　2002年

流れ込む．この水質は良くない可能性が高いので注意を要する．

③④については，現在でも懸念を除かれていない．③については排水用に設置されているポンプが故障して動かないこともある．②については漏水であるかについて，見解の違いがあったが，水に含まれるイオンの量比と池表面での電気伝導度の測定によってこの水が水道漏水であることが明確にされた．最近ポンプでくみ上げて池に入らないようにする工事が行われた．

池の南岸および開水域の11地点での主要イオン濃度は，酸化物イオン106.21，硫酸イオン9.51，ナトリウムイオン8.34，カリウムイオン1.54，マグネシウムイオン1.47，カルシウムイオン9.39（mg／ℓ：2002.8.25測定）であった．

電気伝導度については，池東南の沢の出口での測定で，2003年9月〜2004年1月の4回測定の平均が126.5μS/cm，2004年3月以降の5回の測定が67.6μS/cmであり，工事後は池の水の電気伝導度が小さくなっている．

水収支

池に流入する水が，十分に池を涵養するかについて水収支を2003-2004年に計算した．そのもとになったのは，水位連続観測，京都気象台による降水量測定，南東の沢からの流入水，桶門から常時流出している水量などである．

水収支は，タンクモデル法を適用して行われた．今回は直列三段タンクモデルが用いられ，上中下のタンクが表面（地表水）流入水，地下浅部流入水，地下水に対応する．これを3年間にわたって解析すると，それぞれ60，16，24％となる．深泥池は地表水で60％，地表面浅くにしみ込んだ水で16％，深くしみ込んだ地下水で24％が涵養されていることが示されている．　　　　　　　　（横山卓雄）

深泥池の水質問題

雨水は貧栄養

近年の雨は完全な貧栄養とはいえず，栄養塩を含む．また，乾性降下物という埃や粉塵の形でも栄養塩は大気中から落下する．浮島で降水を定期的に調べたところ，図1のように，アンモニア・硝酸・亜硝酸イオンの形で水に溶ける無機体の窒素は夏季に多く冬季は減少した．リン酸イオンの形で水に溶けるリンも夏季には落下した．硫酸イオンは季節的な変動が小さかった．1994（平成6）年5月から1995年4月までの1年間では，1㎡あたり，窒素291.2，リン7.2，イオウ505.1mgだった．風の影響で雨が雨量計に入らないことがあるため実際には採取面積あたりの計算より多く，この2倍近くになるかもしれない．

しかし，ミツガシワやヨシの年生長量と比べると窒素量としてははるかに小さく，現在でも雨水は貧栄養といえる．なお，深泥池は大都市にあるから特に雨中の栄養塩が多いということではなく，1996年に青森県の八甲田山中でも雨水を調べたが，栄養塩の含有量は深泥池と大差なかった．

流入水が問題

池に入る水は直接降る雨水よりも面積的に見て集水域からの雨水起源の流入水の方が多い．流入水のうち，池の東側と南側にみられる，チャート土壌に浸透してから湧水となる水の電気伝導度は20数μS/cm，25℃で雨に近い．地表を流れてくる水でも，東側と南側の森林が残存している部分からの流入水は電気伝導度が30μS/cm，25℃程度で，ミズゴケを養うに十分に貧栄養である．しかし，池の水の電気伝導度はこれらよりはるかに高い．これは水質を富栄養化する汚染源が集水域に存在するため池の流入水が富栄養化するためである．

降水前後の池の水質を比べると集水域の汚染源が特定できる．降雨によって水質が貧栄養化すれば降水以外の汚染源が存在すること

を意味するし，降水によって水質が富栄養化すれば降水時に汚染されることを意味する．図2に1995年の例を示す．池の南東部と南部では降水によって電気伝導度が低下した．池の東側と南側では森林が残存し，雨水起源の流入水の電気伝導が低いためである．これは逆に降水がなければ電気伝導度が上昇することを意味する．すなわち，降水がないと松ヶ崎浄水場配水池からの水道水漏水（100 μS/cm，25℃程度）によって池の水の電気伝導度が徐々に上昇するのである．南側開水域での東部から西部への電気伝導度の勾配はこれを裏付ける．

池の北側では逆に降水時に電気伝導度が上昇する．これは降水時に汚染水が流入することを意味する．この汚染源は，道路面を伝わる流入水（170 μS/cm，25℃）と病院構内の雨水排水管からあふれた水（130 μS/cm，25℃）である．

浮島が沈下する冬季に池水が浸入してミズゴケの生育に影響する．冬季は降雨が少ないので池の水質は無降水時の状態が多いが，電気伝導度は50 μS/cm，25℃を明らかに超えているので，浮島のミズゴケを枯死させる水質である．

水道水漏水の防止による顕著な効果

2003年の初めから水道局は南東部漏水をポンプアップして池に入れずに排出する対策を取り始めた．そのために，図に示すように，池の南東部と南部の水質は変化した．流入が完全には防がれず，流入量が低下しただけであるが，浮島南側の電気伝導度は低下し，その効果は明らかであり，かつては水道水漏水の影響が強かったことを裏付けている．ただし，漏水自体の電気伝導度は1995年当時よりは上昇している．これは1995年以後の集水域での水道局の配水池の改修工事の影響が強まったためであろう．水道水漏水の電気伝導度が降水時に上昇するのは，無降水時は漏水が水道を通るだけなのに対し，降水時は配水池の改修工事のため汚染された集水域を雨水が流れるためと考えられる．ポンプアップによる漏水対策で浮島への影響が小さくなったとはいえ完全ではなく，無降水が続くと南側開水域の電気伝導度は50 μS/cm，25℃を超えてしまう．

これらのことから，水道水漏水の池への流入完全防止と降雨時の病院側からの排水流入防止がなされるなら水質的には深泥池の保全が可能といえる．

（藤田　昇）

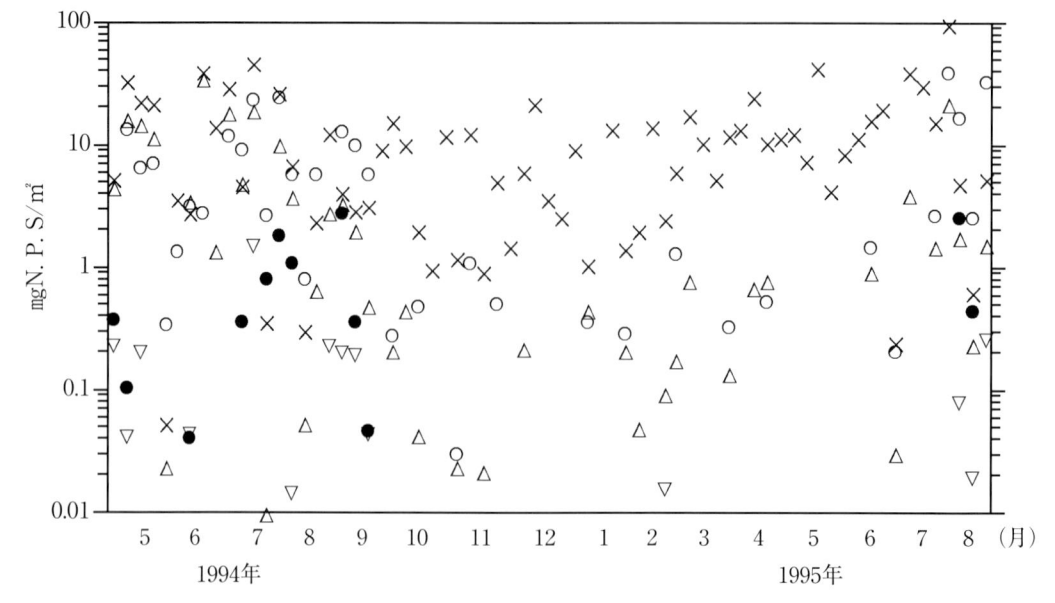

図1　深泥池の降水と降水に溶けた乾性降下物の1週間単位の栄養塩量．〇：アンモニア，△：硝酸，▽：亜硝酸，●：リン酸，×：硫酸の各イオン．

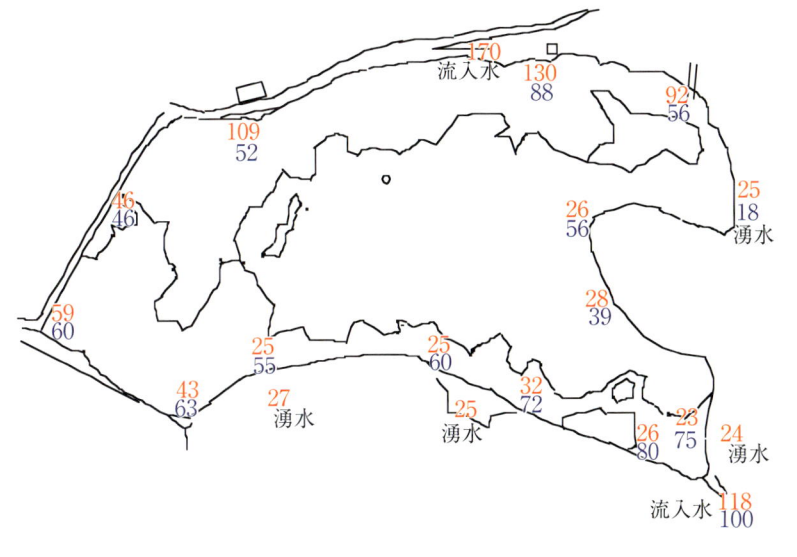

第4章　深泥池生態系管理への取り組み

図2　1995年の電気伝導度（μS/cm, 25℃）．青数字は無降水時（6月30日），赤数字は降水直後（7月6日）．

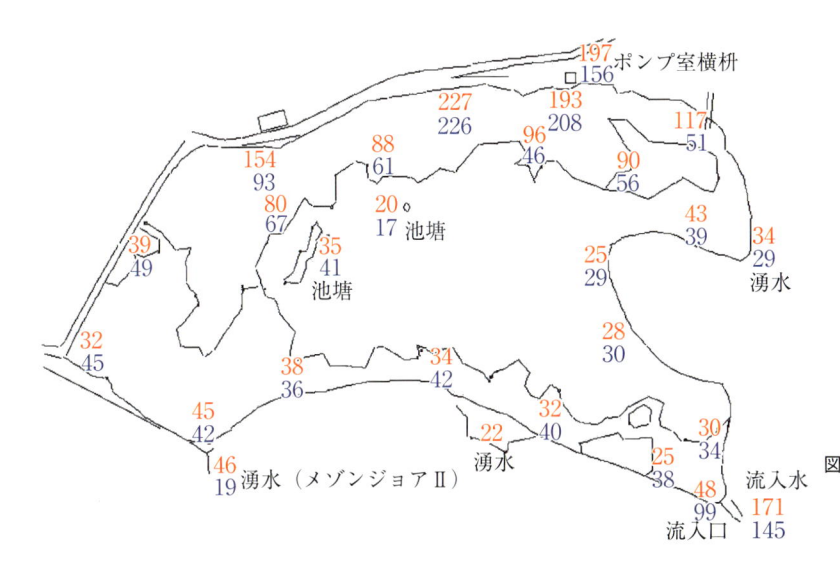

図3　2004年の電気伝導度（μS/cm, 25℃）．青数字は無降水時（11月3日），赤数字は降水直後（10月21日）．

植生と水質

高層湿原の衰退

　深泥池の貴重な自然は危篤状態に陥っている．それは一言でいえば14万年間続いてきたと思われる高層湿原が100年に満たないこの近年で急激に低層湿原化したことである．浮島ではかつて全体に生育していた高層湿原性のミズゴケが大規模に枯死し，岸から侵入した低層湿原性のヨシが広がってきた．開水域も北側では水草の生える開水面がなくなり，ヨシとマコモが優占した．このままの状態が何十年か続くと，浮島と池全体がヨシ原となって完全に低層湿原化してしまう恐れがある．その主因は，池の集水域の開発によってもたらされた池の水質の富栄養化と池の浅化である．ここでは植生と水質の面から深泥池の危機の現状を考えたい．

　深泥池の自然の大きな特徴は，暖温帯の低地に位置しながら，寒冷地に分布する，ミズゴケが優占した高層湿原が現存していることであり，それが最終氷期であるウルム氷期より前のリス氷期の時代にさかのぼる約14万年

161

前の非常に古くから続いてきたことである．人類が水利用をするようになった平安時代と江戸時代に南西部に堰堤が築かれて水位が上昇し，高層湿原が浮島になったと考えられる．その重要性ゆえに，1927（昭和2）年に水生植物群落として池全体が国の天然記念物に指定され，そのほぼ50年後の広範な学術調査を受け，1988（昭和63）年には生物群集として再指定された．個別の生物種でなく，生物群集として天然記念物指定を受けるのはこれがはじめてである．

ミズゴケの死滅とヨシやマコモの侵入

　天然記念物指定を受けた当初とは植生が変化し，ミズゴケは現在では浮島の大半で死滅し，ヨシ・マコモ・カンガレイなどの低層湿原の代表植物が浮島と開水域で広がってきている．ヨシは1920年代には池の北側とチンコ山の南側の岸辺にのみ生育していた．その後，池の北側と東側から開水域に広がって浮島にまで侵入し，現在でも年2～3m程度の速度で浮島に広がっている．カンガレイとチゴザサはかつて小さな株で浮島に散在していただけであるが，現在ではあちこちで数10㎡もの大きなパッチに広がって他の植物を排除している．北開水域ではヨシ・マコモ・ミツガシワなどが茂って開水面はなくなり，外来植物のセイタカアワダチソウが浮島の縁まで到達している．南開水域ではマコモが急激にジュンサイやヒメコウホネを圧迫している．

　これらの植生変化は集水域の開発による池の水質の悪化とそれによる浮島でのミズゴケの枯死によって引き起こされた．深泥池の水質は1928年の三木茂の調査時にはpH5台であったが，1950-60（昭和25-35）年の金綱氏の調査ではすでにpHが6台，7台に上昇していた．冬季の浮島沈下時に池の水が浮島に浸入するのは三木茂氏の写真からも明らかである．ミズゴケはpHが6以上では短期間で枯死するので，浮島でのミズゴケの枯死は1950年にはすでに始まっていたと考えられる．1960年以降の航空写真（P.214）からもその後の急激なビュルテの崩壊が読み取れる．ミズゴケの枯死はミズゴケを生育場所とする高層湿原性の生物の生存の危機を意味するだけでない．泥炭表層の生きたミズゴケが枯死すると，泥炭は表面から分解されていく．ヨシのように根の深い植物が生育すると泥炭の表層の分解が促進される．これは，すなわち，約14万年にわたって連続的に堆積してきた泥炭中の深泥池の歴史が現在から過去にさかのぼって失われていくことを意味する．

富栄養化の原因と対策

　池の水質の富栄養化はどうして生じたのだろうか．富栄養化とは水中の各種イオン濃度が上昇することで，そのため水の電気伝導度が高くなり，ナトリウムやカルシウムなどのアルカリ性のイオンが増えるのでpHは上昇する．富栄養化は狭い意味では硝酸やリン酸などの「栄養塩の増加」(eutrofication)として使われ，ナトリウムやカルシウムイオンなどの「無機イオンの増加」(minerotrofication)と区別されるが，ここでは無機イオン濃度とpHの上昇を富栄養化と表現する．深泥池は直接降る雨水だけでなく，集水域からの流入水によっても養われている．集水域が開発されて森林が破壊され，集水域が人工環境に変わると，人工物は汚染源となり，流入水は富栄養化する．

　南東部集水域の斜面上には松ヶ崎浄水場の配水池が三つ作られ，そのうち高位配水池と最高位配水池からの排水管が深泥池まで敷設された．一時期はこの配水管を通して水道水が大量に池に放水された．当時は中性のpHのミズゴケへの害は理解されなかったが，塩素処理後の残留塩素の水草に対する害は注目され，大量の水道水の放水は中止され，配水池の排水管は南側に付け替えられた．

　しかし，この旧排水管を通じて流入する配水池からの漏水が存在した．深泥池の水は腐植酸のため褐色を帯びているが，この流入水は透明であるため，その当時は水道漏水が池の水を浄化していると錯覚されていた．松ヶ崎浄水場の水道水は疏水を通じて運ばれた琵琶湖の水である．琵琶湖の水は人間の飲用に

は適しても，その水質はpH7，電気伝導度150μS/cm, 25℃以上で，ミズゴケにとっては1週間以内で枯死する水質である．冬季に池の水は浮島の南側からの浸入が容易であったため，水道漏水で富栄養化した南開水域の水によって浮島南部ではビュルテが崩壊し，ハリミズゴケは全滅してしまった．

池の南側と東側は二次林であるが森林が残っているため，南開水域は，降雨時には雨水由来の電気伝導度の低い水の流入によって水質が改善されるが，降雨がなくなると水道水漏水の影響が現れ，西から東に増加する勾配を作りながら電気伝導度が上昇する．

2003（平成5）年当初より水道局がこの漏水をポンプアップして池の外に排出する対策をとったため，現在では完全には止まっていないが，池への漏水の流入は減少した．そのため南開水域の水の電気伝導度は50μS/cm, 25℃を下回るようになり，冬季の沈下時に浮島に侵入してもミズゴケを枯死させる水質ではなくなった．浮島ではハリミズゴケの再生も見られるようになり，水質対策の効果と重要性を示している．

残された課題

池の北側は道路によってケシ山と遮断され，集水域が減少した．北東部には病院が建設され，かつては病院の下水が直接池に放出されていた．下水は水道水よりも電気伝導度が高くなり，かつリンや窒素の栄養塩を多量に含むため，池の富栄養化を促進した．そのため，池に面した浮島北縁のミズゴケは絶滅したが，浮島北部には東西に大きなビュルテが存在するため，冬季の沈下が少なく，かつ池水の浸入を直接妨げたために，これらの大ビュルテの南側でハリミズゴケが残存した．その後，病院の下水は文化庁の補助による保全事業によりポンプアップで道路の北側に排出されるようになって池に入らなくなったため，1980（昭和55）年当時は北開水域の水質はある程度改善していた．

ところが，1985年の公共下水道の開通時に，分流方式のため公共下水道に流せない病院構内の雨水をそれまでの下水の排水管を通して

図1 崩壊中のビュルテ（1990年12月10日撮影）
周囲の生きたオオミズゴケと中央部のオオミズゴケ遺体から成るビュルテの隆起部が片側からなくなっている．

道路の北側に排出するように付け替えられた．しかし，降雨が多いとポンプアップでは排出し切れず，池にオーバーフローするようになった．また，雨水排水に下水が一部含まれるためか今でもその水質は富栄養である．そのため，1985年を境に北開水域の水質はかえって悪化するようになった．北開水域は南開水域と逆に降水後に水質が悪化し，降水がないと徐々に電気伝導度は低下する．また，電気伝導度が200μS/cm, 25℃を超える水が降雨時に北側道路を伝って病院の取り付け道路付近から流入するので，池の北側のバス停東側付近が最も水質が悪い．南東部からの水道水漏水の対策が完全とは言えないが取られた現在，北側からの降雨時の排水流入が水質対策として大きな問題である．

集水域の開発は流入水の富栄養化だけでなく，池に流入する有機物や土砂を増加させた．一方で，以前は行われていた池南西部での池底の水抜きがなくなったこともあわさり，池の浅化が近年急激に進んでいる．開水域のヨシ・マコモなどの低層湿原植物の拡大・優占は池の水質悪化と浅化による．ミズゴケの枯死により浮島にも広がったヨシ・マコモ・カンガレイなどの大型の低層湿原性植物はいったん優占すると，かりに水質が改善されてもなかなか衰退せず，また浮島ではミズゴケの回復を阻害している．

植生回復による深泥池の保全のためには，水道水や排水の流入防止とともに，これらの植物の除去や池の泥さらえが必要である．

（藤田　昇）

開水域の水質の現状

　2007年現在，深泥池に流入する表流水は北東部と南東部に限られている（図1）．北東部の流入口には，池の北東にある高山の集水域から表流水と亜表流水が病院裏に設置された排水溝に集められて流入している．もう一つの南東部流入口には，浄水場の配水池からの水道水漏水が谷水に混じって流入している（P.158, P.160）．北東部の流入水の電気伝導度は30〜40μS/cm程度と常に低く，池の保全上好ましい水である．いっぽう，南東部の流入水の電気伝導度は現在も100μS/cmを上回っており，ハリミズゴケをはじめとする貴重な植物にダメージを与える水準となっている．

　北東部の流入水は，北側の流路を経て，池西側の開水面に到達し，池南西部にある出口から流出していく．この水は，開水面の入口にさしかかる段階（図中の地点B）で40〜50μS/cmとやや上昇する．また，南東部の流入水は，南側の流路を経て，図中の地点Aに到達する段階で電気伝導度が60〜70μS/cm程度まで減少する．さらに，開水面へと流入する段階（図中の地点C）では，電気伝導度が40〜50μS/cmまで減少する．池内に直接降り注ぐ雨水の電気伝導度は10〜20μS/cmと低く池の保全上このましい水である．これらに加えて，降雨が集水域の土壌中に浸透した水も各所から流入していると考えられる．一時的に降水量が多くなった時には，南部集水域の斜面中に空いた穴から水が湧き出る（パイプ流）．この水の電気伝導度は20〜30μS/cmと低く，硝酸やリンなどの養分が殆ど含まれていないため，池に対する負荷は非常に低い．昨年の研究によって，深泥池の集水域の土壌は，硝酸やアンモニアといった植物の成長に必要な養分含有量が低いことがわかった．降水が集水域の土壌を通過する過程で植物に吸収されてしまうため貧栄養な水となっていると考えられる．

　現在の深泥池では，汚水の主要な混入源として，南東流入口から流入する水道水とともに，北側道路からの路面負荷が池の水質悪化を促進している（P.158, P.161）．そのため，北側道路沿いのヨシ・マコモ群落では400μS/cmを超える電気伝導度が確認されている．

2006年の11月時点でも，開水面の北側で電気伝導度が高くなっていることが確認されており，これらの汚水の混入が北側流路や開水面に影響を与えている可能性が高い．

　湿地ではしばしばヨシやマコモといった抽水植物が栄養塩を吸収し，水質を改善するという効果が知られている．とくにヨシの栄養分除去機能は，湿地の保全上大きな注目を集めている．上述の南側流路に沿った電気伝導度の減少には，南東流入口近辺に拡がるヨシ・マコモ群落の栄養塩除去機能が貢献している可能性がある．また，地点Aから西側には，環境省と京都府の絶滅危惧種であるヒメコウホネ（*Nuphar subintegerrimum*）が優占する水域がある．このヒメコウホネも過去には浮島や開水面で多く確認されていた．しかし，現在では健全な群落はこの水域に限られている．この事実は，ヨシ・マコモ群落の栄養塩除去機能があったからこそ，ヒメコウホネが守られたことを示唆している．しかし，これらヨシ・マコモ群落の栄養塩除去機能は，短期的には池の水質改善につながっているが，根本的な解決に繋がるものではない．ヨシ・マコモは多量の養分を吸収し成長する結果，群落が拡大しつつある．それらの遺体は，池内に溜まっていくため，池の富栄養化や陸化を促進することが懸念される．池の水質問題を解決するためには，水道水の漏水の流入を完全に防止することと，ヨシ・マコモの部分的な刈り取りや堆積した有機物除去などの対策が必要である．

（嶋村鉄也）

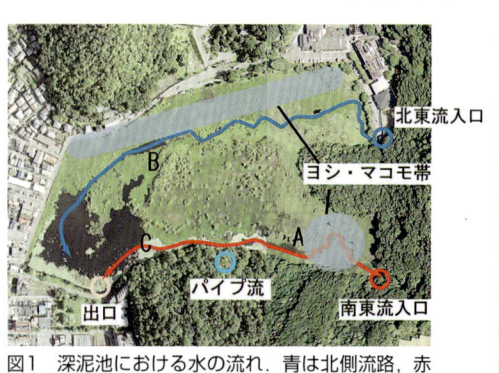

図1　深泥池における水の流れ．青は北側流路，赤は南側流路．

ハリミズゴケの復活

オオミズゴケとハリミズゴケはともにpHとEC（電気伝導度）が低い環境を好む（P.39, P.163）．このため，冬季に浮島が沈み，栄養の豊富な開水域の水が侵入して浮島が冠水するとミズゴケは生育阻害を受ける．近年さまざまな水質対策が行なわれているものの，三木の調べた1928年頃に比べてpH，ECともに高い状態にあり，浮島の将来は楽観できない．浮島の症状に合わせた保全策を実施するためには，定期的にモニタリングをし続ける必要がある．

高層湿原を特徴付けるオオミズゴケのビュルテについては，航空写真判読によって，1960〜1980年にかけてビュルテの個数が減少したことがわかっている（P.113, P.215）．いっぽう，ハリミズゴケのマットについては航空写真から推測することは非常に困難であり，浮島の現場でマットの空間分布を調べる必要がある．幸い，京都大学植物生態学研究施設深泥池研究グループ（1981）によって，1979〜1980年の状況が詳細に調査されているので，それと同様の方法で再調査すれば，この25年間の変化を読み取ることができる．この再調査をまず1988年に行なった．さらに2006年秋に深泥池湿原植生再調査グループを組織して，より広範な湿原植生の再調査を行った．

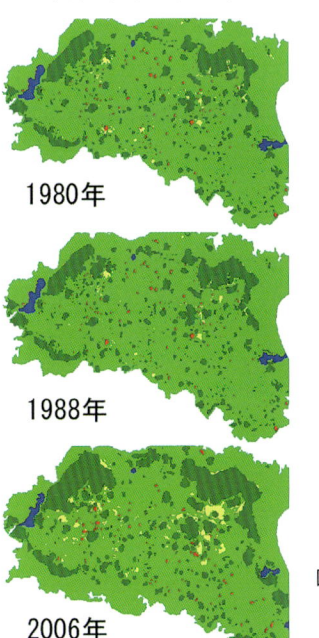

オオミズゴケに縁取られた通常のビュルテ（タイプⅡ，Ⅲ，Ⅳ，P.117による）と縁取られない退行的なビュルテ（タイプⅤ），ハリミズゴケのマット，その他の湿原部分（シュレンケと低層湿原部分を含む）に分けて浮島湿原植生をみると，1980〜1988年にかけてビュルテとハリミズゴケのマットの面積はほとんど変わっていないのに対し，1988〜2006年にかけては通常のビュルテが拡大・合体するとともに，特に中央部分でハリミズゴケのマットが拡大しているのがわかる（図1）．

航空写真判読の結果とこの調査の結果をあわせると，1960年から少なくとも1988年までは浮島湿原においてビュルテとハリミズゴケのマットが衰退する傾向にあった．とくに浮島南部と中央部でその傾向が著しかった．浮島北部では，東西に大きなビュルテがあって冬期の開水域からの水の浸入は中央部に限られるのに対して，浮島南部からは全体に水が浸入したためと考えられる．にもかかわらず，1988年から2006年までの間にビュルテとハリミズゴケのマットは回復傾向にあった．かつて衰退していた浮島南部と中央部でも回復が見られることは注目に値する．これは2003年に開始された京都市上下水道局によるポンプアップによる南東部水道漏水の排除によって，南側開水域の水質がミズゴケの生育を可能にする水質に改善されたためと考えられる．このことは深泥池保全のためにかねて提案されてきた池の水質の改善策が必要かつ効果的であることを示唆している．

ただし，本来低層湿原の種であるヨシやマコモが浮島東部や南部で分布域を広げている問題（P.115）や，拡大しているビュルテでは樹林化が進んでいる問題（P.113）が残されている．このように，現在の浮島湿原は，三木茂が見た1928年頃の姿とは大きく変化しているのが現状である．

（辻野　亮，片山雅男，藤田　昇）

図1　1980年，1988年，2006年における浮島湿原のビュルテとハリミズゴケのマットの分布を示す．濃緑色はオオミズゴケに縁取られた通常のビュルテを示し，赤色はオオミズゴケに縁取られない退行的なビュルテ，黄色はハリミズゴケのマット，黄緑色はその他の湿原部分，青色は池塘を示している．

深泥池の最近の堆積物
―化石燃料の利用履歴を反映―

多環芳香族炭化水素の分析結果から

1990年代前半まで，道路の堆積環境への影響が調べられたことがなかった．堆積物の性質と堆積速度を知る必要があるが，新しい堆積物についてはよい年代決定法がないので堆積速度の推定が難しかったからである．そこで，堆積物中に含まれるガソリンに特異的に含まれているベンゾaピレンとクリセン，石炭の燃焼時に発生するペリレンを分析して堆積速度の推定を試みた．1996（平成8）年に道路沿いの10箇所から採取された堆積物のコア（柱状資料）のうちNo.5，7，10を解析に用いた（図1）．

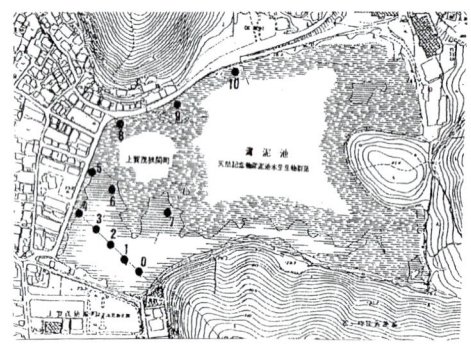

図1 コア採取地点

深さによるペリレンの濃度変化と石炭供給量の変化，ベンゾaピレンとクリセンの深さによる濃度変化と自動車保有台数の変化をそれぞれ対比させて堆積物の年代を決めた（図2）．その結果，1958（昭和33）年以降の堆積速度は，道路沿いのNo.5とNo.10では1.1cm／年であった．それに対して浮島に近いNo.7の堆積速度は2cm／年であった．この値は，流入河川のない池の堆積速度4-5mm／年と比べて桁外れに大きい道路の影響で，池が急速に埋め立てられていることになる．また，堆積物を見ると粘土質の堆積物がNo.7で顕著に多い．道路から流入した粒子の粗い物が岸辺で堆積し，粘土質のものが中心部に堆積するた

めであろう．また，No.7のコアと比べて，道路沿いでは，道路からの急激な流入による堆積物の攪乱や欠落が多い．堆積物中の重金属の分布ともよく合うので，この手法は信頼できる（次頁参照）．　　　　　　　（田端英雄）

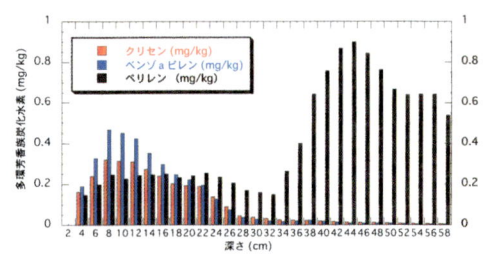

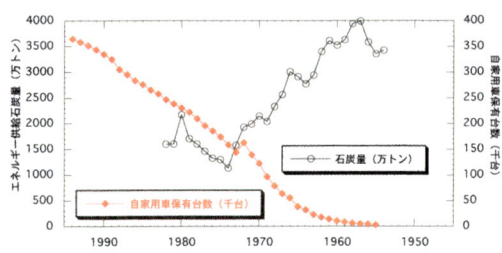

図2 堆積物中の多環芳香族炭化水素の変化と自動車保有台数・石炭供給量との関係
ペリレンと石炭供給量，ベンゾaピレン，クリセンと自動車保有台数が比例すると仮定して年代を決定した．

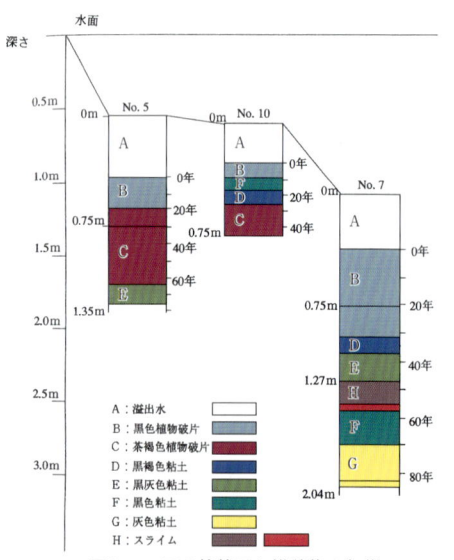

図3 コアの柱状図と堆積物の年代
図2から推定した堆積物の年代
（京都市道路建設課（1997）を改変）

重金属の鉛直分布の結果から

一般に堆積物中のある化学成分の濃度鉛直分布は，その成分の起源が①自然か，②人間活動によるか，③その両者によるか，④その成分がある時期に集中的に加わったが現在は規制されているか，そして⑤その化学成分が泥の中で化学的に溶けて自由に移動するか，あるいは波でかき混ぜられたり，生物が泥に潜り込む際にかき混ぜられるか，によって大きく異なる（図4）．

さて，堆積物中の重金属から最近の人間活動の状況をみるために，都市地域の浮遊塵起源の亜鉛（Zn），自動車排ガス起源の鉛（Pb，加鉛ガソリン），石炭や燃料重油の燃焼起源のバナジウム（V）および石炭や石油起源の銅（Cu）の分析を，No3，8を除いた9地点（図1）について行なった．それらの鉛直分布図を，No6を例として描いてみると，Zn，PbおよびCuの含有量は堆積物表層とその近傍が下層に比べて高値を示し図4の③に類似した分布図になる（図5）．他の地点も同様な分布図になる．

その要因として，(a)人間活動の影響，(b)水質環境の大きな変化（海水→汽水→淡水），(c)堆積後の続成作用に伴う表層への濃縮（移動性の高いMnの表面への濃縮）などが考えられるが，深泥池では，(b)と(c)は考えにくいし，流入する川もないので，(a)の人間活動の影響，つまり大気中の汚染物質として池に供給されたものと考えられる．

Vの濃度分布はZn，PbおよびCuの濃度分布と逆の様相を示している．つまりそれは表層から下層に向かってその濃度が増加して模式分布図の⑤に類似した分布図を描いている（図5）．このVも大気中の汚染物質として本池に供給されたものと考えられる．Vが図4の④の模式に相当する分布を示すのは，Vを排出する石炭の使用量が，1950年代後半から1970年代中頃にかけて大きく減少したためと推定される（図2の石炭供給量参照）．重金属の分析結果から，深泥池の堆積物の中に人間活動の履歴が保存されていることがわかってきた．

（吉岡龍馬）

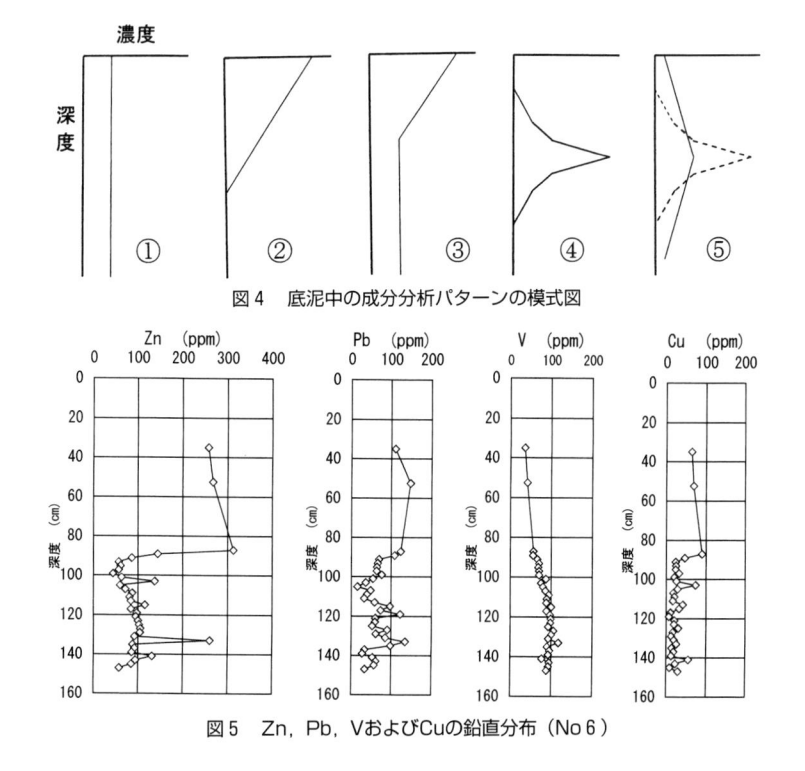

図4　底泥中の成分分析パターンの模式図

図5　Zn，Pb，VおよびCuの鉛直分布（No6）

生物群集管理

外来魚除去事業の成果

京都市深泥池学術調査団委員会が1993-1994（平成5-6）年度に行った調査，ならびに京都市岩倉上賀茂線深泥池検討委員会が1993-1996年度に行った調査の結果，総合学術調査の行われた1979年以後に底生動物や魚類の種組成が激変している事実が明らかとなった．その間に，護岸や汚濁負荷といった人為影響に大きな変化はなかったことから，生物群集が激変した原因として，オオクチバスやブルーギルなどの池に持ち込まれた外来魚の影響が懸念された．そこで，京都市は，深泥池生物群集の保全のため，1998（平成10）年に外来魚個体群抑制事業を開始した．この事業は，研究者や地元住民の有志による「深泥池水生生物研究会」によって2004（平成16）年現在も継続的に実施されている．

図1　エリ網の設置．魚は手前の袖網にそって泳ぎ，写真右上のつぼ網の中に誘導される．

外来魚の除去と方法

外来魚の除去の対象は，オオクチバス・ブルーギルのみとし，カムルチなどのその他の外来魚は除去しなかった．その理由として，カムルチの侵入時期が古いにも関わらず1970年代には多くの在来水生生物と共存していたことや，多数種を一度に除去するとそれぞれの種の除去の効果を検証することが困難になることが挙げられた．ただし，オオクチバスとブルーギルは競争関係にあり，一方を除去すると他方が増加する可能性があるため，両種を同時に除去した．個体群抑制の方法として，産卵床の破壊，エリ網（図1），投網，刺し網，さらに2001年度からはモンドリ（図2）を用いた．捕獲は，毎年3月から11月にかけて，週に2～3回の頻度で実施された．いずれの漁法でも，捕獲された魚類のうち在来魚はできるだけ傷つけず放流し，オオクチバスとブルーギルだけを取り除く配慮がなされた．

図2　琵琶湖ではニゴロブナを取るために利用されるモンドリ．餌なしで1時間程度水中に設置するだけで10数個体のブルーギルがとれる．

図3　刺し網で捕獲されたオオクチバス

第4章　深泥池生態系管理への取り組み

図4　モンドリで獲れたブルーギル

図5　エリ網で捕獲された外来魚の稚魚．1回で2cm程度の稚魚が100個体以上とれるときもあった．

オオクチバス対策

　オオクチバス（図3）の多くはエリ網によって捕獲された．オオクチバスの個体数推定には，捕獲個体に標識をつけ放流し，次回の捕獲個体中の標識個体の割合によって全個体数を推定する標識再捕法が用いられた．その結果，オオクチバスは，1998年には約84個体だったものが2000年には約33個体に減少した（図6）．2001年以降は，オオクチバスが標識再捕法を行えない程度に個体数が減少したため，全捕獲個体を除去した．2002年までの実績から，オオクチバスは，産卵床の破壊，エリ網，投網による捕獲によって個体群抑制が可能と考えられる．ただし，2003年から新たに密放流されたと判断される個体が捕獲されており，予断を許さない状況になっている．

ブルーギル対策

　ブルーギル（図4，5）の個体数は，標識再捕法と除去法によって推定した（図7）．除去法は，一定労力あたりの捕獲数の減少割合から除去前の個体数を推測する方法であり，捕獲にはモンドリを用いた．1998年の9,545個体から，2000年の5,744個体までは大きく減少した．2001年以降は，モンドリによ

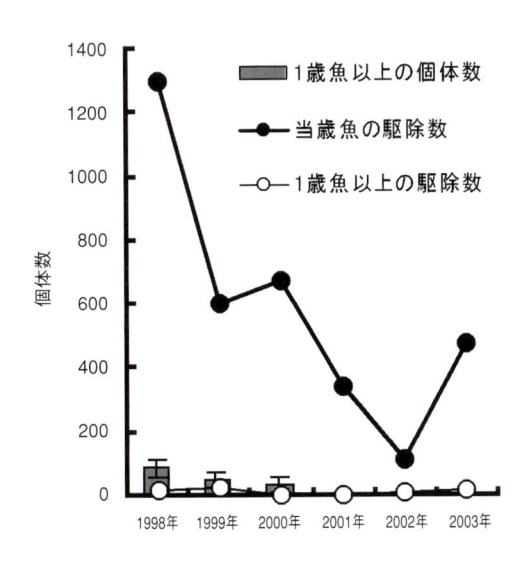

図6　オオクチバスの個体数変動

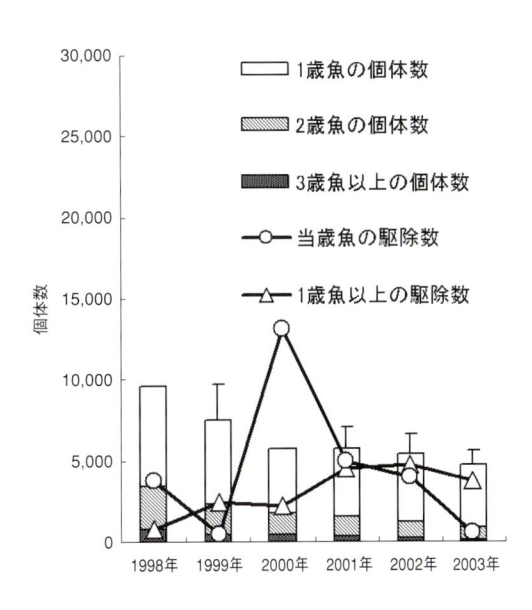

図7　ブルーギルの個体数変動

169

る捕獲を加えて，前年度の倍以上除去したにもかかわらず，2001年は5,775個体，2002年には約4,704個体と推定され，減少しにくくなった．そこで，体長分布と鱗による年齢査定によって年齢ごとに個体数を推定した．その結果，ブルーギルの2歳魚以上の個体数は減ったが，1歳魚の個体数は減っていないことが分かった．これは，現状の方法では稚魚の新規加入の抑制が十分に行えないためと思われる．ただし，生殖可能な個体数は確実に減少しており，今後は，稚魚の新規加入も減少に転じると推測される．また，1歳魚以上の除去による間引き効果によって1歳魚までのブルーギルの生育環境がよくなり，自然死亡率が低下した可能性がある．このため，年齢ごとの死亡率と捕獲率を求め，個体群変動のモデルを用いることによって，将来のブルーギルの個体数変動を予測した（図8）．それによるとModel 2のように間引き効果はなく，死亡率が一定と仮定すると，2001年にはほぼブルーギルはいなくなると予想された．しかし，実際の個体数は，推定された個体数とは大きく異なるため，Model 1のように，間引き効果があり，個体群密度が低下すると共に自然死亡率も低下すると考えられる．また，今後も個体数の90-80%を除去し続ければ2007年には1,000尾以下にまで減少すると推測された．また，除去努力が個体数の70%では，1500尾以下に減少させるまで10年かかると予測された．さらに，除去率が60%以下の場合には，次第に個体数が増加することが予測された．今後，少なくとも個体数の7割以上のブルーギルを除去していくことが必要であり，8割以上を除去し続けると2010年には100個体以下にすることが可能であると推測された．　　　　　　　（安部倉完・竹門康弘）

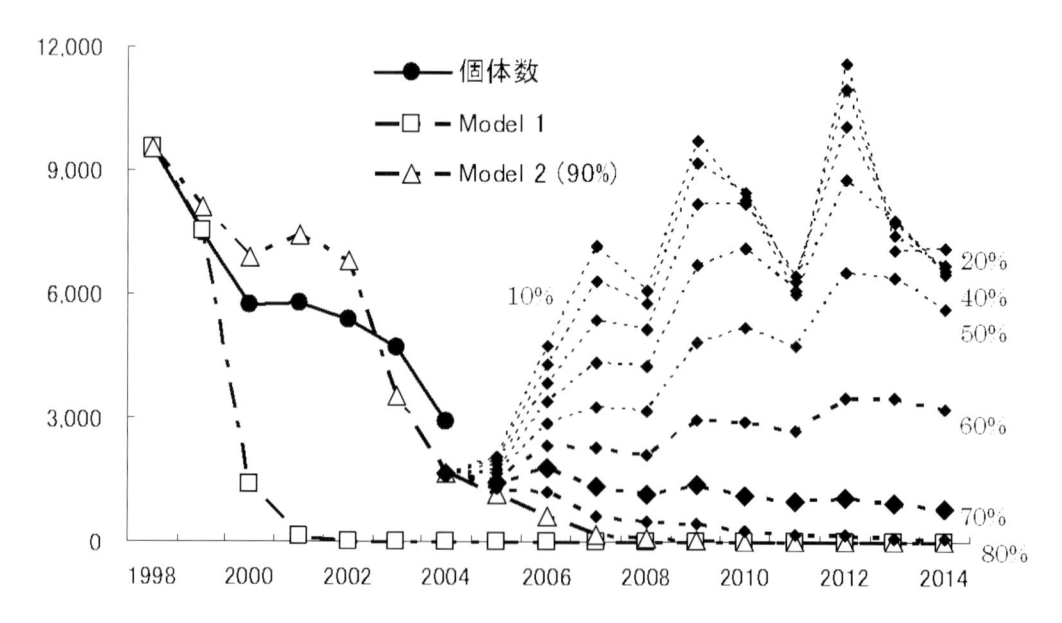

図8　ブルーギルの個体群変動モデル．個体数密度と各年齢層の死亡率は指数関数に近似した（内田モデル）．1998-2004年は個体数推定値とモデルで予想された推測値を示した．2005年以降のデーターは全体の個体数の何%を駆除すれば，その後，どのように個体数が変動すると予想されるかを示したもの．

生存率 = $a \times e^{-b \times 各年齢層の個体数密度}$　（a, b: 定数）
Model 1: 各年齢層の生存率は個体群密度に依存しないと仮定したモデル．
Model 2: 各年齢層の生存率は個体群密度に依存すると仮定したモデル．

カメ類の現状と駆除と成果

深泥池の外来カメ類

1998（平成10）年から行なわれている深泥池の外来魚捕獲事業ではエリ網にカメ類が混獲される。カメ類も外来種（おもにアカミミガメ）が混じっており、外来動物の除去すべしという方針から、これらの外来種のカメの除去を続けている。在来種は背甲の縁にマーキングを施して放流している。

深泥池では計 8 種のカメが捕獲されている。在来種はクサガメ（*Chinemys reevesii*）・イシガメ（*Mauremys japonica*）・スッポン（*Pelodiscus sinensis*）・ミナミイシガメ（*Mauremys mutuca mutica*）の4種、外来種はアカミミガメ（*Trachemys scripta*）・ワニガメ（*Macrolemys temminckii*）、ハナガメ（*Ocadia sinensis*）、ヨツユビリクガメ（*Tetudo horsfieldi*）の4種である。捕獲数はクサガメとアカミミガメが大多数を占め、他の種類はずっと数が少ない。

最も多いアカミミガメ

アカミミガメは「ミドリガメ」として売られている北米原産のカメである。幼体の背甲の緑色の縞模様がきれいであるが、成長するにつれてこの模様は目立たなくなり、だんだん可愛くなっていく。大きさも背甲長で25cmくらいまで大きくなる。クサガメなどに比べると性質は荒く、注意しないと咬まれることがある。私も一度計測中に咬まれて掌の皮を1cm平方くらいえぐられてしまったことがある。このカメは日本各地（聞くところによると世界各地）で野生化している。京都の寺社の池で見られるカメの多くはこのアカミミガメになってしまった。

1998-2002年の 4 年間で深泥池のアカミミガメ91個体を捕獲・除去したが、なか減少する気配を見せない。深泥池でアカミミガメが自然繁殖しているかどうかは不明だが、飼われていたカメが池に捨てられるという形での「新規参入」が続いているらしい。

その他の外来カメ類

ワニガメも北米原産。水底に潜んで口を開け、赤い小さな舌を動かして疑似餌とし、魚をおびきよせ捕らえる習性がある。特異な風貌のため捕獲事例がときどき新聞記事になっている。深泥池では1998年に 2 個体捕獲されている。

ハナガメ（花亀）は中国南部の原産。ペットとして輸入されているが数はそう多くないので日本の野外で捕獲された事例は少ない。深泥池では2001（平成13）年と2006年冬に 1 個体捕獲された。

ヨツユビリクガメは「ロシアガメ」などの名でペットとして輸入されているが、ロシアには分布せず、アフガニスタンなどの乾燥地帯に分布している。深泥池では2002年に 1 個体捕獲されているが、陸生のカメなので池の中で捕獲されたわけではない。池の岸（陸上）にいるところを発見されたものである。おそらくは飼い主に捨てられて間もなかったのであろう。

（樋上正美）

図1　浮島で日光浴するアカミミガメ（2005年 4 月 6 日撮影）

ウシガエルの食性と抑制対策の必要性

深泥池には，京都府レッドデータブックで絶滅寸前種とされているダルマガエルと，要注目種とされているニホンアカガエルが分布している．これら衰退の著しい2種が同所的に生息していることが，深泥池カエル群集の特徴である．とはいえ，どちらも生息個体数は極めて少なく，調査のための観察すら困難な状況となってしまっている．

生態系へ影響が大きいウシガエル

深泥池で優占しているのは，外来種のウシガエルである．ウシガエルは大型で，自分よりも小さなものなら何でも丸飲みにしてしまうため，カエル類をはじめ他の多様な脊椎動物の捕食例がこれまでに報告されている．このような獰猛な食性ばかりが注目されるため，ウシガエルが餌を水生昆虫や底生動物に依存していることの重大性は見過ごされてきた．その結果，ウシガエルの在来生物への影響に関する従来の議論は，カエル類に対するものに終始し，水生昆虫や底生動物に対する影響はほとんど考慮されずにいた．

1980（昭和55）年の調査や2001（平成13）年と2002年の調査でも，深泥池ではウシガエルによる在来のカエル類の捕食例は得られていない．おそらくこれは，在来のカエル類がすでに著しく衰退してしまっているからと考えられる．その代わりに主要な餌となっているのが，水生昆虫と底生動物である．2001年と2002年の調査結果によれば，成体は主にアメリカザリガニを，幼体はヤゴやアメンボなどの水生昆虫とヌマエビやサカマキガイなどの底生動物を捕食している．これらは現時点で深泥池に豊富に残っている動物群であるが，ウシガエルは特定の餌種を選り好みすることなく無差別的に捕食するので，以前は希少種とされている水生昆虫なども捕食していたと考えられる．また，水生餌種が餌の総体積に占める割合は成体で91.8％，幼体で46.1％に達し

図1 深泥池で優占するウシガエル

ており，日本本土に在来のカエル類で得られている値を大きく上回っていた．このような水生餌種に依存した食性は，外来魚だけでなく，ウシガエルも深泥池の水生昆虫や底生動物の衰退を引き起こした原因の一つであり，さらに今なおそれらに対して深刻な打撃を与え続けている可能性を強く示唆するものである．

ウシガエルを駆除対象に

しかしながら，深泥池の水生動物相を回復させることを目的として1998年から行われている外来魚駆除事業では，ウシガエルは駆除の対象にはなっていない．この事業の目的が在来魚類相だけでなく，底生動物相（水生昆虫を含む）の回復にもあるならば，外来魚だけでなくウシガエルも同時に駆除すべきである．そうしなければ外来魚駆除の効果が，ウシガエルの捕食圧によって相殺されかねないからである．

ウシガエルを根絶させる方法としては，成体や幼体は警戒心が強く，捕獲するのが難しいので，幼生や卵塊の除去が有効と思われる．また，成体の主食であったアメリカザリガニはウシガエルと同様に外来種であり，かつ在来の水生小動物を食害することが知られているので，一緒に駆除すべきである．アメリカザリガニの代替となりうるような大型で豊富な餌動物は深泥池には存在しないので，アメリカザリガニの駆除はウシガエルの個体数抑制にとっても効果的であると考えられる．

（平井利明）

外来植物の駆除と成果

外国産の外来生物が侵入して日本の在来生物を圧迫し，駆逐したり，雑種を産出することが生態系と遺伝子の攪乱として全国的に問題となっている．深泥池でも外来植物問題は深刻である．浮島には外来植物としてアメリカセンダングサ，メリケンカルカヤと西端にキショウブ，東端にアメリカミズユキノシタが分布するが，在来の植物への圧迫は池の岸辺と開水域で目立つ．それは，キショウブ，ナガバオモダカ，アメリカミズユキノシタ，セイタカアワダチソウの分布拡大である．

市文化財保護課による除去

ナガバオモダカは1970年代に南開水域と南東開水域で急激に繁茂し，在来のジュンサイとヒメコウホネの分布を年々著しく狭めていった．また，キショウブは池の岸辺のあちこちで大きな群落を形成していた．当時の学術調査団によって外来植物の除去が提言され，京都市文化財保護課は，業者委託によって1985（昭和60）年から数年間，開水域のナガバオモダカと岸辺のキショウブの駆除作業を行なった．その結果，大きな成果があり，キショウブは岸辺からはほとんど姿を消し，ナガバオモダカの駆除跡にはジュンサイとヒメコウホネの分布が回復した．アメリカミズユキノシタは学術調査によって分布が確認され，1980年当時は南東開水域の一部と浮島東端のヨシ帯に分布していただけであるが，その後，南開水域から南西開水域まで分布を広げた．アメリ

図1　ナガバオモダカ除去作業（1986年8月）

図2　1970年代岸辺に急激に繁茂したナガバオモダカ

カミズユキノシタの駆除作業は，文化財保護課の業者委託によって1995（平成7）年に行われた．セイタカアワダチソウは，湿地の植物ではないが，北開水域にマコモやヨシが繁茂し，岸辺と浮島が陸続き状態になっているところで，岸から分布を拡大し，現在では浮島北東端に到達している．浮島のシュレンケに広がるとは考えにくいが，セイタカヨシのようにビュルテに広がる可能性があり，今まで何もなされていないが，対策が必要となっている．

市民による除去

これらの駆除作業は1年ないし数年だけであり，また，開水域の作業はボートの上からとか水に浸かりながらであり，かつ委託業者は植物の専門ではなかったためか，取り残しや未了の地域が存在した．そのため，現在では，アメリカミズユキノシタは駆除作業当時よりも分布が拡大し，ナガバオモダカは1970年代の爆発的繁茂直前の状態に近く分布が回復してきている．この間，現状を見かねた「深泥池を守る会」や「深泥池自然観察会」，「深泥池水生生物研究会」の市民有志が，京都市の保全活用専門委員会の指導を受けて，南西開水域でボランティアの除去作業を行ってきた．アメリカミズユキノシタはマット状，ベッド状に生育しているので，除去作業は，ブロック状に切断し，「国引き」と称してロープで開水域の水面を手探り寄せて行なっている．ブロック状の分厚い茎と根がからんだ間に，アメリカザリガニが棲んでいることなどもわかっ

てきた.

外来植物，とくに地下茎などで栄養繁殖する多年草については，専門的な立場からの継続的な管理なしにはコントロールできない．現在中断されているが，公的で，継続的な保全事業が柱となり，それに市民の自然観察をかねたボランティア活動が協力して，行政と市民が一体となった活動が必要である．また，本来的には，高層湿原の環境の回復と保全によって外来植物が優占できないようようにすることであることは言うまでもない．

（田末利治・藤田　昇）

希少植物種の保護

浮島への侵入防止対策が必要

希少植物種の保護対策としては，人による盗掘の防止と生育環境の保全が重要である．深泥池の希少植物種の代表は世界の分布南限であるホロムイソウである．ホロムイソウは北方の分布中心地では，シュレンケに生育する植物であるが，深泥池では他植物の侵入が容易でないオオミズゴケのビュルテに生育したため，暖温帯の植物に排除されずに氷期から現在まで生き残ったと思われる．そのため，生育場所のオオミズゴケが枯死しない限り，栄養繁殖によって今後も長く生存すると思われる．しかし，問題は人による盗掘である．

ホロムイソウは目立たない花をつける植物であり，園芸的には普通は利用されないが，恐らくその希少性ゆえに深泥池では1995（平成7）年

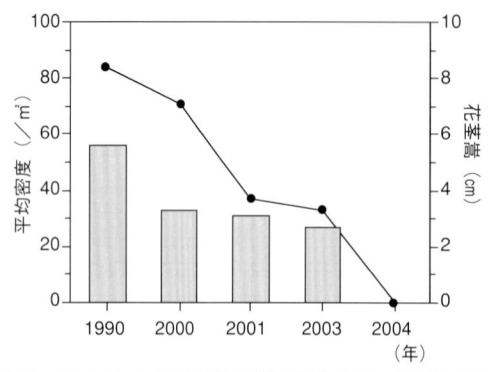

図1　クロホシクサの密度と花茎高の年変化．折れ線グラフが密度を，棒グラフが花茎高を示す．生育場所での幅1 m，長さ8 mの面積の平均値．

と2005年に大規模な盗掘を受けた．地下茎が残存しているので栄養繁殖で復活すると思われるが，生育する場所が限られているので，盗掘が続くと絶滅する恐れが高い．また，近年，シカが浮島に侵入してカキツバタの食害が目立つようになった．他地域ではシカによるミツガシワの食害も報告されているので，今後，カキツバタ以外の植物にも食害が広がる恐れがある．盗掘者といいシカといい浮島への侵入防止対策が必要である．

保全事業には十分な生態学的配慮を

生育環境の保全としてはクロホシクサの例があげられる．クロホシクサは全国的に絶滅危惧種に指定されており，深泥池では同じホシクサ属のシロイヌノヒゲ，ケイヌノヒゲに比べて分布が限られ，絶滅寸前の状態で生育していた．一年生草本であるので，環境変動の影響を受けやすいと予想されるが，その生態はよく分かっていない．

深泥池保全活用専門委員会委員長と文化財保護課は，深泥池の保全事業として深泥池が，市街地の洪水防止ダムとして機能するかどうかを検討する実験を2000年に行なった．すなわち，大雨時に前もって深泥池の水位を低下させておいて，治水ダムに使おうというのである．その実験として，梅雨期から水位をマイナス20 cmに低下させた．生物関係者は人為的に水位を低下させると，生物に悪影響が予想されるとして反対したが押し切られた．浮島内のホシクサ類は初夏に浮島が浮上して水位が低下した時期に種子から発芽するので，春先から水位を低下させると発芽が早くなるのかと思ったが，2000年は発芽が異常に遅くなり8月下旬になった．発芽の遅れた理由は分からないが，クロホシクサの個体密度と花茎高の年変動（図1）のように，2000年の密度はそれまでとあまり変わらなかったが，花茎高が顕著に小さくなった．発芽自体への影響は大きくなかったが，発芽の遅れによって生育期間が短縮し，開花・結実期の成長が悪くなったためで，種子生産量も減ったと思われる．クロホシクサは毎年種子から育つ一年

生草本であるため，そのつけが翌年の2001年に現れ，密度が著しく低下し，なぜか個体サイズも回復しなかった．その後も個体密度と個体サイズは回復せず，2004年には出現しなかった．2005年も見られなかったので浮島の中からは消滅したと思われる．浮島の周辺には一部残存しているので，現時点では深泥池から絶滅した訳ではないが，希少植物種が減少し絶滅の危機を迎えることは許されないことである．植物への影響など総合的に考えず，防災の観点だけで水質管理を行うことはきわめて危険であることを示す例といえる．生態学的配慮をせずに池の環境を人為的に変動させることは許されない．

（藤田　昇）

ミヤマウメモドキの雄株発見と保全対策

ミヤマウメモドキは本州の主として日本海側に分布する日本固有の落葉低木で，西日本には珍しく，氷期の残存植物と考えられる．最近，奈良県で新産地が報告されたが，1968（昭和43）年に永井かな氏が発見した当時は深泥池が分布の南限と考えられていた．ミヤマウメモドキは雌雄異株で，深泥池では株立ちした古い雌株1個体のみが知られており，雄株がないのに良く結実するので不思議だった．どこかに雄株があるのではないかとか，付近に多いウメモドキの花粉で結実するのではないかなど，様々な憶測があった．

1997年3月の「深泥池自然観察会」でミヤマウメモドキとウメモドキの樹皮や枝ぶりがよく似ているという話を聞いて，落葉期の深泥池でミヤマウメモドキとウメモドキの樹皮と枝ぶりを詳しく比較観察した．その結果，短枝と枝の太さに違いがあり，ミヤマウメモドキは短枝をよく作り，枝がごつい感じだった．その目で再検討すると，ミヤマウメモドキの古株の近くにそれまでウメモドキと思いこんでいた株でミヤマウメモドキらしい株を見つけた．葉が出て花が咲いてから確認しようとそれまでは二人の胸に秘めた．

図1　ミヤマウメモドキ（2005年8月18日撮影）

図2　ミヤマウメモドキの景観（2005年8月18日撮影）

5月初めに現地を訪れると紛れもなくミヤマウメモドキの葉で，つぼみもウメモドキのように淡紫がかっていなくて白だった．また，3月には気づかなかったが，すぐ横に別の株を見つけた．深泥池を守る会の幹事会で村田源先生にサンプルを見せると，間違いなくミヤマウメモドキでつぼみの着き方から雄株だとのことだった．5月末には二株とも雄花の開花を確認した．

ミヤマウメモドキが雌雄そろった形で残存していたことは喜ばしい限りであるが，樹勢の衰えが心配である．人の踏みつけ，土壌浸食による根の露出，周辺の樹木による被圧などが原因と考えられるので，周辺への立ち入り禁止と被圧している樹木の伐倒や枝払いなどの保全対策が必要であった．池の外は京都市の文化財保護課でなく公園課の管轄であるが，宮本水文氏の尽力でその後に現在の保護柵や枝払いが実現した．枝払いなどは一度だけではすまないので，継続的で，かつ雌雄そろったミヤマウメモドキから天然更新が可能なような水際湿地の保全策が望まれる．

（藤崎　晃・田末利治）

在来植物管理

北開水域のマコモ除去は中断したまま

　外来生物の侵入に加えて，深泥池での植物管理としては，在来植物対策が重要となっている．南開水域でマコモがジュンサイとヒメコウホネを圧迫している現状を見れば一目瞭然であるように，植物間の競争に強い低層湿原性の植物が繁茂して高層湿原性の植物を圧迫している．深泥池では，在来植物対策が文化財保護課の事業としてかつて2度行われた．一つは1996（平成8）年と1997年に行われた，南西開水域に繁茂したヒシの除去で，1年目は結実後に行われたため除去効果は小さかったが，結実前に行われた2年目の除去は効果をあげ，ヒシは激減した．もう一つは，北開水域のマコモ・ヨシ・ミツガシワを除去して開水面を回復する対策であり，これは専門業者に委託して1998年と1999年に行われた．2年間で中断したため，中途半端に水面が現れただけであり，現在では再び植生が回復しつつある．

南岸と西岸のマコモ除去でジュンサイ回復

　その後は外来植物対策同様に，保全活用専門委員会の指導を受けた市民ボランティアによるマコモの除去が南西開水域の南岸と西岸で行われただけである．しかし，その成果は著しく，南西開水域にジュンサイの分布が見られるようになった．

　開水域への植物の侵入は，ミツガシワ，マコモ，ヨシの順に進行することが多い．ミツガシワが開水面に浮かんで広がり，それを土台にして深水性抽水植物のマコモが広がり，それを土台にさらに浅水や陸に生えるヨシが広がる次第である．開水域が堆積物で埋まって浅くなると，南開水域のように開水面に直接マコモやヨシが侵入する．マコモの進出の初めは地下茎が水中に浮いているので除去は比較的に容易であるが，底泥に地下茎が到達すると困難になる．ヨシはマコモより地下茎が深く，掘り取りは不可能になる．北開水域はもちろん，近年の進出が著しい南開水域を現状のように手をこまねいているだけだと，年々分布が拡大するとともに除去は困難になるばかりであるのは，市民ボランティアの経験からして明らかである．ヨシに関しては，掘り取りが無理でも，刈り取りの継続による除去は可能である．浮島でヨシは年々2-3mの速度で分布を拡大している．また，浮島ではヨシだけでなく，セイタカヨシやカンガレイ，チゴザサの多年生植物が異常に栄養繁殖してパッチが拡大している．

求められる継続的な在来植物対策

　外来植物と違って在来植物については自然に任せるべきだとして，人為対策をとることに否定的な意見は植物の専門家にも存在する．植生が変化した原因となる環境を改善して元の植生が回復できるようにすることが大切である．しかし，人為的な環境破壊によって生じた植生変化は人為的な対策なしには容易には復元しない．また，浮島でヨシなどの低層湿原性の植物の優占を放置することは，ミズゴケの回復を困難にするだけでなく，深泥池の現在から近過去の歴史の消滅が拡大するのを容認することである．継続的な在来植物対策は外来植物対策同様に緊急の課題となっているのである．（田末利治・藤田　昇）

図1　ビュルテに侵入するセイタカヨシ

深泥池に侵入するシカ

　深泥池の浮島湿原にシカが侵入している．浮島湿原にニホンジカ（シカ）の足跡や糞が散在している上に，カキツバタやミツガシワなどが採食されている（図1）．しかし，本当にシカが採食しているという証拠がなかった．そこで，赤外線センサー内蔵の自動撮影カメラを設置したところ，シカが浮島を遊動している姿を2005年7月にはじめて確認することができた（図2）．撮影された時間帯が明け方や夜が多いことから日中の活動は避けて主に夜，シカは浮島に侵入して湿原植物を採食しているのであろう．

　湿原はシカにとって食物となりやすい草本性植物の宝庫だから，これまでも深泥池湿原に侵入してきたのかもしれない．しかし環境省の「緑の国勢調査」によるとシカの分布域が全国的に拡大傾向にあり，滋賀県や京都府の個体群も増加中であることから，浮島へ侵入するシカの個体数も近年増加した可能性がある．

　シカが浮島で採食することは，深泥池生物群集の保全する上で3つの問題が考えられる．まず，シカによる植物への採食圧が問題となる．シカの好きな植物は食べられて減少して，嫌いな植物は逆に増えるために，深泥池湿原の貴重な植物群落の構造を大きく変えてしまう可能性がある．また希少植物を採食によって絶滅させるかもしれない．次の問題は，踏圧などによる泥炭表層の攪乱が考えられる．2005年2月に撮影した深泥池の航空写真にはシカの踏跡がくっきりと写っている（図3）．このような攪乱が嵩じれば，植物の定着や生育を妨げて湿原自体を崩壊させる危険性がある．そして最後に，糞尿による水質悪化の懸念がある．浮島の希少な生物群集は貧栄養で酸性の水質に依存している．シカの個体数や滞在時間が増して，糞尿が多くなれば浮島の水質を富栄養化させる恐れがある．

　シカによって大きな影響を受けてしまった森林が日本各地にあることを考えると，深泥池湿原に昔からシカが侵入していた可能性があるからといってこのまま放置するのは問題である．できるだけ早く，シカの影響を排除するための柵を設けるとともに，植生への影響を評価するための調査をする必要がある．

（辻野　亮）

図1　カキツバタに残された採食痕．

図2　センサーカメラで2005年7月28日4：46に撮影されたメスジカ．鹿の子模様の残る1～2歳のメスジカであると思われる．

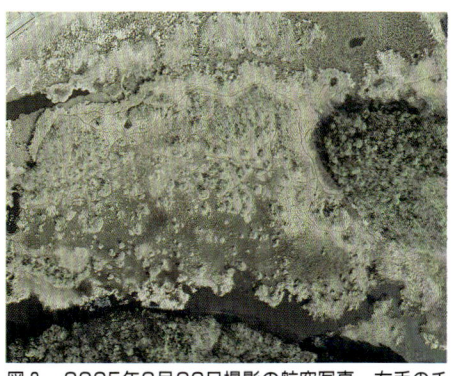

図3　2005年2月22日撮影の航空写真．右手のチンコ山の先端部付近から侵入するルートが太い道となっている．浮島内ではこの道から網目のように踏み跡が広がっている．

道 路 問 題

直面する問題

深泥池の保護にかかわる問題は，大きく分けて二つある．一つは池を取り巻く集水域を保全し，酸性で貧栄養な水が池に流入する条件を維持することによって泥炭湿地（浮島）を保全することである．この浮島があってこそ，深泥池のすぐれた生物相や生物群集が維持されるからである．もう一つは，池にそって走る道路の拡幅問題である．深泥池は池を取り巻く集水域から流入する雨水由来の水で養われている．今でも，道路，病院施設などによって，集水域は本来の1/3程度になっているのに，これ以上大きな道路が建設されて交通量が増えたり，埋め立てによって池敷が小さくなれば，池の生物群集に大きな影響が出ることは明白である．道路建設が，池の保全にとって命ともいえる水の水質を悪くするという科学的な根拠があるから，道路問題は重大である．

ここでは，深泥池と道路問題の経緯を整理し，問題点を明らかにしておきたい．

都市計画道路

1960（昭和35）年1月に建設省告示第87号で京都国際文化都市建設計画街路が計画決定された．このなかに深泥池の池敷に一部入り込んだ幅員14mのⅡ等大路第Ⅲ類第113号線（以後Ⅱ.Ⅲ.113号線とよぶ）があった．いわゆる都市計画道路が，すでに池全体が国指定の天然記念物に指定されていた深泥池を，不用意にも一部埋め立てる形で策定されていた（図1）．この図は，その敷設計画図の深泥池部分である．

深泥池をめぐる道路問題の発端は，この都市計画道路決定である．しかも，このⅡ.Ⅲ.113号線は，すでに北山通から深泥池の南約150mの地点までと，北側約300mの地点から北は完成している．つまり，深泥池の部分を残して，Ⅱ.Ⅲ.113号線は完成している．誰が考えても，すでに外堀は埋められている．道路建設では，こういった手法はふつうである．

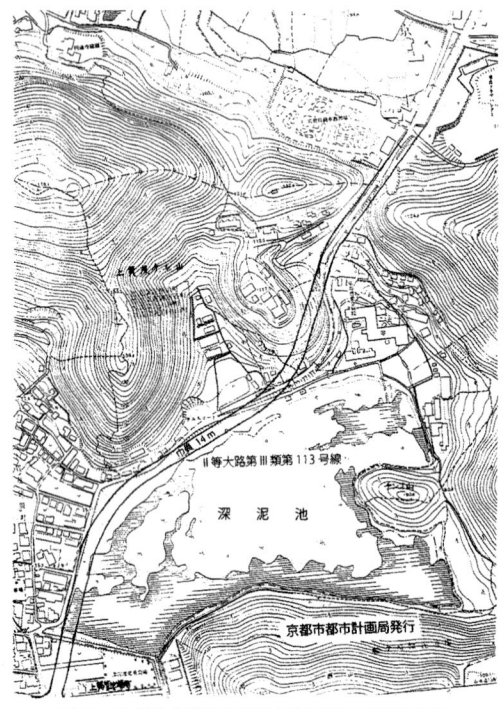

図1　Ⅱ等大路第Ⅲ類第113号線の敷設計画図
（京都市都市計画局（2000）を改変）

京都市は，1977（昭和52）年度から55年度まで深泥池学術調査を行い，報告書『深泥池の自然と人』（1981）を刊行した．この調査によって，深泥池が以前にも増して貴重な自然であることが明らかになった．調査団は，計画道路Ⅱ.Ⅲ.113号線は池に重大な影響を及ぼすので，ルート変更の検討を求めた．「(財)日本自然保護協会関西支部」もⅡ.Ⅲ.113号線建設に反対を表明した．

この学術調査の結果は，新聞報道を含めてさまざまな形で市民に向けて発信され，京都新聞は1981（昭和56）年4月から32回にわたって「現代の奇跡深泥池」を連載した．

学術調査団からのルート変更の要求もあっ

て，京都市は地質調査も行って，池と反対側に現道を拡幅する案と岩倉側からトンネルで池の西側の現道につなぐトンネル案について予備設計を行い，1984年に道路建設課は文化財保護課に二つの事業計画案を提示した．しかし，2案とも池への影響は避けられない，という文化財保護審議会記念物部会の意見で，両案とも沙汰やみになった．

道路拡幅実現を求めた請願の採択

上にのべたように，計画道路Ⅱ.Ⅲ.113号線は，深泥池沿いの部分だけが残っている危機的な状況に置かれているのに，さらに追い打ちをかける新たな状況が生じた．

1990（平成2）年4月13日，京都市会建設委員会で，岩倉自治会連合会と四町（池田南・北，幡枝，南平岡）連絡協議会が，その前年に京都市市議会議長に出していた幡枝・深泥池間道路（市道岩倉上賀茂線）の拡幅の早急な実施を要求する「岩倉地域南部幹線道路の整備に関する請願」が，自民，公明，社会，民社各党の賛成多数で採択された．

翌日の新聞各紙は，京都市が池沿いの道路の拡幅へ踏み出したと，請願採択を大きく報じた．

この請願は，現道拡幅の早期実施を要求するものであるが，「幹線道路の整備に関する請願」なのである．この請願の背景には，計画道路Ⅱ.Ⅲ.113号線の敷設計画があったといえる．

請願採択後の経過を述べる前に，この請願にいたる経過も述べる必要がある．岩倉自治連合会は，1974（昭和49）年に京都選出の小川伊三次代議士を通して文化庁に，研究の資料にされている水生植物はなくなっているので，「現在の狭い道路巾を少し拡張しても何等影響ないものと思われます」と道路幅員の拡張の陳情書を提出している．

1985（昭和60）年にも岩倉自治会連合会と四町連絡協議会が，京都市に道路整備を要求する請願書を提出したが，この時は「深泥池を美しくする会」も道路拡幅反対の請願を提出し，京都市議会で審議未了になっている．

請願採択後の道路問題

1990（平成2）年の請願採択がきっかけになって，深泥池の保全と道路問題が改めて注目され，深泥池の道路問題は新しい段階にはいった．何よりも，道路の拡幅をめぐっていろいろな動きが顕在化した．採択後いち早く，深泥池学術調査団の25名の研究者が，「深泥池の保護のための要望書」を当時の田邊朋之市長に提出すると同時に，「深泥池の保護のための京都市民の皆さんへのアピール」を発表した．

市民へのアピールに応えて，市民，研究者が6月にシンポジウム「深泥池を考える」を開き，「深泥池を守る会」を結成した．年2回の観察会，年1回のシンポジウム・写真展の開催，池の監視，京都府と市への要望・要請，ニュース発行を続けている．

6月20日の田邊市長の定例記者会見での発言をうけて，翌日の新聞各紙は，「池の保護を最優先」「深泥池，傷つけぬ」「市長が見直し示唆」「深泥池生態系は破壊させない―市道拡幅を見直し」と大きく報じた．

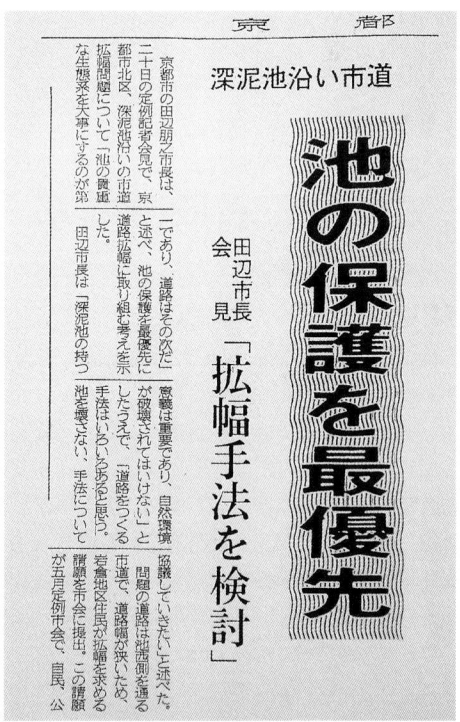

図2 田辺京都市長が定例記者会見で，「深泥池の貴重な生態系を大事にすることが第一で，道路はその次だ」と述べたことを報じる1990年6月21日付「京都新聞」の記事

「深泥池を守る会」は，9月に岩倉盆地・京都盆地間の8箇所で，12時間の交通実態調査を行なった．この交通調査で，岩倉盆地から南の京都盆地にアクセスする4本の道路のうち，白川通の通勤時の負荷は限界に近いこと，中央部の「きつね坂」には通勤時にやや負荷がかかるもののゆとりがあること，深泥池沿いの市道岩倉上賀茂線の利用は，通勤時にやや増えるが，1日中平均して使われている生活道路の性格をもっていることなどが明らかになった．現道は拡幅せず地域住民の限定的利用に供して，岩倉側から京都盆地への交通問題の解決には，きつね坂の屈曲を少なくして利用しやすく整備するのがもっとも合理的であると提案した．深泥池沿いの道路問題には，もう一つ解決しなくてはならない課題があった．それは，深泥池の東北部にある病院への緊急自動車のアクセスである．病院長の富田仁博士との話し合いで，岩倉側からの緊急自動車の病院へのアクセスが確保されるなら，深泥池沿いの南からのアクセスにこだわらないとの快諾を得たことも特記しなくてはならない．

1991（平成3）年2月には池の保護を求める15,522名の署名を市に提出した．

「深泥池を美しくする会」も，シンポジウム「世界に誇れる自然遺産深泥池を守ろう」を1992年に開催した．

「京都弁護士会」は，1993年に「深泥池問題調査報告書―深泥池の保護と道路整備―」を出版し，シンポジウムを開催し，「深泥池の保護と道路整備に関する提言」を発表した．その中で，貴重な自然深泥池がおかれている危機的状況から考え，早急に水質汚染防止と集水域の回復を含む保護対策を確立するとともに，集水域の保全のために文化財保護法，都市計画法，自然環境保全法など現行法での規制の強化を提言した．道路建設に関しては，住民も参加した開かれたアセスメントを行ない，池に影響を与えないという証明がなされない限り代替性のある道路建設は進めるべきでなく，きつね坂を含めて代替ルートの整備をし，現道は病院や住民の利用に限定し，保護か建設かの二者択一を避ける提言を行った．2002年には，「日本生態学会近畿支部」も，道路問題を含む深泥池の保全について，フィールドシンポジウムを開催した．

京都市岩倉上賀茂線深泥池検討委員会

1993年に，深泥池に影響を及ぼさない道路整備の方法を検討するために，岩倉上賀茂線深泥池検討委員会が市道路建設課に設置された．この検討委員会は，3年にわたる学術調査の結果をふまえて，1997（平成9）年の報告書で提言を行った．

〈提言〉

市道岩倉上賀茂線の道路が，池に影響を与えていることは否定できないので，池に隣接しない別ルートの新道をつくり，現道の機能を固定することを提言した．さらに，現道を運行しているバス路線の廃止や都市計画道路Ⅱ.Ⅲ.113号線の廃棄にまで言及した．現道については，岩倉地区と都心部を結ぶ機能を持っているが，環境保全と利便性を両立させて道路整備を行なうことは，困難だが不可能ではないとした．そして，道路整備の三つの基本方針を明記した．

①現道が特別な道路であることを市民に認識してもらうこと
②ハンプ，狭窄，クランク，凸凹舗装を導入した自動車交通抑制型道路にすること
③道路から池への雨水・土砂の流入を防止する道路構造とすること

深泥池をめぐる法規制

深泥池水生植物群落は，1927（昭和2）年に国の天然記念物に指定されたので（1988年，深泥池生物群集として再指定），文化財保護法による規制を受けている．以前は池は個人の所有であったが，2000（平成12）年に買い上げられて公有化され，京都市は所有者であると同時に，管理責任者になった．天然記念物の管理に関しては，文化庁長官の監督権限がおよび，現状変更は制限されている．

道路建設に伴う深泥池の現状変更には，建設局からの許可申請書と所有者の承諾書を文

化財保護課が作成することになるが，このためには道路建設による影響評価（アセスメント）が必要であり，京都市文化財保護審議会や京都府文化財保護審議会の審議を経なくてはならない．その上で，文化庁長官の許可が必要である．現段階では，道路建設による埋め立てが許可される状況にはないが，道路建設の法規制は絶対的なものでない．

国際会館までの地下鉄延伸と道路問題

　市営地下鉄が「北山駅」から「国際会館」まで開通して，大量輸送が早朝から深夜まで可能な交通機関によって岩倉盆地と京都盆地とがつながれたことは，道路問題を考える上で大きな影響を与えた．新しい地下鉄の駅ができたことによって市バスの路線が地下鉄の駅までのばされた．岩倉盆地内だけのバスのルートも新しく開設された．しかし，岩倉盆地と京都盆地をむすぶ交通や道路に関する総合的な再検討は行われなかった．深泥池沿いを走るバス路線も，基本的にはこの時検討されるべきであった．

　ようやく2006（平成18）年に，「きつね坂」を1部高架にしてカーブを緩やかにする改修工事が行われたが，これなどは深泥池沿いの道路拡幅の代替案として以前から私たちが提案していたものであり，望ましいことである（図3）．

現道拡幅計画の現状

　深泥池保全活用委員会（2001-2003年度）が京都市文化財保護課に設置された．

　2003（平成15）年3月3日に，京都市建設局から深泥池保全活用委員会に，市道岩倉上賀茂線の道路改良事業について諮問があり，委員会は審議の上，下記の骨子の答申を行った．天然記念物深泥池生物群集は，生物多様性の保全と文化財保護の観点から貴重な国民的財産であるが，現状は良好な状態にあるとはいえないので，池への新たな負荷は回避すべきである．したがって，池の埋め立てによる道

図3　一部高架化でカーブが緩やかになり利用しやすく改修された「きつね坂」

路の拡幅は中止すべきである．この答申で，市道岩倉上賀茂線の現道を池を埋め立てて拡幅する計画は，ひとまず撤回された状態となっている．

　池を埋め立てて現道を拡幅するのを容認する表現のある「付帯文書I」を含む京都市岩倉上賀茂線深泥池検討委員会報告書「別冊」（1997年）が，委員会の討議を経ずに提出されていたり，混迷しているが，「現状では現道の拡幅は困難である」というのが，道路問題の現状である．

　これだけ多くの研究があり，深泥池の自然が貴重であることがこれほど明確であるのにもかかわらず，これだけの予算と時間を使っていっこうに保全策が進展せず，市会による道路拡幅の請願採択はあるものの，京都市が現道拡幅にこだわり続けるのはなぜか．

（田端英雄）

道路網整備から見えてくる問題点

　深泥池沿いを通る道路の拡幅問題を，拡幅を目指す京都市とそれに反対する保護運動との長期にわたるせめぎ合いを通してみてきたが，京都市東北部の道路整備の進展を見ると，別の視点から池沿いの道路問題を考える必要がありそうである．

　道路の建設は，さまざまな手法で行われるので，その実態はなかなかつかめない．それは，ときには道路法による現道の拡幅，ときには区画整備事業，ときには都市計画法による都市計画道路の敷設というように，違うカテゴリーの工事が行われる．しかも，工事はばらばらに寸断してはじまる．そして何年かすると，点状に始まった工事区間がつながって一本の道路になってくる．左京区静市市原に京都市東北部クリーンセンター（ゴミ焼却施設）の建設が決まった時から，私たちはこのクリーンセンターへのアクセス道路問題に関心を持ち続けてきた．深泥池の問題で市の文化財保護課や道路建設課と交渉を持つたびに，深泥池沿いの道がクリーンセンターへのアクセス道路になるのではないかと問い続けてきた．道路建設課は，あくまでも現道の拡幅であるといい続けてきた．しかし，ここにきて，京都市北部の道路網の整備が急速に進み，はっきりとクリーンセンターへのアクセス道路としての性格が見えてきた（図4）．

　計画道路Ⅱ.Ⅲ.113号線は深泥池の北側に幅員14m，南側に幅員20mの道路が完成していて，深泥池沿いの部分だけが細く残されている．この状況は，深泥池の保全にとって危険である．細く残された部分に負荷がかかるのは明らかである．池沿いの部分の計画道路建設が可能と考えるから，こういった道路建設が行われる．しかも，事態はいっそう厳しそうである．池の北側で完成しているこのⅡ.Ⅲ.113号線は，現道拡幅と新設による幅員14mの道路の完成で，鞍馬街道（Ⅱ.Ⅲ.114号線）とつながった．鞍馬街道につながれば，Ⅱ.Ⅲ.113号線は，自然に静市のクリーンセンターにつながることになる．

　岩倉盆地では，幡枝の谷間を通る幡枝中通（3.9.109号線）が完成間近である．この短い都市計画道路は，この地域で予想される道路への負荷からは考えられない幅員があり，Ⅱ.Ⅲ.113号線のバイパス，つまりクリーンセンターへの近道，だと考えられる．したがって，この道路の完成は，深泥池沿いの道路の拡幅ないしは都市計画道路建設への，大きな圧力になるだろう．

　さらに，住民の反対で立ち消えになったが，岩倉盆地から北へぬける岩倉川沿いの道路建設が話題になったこともあった．クリーンセンターへのアクセスが背景にありそうである．状況は厳しいが，大切なのは世界の宝をまもるための合意形成である．ラムサール条約の締結国であるわが国が，世界的な自然遺産である泥炭湿地の深泥池を，道路建設で破壊することは許されない．交通量を増やす道路改修も池に影響を与える．岩倉上賀茂線深泥池検討委員会報告書の提言にある「ハンプ，狭窄，クランク，凸凹舗装導入による自動車交通抑制型道路」は検討に値する．

（野子　弘・田端英雄）

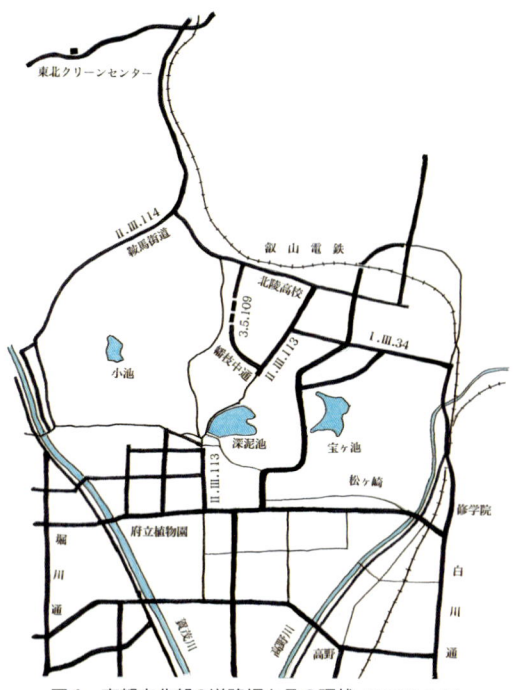

図4　京都市北部の道路網とその現状（2008年1月）
太線：完成した幹線道路，太点線：未舗装幹線道路，
細線：現道

市民参加による深泥池の環境保全活動の現状と課題

　天然記念物・深泥池生物群集は，一木一草にいたるまで文化財保護法によって法的に保護されている．環境保全活動を行なう上で文化財と同じく，現状変更の許可等が必要となる場合があり，一般市民が保全活動に参加するには，行政や研究者との合意と協力が必要となる．

　市民参加による保全活動の具体的な例としては，ブルーギル・オオクチバス・ナガバオモダカ・オオカナダモなどの外来種の除去や増え過ぎたマコモの刈り取りなどの作業を，研究者と協力して行っている．このような地道で持続的な保全活動には，地元や市民の理解と協力を得ることが重要であるが，深泥池の自然や保全活動に対する一般市民の認知度は低く，地元からの住民参加も少ない．そのため普及啓発活動として，「深泥池を守る会」・「深泥池水生生物研究会」・「深泥池自然観察会」が協力して写真展を開催し，豊かな自然の展示や保全活動の様子等の紹介をしている．また，環境学習や自然観察会などの依頼があれば，深泥池を守る会の会員が現地を案内して解説を行っている．「深泥池を守る会」では，深泥池の自然への一般の理解を深めるために，毎年，深泥池に関する学術的な講演会を開催しているが，平成16年度からは座談会形式による一般市民との率直な意見交換の場を設けている．

　深泥池の環境保全活動を進めていくうえで，研究者・市民・行政の協力が重要であるが，そのための核となる施設と，保全策の合意・調整役となるコーディネーターの存在が必要である．これらの運営には深泥池の自然に精通した研究者と市民によるNPOの設立が望ましいが，人材の確保や活動資金，組織の確立が今後の課題である． 　　（池澤篤子）

地元各種団体有志を中心に発足した深泥池を美しくする会40年の歩み

　「深泥池を美しくする会」は，1965（昭和40）年6月1日に発足した．水生植物群落が国の天然記念物に指定されている「深泥池およびその周辺を美しくし，天然記念物を保護育成する」（会則）ことを目的に，地元各種団体や有志を中心に結成し，地元南北町内百数十戸の方々が参加した．参与会員は，育友会，貴船講，貴船神社，少年補導委員，民生委員，消防団，自治会，ジュンサイ採集者，水利委員，農協，博愛会病院，婦人会，保健委員，体振などから選出された．

　発足年の文化の日に，清掃するとともに解説板を設置した．それ以来，年5-6回，池周辺と岸近くの池内の清掃を行い，毎年「文化の日」には，大掃除を行ってきた．

　地元には，毎日のように池を清掃する篤志家もいて，1968（昭和43）年には本会と個人が市長表彰を受けた．1983（昭和58）年，京都市空き缶条例によって，深泥池は散乱防止地域に指定され，ゴミと空き缶を入れる容器が要所要所に備えられた．1967（昭和42）年には，蜷川知事と富井市長も参加して，深泥池南堤にソメイヨシノの記念植樹も行った．

　本会発足当初から，博愛会病院からの生活雑排水や雨水が池に流入し，天然記念物の池の汚濁が気遣われていた．その後，博愛会病院と国・府・市によって，池に流入していた生活雑排水や雨水を道路側溝に流す工事が行われた．しかし，深泥池の研究者の資料によれば，病院からの富栄養な水の流入は今も止まっていないという．

　この問題とともに，松ヶ崎浄水場配水池の

深泥池の詩

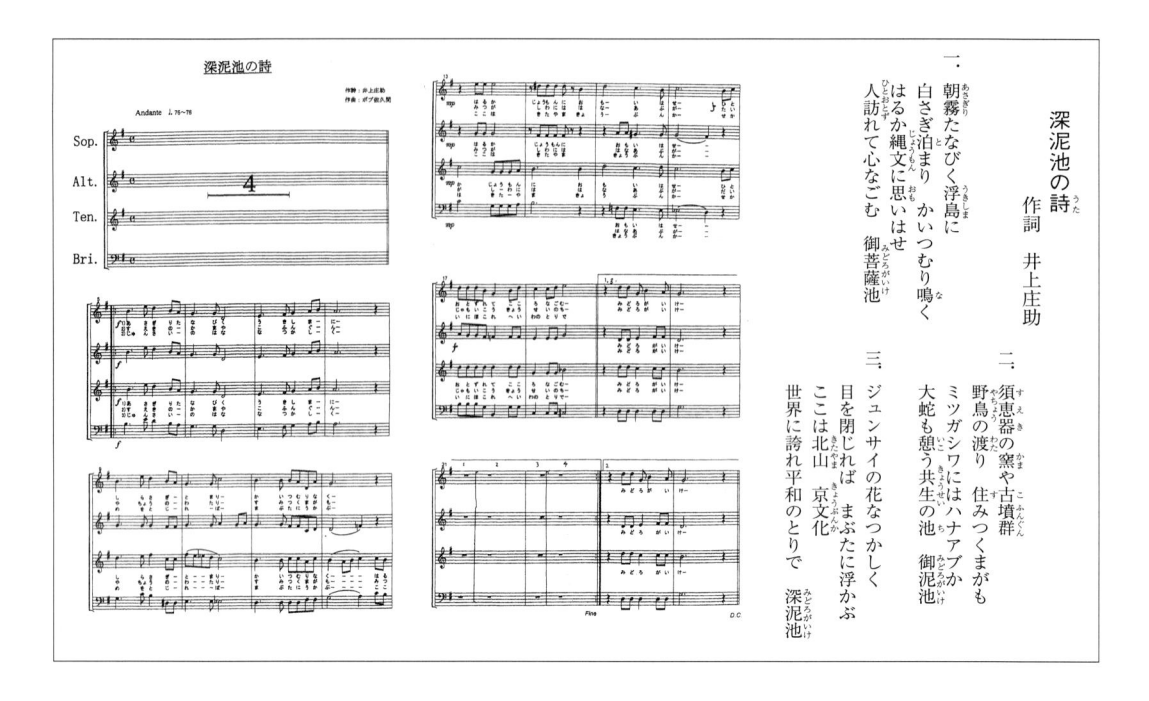

作詞　井上庄助
作曲　ボブ佐久間

一、
朝霧たなびく浮島に
白さぎ泊まり かいつむり鳴く
はるか縄文に思いはせ
人訪れて心なごむ
　　　　　　御菩薩池

二、
須恵器の窯や古墳群
野鳥の渡り 住みつくくまも
ミツガシワにはハナアブが
大蛇も憩う共生の池
　　　　　　御泥池

三、
ジュンサイの花なつかしく
目を閉じれば まぶたに浮かぶ
ここは北山 京文化
世界に誇れ平和のとりで
　　　　　　深泥池

水の流入も，池に悪いのではないかと，本会発足当初から問題になっていた．

1966年には本会独自の水位測定も行ったり，1968年には，本会独自で奈良女子大学の(故)津田松苗博士に依頼して深泥池の学術調査を行った．1983年には，池沿いの道路の交通量調査を本会独自で行った．

1985(昭和60)年本会創立20周年記念冊子「深泥池」を発行し上賀茂地域全戸，学校等に配布した．林田知事には表紙の題字を揮毫していただき，冒頭に今川市長の御挨拶を頂き，深泥池の歴史，深泥池の動植物，池の水，市民へのお願い，本会の活動記録を，一般市民に判りやすく説明した．この小冊子は，初版から現在まで増刷を重ねて，1万数千部発行した．

1983年に本会が市当局に要望したトイレが，1984年に児童公園に設置された．

1985年に，岩倉自治会連合会・四町連絡協議会が市に提出した道路拡幅請願に対して，本会は道路拡幅反対の請願を提出し，1987年に道路拡幅問題を審議未了にすることができた．1989年に提出された道路拡幅請願には，請願でなく建設局長への陳情書で対応したため，市議会建設委員会で採択されてしまった．本会は，市議会建設委員会委員に抗議文を送り，市会議員全員に慎重審議を要請したにもかかわらず，岩倉側の請願が市議会で承認されてしまった．

この間，上賀茂保健協議会と共催で「環境問題を考える会」を開催してきた．第1回「鴨川上流にダムが必要なのか」(波多野秀雄，田中真澄，井上庄助，1990年)，第2回「世界に誇れる自然遺産深泥池を守ろう」(鰺坂不二夫，田端英雄，1992年)，第3回「上賀茂一帯の遺跡について」(岸本直文，1993年)，創立30年記念の第4回「私たちの健康と自然環境」(織田敏次，岡田節人，1994年)，第5回「我国の河川事業の歴史と河川環境問題」(上野鉄男，1998年)を開催した．創立35周年記念の第6回「地球環境保全を全世界に訴える音楽会」(2000年)は池畔で開催し，井上庄助作詞，ボブ佐久間作曲「深泥池の詩」を伴奏愛知金管アンサンブルで250余名が混声合唱した．第7回は名古屋で「深泥池の詩」を発表した．

これからも郷土の誇りである「深泥池」が広く市民に愛され，保全されるように活動を続けていきたい．
　　　　　　　　　　(故　井上庄助)

「深泥池を守る会」の保全運動

はじめに―道路問題の発生

　1989（平成元）年に岩倉住民から提出された「市道岩倉上賀茂線拡幅の早期実現の請願」が，1990年5月に市議会で可決された．それは，深泥池学術調査団の4年間にわたる総合調査の報告書（1981）に基づいて，深泥池は考えられていたよりいっそう貴重であることが判明し，天然記念物の指定対象が「深泥池水生植物群落」から「深泥池生物群集」に拡大された1988年から，わずか1年後のことであった．しかも，「文化財保護法」に基づくこの天然記念物の管理責任者は，京都市である．にもかかわらず，すでに深泥池は価値を失っているから，狭くて危険な池沿いの市道岩倉上賀茂線を拡幅してほしいという請願が，なぜ市議会で可決されたのか不可解である．深泥池生物群集が国の天然記念物に指定されていたことを，市議会が考慮したとは思えない．

　建設委員会での請願採択を知った深泥池学術調査団に参加した研究者25名が連名で，1990年5月1日に，京都市長，京都府知事，文化庁長官にあてて，「深泥池の保護のための要望書」を提出するとともに，京都市民に向けて「深泥池の保護のための京都市民の皆さんへのアピール」を行った．

　アピールには，「私たちは，深泥池の自然そのものが持つ意味と，私たちの手のすぐとどく身近なところに深泥池が存在する意味とを改めて考え直し，深泥池の自然を守るためには，道路拡幅せずに，少々不便でも深泥池を迂回し，この優れた自然を市民一人一人の努力で守っていただくよう訴えます」と述べてあった．

深泥池を守る会の結成

　深泥池を美しくする会（地元）や深泥池自然観察会，一般市民は，京都水と緑を守る連絡会の協力を得て，研究者のアピールを受けとめ，研究者とともに，深泥池を守ろうという運動団体の結成に向けた準備会をもった．その結果，1990年6月9日に，シンポジウム〈深泥池を考える〉を開き，保護団体結成を訴え，シンポジウム終了後結成集会に切り替えて参加者の賛同をえて，「深泥池を守る会」（以下「守る会」と書く）を結成した．この会は，市民と深泥池の学術調査を長年行ってきた研究者が協力して，深泥池の保全運動をすすめるために，広範な市民の参加を呼びかけていくことになった．

　「守る会」の運動を持続するために，
1）毎年，総会と深泥池講演会を開催する
2）毎月の幹事会を開催し運営をすすめる
3）会員への深泥池ニュースの発行．
4）市民のための年2回の深泥池自然観察会，毎年夏休み2回の子供向け深泥池自然観察会の開催，後に，年1回の写真展
5）深泥池の保全には市民参加が必要であるという観点から，京都府・京都市の関係当局と，保護施設，深泥池周辺地区の環境保護などについて話し合いを行う．本会の基本的な姿勢は道路拡幅の阻止であった．

　「守る会」は，次のように運動目標を決めた．
1．緊急に深泥池の価値と現状を市民に訴えて，保護を求める1万名署名運動に取り組む．
2．部会「都市問題研究会」を設けて，交通実態調査を行い，その結果に基づいて，深泥池沿いの市道拡幅問題を総合的に考える．
3．会員数を増やすこと
4．深泥池の保全については，以下の点に注目して運動をすすめる．
　①市の松ヶ崎浄水場配水池からの漏水，病院構内からの汚染された雨水の流入，集水域からの湧水などの水問題
　②低層湿原化に関与するヨシ，セイタカヨシ，マコモなどの生態をふまえた対策
　③ミズゴケの消長など浮島の変化
　④道路からの土砂の流入問題
　⑤釣り，まき餌，鳥の餌，ゴミ投棄
　⑥特異な動植物のモニタリング
　⑦外来動物問題
　　外来動物：オオクチバス，ブルーギル，カムルチによる生物群集の攪

乱
　外来植物：ナガバオモダカ，キショウブ，コカナダモ，（1996年からはアメリカミズユキノシタが加わる）．ドクゼリなどの対策
⑧冬期のカモ類飛来の池への影響
⑨植物の盗採問題
⑩公園化や風致地区指定など池を含む地域全体の問題

運動の展開

- 1990（平成2）年9月に8箇所で12時間の交通調査を行い，きつね坂の利用を提案．岩倉盆地内の人口動態から緊急な交通負荷の増加は考えられないことなどを指摘した．12月にシンポジウム「深泥池の保護と岩倉の開発・道路問題」開催．
- 1990年「国指定天然記念物深泥池生物群集を保護するための要望書」を京都府教育長に提出してから，水問題，道路問題，浮島問題，開水面問題，数々の要望書，提案，などを当局に提出してきた．当局はほとんど無視してきたが，今後も継続して要望・提案を行っていきたい．2003年水道水流入防止のポンプ設置されたが，2004年流入増加を指摘し改善された．これらは「守る会」の要請を深泥池保全・活用委員会がとり上げ，審議した結果に基づくものである．
- 1991年2月，池の保護を求める15,522名の署名を市長に提出した．
- 多くのシンポジウムで深泥池問題を訴えた．1990年：「水とくらしの110番シンポジウム」1991年：「アジア湿地シンポジウム」「三都市民フォーラム」「道路公害反対全国交流集会」1992年：「土・水・空気・生き物を考える集い」「近畿の水源を考える住民会議」「道路公害反対運動全国交流集会」「いま深泥池を考える」（京都弁護士会）1996年：「水と緑を守るシンポジウム」「三都市市民共同フォーラム」「ラムサールシンポジウム新潟」「気候変動枠組条約締結国会議（COP3）京都開催記念イベント」1997年：「土・水・空気・生き物を考える環境保全の集い」「地球温暖化と私たちの未来」「京都COP3シンポジウム」「ゴミから地球を考える」「全国道路問題シンポジウム」「深泥池をどう守っていくか」（京都自然史研究所）1998年：「市民がすすめる温暖化防止NGO交流会」1999年：「日本湿地ネットワーク'99国際湿地シンポジウムin敦賀」2000年：近畿弁護士会連合会「21世紀の環境保護派市民の手で」2002年：「日本生態学会近畿地区会フィールドシンポジウム」2003年：関西自然保護機構主催のシンポジウム2004年：シンポジウム「深泥池における外来動植物の影響と市民参加による駆除対策」（深泥池外来生物影響対策研究会と共催）
- 1992年から「深泥池の自然を語る地域集会」の継続開催
- 1993年WWF助成金でパンフレット「深泥池」発行
ラムサール条約締結国会議（COP）（釧路市）でパンフレット「Mizorogaike 深泥池」（日・英）（12頁）900部配布
- 1997年京都市の深泥池生物群集保全・活用方策検討委員会（市長の諮問委員会）に参加
- 1998年発足の水生動物研究会への協力，2000年発足の深泥池水生植物研究会に協力
- 1999年JAWAN（日本湿地ネットワーク）に加盟．池の公有化後，保全策の本格化を願って「深泥池の保全体制に関する要望書」を提出
- 2001年「みなまた京都賞」受賞．市原野ゴミ焼却場が稼働し，深泥池沿いの道路問題の新しい事態を指摘
- 2002年定期的に電気伝導度の測定開始
- 2000年3月道路の測量，2001年1月と9月の住民への立ち退き要求などを厳しく摘発．
- 毎年総会・講演会，観察会・子ども向け観察会，写真展を開催してきた

最も継続的に，深泥池を訪れ，水・生物・環境のモニタリングを行なっているのは，本会であると自負している．今後もこのすぐれた自然を

保全するために，市民の力を発揮したい．

今後の深泥池の保全・活用には，研究者・市民・行政三者の協力が必要で，その実現には行政による情報公開が不可欠である．

（田末利治・田端英雄）

深泥池自然観察会
「うきしま通信」を毎月発行

深泥池は，京都市街地の平地にあって誰でも気軽に訪ねることができます．ここでは10数万年の歴史をもつ浮島の高層湿原だけでなく，池の周辺や周囲の雑木林でも四季を通していろいろな生きものの暮らし，命の輝き，豊かな自然を観察することができます（P.24-25参照）．

この身近な自然の貴重さに気が付かれた田末利治氏が1980年に自然観察会を始めて30年近くになります．晴雨に関わらず毎月第3日曜日を観察会の日と定めてずっと実施してきています．日常の観察で気付いたことや調査記録，深泥池をめぐる様々な話題を「うきしま通信」として毎月編集し，参加者や希望者に配布しています．また，最近はB6判の観察ガイドを作成しました．春夏秋冬編として四季の観察のポイントを地図写真入りで紹介しています．

（成田研一）

深泥池水生生物研究会
市民参加型外来魚捕獲事業を展開

設立の経緯

1997（平成9）年度から継続されている外来魚捕獲調査事業は，京都市文化財保護課が深泥池水生動物研究会（後に深泥池水生生物研究会に改称，世話人：竹門康弘）に「天然記念物深泥池生物群集保全事業にかかる生物群集管理」を委託する形で始まった．当時は，外来魚駆除の事業例はきわめて少なかったため，駆除の方法論を確立するところから始める必要があった．深泥池には浮島の水生植物群落などの貴重な生物群集が存在するため，通常のため池で行われるような水を抜いて魚を根こそぎ捕るような操作は不可能であっ

図1 夏休み底生動物調査（2003年8月17日撮影）

た．そこで，滋賀県水産試験場の高橋誓氏，ならびに琵琶湖博物館の桑村邦彦氏にご相談した結果，エリ（小型定置網）を用いることになった．

エリは，障害物に沿って泳ぐ魚の習性を利用した漁具で，魚を誘導する網を左右に立てて魚を中央の網袋に追い込むものである．この方法の難点は，少なくとも2-3日に一度は

捕獲作業をしないとカメなどが弱ったり死んだりする点にあった．また，ブルーギルやオオクチバスに対する抑制効果を知るには，駆除前後の個体数を把握する必要がある．科学的な個体数推定法としては，標識再捕法（捕まえた魚に標識を付けて放流し再捕獲される率を求める方法）が一般的であるが，駆除だけをするよりも多くの手間がかかる．そのような活動の担い手として期待されたのが，大学生・大学院生・中学高校の生徒・地元の有志の方々であった．これらを卒業研究や大学院の研究課題に活用できれば理想的である．また，市民には，一種の余暇ないしレクリエーションとして参加してもらえればよいと考えた．

そこで，深泥池の市民団体である「深泥池を守る会（当時，田末利治事務局長）」・「深泥池を美しくする会（当時，井上庄助会長）」・「深泥池自然観察会（当時，西村弘子代表）」にもご協力いただき，深泥池の水生動物調査を目的とする深泥池水生動物研究会を立ち上げることにした．

市民参加型の除去対策はじまる

まず，1998（平成10）年1月に呼びかけ文を作り，メーリングリストにも投稿して協力者を募った結果，98年3月の時点で34名の方々にご協力いただくことになった．98年3月11日にエリ2統を開水域の2箇所に設置し，3月13日からボートによる「つぼ上げ」（エリの袋網部に入った魚類を容器に移す）作業や捕獲された魚種ごとの体長，体重の計測，記録，オオクチバス・ブルーギル・カムルチの被鱗体長5 cm以上の個体への標識付け作業を開始した．99年は，外来魚除去の効果を判定するために3-6月は前年と同じ作業を続けるとともに，繁殖中の成魚ならびに稚魚の捕獲除去に力を注いだ．2000年以降は，河川環境管理財団や環境省環境技術開発等推進費による助成を受けることによって市民参加型の事業が持続され，漁法の工夫もされながら作業が続いている．また，天然記念物「深泥池生物群集」の保全という視点から，外来の植物除去対策についても作業項目に加えるように

なったため，「深泥池水生生物研究会」と名称を変えて活動を続けている．

深泥池水生動物研究会の活動は，毎週2-3日を基本とし，毎月1回の打ち合わせ会で向う1箇月間の参加日を自主登録する仕組みとした．最近では，この事業によるデータで学位取得を目指す安部倉完さんの主導によって魚類の捕獲調査活動が進められている．とくに毎月1回行なう打ち合わせ会は，市民グループとしても個人としても現場の全作業状況を共有する上で大切な場となり，また研究者がデータの整理と結果後の説明を行なうため，各人の体験に基づく学習の場としても，回を重ねるごとに重視されてきた．なお，打合会で報告された内容や毎月の成果等については，高井利憲さんが管理する深泥池水生生物研究会のホームページ〈http://www.jca.apc.org/~non/〉に公開されている．

（竹門康弘・田末利治）

京都市文化財保護課
深泥池の保全・活用の方針

深泥池は，少なくとも最終氷期の遺存動植物が生活する極めて貴重な池であることから，1927（昭和2）年に「深泥池水生植物群落」として国の天然記念物に指定された．1988（昭和63）年には，さらに動物も指定の対象に加え，「深泥池生物群集」に名称変更された．深泥池は，京都の市街地に位置し，地下鉄「北山駅」から徒歩10分と交通の便もよいため，観光や環境教育の場としても活用が期待されている．

しかし，深泥池を取り巻く各種環境の変化により，絶滅したり激減してしまった動植物も多く，さらに近年は外来動植物の猛威によって「生物群集」の存在が危ぶまれてきた．1994（平成6）年度から5年間にわたって文化庁の補助事業である「天然記念物深泥池生物群集保全事業」を実施した．この保全事業では，池に隣接する病院からの排水系統の改善，地下水導入の準備，外来植物の除去，北側開水面の掘削などとともに，京都市深泥池学術

調査団のご協力により生物群集の基礎データを収集した．その結果，各項目についてさらに抜本的な保全策の実施が必要であることが明らかとなった．深泥池の自然の保全と回復をはかり，この貴重な自然遺産を次世代へ継承していくことが京都市に求められたことから，1997（平成9）年から3箇年かけて公有化を実現した．

以来，京都市文化財保護課では，緊急整備課題である①水質・水位の継続的モニタリング，②外来魚の駆除と効果的な捕獲方法，③外来植物の除去と抑制方法，④繁茂しすぎた在来植物の抑制手法などの技術開発と保全事業に努めると同時に，深泥池生物群集の回復や生態系への負荷を少なくする対策の実現に向けて検討を続けている．また，このような深泥池生物群集の保全事業と併せて，1999年度には「天然記念物深泥池生物群集保全・活用専門委員会」を設置し，天然記念物深泥池の適正な活用方法についても検討を進めてきた．この事業には，障害や課題が多いことも承知しているが，外来魚の駆除効果や水道水漏水の防止策の推進など，将来的に希望の持てる報告も受けている．今後も大学研究者や地元市民の方々にもご協力を頂きながら，深泥池生物群集を天然記念物に指定された昭和2年当時の姿に回復させることを究極目標として努力していきたいと考えている．

（京都市文化財保護課）

深泥池保全活用専門委員会
提言を具体化へ

1994（平成6）年度から5年に渡って文化庁の国庫補助を受けて深泥池生物群集保存修理事業が行われた．その結果．深泥池生物群集は氷期の生き残りと言われる北方系の生物と西南日本の温暖帯の生物から構成されており，学術的に非常に貴重であるとともに，市民との関わり合いで存続してきたことなどが確認された．それと同時に，過去と比較すると多数の深泥池特有の種が絶滅しているなど生物群集の衰退が著しく，早急な保全対策の必要性が明らかとなった．その時点で保全のために様々な提言（京都市文化市民局1999）がなされているが，これを具体化することが緊急な課題となり，平成11年に本委員会の設置がなされた．京都市文化財保護課の委嘱による5名の委員から構成されており，私は2001（平成13）年から委員会に参加した．本委員会は2004年3月に天然記念物深泥池生物群集保全・活用基本計画報告書を作成した時点で解散した．

委員会活動の結果提言された内容は多岐にわたっているので，ここでは紙面の都合で主なものを簡略に述べるにとどめたい．

水環境の保全

水環境の保全としては，南東からの水道水の流入による水質悪化が明らかなので，委員会に水道局関係者を招き，水道水の流入を阻止することを要請した．当初は貯水槽からの漏水が疑われたが，貯水槽が新規に建設されても漏水は止まらないために，漏水した水をポンプで汲み上げ，他の水路へ排水することで，この問題はほぼ解決した．この結果であろうが池の水質は電気伝導度などかなり改善された．

道路拡幅中止へ

岩倉上賀茂線建設計画に関しては，道路課と話し合いを持ち，現在提案されている道路を池側に1.5m拡幅することは，深泥池の自然環境をさらに悪化させ池の生物群集に深刻な影響が与えられることとなることは必至であることから，当委員会の結論としで京都市長宛に道路の拡幅は中止することを提言した．(P.178-181参照)

生物群集保全

生物群集保全のための取り組みでは，外来種の駆除事業を優先事項として，予算措置を含めて事業化した．とくに，オオクチバスやブルーギルなどの外来魚とナガバオモダカやアメリカミズユキノシタなどの外来植物の駆除事業を行ったが，在来種に関しても，マコ

モやヨシなども影響が大きく除去作業が行なわれた．これらの詳細は関係する項目を参照されたい．

保全・活用のための規制強化

人の利用に関しては，近年旅行会社などのツアーにも深泥池が利用されることもあり，現状を放置すると将来オーバーユースが起きる可能性があるので，利用の制限を行うように提言した．浮島や池の水面など人の影響を受けやすい場所を特別保護区に設定し，立ち入り制限をすることすることや周辺の山林も保護区とするなど管理を強化することで，池の特質が変化しないような措置を提言した．また，動植物の採取は許可申請を得なければできないこと，動植物の放流や撒き餌・餌付けなどを禁止したこと．従来，深泥池を対象とした研究は，届け出もなく行われていたものもあるのを，申請して許可を得るとともに年度末に報告書の提出を条件付けるなど，深泥池の貴重な自然を将来にわたって保全・活用するために規制強化に向けて一歩を踏み出した．

山積する諸問題

しかし，調査研究が進むほど新種が発見されるなど深泥池の特異性や希少性がますます高まりつつある．このような深泥池の希少性や重要性を市民に向けて知らせることも大変重要であるが，予算措置をするなど積極的な取り組みはなされていない．また，深泥池の自然の特質を変化させないで利用するためには，散策路の設置や浮島を上から眺められる観察施設は必要であり，従来から提案されている研究・教育のための拠点としてエコミュージアム的なものを池のそばに設置することは必須と考えられるが，これも具体化は行われていないなどまだまだなすべきことが山積みしている現状である．これらの具体化に向けてさらに委員会を設置して活動を継続することが必須と考えられる．

（村上興正）

学校教育での取り組み

ノートルダム小学校の事例
31年間続いている深泥池の理科野外学習

ノートルダム女学院中学校1年の理科野外学習は，1976（昭和51）年から毎年1回ミツガシワの花の咲く春に実施している．これは，理科教育の一環として国の天然記念物に指定されている「深泥池」での実地学習である．深泥池は氷期の水生植物などが生き残っている「生きた博物館」であり都市の中心部から近い場所にこのような自然環境が残されている点で特別に貴重な存在とされている．

本校の野外学習は，学外からそれぞれの専門の講師を招いて行っている．当初は，京都大学の生態学教室や植物分類学などの研究室の研究生が深泥池の研究をしていた大学院生を講師に招いていた．1999（平成11）年から2002年まで深泥池を守る会，2003年からは深泥池自然観察会と深泥池水生生物研究会にお願いし，小グループに分かれて説明を受けている（図1）．

身近にある優れた深泥池に現地研修をして，生物を直接自分の目で見て観察をすることは，理科教育の基本であり今後も続けていきたい．

図1 深泥池で現地学習をする様子
（2005年5月撮影）

生徒の感想（一部抜粋）
- 実際に触れさせてもらったりしたので，おもしろくてよくわかった．（ヒシ，ジュンサイ，タヌキモ，モチツツジ）
- 浮島の様子や，池の周りの植物がよくわかった．
- 浮島の中に入れなかったので残念だった．
- 池の中に流れ込む水の汚れや酸性の強さによる悪影響があることが理解できた．
- 池の自然をこわすよくない動植物がいること．また，人がそれらを持ち込むことを知った．
- 池が天然記念物に指定されていることや，池をなぜ大切に守らないといけないかがよくわかった．
- 後ろの方にいたので，説明が聞き取りにくかった．また，植物名がはっきり聞き取れないためわかりにくいものもかなりあった．
- 池の周りの道が悪くて歩きにくく，池に落ちそうになり不安であった．
- 池の周りにゴミや釣り糸が捨ててあった．
- 説明がていねいでよくわかった．

（中川美津春）

京都府立商業高校の事例
高校生物実習「お魚の身体検査」実践報告

はじめに

深泥池水生生物研究会による外来魚捕獲事業が始まって，膨大な量（年間数千〜1万頭）の標本処理が問題になった．そのまま死蔵するのも惜しい，貴重な基礎データになるので，京都府立商業高校（当時）の生物実習教材として活用することにした．1998（平成10）年から，4年間実施し，現任校でも継続中である．

学習の方法

事前学習として，「深泥池の自然」と題し，高校生物の生態・環境の単元に沿って，深泥池の特徴と学術的価値，自然破壊の現状と保全活動の概要について講義した．当初は写真や資料を教材提示装置に接続した大型テレビで見せていたが，東稜高校に異動した2002年に，研究授業に取り上げられたのを機会に視覚化した．

実習は，講座によって計1-4時間となった．計測係と記録係の2名1組で，捕獲日時，場所，標本魚の魚種，被鱗体長（当初はミスチェックのため全長・体高も），体重，利き口，マーク，破損の有無などの記録・計測を行った．標本は当初ホルマリン，後に調査者の健康に配慮してイソプロピルアルコール液浸とした．実験室の換気に努め，標本をあらかじめ流水でさらし，計測者に解剖用ゴム手袋を着用させた．標本魚を体長順にバットに並べ，計測効率や魚種判定の正確度を増すこととした．直感的に同じ種類の魚が見えてくる．どうしても死魚を受け付けられない生徒への配慮も行った．

特徴と成果

行政・研究者・市民一体が「売り」の本事業の実を取れた．京都府立商業高校4年間で実数約1300名の高校生が参加した．少数の研究者だけでは不可能な，膨大な基礎データが集められ，大学生によってデータベース化された．将来を担う若い世代をふくめた幅広い人々が事業に参加することによって，自然保護に対する意識が社会全体に広がる．教科書だけでは決して学ぶことができない自然の大切さ，破壊の実態を身をもって学ばせることができる．国の天然記念物の調査の一端を担うというめったにないチャンスを与え，責任と誇りを持たせることができる．累々と横たわるブルーギルとオオクチバス，ほとんど捕獲できなくなった在来魚という現実は，高校生のバス釣り人（バッサー）にも大きな衝撃を与えた．とくに理数系の生徒は，臭い，気持ち悪い，きついという研究調査の厳しさを知ることで，将来に備えることができる．また「高大連携」の先駆けとなる実践でもある．

（伴　浩治）

図1　京都府立商業高校の実習

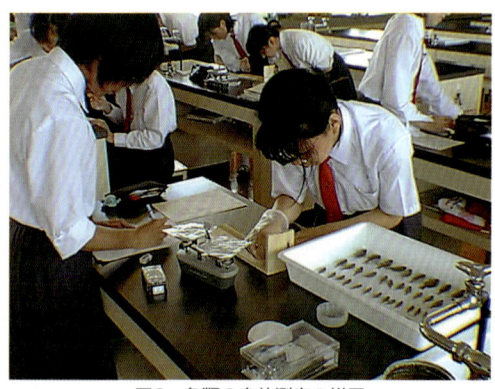

図2　魚類の身体測定の様子

京都府立東稜高校の事例
お魚の身体検査のSPP事業

実習としての外来魚計測

深泥池水生生物研究会による外来魚捕獲事業によって，年間数千～1万尾に及ぶ膨大な量の外来魚標本が残されている．外来魚個体群の年齢ごとの個体数を知るためには，1個体ずつ体長や体重を計測しなければならない．事業が始まった当初は現場で計測していたが時間がかかるのと継続が雑になることから，標本にしておいて後から室内で計測することになった．しかし，これも個人で計るにはたいへんな作業となる．そこで，当時9クラス360人の人海戦術が可能だった，京都府立商業高等学校の生物実習教材として活用す

ることにした．1998年から始め，現任校の京都府立東稜高等学校でも継続して10年目を迎えた．2005年度からは文部科学省のSPP（サイエンス・パートナーシップ・プログラム）に採択され，予算や指導者の協力も得ることができた（2006年度から（独）科学技術振興機構に実施母体が移管）．

講義と実習

SPP事業は，事前学習，竹門康弘京都大学防災研究所准教授の講義，深泥池における現地実習，標本計測実習，研究発表会の5本立てで行なっている．事前学習では高校生物・理科総合Bの生態・環境の単元に沿って，深泥池の特徴と学術的価値，自然破壊の現状と保全活動の概要について講義した．ビデオ，写真，図表資料など，できるだけ視覚に訴える映像を用いて解説している．竹門准教授からは，深泥池の変遷とともに京都の水辺環境についても講義を受けている．また，2007年度は，中井克樹滋賀県立琵琶湖博物館主任学芸員による，高校生の関心も高い「バス釣り問題」についての講義を加えた．

次いで，秋の気候の良い時期を選んで，深泥池での現地実習を行なう．現場でのアシスタントとして，大学院生・学生にTA（ティーチングアシスタント）を，水生研の他の会員にボランティアをお願いしている．この実習では，パックテストによる水質などの環境調査，外来動物捕獲調査，底生動物分布調査，外来植物除去作業などを体験している（図

図1　京都府立東稜高校の実習（2006年10月撮影）

1）．2006年の実績では，北米原産のナガバオモダカ，アメリカミズユキノシタを200kg（湿重）あまり除去することができた．

いっぽう，室内で行なう魚類標本の体長，体重測定の実習は，「お魚の身体検査」と呼ぶことにした．毎年集められた標本をすべて計測するのに，各クラスで計1〜4時間を要するのが実状である．実習では，計測係と記録係の2名が1組となり，捕獲日時，場所，標本魚の魚種，被鱗体長，体重，利き口，マーク，破損の有無などの計測・記録をする．魚類標本は当初ホルマリン漬けにしていたが，現在は健康のためイソプロピルアルコールを用いるようになった．それでも臭気が立ちこめるので，実験室では換気に努め，標本はあらかじめ流水でさらし，扱いにはデポ手袋を着用させている（図2）．

実習データの入力も，年度末に行なう生徒研究発表会の材料として生徒が担当する．最後の発表会では，深泥池の直接関わるものから，温暖化など地球規模の問題まで幅広いテーマから自ら選択し，調べる・まとめる・発表するという体験をさせている（図3）．

教材化の特徴と成果

府立商業高校の4年間で実数約1400名，東稜高校6年間で約540名の高校生が参加した．その結果，少数の研究者だけでは実施困難な計測とデータベース化の作業を肩代わりすることができた．このデータに基づいてブルーギルの個体群動態を予測するシミュレーション解析が可能となった．これは，もともと深泥池水生生物研究会が目指している「行政・研究者・市民の三位一体」の体制を強化することにつながるといえよう．また，将来を担う若い世代をふくめた幅広い人々が事業に参加することによって，自然保護に対する意識を社会全体に広げることにもつながる．教科書だけでは学ぶことができない自然の大切さや破壊の実態について身をもって学ばせることができた．国の天然記念物の調査の一端を担うというやりがいのある仕事に従事することによって，責任と誇りを持たせることがで

図2 京都府立東稜高校実習風景（2006年12月撮影）

図3 京都府立東稜高校の研究発表会（2007年2月撮影）

きた．そして，累々と横たわるブルーギルとオオクチバス，ほとんど見かけなくなった在来魚という現実は，高校生バッサーにも大きな衝撃を与えた．

問題点とその対処法

お魚の身体検査実習では，次のような問題が生じた．まず作業効率とデータの精度の問題である．公立高校の施設設備では，様々な工夫が必要であった．体重計測は上皿天秤が主で，電子式はかりは1～2台しかなかったため，深泥池水生生物研究会の事業予算で電子式はかり10台を購入した．体長は百円ショップの簡易ノギスが，大量に捕獲された小型魚に有効であったが，ノギスの使い方を知らない生徒も多かった．SPPの予算で電子ノギスを購入してからは，効率も精度も高まったが，水に弱い電子機器の故障も相次いだ．

次に測定や記入ミスの防止である．捕獲日時，場所ごとにポリ袋に細かく分けられた大量の標本を，40名もの素人の高校生が50分の授業で処理することになる．理科実習助手と2人で指導に当たるので，測定ミスを防止することが最大の課題であり，できるだけ単純でわかりやすいシステムを心がけた．ミスが発生しうる場面は，標本魚の受け取り，ラベル読みとり，個体数カウント，魚種判定，体長体重計測，利き口（下顎の開き方の左右性）判定，記入票記録，標本魚返却時である．単位（cmとmm）と計測限界（1mmと0.1g）の読みとりミスは，気づかない例が多かったため，記入票の工夫に努めた．生徒・講座によって理解・技術・興味・関心の差が大きく，計測や記入ミスのチェックに時間を取られた．

SPPの事業になってからは，実習に5～6名の講師・TAが指導に加わったので，ミスも減少した．深泥池現地実習では，「ドジョウすくい」などの生活体験がほとんどなく，男女とも泥沼に足をつっこむことに抵抗が大きかったが，かえって新鮮な感動を味わったようだ．生徒研究発表会では，手軽なインターネットだけに頼る傾向が強く，一部の一方的な情報に惑わされる場合が少なくなかった．

まとめ

本実践の特徴は，高校生には教材を提供し，研究者にはデータをもたらし，深泥池には保全策の実行という「三方得」である．

（伴　浩治）

ラムサール条約指定地への取り組み

深泥池の保全とラムサール条約

1993（平成5）年6月に第5回ラムサール条約締結国会議（COP5）が釧路で開かれたその時に，私たちは大規模な湿地だけでなく，小規模な泥炭湿地がさまざまな開発の脅威にさらされていて，生物の多様性を保全するためにも深泥池のような小規模な湿地の保護が緊要であると考えて，「深泥池を守る会」は深泥池を紹介し，小規模な湿地の保護・保全に目を向けてほしいと訴える英語と日本語でパンフレット「An endangered peat bog *Mizorogaike* 深泥池」（12頁）を各国の代表やNGOの活動家に配布した．しかし，反応はなかった．

1993年に新潟で行われた「ラムサールシンポジウム新潟 — 人と湿地と生きものたち」（ラムサールセンター主催）で，深泥池の紹介と危機的な現状を報告し，日本では大規模な湿原だけでなく，小規模な泥炭湿地の保全が大切で，そのためには湿地を涵養する水を供給する集水域の保全が重要であると訴えるとともに，湿地の植物の生態，保護運動について報告した（藤田ほか；原口；田末）．

私たちは，深泥池をラムサール条約登録地に指定することについて熱心ではなかったが，登録地に指定された藤前干潟や琵琶湖の場合や，中池見湿地の指定を目指す取り組みによって私たちも大きな刺激を受け，ラムサール条約登録地指定への取り組みが始まりそうである．ラムサール条約登録地に指定されれば，湿地は「永久に破壊を免れることになる」（第3条1）のは魅力である．いっこうに前進せず膨大なエネルギーを注いできた今までの保護運動の新しい展開が求められている．

登録地指定に向けて

ラムサール条約は，今では「総合的な湿地保全」のための条約と考えられるようになった．

ラムサール条約登録地指定の基準は「ラムサール条約第8回締結国会議（2002スペイン・バレンシア）決議Ⅷ.17 泥炭地に関する地球行動のためのガイドライン」で述べられている．深泥池は，この指定基準を十分に満たしていると考えられるので，京都市は早急に指定申請を行うべきであると考えている．

（田端英雄）

図1 深泥池を守る会が第5回ラムサール条約締結国会議（1993，釧路）で配布したパンフレット

ラムサール条約

正式名称を「特に水鳥の生息地として国際的に重要な湿地に関する条約」といい，1971（昭和46）年にイランのラムサールという町で調印されたので，ラムサール条約と呼ばれる．国境を越えて渡りを行う水鳥が休息，採食，繁殖のために利用する湿地の国をこえた保全が必要であるという認識に立って生み出された国際条約である．途上国への技術的経済的な支援をも行う機関にもなっている．しかし，今では水鳥に限定することなく，広く湿地の保全にラムサール条約が機能することに大きな期待がかけられ，国際自然保護連盟（IUCN）も協力している．条約事務局はスイスにあり，条約締結国の拠出金で運営されている．

第5章

深泥池の将来展望

深泥池保全の核心部：浮き島中央のビュルテ
(2004年8月15日撮影)

● この章のめざすところ ●

　第1～3章を通じて，深泥池の地質・水文・水質・生物相・生態・歴史・文化がきわめて特異であることや，そこに成り立つ生物群集が今もなお天然記念物としての魅力と価値を誇っていることが明らかとなった．また，第4章では，深泥池の保全・利用上の問題点を挙げ，これまで取り組まれてきた保全対策や活動の現状と課題を整理した．本章では，これらの分析に基づいて，深泥池の保全と利用を踏まえた生態系管理の基本的な考え方を示し，深泥池の価値を損なわないように集水域や生物群集を管理していくための具体的な方策について提言する．さらに，今後の保全・利用を進めていくために必要な，行政・市民・研究者の共同体制について取りまとめる．　　　　　　　　　　　　　　　　　　　　　　　　　　　　　（竹門康弘）

深泥池で目指す保全と利用 —生態系管理の考え方—

はじめに

深泥池の保全・利用の課題と目標については，『深泥池の自然と人』深泥池学術調査団，1981）と『天然記念物深泥池生物群集—保存修理事業報告書—』（京都市文化市民局，1999）にまとめられている．いずれも深泥池の貴重さやその保護・保全・利用の方針を的確に示しているにもかかわらず，未だ改善できていない課題が多い（第4章）．いっぽう，時代による自然，社会，価値観の変化や生態系に対する理解の進展にともない，深泥池の保全と利用のために検討すべき項目として追加や変更が必要となった点もある．そこで本節では，自然保護や保全の考え方の変遷を踏まえた上で，新たな視点を加えた深泥池の生態系管理方針を提案する．

自然保護思想の変化

19〜20世紀前半の自然保護思想は，人の手が加わっていない野生状態の自然の姿を目標として，できる限り手を触れずにそのまま保存（preservation）しようとする考え方であった．このような自然観や思想は，米国ではジョン・ミューアの自然保護運動や国立公園の制定に反映されている（東，1948）．日本でも西欧の自然保護思想を汲む三好学らによる啓蒙活動の結果，1919（大正8）年に史蹟名勝天然記念物保存法が制定された．1927（昭和2）年に三木茂らの研究に基づき深泥池水生植物群落が天然記念物に指定された背景には，こうした自然保護思想が働いていたと考えられる．

ところが，その後ジフォード・ピンショーに代表される自然資源の永続的な利用を是とする功利主義的保全（conservation）思想が凌駕した．その結果，世界中で多くの原生的自然が失われ，1960年代に入ると，公害をはじめとする環境問題が社会問題化したことによって環境主義が台頭した（畠山，2004）．深泥池もこの時代に水道水の注入による農業用水利用の効率化や生活・産業排水の流入などに起因する環境悪化が起こったが1970-80年代の保全活動によって改善された．

その後さらに生態系の理解が進んだことや，1990年代には地球温暖化などの地球環境問題の解決が国家プロジェクト化したことによって，自然保護方針は大きく変革している．すなわち，自然資源の永続的な利用のためにこそ生物多様性の保護が必要であると考えられるようになった．また，多くの生態系が人為的な環境改変によって劣化している状況下では，手を触れずに保存するだけでは自然の劣化を防ぐことはできず，修復や再生のための努力が必要であると認識されるようになった（鷲谷・草刈，2003；畠山・柿澤，2006）．

自然保護から生態系管理へ

近年は世界各地で自然の修復や再生の事業が行われるようになった．日本でも1997の河川法改正に象徴されるように，環境保全を公共事業の目的に位置づけるためのパラダイム転換が起こった．この変革は1999年の海岸法改正や食料・農業・農村基本法，さらには2003年に施行された自然再生推進法にも反映されている．その結果，人間活動の影響が及んでいる生態系に対して，積極的な「生態系管理（エコシステムマネジメント）」が必要であるという考え方が一般的になりつつある（松田ほか，2005；鈴木，2006）．通常その究極目的は，生態系の機能や「生態系サービス」（人社会にとっての便益に繋がる生態系の働きのすべて：Costanza et al., 1997）を持続させることとされている．

「生態系管理」の考え方は，利用を是とする点では先の「功利主義的保全」の思想と共通しているが，持続可能性の対象を資源ではなく生

態系とする点が異なっている．すなわち，人にとっての資源も含めた「生態系サービス」を持続的に享受するためには，たとえ効率を犠牲にしてでも，生態系の構造を支えている物質循環，生息場の基盤，生物多様性を保持する必要があるという意識改革に根ざしている．

ホットスポットとしての意義

生物多様性の根幹は種多様性であり，種を絶滅させないことが生物多様性保全の使命となる．そのためには，固有種が集中的に分布する地域である「ホットスポット」を保全することが効率的であると考えられている（Myers et al., 2000）．「ホットスポット」は，氷河期にも生息可能であった避難場所や過去に種分化の中心となった地域などが該当し，生物地理学や進化学上きわめて重要な地域である．生態系管理においては，このような「ホットスポット」を対象地域に加えることが求められる．

深泥池は，面積が小さいにも関わらず，日本産食虫植物全24種の半数近い11種，日本産トンボ類の約3割にあたる68種など第2章に掲げた希少種がきわめて多く生育生息しており，まさに「ホットスポット」に他ならない．深泥池の保全において，これまで京都盆地，北山山麓域，淀川流域における「ホットスポット」としての意義についてはあまり論じられてこなかったが，生態的回廊（ecological corridor）や生息地網（biotope network）の観点から，地域の生物相や生態系全体における位置づけをする必要がある．

浪貝（1981）の「上賀茂―深泥池自然歴史保護地域」構想や京都市文化市民局（1999）の「北山山麓南縁地域」を一つの自然，文化帯，景観帯として保存しようという構想は，上記のような生態系間の結びつきに繋がるものである．それらは，今後より広域的な「ホットスポット」評価に基づく生態的回廊や生息地網整備として展開されることが望まれる．

生態系管理の進め方

種を絶滅させず，「生態系サービス」を持続的に享受するため生態系管理はどのように進めたらよいだろうか．まず，湖沼や湿地の生態系管理を例に検討すべき項目を整理してみよう．生態系の存続に関わる要因は多様であり，1）地形・基盤構造の要因，2）歴史・社会の要因，3）物質循環の要因，4）生物間相互作用の要因が様々な時間・空間スケールで関わっている（図1）．生態系管理の具体策についても，これらの要因に応じて，1）地形や基盤構造の操作，2）自然利用の仕組みの検討，3）富栄養化防止といった物質負荷量の制御，4）対象となる個体群や生物群集の生物間相互作用の制御が考えられる．

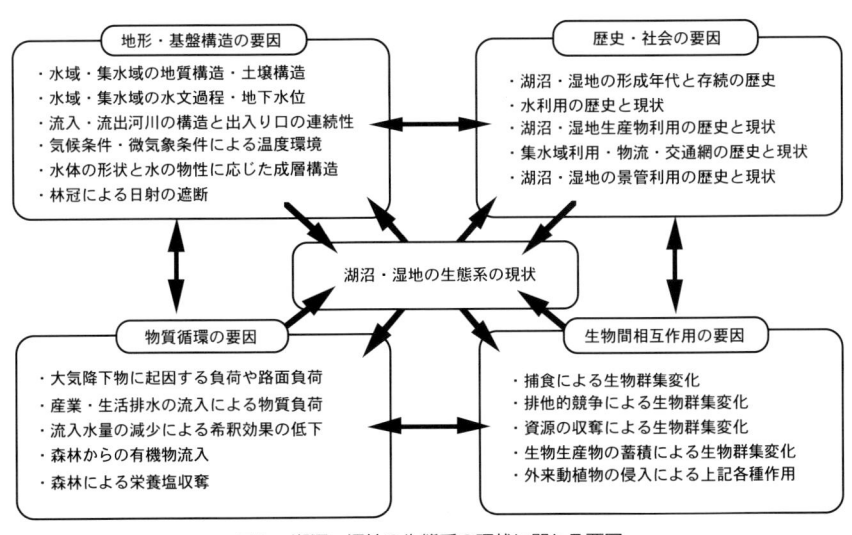

図1　湖沼・湿地の生態系の現状に関わる要因

図1の各要因は実際には相互に複雑に関連し合っており，しかもそれらの実態について未だ判っていないことが多い．このため，われわれが湖沼や湿地の保全や再生のために良かれと考えて行なった試みが意外なところで弊害を引き起こすかもしれない．したがって，生態系管理においては，1）問題の明確化：事前の現状把握や要因間の関係把握をしっかり行なうことで，問題の所在や保全・利用すべき生態系の姿を明らかにすること（松田ほか 2005）や，2）順応的管理：仮説・モニタリング・検証の繰り返しによって不確実性に対処できるようにすること（鷲谷・松田 1998）が求められる．さらに，現状の把握や目標設定について行政・住民・研究者の間で合意形成と連携が実現している図式が理想的である．これらの過程は図2のようにまとめることができる．

深泥池で目標となる遷移段階

　図2の問題の明確化の過程では，地域の自然利用の文化や歴史を顧みることによって好ましい生態系の遷移段階を検討することが重要である．日本の里地里山のように，縄文ないし弥生時代から断続的に自然と人の相互作用が働いていたと考えられる地域では，注目する生物種がその地に存続してきた背景や原因として各時代の自然利用の様式が関係していた可能性が高い．このため，過去の姿を復元することはできないまでも，いずれかの時代の自然の様式を管理目標像に組み込むことが合理的である．深泥池生物群集のように天然記念物に指定された場所は，先述した自然保護思想の影響によって，できるだけ手を付けず人の影響から隔離して保護する方針が是とされてきたが，今世紀に入り方針の転換を迫られている．

　深泥池の立地を考えると，少なくとも平安時代以降については原生的な自然状態が保たれていたとは考えにくい．むしろ，人々の生活と濃厚な関係を持ちながら深泥池の自然が存続してきたと考えられる（第3章）．ところが深泥池が天然記念物に指定されてからの保護方針は，できるだけ手を触れないようにするというものであった．池に立ち入ることが制限されたことは希少生物を守る上で有効な処置であるが，池から一切の生物を持ち出さなければ，自然の生産物が次第に蓄積され富栄養化・陸域化の方向へ湿性遷移することは免れない．

深泥池生態系のコアサイト

　深泥池の生物多様性を維持するためには，ミズゴケ湿原や池塘の存在する浮島，各生活型の水生植物が生育する開水域，水際の抽水植物群落がパッチ状に存在する様式が不可欠

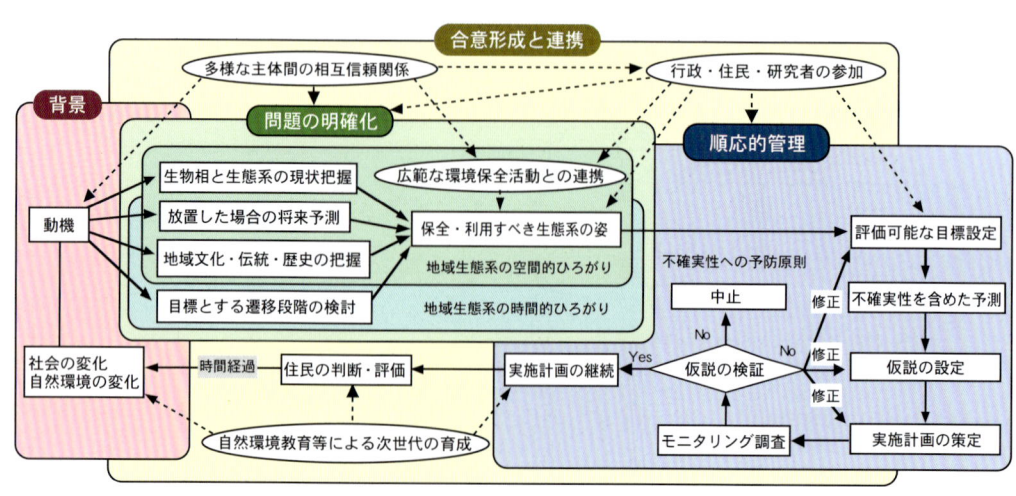

図2　理想的な生態系管理の手順

であると考えられる（第2章）．中でも浮島は生物多様性のコアサイトであり，生態系全体の保全目標として位置づけることができる．図3は，浮島の保全を目的とした場合の，物質循環の視点から集水域と池内の生物群集の果たしている役割（生態系機能）をまとめたものである．浮島におけるミズゴケ湿原の生物相は貧栄養環境や低い溶存酸素濃度と結びついている．また，ハリミズゴケの作用によってpH4-5という酸性の水質が形成している．これらの環境特性は，集水域の森林や池内の生物群集が栄養塩を利用することで生じるバッファー機能によって維持されていると考えられる．

集水域における生態系機能の回復

近年の深泥池では，北側と西側からの路面負荷，水道漏水，大気降下物などの人為負荷が加わり，富栄養化に拍車をかけている．その結果，池には有機物が急速に堆積し乾陸化が進行している（第4章と巻末航空写真参照）．また，深泥池の集水域については，京都市が公園緑地として買い上げてきたが，深泥池生物群集保全のために森林を敢えて自然のまま放置する方針で今日に至っている．その結果，20世紀前半までアカマツ林であった集水域は，現在落葉広葉樹を経て常緑広葉樹の森へと遷移しつつある．これらの問題点を，深泥池の生態系機能の視点からまとめると図4の上側のように示すことができる．森林の極相林化によって土壌が肥沃になると栄養塩のバッファー機能が低下するかどうかは未だ不明であるが，池に流入する亜表流水が貧栄養であり続けるような集水域管理を行なう必要がある．これらの管理目標や対策については，図5の上側のようにまとめられる．これらの詳細については，次の集水域管理の課題と対策の節で解説することにする．

池内の生物群集における生態系機能の回復

いっぽう，深泥池の富栄養化は，池内の生物群集の変化によっても生じている（図4下側）．とくに外来植物や外来魚の侵入によって，特定の種が過剰に繁殖してしまうと，食物網が単純化して有機物の堆積が加速する結果，池の富栄養化を促進してしまう．また，たとえ在来種であっても，ヒシやジュンサイが池の全体を覆い尽くすほど繁茂した場合には同様の悪影響を及ぼす可能性がある．したがって，これらの個体群抑制をすることは，食物連鎖のバランスを取り戻すことによって生態系機能を回復させるという点からも生物群集管理の目標として位置づけられる（図5下側）．これらの詳細については，203頁の生物群集管理の課題と対策の節で解説することにする．

科学的な順応的管理

図1に示された1）地形・基盤構造の要因，2）歴史・社会の要因，3）物質循環の要因，4）生物間相互作用の要因のそれぞれについて，1）生息場モデル，2）社会システムモデル，3）水・物質収支モデル，4）個体群動態モデル・群集モデルなどの予測モデルが開発されている．科学的に順応的管理を行なっていくためには，これらを用いて各要因の影響を予測しながら仮説を立て，対策に活かすことが求められ

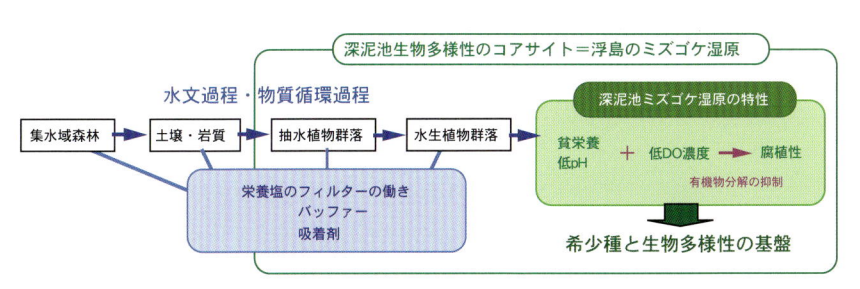

図3　深泥池生態系のコアサイトを通じた保全目標の設定図式

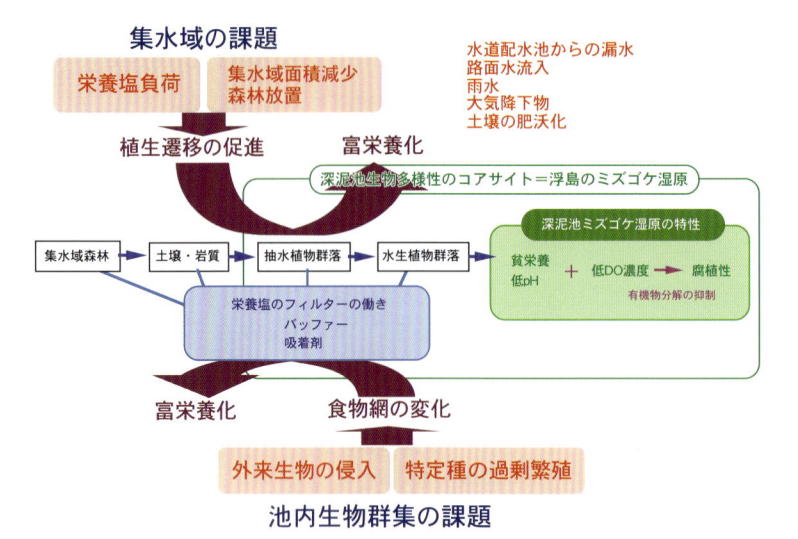

図4 深泥池における集水域と生物群集の課題

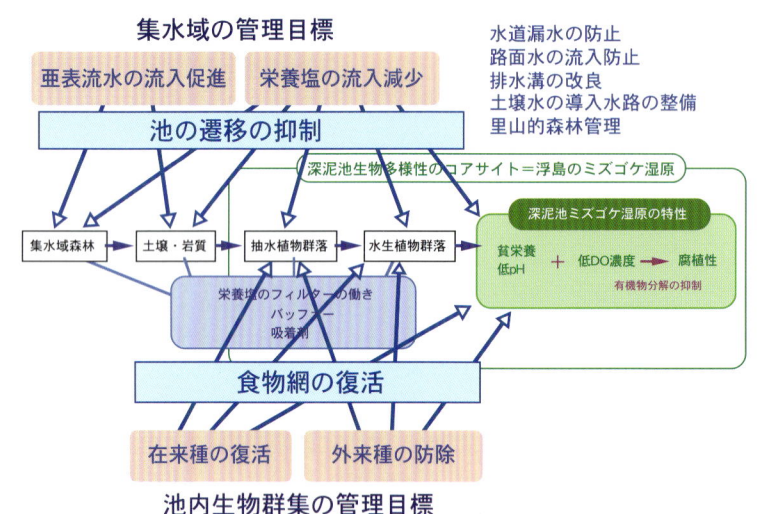

図5 深泥池生態系の管理目標

る．

深泥池では，個体群動態モデルを用いてブルーギル個体群の抑制努力に対する将来の個体数変化を予測しながら外来魚対策を進めている（第4章）．このような手順は，生態系管理の効率化を計るだけではなく，対策の必要性や妥当性について，行政・市民・研究者の間で合意形成をする上でも役立っている．

深泥池周辺の自然物利用のあり方

物質循環や生物群集管理が後世にわたり持続的に実施されるためには，利用の視点が欠かせない．例えば，生物群集管理のために毎年膨大な量が除去されている動植物は，現状ではゴミでしかないが，これらを京都らしい食文化や物作り文化の中に位置づけることができれば，持続的な利用による保全の仕組みが期待できる．そのような道を模索するためには，生物多様性や生態系の成立要因として社会体制も含めた見方が必要だろう．すなわち，生物間相互作用，物質循環，地形基盤構造の要因とともに，地誌・歴史に関わる社会的要因をも分析し，将来の社会の仕組みを図4の対策として活かせる形に再構成することが求められる．

図5に示されたような対策を具体的に実現しようとすると，そこには幾多の障壁が待ち構えている．例えば，管理計画の策定の体制をどうするか？　モニタリングは誰がするのか？　費用負担は？　といった保全のための体制にかかわる課題が山積みである．深泥池に限らず湖沼や湿地生態系の対策を検討する際には，集水域の持ち主や管理主体が多岐に及ぶため統一的な管理体制を整えることは至難の技である．このような課題については行政間で調整が必要であり，行政が主体的にその役割を果たすことが期待される．以上のような保全と活用の視点やその体制に関わる課題や対策については，本章の最後にまとめられている．

（竹門康弘）

集水域管理の課題と対策：森林保全と排水系統の改善

集水域の重要性

　深泥池の天然記念物に指定されている範囲は浮島とその周囲の開水域，すなわち池の中だけである．しかし，池の中を保全するだけでは深泥池の自然を守れないことは，深泥池生態系の構造や集水域の歴史を振り返れば明らかである．

　深泥池の自然は池の中だけで独立して成り立っているのではなく，池の内と外はつながっており，切り離せない．動物は池の内と外を行き来するし，植物も花粉・胞子や種子・果実は行き来するので，生物の行き来は重要である．また，池は池に直接降る雨水と集水域からの流入水で養われている．ここでは池の水を量的・質的に担っている集水域の役割を検討し，天然記念物深泥池生物群集を保全するための集水域管理のあり方を考えたい．

現存の集水域で涵養できるか

　図1は深泥池とその集水域の航空写真である．およそ9 haの深泥池の周りは，標高160-200 mの山とその稜線がぐるりと取り囲むような地形をしている．また，峰から池に延びた稜線によって4つの集水域に分割することができる．集水域から池への流入水は雨水が地表を流れてくる水と地下に浸透してから池に入る水がある．浸透水の場合でも途中で地上に顔を出してから地表水として流れ込む場合と池の水面下で入る場合がある．

　地表水に関しては，池の北側の道路によってケシ山側の集水域は遮断され，北東部病院構内に流れ込む集水域の雨水も道路の北側に排水され，池全体の集水域の半分近くが失われた．深泥池では雨水の浸透水が多く，降水は池の東側の大谷と南側の西山の斜面の途中や下部で湧水として地表に現れ流路を作って流れ込んでいる．降水量が多いと降水後もしばらく続くし，チンコ山の北東側や西山の西端には枯れない湧水が存在する．地表に顔を出さずに池に直接入る浸透水に関してはよく分かっていない．浮島の西部に大きな池塘があり，降水後に電気伝導度が低下するので，ここには降水時に湧水があると思われるが，その起源は不明である．池の涵養水として量的にみると，これまでの水文学的な調査では，集水域から涵養される水だけで深泥池の水収支が合う形にモデル化されている．現に無降水時には池の水位低下が生じるが，1994（平成6）年の渇水時でも池が干上がることはなかったので，現在残された集水域面積だけで十分ではないが，不足ともいえない状態のようである．

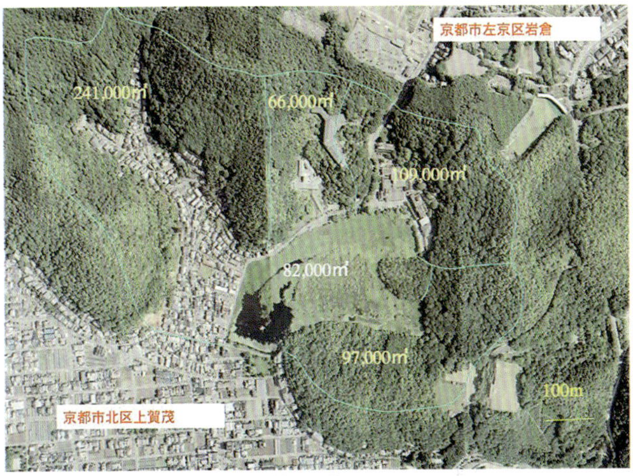

森林様式と水質

　質の問題はどうだろうか．すでに述べたように，池の東側と南側からの降水が浸透した湧水は電気伝導度が20数 μS/cm，25℃，地表を流れる流入水は30 μS/cm，25℃を超える程度で，浮島のミズゴケを養うに十分に貧栄養である．その原因としては植生と基岩があげられる．雨水が地

図1　深泥池と集水域の面積（写真は2003年5月撮影）

表を流れ，土壌に浸透する間に水に溶けたイオンや粒状の有機物が濾されると考えられる．池の東側と南側を囲む森林の林床には葉や枝の植物遺体が腐植として堆積している．腐植は構造として安定しており，イオンを吸着するので，森林を流れた雨水はそれほど富栄養化せず，有機物や土砂の排出は少なくなる．

深泥池の周囲の森林は人間の時代までは気候変動に伴って森林型は変化するものの基本的には原生林であった．人間が登場すると深泥池のような人里近くの森林は人間によって利用されたことが判っている（第3章）．化石燃料と化学肥料の利用以前は里山として樹木の材は炭・薪に，落葉は肥料に利用されていた．その結果，第二次大戦直後の写真に見られる深泥池周辺の森林は，高木の少ないアカマツ林であった（図2）．深泥池堆積物の花粉分析の結果は，周辺森林にアカマツが卓越する状態は，平安遷都前に始まりその後継続したことや江戸時代に急増したことを示している（第3章）．

ところが，戦後に化石燃料が利用されるようになると，集水域が人間に利用されない状態で放置されるようになった．また，集水域の一部はスギやヒノキの針葉樹が造林されている．このように，集水域の森林は時代とともに樹種や樹齢が大きく変化しており，それに伴って集水域からの流入水の水質も微妙に変化したと考えられる．

深泥池の保全のためには周辺集水域にどのような森林様式が望ましいかは即断できない課題である．たとえば，暗くて林床植生のない老齢の極相林と里山的な管理が行なわれている若い林齢の二次林とでは，どちらが流出水を貧栄養条件に保つ働きが秀でているだろうか．このような仮説に基づいた調査やモニタリングをすることによって，同じ森林の保全を考える場合でも，亜表流水への水質負荷がより小さくなるような森林管理の方法を検討する必要がある．

図2　1946年（昭和21年）頃の西山．シルエットの樹木はすべてアカマツ．

地質と水質

深泥池集水域の基岩はチャートである（図3）．岩石が風化して土壌が形成される過程で岩石に含まれるナトリウムやカルシウム，リンなどのイオンが溶け出していく．岩石は種類によって組成が異なり，チャートは放散虫・海綿などの生物の死骸が堆積してできた岩石である．主成分は二酸化珪素で，塩酸をかけても溶けないように，風化しにくく，風化してもイオンの溶出は少なくて貧栄養な岩石である．

また，チャートは割れ目を生じるので，雨水が浸透し，割れ目の方向に流れる．西山西端のチャートの露頭の割れ目は南東方向から北西方向に傾斜しており，そのため池の東側と南側の山地斜面で湧水が多いと思われる．

地表を流れずにチャートに浸透した雨水は地表水よりも貧栄養さが保たれる．地表水は池周囲の山地の稜線以内から流れ込むが，浸透水を考えると集水域の範囲は稜線を越えて広がっている可能性が高い．とくに池東側の大谷斜面と南側の西山は稜線の反対側斜面についても保全が必要であろう．

開発による水質の悪化

集水域が開発されると雨水流入水は富栄養化する．近年の例をあげると，チンコ山の北東側の山裾のヒノキ植林付近の枯れない湧水は，側溝に沿って側壁工事が行われただけで，降水時に1995年では20 μS/cm（25℃）台であった電気伝導度が，工事後は降水量が多いほど相対的に低下するが35〜55 μS/cm（25℃）に上昇した．もとは池水を浄化する電気伝導度であったが，その時点では浄化するとはいえない高さになった．また，現在池には入っていないが西山西端にある枯れない湧水も，1995年の降水時に20 μS/cm（25℃）であった電気伝導度が，その後に斜面上方で建物増築工事が行われた後は40〜60 μS/cm（25℃）にまで上昇した．水道漏水が流れる池南東部の谷の降雨時の流入水の電気伝導度も1995年には120 μS/cm（25℃）程度であったが，2004年には170 μS/cm（25℃）程度に上昇した．これは，この間に大谷で水道局が行った工事による影響と思われる．

さらに，池の北側のバス停の東側には道路から池に降水が流入している．道路表面は車の排気物やタイヤの摩耗物で非常に汚れている上，冬季には凍結融解剤も使用される．峠から道路を伝わってきた広範囲の路面水が流れ込んでいるため，この部分が池では常に電気伝導度が最大値を示している．ただし，原因が路面負荷だけなら降水が続いた場合に電気伝導度が低下するはずであるが，そのような時にも低下はみられないので，他の原因の汚れも影響している可能性がある．

図3 深泥池北岸道路沿いのチャートの露岩．褶曲の様子を観察できる．（2006年12月21日撮影）

流入後に溶け出す物質

　流入水の池の水質への負荷は流入時だけでは判断できない．降水時の流入水は採取してそのまま貯めておくと電気伝導度やpHが上昇することがある．これは水に溶けない形で流入したが，流入後にイオンとして溶け出す物質が存在するからである．

　図4に示したように，浄水場の配水池があり集水域が開発されている南東部や生活排水の影響が見られる北東部の流入水とそれが流れ込む池水は留置後の変化が大きく，池への負荷は流入時の水質より一段と大きくなる．ケシ山からの道路北谷水の出る場所は，1995年当時でも建物はなく，森林の下部に空き地があるだけであったが，それでも貯めおくと電気伝導度が上昇した．

　ところが，雨水が森林地帯からそのまま湧水や地表水として流入する水やそれらが流入した南開水域の池水では留置後の変化が小さい．このように，集水域が少しでも開発されて裸地化すると池への物質負荷は大きくなり，その結果池の陸地化に働く有機物の堆積や土砂の流入も増加することになる．

深泥池涵養水の水質悪化要因

　涵養水の水質悪化の主要な要因として以下の三つが挙げられる．一つ目は，松ヶ崎浄水場配水池からの漏水である．松ヶ崎浄水場の配水池が池南東部の大谷上流に建設された際，配水池からの放水管は深泥池に向けて敷設された．田植え用水としての地元の要望もあり，配水池の放水管からは一時期大量に放水されていた．しかし，水道水が含む大量の塩素により南側開水域のジュンサイなどの水生植物が壊滅的な打撃を受けた．これを，1964（昭和39）年に北村四郎が指摘し，翌年結成された深泥池を美しくする会や京都府生物教育会などが保全活動をした結果，浄水場配水池の放水管は南側に新しく新設され，深泥池への放水はなくなった．しかし，水量が減ったとはいえ，配水池からの漏水は常時流れ込んできた．

　二つ目は，病院からの排水である．北東部に病院建設時に病院からの下水は排水管を通じて直接池に流入していた．この排水の水生植物への打撃は誰の目にも明らかであり問題となった．配水管の標高が低いため，病院から道路北側の排水路に直接流せなかったため，文化財保護課によって排水をポンプアップするためのポンプ場が作られ，道路北側に排出されるようになった．ところが，1986年の公共下水管の開通によって，この状態に新たな変化を生じた．この時から病院の下水は公共下水管に排出されるようになったが，汚

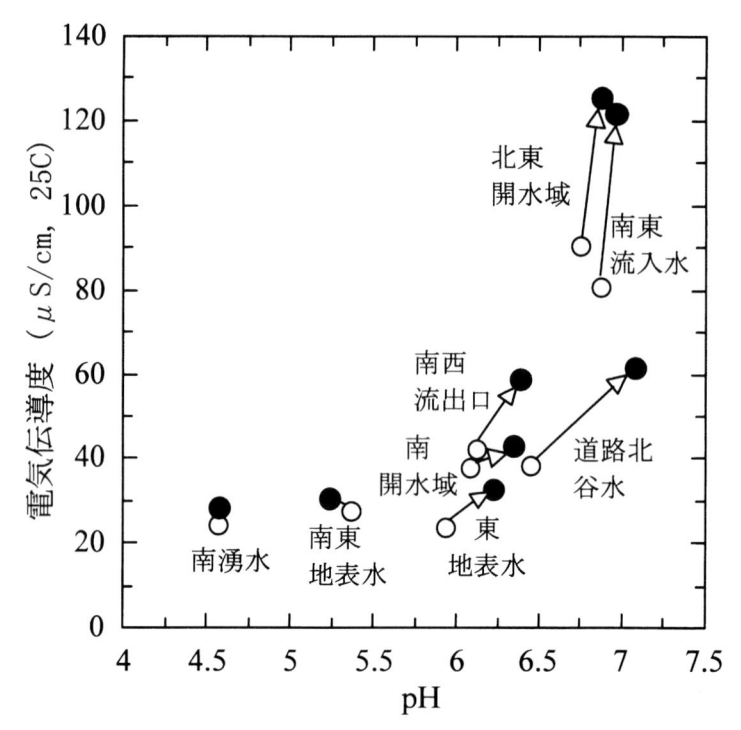

図4　池水と流入水の1週間保管による水質変化．1995年5月12日に採取．
○：採取時，●：1週間後．

水雨水分離方式であるため，病院構内の雨水排水は公共下水管に流さず，もとの下水排水路で流すように工事された．雨水排水は下水に比べて量が圧倒的に多いため，降雨時にはポンプアップしきれず，池に開口する昔の下水排水管を通じて池にオーバーフローするようになった．もともとの下水管が汚れていた上に，病院の排水経路には不明の箇所があり，一部の下水は雨水排水経路に流れ込むために，オーバーフローする雨水排水は現在でも水質が悪いと考えられる．このため，浮島の北側では降雨後に水質が悪化する現象が繰り返されてきた．

三つ目は，道路からの路面水の流入である．道路面は排気ガスや乾性降下物が付着して汚れており，降雨が路面を洗った路面水の電気伝導度は高い値を示す．深泥池の北側と西側の道路には，各所で路面水が池に流入してしまう場所がある．とくに路面水が集中的に流入する場所は，北側道路の病院前バス停付近で，峠付近から流下した水のうち北側排水溝へ入りきれなかった分が池に流入している．

冬期には，凍結防止剤の塩化カルシウムが峠やバス停付近に置かれており，毎年強いアルカリ性の塩化カルシウムが路面水とともに池に流入している疑いがある．また，原因不明だが病院取り付け道路の入り口付近から降雨時に流れ出す水があり，これも電気伝導度が高い（図5）．このため病院バス停付近は，池で最も水質が悪化している場所であり，電気伝導度が常時200 μS/cm,25℃を越えている．

近年の水質保全対策

文化庁による1978（昭和53）年からの深泥池の総合調査以前は，池の南東部からの流入水は，水量と塩素濃度が低下してジュンサイが回復したことや見た目が透明なこともあって，当時の研究者は池の涵養水量を増やし水質を浄化していると考えていた．

ところが，1978年からの総合調査後は，南東部流入水の水質が浮島のミズゴケを枯死させている原因であることが明らかとなり，その起源は配水池からの水道漏水ではないかと推定された．しかし，京都市水道局はトリハロメタンが含まれていないことを理由に水道水漏水であることを否定し続けた．

1994（平成6）年に岩倉上賀茂線深泥池検討委員会の調査の一環として定期的な水質調査が行われ，南東部流入水が自然水より常時硫酸イオン濃度が高く，水道水処理された水に違いないことを裏付けた．そのため，水道局も独自に調査を開始して水道水漏水であることをやっと確認し，配水池の漏水防止対策と2003（平成15）年からのポンプアップによる水道漏水の池からの排除対策を行うようになった．

この対策によって水道漏水の池への流入量は激減し，浮島南側開水域の水に対する影響は小さくなった．冬季に開水域の水が浮島に侵入しても，電気伝導度はミズゴケを枯死させる50 μS/cm,25℃までには上昇しなくなったことから改善効果は明らかである．

病院構内からの排水対策については，1978年からの総合調査の結果を受けて，1990（平成2）年から文化庁の補助による京都市文化財保護課の保全事業が行われた．その結果，病院の東側の山腹斜面の森林から流出する水質の良い表層水を側溝で受け止めて池に導流する計画が立てられた．また，病院構内の降水をすべてポンプアップして排水するには無理があるので，排水路を延長して直接道路北側の排水路に流し込む計画が立てられ，それぞれ設計図面も作成された．しかし，その計

図5 病院バス停付近ににじみ出た路面水の油膜．
（2006年12月21日撮影）

画は，事前の相談がなかったとして病院から反対された．また，下水の区域として病院構内の雨水排水は汚染されていても深泥池に流すべきとして京都市下水道局からも反対され，この計画は頓挫してしまった．ただし，病院東側の森林に沿った側溝の一部延長が実現し，現在貧栄養の水が供給されている．また，病院ポンプ場の改修は行われ，ポンプアップ能力の向上により少しの雨では病院構内からの排水が池に流れ込まなくなる効果があった．

降雨時の道路からの路面水の流入問題については，岩倉上賀茂線深泥池検討委員会で取り上げられ，その当時道路建設課が道路改修として行う案も提示されたが，その後何ら進展していない．

その他の水質浄化対策として，周囲の森林からの土壌表層下の水の利用があった．周囲の森林からは降雨時に表層水だけでなく，亜表層水やパイプ流として表層下から雨水が池に流れ込んでいる（P.164参照）．この水質は電気伝導度が20〜30μS/cm,25℃と低く，池の水質浄化に役立っている．パイプ流は降雨後も長期間流出することが池の東側や北側で観察される．池に流入していない亜表流水を池に導入すれば水質の浄化に役立つとして計画が立てられた．そのため，予備ボーリング調査と採水井戸の採掘が予算を重点的に使って行われた．しかし，実際に得られた水は，亜表流水ではなく電気伝導度の高い地下水だった．これではかえって池の水質を悪化させるので，池への導水は中止され計画は失敗に終わった．浮島北側開水域のヨシやマコモなどの抽水植物の除去事業も池の埋没対策をかねて同時期に行われたが，この事業もその後中断したままである．

集水域を含めた保全を

深泥池の残された集水域である南側と東側の森林からは降雨時に20〜35μS/cm,25℃程度の，ミズゴケ湿原を涵養できる水が表流水，亜表流水，パイプ流として流入している．したがって，水道漏水や病院構内雨水排水，道路からの路面水などの現在の汚染源対策を行えば，浮島のミズゴケ湿原を回復させることが可能であることがポンプアップによる水道漏水対策によって明らかになった．深泥池保全のための集水域対策としては，池の南側と東側の残された森林集水域のこれ以上の開発を行わず，望ましくは，汚染源となっている配水池や病院，道路の移転による集水域の拡大であるが，少なくとも現在の汚染源を排除する対策を早急に進めるべきである．近年，深泥池保全活用委員会による保全事業が行われているが，水質保全対策は進展していない．

冒頭に述べたように，現状では天然記念物として深泥池の中だけが保護の対象となっている．そのため，チンコ山北側にかつて存在した良好な湿原も池の外として埋め立てられた．あるいは，池の南側でも開拓されて小屋立地でネザサが枯死した際に湧水とともに大量の土砂が流入した歴史がある．

また，集水域は山の稜線からとは限らないことも考慮する必要がある．地質や地下の水循環に関する詳しい調査は行われていないが，深泥池周囲の露出したチャートの走向と降雨時の湧水の噴き出しからみると，池の南側では北西に，東側では西に，病院裏の北東側では南西に亜表層水が流れているようだ．もし地層の向きがそのまま上部までつづいているとすれば，稜線を超えた反対側の斜面からも池水が涵養されていることになり，集水域としてはその範囲までの保全が必要となる．

深泥池の保全にとって，集水域での雨水起源の涵養水を量的質的に確保することが不可欠である．そのために，当面，すでに実施設計された，病院構内雨水排水を池に流入させないための排水路の整備と，道路建設課が案を示した，道路面からの雨水流入の防止対策，および効果を上げている南東部からの水道漏水の流入防止策の恒久化が急がれる．そして，長期的には天然記念物として保護される範囲を集水域に拡大して深泥池の涵養水を量的質的に保全することが深泥池生物群集を守るために不可欠である．　　　（藤田　昇・竹門康弘）

保全と活用のための体制

深泥池を保全しながら活用するという困難な課題を解決するには，行政，研究者，市民の協働が必須と考えられる．まず，昔は保全するためには人ができるだけ関与せず放置した方が望ましいという考えがあったが，深泥池の歴史を見て判るように，この池が現在まで何とか持ちこたえてきたのは，この池をジュンサイ取りや農業用水として，あるいは散策の場や研究の場として人々が活用してきたからである．しかし，近年水道水の流入あるいは外来種の侵入など人為的な諸作用のために，池の本来の生態系は急速に衰退しつつあり，保全のためにはその人為的影響を抑止・解消する「人為」を加えなければいけない状態となっている．すなわち，大都会の中の小さな水域を保全するためには，生態系をなんらかに管理することが必須条件である．これをどのような手続きで行うかを明確化することがまず重要である．

現状把握

何をおいても重要なことは，現状の把握である．深泥池の動・植物などを含めた生物群集，さらに浮島や水質，水量など，どのような状態になっているかの科学的な把握が必須である．

深泥池保全計画の策定

その現状に基づいて，将来共に深泥池を保全するためには現段階で何をなすべきかの計画策定が問題となる．具体的な深泥池の保全計画についてはこの章と関係するところでくり返し述べられている．この中には短期的な計画と中長期的な計画とが含まれており，これはいかに具体化するかが問題である．

深泥池の保全事業の実施

計画に基づいて保全事業を実施することが求められる．この時に留意すべきことは，予算および労力が限定されていることから，緊急で重要な課題を適切に選択することが問題となる．

モニタリング調査の実施

生態系管理で重要なのは，保全計画を実施した結果がどうなったのかを評価することであり，そのために継続的にモニタリングを行なうことが必須である．また，このモニタリング結果に基づいて，計画の変更を行い，その時点でベストのことを選択して実施する必要がある．すなわち，現状把握—保全計画の策定—保全計画の実施—モニタリング調査の実施，さらに，これらの評価に基づく計画の変更など一連のフィードバックシステムの構築が必須である．これは環境省の特定鳥獣保護管理計画でニホンジカの保護管理においてすでに行なわれている．ここで重要なことは，生態系の管理に関しては，現段階でまだまだ未解明なことが多いために，研究が進むほど保全課題の内容が変化することである．このことを踏まえると計画策定時点の正確な情報に基づき最大限可能な良い計画を立案して実施し，モニタリング結果に基づいて評価し，たえず修正しながら計画を遂行するという順応的管理が基本となる．

管理責任者の問題

第一の問題は管理の責任は誰が負うのかが問われることとなる．幸い深泥池は国の天然記念物に指定されており，管理団体は京都市である．法律上の管理責任者は京都市になる．また，池の土地は文化庁の補助により現在は京都市の所有となっている．しかし，保全にとって必須条件である周辺の山などは，まだ一部を残して京都市の所有地になっていない点は問題であるが，少なくとも池そのものの

所有者は京都市である．土地の所有者と管理者と別である場合には，管理に必要なことも土地所有者の合意が得られないと実施できない．この点では管理者自らが土地を所有していることで管理は比較的容易となる．

管理計画の策定　調査の許可体制

次に問われるのは，京都市は深泥池の保全活用のための管理として何をなすべきかと言うことである．このような問題を考えるには行政だけでなく，専門家や市民を含めた場が必要である．このために京都市文化財保護課が設置した深泥池保全活用委員会が存在したが，これは2004（平成16）年3月末に解散している．管理を行政だけで行うと多くの誤りが起きる可能性が高く，適切な専門家や市民を含めた新たな保全活用委員会を設置することが急務と考えられる．

深泥池保全活用委員会の問題点

村上は京都市の大原野森林公園の保全活用委員会にも関与しているが，深泥池と比較して，大きな違いがあるのは，深泥池保全活用委員会は委員会が公開されていないことはもちろん，議事録も公開されていないなど，透明性が非常に悪い委員会となっていることである．大原野森林公園の委員会は，委員として市民活動を行っている人が多数入っているのに対して，深泥池の委員会は学識経験者5名のみで，深泥池に実際に係わっている市民の顔が見えないことである．

もう一点大きな違いは，大原野森林公園の委員会は公開であり，毎回少なくとも10数名の市民が会議を傍聴し，場合によっては座長の許可の元に発言を行っていることである．大原野森林公園は緑地管理課が関与しているが同じ京都市で担当する課が異なるとここまで違うかと驚くほどである．

私はその他にも多くの委員会に関与しているが，深泥池保全活用委員会ほど市民に閉ざされた委員会はない．委員会を公開して審議過程を市民が知る機会を得ることと，議事概要の公開など，委員会の透明性の確保は早急に行われるべきであると考えられる．

また，上述の深泥池保全活用委員会は現在まで，京都市文化財保護課に対して委員会の審議に基づいて多くの提言を行ったが，そのうち実行に移されたのはごくわずかである．さらに，提言を受けて何をしたのか，どこまで進んでいるのかの報告がない．さらに簡単なことでも，実施するまでの時間がかかりすぎて無駄が起きているのが現状である．

調査研究の許認可体制

例えば深泥池では多くの研究のための調査が行なわれているが，これらの活動は従来実質的な規制がほとんどなかった．しかし，現状変更の行為に当たる場合もあり，とくに調査・研究活動といえども浮島への立ち入りはその頻度や場所によって，大変慎重を期さなければ，調査により対象となった場所の環境が破壊される．また，調査の際にサンプルなどを採取する必要が生じる場合があるが，これも大量に採取すると保全には大きな支障となると判断される．

これらの研究者などによる調査によって環境に悪影響を生じるのを防止するために，2004年から研究者などが深泥池の保全のための調査研究を行なう場合においても，一定の書式で調査許可を文化財保護課に申請して，これを委員会で審査の上許可する手続きとした．また，調査終了後に報告書の提出も義務づけを行い，調査結果を公表出来る体制を整えた．しかし，現実には委員会で許可してから実際の許可がでるのに数ヶ月もかかっている状態である．生物の調査は季節性があり，このような状態では調査に支障が出てしまう．これは現在の文化財保護課の体制が問題と考えられる．京都市には他都市に比較して多くの文化財があり，それらの管理だけで大変なのは理解できるが，研究者・行政・市民の協働が今ほど要なときはないと思われるのに，それに対してまったく対応ができていない状況を早急に変更する必要がある．

私は委員会の委員活動を通じて何とかその方向性を現実のものとする努力を行ってきた

が，管理の主体は京都市文化財保護課にあり，そこが積極的にこれらの体制を維持・支援することをしない限り，仏造って魂入れずになりかねない．現状では折角造った許認可体制も保全のための活動の阻害要因になりかねない．現状は多くの課題があり早急に改善する必要がある．これらの実態を市民に知らせることも私の責務と考えあえて問題点を公開した訳である．

管理のための予算確保と支出などの公開の必要性

　管理を行なうには予算が必要であることは自明である．例えば現在外来魚の駆除事業が行われているが，このためには捕獲のための網や捕獲した個体の保存のためにホルマリンやアルコールが必要であり，人を雇うための謝金などが必要である．現在は総予算額が約220万円という額であるがこの予算の使途について会議で十分な審議がなされず，まして支出に関して報告がない状態である．委員会の公開と併せて透明性を確保することが大前提である．

　また，予算の多くが委員会に関係した特定のNPOに丸投げに近い形で降りているのも極めて不明朗であり，早急な改善が必要である．アセスメント会社に委託するには額が少なすぎるし，研究者が直接予算を貰うのも形式上収入扱いとなり，問題が多いのでやむを得ず仲介者としてNPOを入れているのであるが，ここが実権を握りつつあることが大きな問題であり，もっと自主・民主・公開の3原則を徹底すべきである．

　深泥池は現在かなり危機的状況にあり，今手当をしておかないと取り返しがつかないこととなる可能性が高い．このためには保全上重要で緊急な課題を選択して，そこに重点的に投資するような体制が必要であるとともに，総額が明らかに不足していることから何らかの財源確保の努力が必要とされるが，この努力が行なわれていない．200万程度では，管理上必要なことすらできない上，管理のために必要な現状調査費などは支出できない状態である．

　日常管理として，この予算とは別個に現在は年に数回の草刈りと深泥池に隣接した公園のゴミの管理の日に深泥池の周辺のゴミを集めておけばついでに片づけてくれる形となっている．2箇月に1回の巡視が行われている由であるが，何を目的としているのか不明確であり．オオクチバスの密放流の監視などなすべきことは山ほどあるのに対して，市民ボランティアがほそぼそと頑張っている状態である．

行政・市民・研究者の協働

　深泥池は天然記念物に指定されており，京都市は管理団体であると共に池の土地所有者であるので，深泥池の保全活用に関しての最終責任者であるといえる．しかし，今まで述べてきたように，現在の行政の代表である京都市は市民や研究者との協働体制を諮ることに関しては極めて消極的である．深泥池が現在まで何とか持ちこたえてきたのは，この本の中でも度々書いているように，深泥池を愛して多面的に利用したり，保全活動を行ってきた市民や団体が存在することである．また，深泥池の魅力にとりつかれて研究を行ってきた研究者などが常に存在して日々新たな発見を行っていることである．近年は研究者と市民との協働は盛んに行われるようになったが，問題は行政との協働が不十分なことにある．市民や研究者の意見をいかに行政に伝えるか，行政は如何に市民や研究者の声を聞いてそれを深泥池の保全活動に反映するかが問題である．このためのシステムとしては京都市が従来設置していた天然記念物深泥池生物群集保全・活用委員会のような委員会システムを設置することが重要である．しかしながら委員会が設置されても委員を研究者や市民の中から公正に選ぶことや会議の公開が前提であり，会議資料の公開など情報の公開が前提となる．その他，ホームページを設置してこれら会議の内容を伝えると共に一般市民からの意見も受け付けるなどのことも必須である．淀川の治水・利水・環境保全のために淀川流域委員会が設置されており，これとは別

個に淀川環境委員会も設置されているが，これらの委員会のあり方はここに書いている基本原則，すなわち，委員会が運営方針や会議の内容を決めて自主的・民主的に運営していること，委員会は公開で結果もすべて公開していること，流域委員会では一部の委員は公募で選出していることなど全て満たしている（それでもまだ多くの問題がある）．国土交通省淀川河川事務所のように従来は開発優先であったところでさえ，現在は環境問題を取り入れ，委員会を上記のように運営をするなどが行われている現状と比較して，現在の京都市の文化財保護課のあり方はあまりにも時代に取り残されたものであり早急な改善を要する問題である．京都市はきわめて多くの文化財を抱えているために，そちらが優先される余り，天然記念物に関する行政はおろそかになりすぎている．自然遺産である深泥池は一旦破壊されると元に戻すのは極めて困難で，現段階がもっとも危険な状態であり，禍根を残さないために早急に行政が率先して市民や研究者との協働体制を構築すべきである．ラムサール条約への登録申請を行うことも含めて行政のあり方が問われており，今後の取り組みが期待される． (村上興正)

図1 深泥池南西角の調査小屋 （2005年6月8日撮影）
外来魚駆除事業のために京都市文化財保護課が1998年に設置した．
以来，ボートや各種機材置き場としてモニタリング調査時にも利用されている．また，小屋前の広場は各種観察会などで集合場所や説明場所に活用されている．

図2 浮島におけるボーリング調査
（2004年9月14日撮影）
ミズゴケマットを痛めないようベニヤ板やはしごを敷きその上で作業を行なった．

図3 深泥池南岸のマコモ刈りの様子 （2001年9月23日撮影）
深泥池水生生物研究会がボランティアで実施している．

図4 深泥池北岸のヨシ，セイタカヨシ刈り後の景観
（2007年2月12日撮影）
刈り取ったヨシは岸辺で干す．右側に見えるのがセイタカヨシの群落．

航空写真で見る深泥池の四季

2005年2月

2005年8月

2005年4月

2005年10月

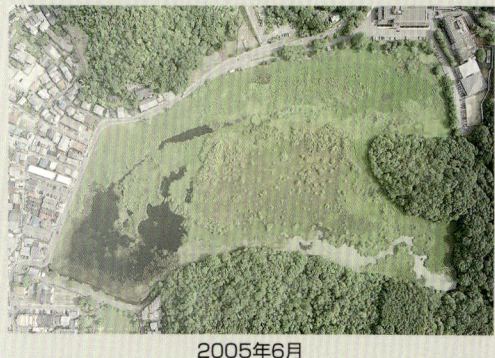

2005年6月

2006年1月

　図は，2005-6年に環境省の環境技術開発等推進費を用いて撮影した航空写真である．およそ隔月で撮影したので，冬，春，初夏，夏，秋の各季節の植生変化が見てとれる．冬から春に白っぽく縁取られているのはマコモ群落，濃い茶色がミツガシワ，薄茶色がヨシ群落，緑がかった部分が木本を示している．4月の写真ではいち早く芽吹くミツガシワが濃い緑色に見える．この時期には，まだ浮葉植物が開葉していないため，開水域には水面しか見えていないが，6月になるとジュンサイが伸び始め8,10月には中央部分を除く開水域のほぼ全域がジュンサイに覆われる．また，セイタカヨシは8,10月に濃いオリーブ色，4月には赤茶色を示す特徴がある．
　次に浮島に注目すると，1,2,4月には浮島が沈んでいるため，冠水している部分が黒くなっている．いっぽう，6,8,10月には浮島が浮き上がるため，シュレンケの部分も一様な色に見える．また，植生の枯れる1,2月には黒い目玉のような池塘の存在がくっきりと確認できる．このような池塘はどのようにしてできるのだろうか？　病院前の北東開水域にはミツガシワ群落が広がっているが，その真ん中には植生が生えない楕円形の水面が常に存在している．この開水域は1970年代にはまだ大きかったが，2003年時点では既に小さな楕円形になっている．なぜミツガシワに覆い尽くされないのかは謎であるが，このまま植生遷移が進んだ場合，ここが池塘になるのかもしれない．

（竹門康弘）

深泥池の景観変遷

1927年9月

1946年10月

1960年1月

1963年8月

1977年9月

2003年10月

2004年10月

　図は，昭和2年（1927年）から2004年までの航空写真から深泥池の景観を比較したものである．左頁は元の写真を，右頁は写真から4つの植生類型を読み取り色分けした図を示している．また，最初の4写真は白黒写真，1977年の写真はフォールスカラー写真である．1927年の写真は画質が悪く植生類型を識別できなかったため，浮島の境界だけを示している．

　これらの写真と植生図からはっきりとわかることは，深泥池植物群落が国の天然記念物に指定された1927年から1946年までの20年間は開水域の面積が広く池敷の5割を越えていたのに対して，1960年代から急速に抽水植物群落が拡大したことである．右頁下図の植生被度の変遷グラフを見ると，とくに60年から77年の間に顕著に拡大したことがわかる．これは，この当時病院からの下水が垂れ流しであったことや農業用水を補う目的で大々的に水道水の導入が行なわれた影響であると考えられる．

　いっぽう，浮島を構成するビュルテとシュレンケの合計面積は意外と変化していないことがわかる．ところが，個々のビュルテとシュレンケを見ると，この50年間に大きく変化している．それは，「植生の変化」（P.113）で解説されているように，微小なビュルテが無くなりシュレンケになるとともに樹木が生育するビュルテが拡大併合される様子を示している．ただし，近年の水道水のポンプアップなどによる水質改善の努力が功を奏して，2005年以降はビュルテ内にハリミズゴケのマットが回復しつつあり，微小なビュルテも形成されてきた．今後，このような変化を継続してモニタリングする必要がある．

（竹門康弘・田端英雄）

第 5 章　深泥池の将来展望

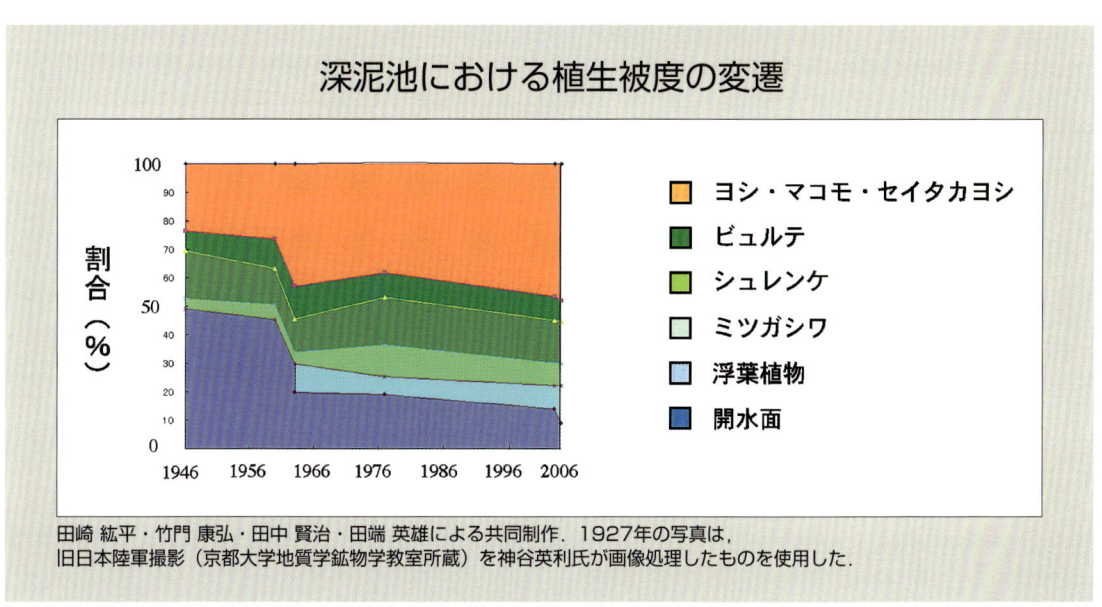

1927年9月　　1946年10月　　1960年1月

1963年8月　　1977年9月　　2003年10月

2004年10月

深泥池における植生被度の変遷

割合（％）

- ヨシ・マコモ・セイタカヨシ
- ビュルテ
- シュレンケ
- ミツガシワ
- 浮葉植物
- 開水面

田崎 紘平・竹門 康弘・田中 賢治・田端 英雄による共同制作．1927年の写真は，旧日本陸軍撮影（京都大学地質学鉱物学教室所蔵）を神谷英利氏が画像処理したものを使用した．

215

参考文献

■第1章 深泥池とは

千葉尚二（1977）京都市の失われた湿性植物群落．関西自然科学, 29: 3-7.

藤田和夫（1990）満池谷不整合と六甲変動—近畿における中期更新世の断層ブロック運動と海水準上昇—．第四紀研究, 29（4）: 337-349.

藤田　昇・遠藤　彰（編）（1994）京都深泥池—氷期からの自然—．京都新聞社．

藤原　学（2006）新たな産業—窯業の隆盛．吹田市立博物館博物館だより, 27: 4.

堀　利栄・趙章順熙（1991）層状チャートのリズムとその起原について．月刊地球, 13（8）: 543-551.

市原　実（編著）（1993）大阪層群．創元社．

池田　碩・大橋　健・植村善博（1972）京都市北郊, 岩倉盆地地下の火山灰層．第四紀研究, 20（4）: 329-330.

石田志朗（2000）満池谷不整合の年代について—OD-1の海成粘土層の番号の改正提案—．日本応用地質学会関西支部平成12年度研究発表会概要集, 38-41.

木村克己・吉岡敏和・井本伸広・田中里志・武蔵野実・高橋裕平（1998）京都東北部地域の地質．地域地質研究報告（5万分の1地質図幅）．地質調査所．

木村克己・吉岡敏和・中野聡志・松岡　篤（2001）北小松地域の地質．地域地質研究報告（5万分の1地質図幅）．地質調査所．

北村四郎ほか（1971）深泥池水生植物群落．天然記念物緊急調査（植生図・主要動植物地図26京都府）．文化庁．

京大構内遺跡調査会（1984）北白川追分町遺跡の発掘—京都大学BF31区発掘調査現地説明会資料．京都大学埋蔵文化財研究センター．

京都盆地地下構造調査委員会（監修）（2001）京都の地下．京都市消防局防災対策室．

京都府企画環境部（編）（2002）京都府レッドデータブック2002（下）．京都府企画環境部．

京都市文化観光局（1986）京都市遺跡地図台帳．京都市文化観光局．

京都市埋蔵文化財センター（1985）ケシ山窯跡発掘調査概要報告．愛仁苑 京都ヴィラ．

京都大学考古学研究会（1992）岩倉古窯跡群．京都大学考古学研究会．

桝井昭夫（1967）低地性高層湿原の植物生態—深泥池60年間の遷移—．植物と自然, 1（7）: 5-8.

桝井昭夫（1969a）低地性高層湿原の植物生態—深泥池浮島の生態—．植物と自然, 3（4, 5）: 25-27.

桝井昭夫（1969b）低地性高層湿原の植物生態—深泥池浮島の植物社会—．植物と自然, 3（10）: 22-25.

三木　茂（1929）深泥ヶ池特に浮島の生態研究．京都府史蹟名勝天然記念物調査報告第10冊, 京都府, 61-145, 図Ⅰ-Ⅸ.

南木睦彦ほか（1985）北白川追分町遺跡出土の種実類．京都大学埋蔵文化財調査報告Ⅲ．第Ⅱ部 自然科学的調査篇, 113-138.

宮本水文（1974a）深泥池の植物Ⅰ　浮島のある池．Nature Study, 20（4）: 2-4.

宮本水文（1974b）深泥池の植物Ⅱ　近年になっての植物相の変化．Nature Study, 20（12）: 2-4.

宮本水文（1984）深泥池の植物Ⅲ　水域植物群落の危機．Nature Study, 26（9）: 2-6.

宮本水文ほか（1984）深泥池の植物Ⅳ　水域植物群落の変化と保護．Nature Study, 30（11）: 2-6.

三好　学（1927）京都府深泥池水生植物群落．内務省天然記念物及名勝調査報告植物之部第7輯: 42-44.

深泥池団体研究グループ（1976a）深泥池の研究（1）地球科学, 30: 15-38.

深泥池団体研究グループ（1976b）深泥池の研究（2）地球科学, 30: 122-140.

深泥池学術調査団（編）（1981）深泥池の自然と人．深泥池学術調査報告書．京都市文化観光局．

長橋良隆・里口保文・吉川周作（2000）本州中央部における鮮新—更新世の火砕流堆積物と広域火山灰層との対比および層位噴出年代．地質雑, 106（1）: 51-69.

永井かな（1968）深泥が池植物調査報告．関西自然科学, 20: 28-33.

中堀謙二（1981）深泥池の花粉分析．深泥池学術調査団（編）「深泥池の自然と人．深泥池学術調査報告書」京都市文化観光局, 163-180.

中堀謙二（1994）リス氷期へ遡る14万年の歴史—花粉分析から．藤田ほか（編）「京都深泥池—氷期からの自然」京都新聞社, 36-37.

那須孝悌（1981）深泥池の地史．深泥池学術調査団（編）「深泥池の自然と人．深泥池学術調査報告書」京都市文化観光局, 11-34.

日本の地質「近畿地方」編集委員会（編）（1987）日本の地質6　近畿地方．共立出版．

小椋純一（2002）深泥池の花粉分析試料に含まれる微粒炭に見る人と植生の関わりの研究．京都府企画環境部（編）「京都府レッドデータブック2002（下）」京都府企画環境部，321-327．

大場秀章・藤田和夫・鎮西清隆編（1995）日本の自然　地域編5　近畿．岩波書店．

太田陽子・成瀬敏郎・田中眞吾・岡田篤正（編）（2004）日本の地形6　近畿・中国・四国．岩波書店．

パリノ・サーベイ㈱（1991）平安京右京五条二坊九町・十六町発掘調査　花粉・植物珪酸体分析報告．京都文化博物館調査研究報告，7：108-116．

Shackleton N J (1995) New data on the evolution of Pliocene climate variability. Vrba, E S *et al.* (eds.) Palaeoclimate and evolution with emphasis on human origins' Yale Univ. Press, 242-248.

滋賀県・京都府（1982）土地分類基本調査「京都東北部・京都南部・水口」5万分の1．京都府農林部耕地課・滋賀県企画部：地対策課．

吹田市立博物館（2004）千里丘陵の須恵器—古代のハイテク工場．吹田市立博物館．

高原　光（1994）近畿地方および中国地方東部における最終氷期以降の植生変遷．京都府大演習林報，38：89-112．

高原　光（2002）京都府における最終氷期以降の植生史．「京都府レッドデータブック2002（下）」京都府企画環境部，316-320．

田村　隆・横山卓雄・石田志朗（1982）京都市高速鉄道烏丸線建設にあたっての地質調査．遺跡調査年表Ⅲ．付録Ⅰ，459-487．

天理大学考古学研究室（1994）奈良盆地の古環境と農耕．天理大学．

上田正昭（1981）深泥池の歴史と伝承．深泥池学術調査団（編）「深泥池の自然と人．深泥池学術調査報告書」京都市文化観光局，35-39．

植村善博ほか（1999）長岡京域低地部における完新世の古環境．桑原公徳（編著）「歴史地理学と地籍図」ナカニシヤ出版，211-222．

横山卓雄（1988）平安遷都と鴨川つけかえ．法政出版．

■第2章　深泥池生物群集の成り立ち

Abekura K Hori M and Takemon Y (2004) Changes in fish community after invasion and during control of alien fish populations in Mizoro-ga-ike, Kyoto City. Global Environmental Research, 145-154.

Bristowe WS (1958) The world of spiders. Collins, London.

den Bakker HC, Zuccarello GC, Kuyper TW and Noordeloos ME (2004) Evolution and host specificity in the ectomycorrhizal genus Leccinum. New Phytologist, 163: 201-215.

遠藤　彰（1980）ミツガシワの開花現象と訪花昆虫の関係．第27回日本生態学会大会講演要旨集（弘前），120．

遠藤　彰（1981）深泥池のミツガシワの訪花昆虫相．深泥池学術調査団（編）「深泥池の自然と人．深泥池学術調査報告書」京都市文化観光局，268-276．

遠藤　彰・松井　淳・丑丸敦史・藤田　昇（1997）深泥池浮島と周辺二次林の訪花昆虫群集の特性．「深泥池の環境〈生物〉京都市岩倉上賀茂線深泥池検討委員会報告書．学術調査成果資料集（動物類の現況調査）」京都市建設局，66-96．

藤田　昇・遠藤　彰（編）（1994）京都深泥池—氷期からの自然．京都新聞社．

Green BH and Pearson MC (1968) The Ecology of Wybunbury Moss, Cheshire 1．J. Ecol., 56：245-267.

林　文男（1995）センブリ類の分類を一段落させて．兵庫陸水生物，46：1-24．

林　文男（2005）ヘビトンボ目（広翅目）Megaloptera．川合禎次ほか（編）「日本産水生昆虫」東海大出版会，379-386．

Hayashi F and Suda S (1995) Sialidae (Megaloptera) of Japan. Aquatic Insects, 17：1-15.

Hibbett DS, Gilbert LB, Donoghue MJ (2000) Evolutionary instability of ectomycorrhizal symbioses in basidiomycetes. Nature, 407: 506-508.

平野　實（1981）深泥池の淡水藻．深泥池学術調査団（編）「深泥池の自然と人．深泥池学術調査報告書」京都市文化観光局，139-162．

Hirano M (1955-60) Flora Desmidiarum Japonicarum I-VII. Contrib. Biol. Lab., Kyoto Univ., 1, 2, 4, 5, 7, 9, 11: 1-474, 54 pls.

細谷和海（2001）日本産淡水魚の保護と外来魚．水環境学会誌，24：273-278．

Huston MA and DeAngelis DL (1994) Competition and coexistence : the effects of resource transport and supplyrates. The American Naturalist, 144：954-977.

飯田信三（1939）京都産のげんごらう科，昆虫界（7）：37-40．

飯田信三（1940）京都市内の池と川，昆虫界（8）：55-60．

角野康郎（1981）深泥池の水質と水生植物．深泥池学術調査団（編）「深泥池の自然と人．深泥池学術調査報告書」京都市文化観光局, 45-54．

金綱善恭（1962）深泥池の陸水学的研究．陸水学雑誌, 23 (3-4): 113-132．

Kawamura K, Ueda T, Arai R, Nagata Y, Saitoh K, Ohtaka H, and Kanoh Y (2001) Genetic introgression by the rose bitterling, Rhodeus ocellatus ocellatus, into the Japanese rose bitterling, R.o.kurumeus (Teleostei:Cyprinidae). Zoological Science, 18 : 1027-1039.

北村四郎・村田　源（1981）深泥池とその周辺の植物相．深泥池学術調査団（編）「深泥池の自然と人．深泥池学術調査報告書」京都市文化観光局, 55-82．

Kuriki G (2003) Studies on the Oribatid Mites in Sphagnum Mires in Northern Japan I. General Features of Oribatid Fauna in Sphagnum Mires Edaphologia, 73 : 27-43

京都大学理学部植物生態研究施設深泥池研究グループ（1981）深泥池浮島の生態学的研究．深泥池学術調査団（編）「深泥池の自然と人．深泥池学術調査報告書」京都市文化観光局, 95-133．

京都府企画環境部（編）（2002）京都府自然環境目録．企画環境部．

京都府企画環境部（編）（2002）京都府レッドデータブック2002（上）．京都府企画環境部．

京都府レッドデータ調査選定・評価委員会普及版編集委員編（2003）京都府レッドデータブック［普及版］．サンライズ出版．

Lindahl BO, Taylor AFS and Finlay RD (2002) Defining nutritional constraints on carbon cycling in boreal forests - towards a less 'phytocentric' perspective. Plant and Soil, 242: 123-135.

Masumoto T, Masumoto T, Yoshida M and Nishikawa Y (1998) Water conditions of the habitat of the water spider Argyroneta aquatica (Araneae : Argyronetidae) in Mizoro Pond. Acta Arachnologica, 47 (2) : 121-124.

松ヶ崎を記録する会（編）（2000）松ヶ崎．松ヶ崎立正会．

松井　淳・遠藤　彰・丑丸敦史・藤田　昇（1996）深泥池浮島湿原と周辺二次林における開花フェノロジーと訪花昆虫．第43回日本生態学会大会講演要旨集（東京），30．

三木　茂（1929）深泥ヶ池特に浮島の生態研究．京都府史蹟名勝天然記念物調査報告第10冊．京都府, 61-145．

宮本水文（1974）深泥池の植物Ⅱ　近年になっての植物相の変化．Nature Study, 20 (12) : 2-4.

宮本水文（1980）深泥池の植物Ⅲ　水生植物群落の危機．Nature Study, 20 (9) : 2-6.

三好　学（1927）京都府深泥池水生植物群落．内務省天然記念物及名勝調査報告植物之部第 7 輯, 42-44．

深泥池団体研究グループ（1976）深泥池の研究（1）地球科学, 30 : 15-38.

深泥池学術調査団（編）（1981）深泥池の自然と人．深泥池学術調査報告書．京都市文化観光局．

水野寿彦（1981）プランクトン相より見た深泥池．深泥池学術調査団（編）「深泥池の自然と人．深泥池学術調査報告書」京都市文化観光局, 181-187．

水野寿彦（1994）動物プランクトン―腐植栄養型湿地の特徴残す．藤田ほか（編）「京都深泥池―氷期からの自然」京都新聞社, 110-111．

Molina R and Trappe JM (1992) Specificity phenomena in mycorrhizal symbioses: community ecological consequences and practical applications. Chapman and Hall.

森　正人・北山　昭（2001）深泥池の水生食肉亜目 Hydadephaga．ねじればね ⒃．日本甲虫学会．

森　正人・北山　昭（2002）改訂版 図説日本のゲンゴロウ．文一総合出版．

村田　源（1980）シマウキクサを京都深泥池に記録する．京都植物, 15 (2) : 19-20.

永井かな（1968）深泥が池植物調査報告．関西自然科学, 20 : 28-33.

長田芳和・細道正弘（1981）深泥池の魚類―分布・食性・繁殖場所―．深泥池学術調査団（編）「深泥池の自然と人．深泥池学術調査報告書」京都市文化観光局, 189-200．

西野麻知子（1981）深泥池産ヌマエビ・スジエビの親の大きさ，卵の大きさおよび抱卵数．深泥池学術調査団（編）「深泥池の自然と人．深泥池学術調査報告書」京都市文化観光局, 224-231．

西野麻知子・細谷和海（2004）琵琶湖周辺内湖における外来魚仔稚魚と在来魚仔稚魚の関係，内湖の生物多様性維持機構の解明．滋賀県琵琶湖研究所所報, 21 : 11-27.

西野麻知子・丹羽信彰（2004）新たに琵琶湖へ侵入したシナヌマエビ？（予報）．オウミア, 80 : 3.

小田貴志・今村彰生・佐藤博俊・津田　格・小林久康・佐久間大輔（2002）吉田山菌類目録．日菌報,

43：118-126.
Ono, H. (2002) New and remarkable spiders of the families Liphistiidae, Argyronetidae, Pisauridae, Theridiidae and Araneidae (Arachnida) from Japan. Bull. Natn. Sci. Mus., Tokyo, 28：51-60.
Read DJ and Perez-Moreno J (2003) Mycorrhizas and nutrient cycling in ecosystems - a journey towards relevance？ New Phytologist, 157: 475-492.
Shimizu Y (1986) Species numbers, area, and habitat diversity on the habitat-island of Mizorogaike Pond, Japan. Eco. Res, 1: 185-194.
Simard SW et al. (1997) Net transfer of carbon between ectomycorrhizal tree species in the field. Nature, 388: 579-582.
Smith SE and Read DJ (1997) Phosphorus nutrition of ectomycorrhizal plants. Smith, SE et al. (eds) Mycorrhizal Symbiosis. Academic Press, 276-289.
鈴木兵二（1978）所産ミズゴケ類2種以上の湿地湿原目録．吉岡邦二博士追悼植物生態論集．東北植物生態談話会，234-245．
竹門康弘（1997）深泥池の底生動物の池内分布と群集組成の現状．「京都市岩倉上賀茂線深泥池検討委員会報告書，学術調査成果資料集（動物類の現況調査）」京都市建設局，2-51.
竹門康弘・細谷和海・村上興正（2002）深泥池〜外来魚の捕獲調査と駆除事業．日本生態学会（編）「外来種ハンドブック」地人書館，269-271．
田中正明（1992年）深泥池．日本湖沼誌．名古屋大学出版会，482-485．
谷田一三・竹門康弘（1981）深泥池の水生昆虫—カゲロウとトビケラを中心に．深泥池学術調査団（編）「深泥池の自然と人．深泥池学術調査報告書」京都市文化観光局，205-218.
田末利治（1999）深泥池への思い〜外来魚捕獲事業に参加して〜．深泥池水生生物研究会「天然記念物「深泥池生物群集」保全事業にかかる生物群集管理中間報告書〜市民参加型の外来動物対策の試み〜」深泥池水生生物研究会，24-26.
寺島 彰（1977）琵琶湖に生息する侵入魚，特にブルーギルについて．淡水魚，3：38-43.
津田松苗（1943）*Anisocentropus immunis*の幼虫．植物及動物，11：52.
Tsuda M (1940) Metamorphose von *Glyphotaelius admorsus* McLachlan (Trichoptera). Annot. Zool. Japon., 19 (3)：195-197.
上田哲行・岩崎正道・山本哲央（1981）深泥池のトンボ相の現状と特徴．深泥池学術調査団（編）「深泥池の自然と人．深泥池学術調査報告書」京都市文化観光局，250-256．
鷲谷いづみ・矢原徹一（1996）保全生態学入門．文一総合出版．
Yoneda Y (1937) Cyanophyceae of Japan. I. Acta Phytotax. Geobot., 6: 179-209.
Yoneda Y (1938) Cyanophyceae of Japan. II. Acta Phytotax. Geobot., 7: 88-101.
Yoneda Y (1938) Cyanophyceae of Japan. III. Acta Phytotax. Geobot., 7: 139-18.
Yoneda Y (1939) Cyanophyceae of Japan. IV. Acta Phytotax. Geobot., 8: 32-49.
Yoneda Y (1940) Cyanophyceae of Japan. V. Acta Phytotax. Geobot., 9: 82-86.
Yoneda Y (1941) Cyanophyceae of Japan. VI. Acta Phytotax. Geobot., 10: 38-53.
Yoneda Y (1942) Cyanophyceae of Japan. VII. Acta Phytotax. Geobot., 11: 65-82.
吉安 裕・鴨志田徹也（2000）京都府の水辺環境に生息する昆虫類とその生態．宮崎 猛（編著）「環境保全と交流の地域づくり」昭和堂，12-29．
吉田 真（1994）ミズグモ．藤田昇ほか（編）「京都深泥池—氷期からの自然」京都新聞社，76-77．

■ 第3章　深泥池の文化と歴史

京都府企画環境部（編）(2002) 京都府レッドデータブック2002（下）．京都府企画環境部．
京都市（編）(1985) 史料京都の歴史8．平凡社．
京都市（編）(1993) 史料京都の歴史6．平凡社．
京都市都市住環境局(1996) 京都市の区画整理．京都市．
丸川義広ほか(1993) 岩倉幡枝2号墳 —木棺直葬墳の調査—．㈶京都市埋蔵文化財研究所．
深泥池団体研究グループ（1976b）深泥池の研究(2)．地球科学，30：122-140．
深泥池学術調査団（編）(1981) 深泥池の自然と人．深泥池学術調査報告書．京都市文化観光局．
農林省（編）(1971) 日本林制史資料　第二．臨川書店．
奥野・岩沢（校訂）(1988) 賀茂別雷神社文書　第一．続群書類従完成会．
高橋美久二(1987) 京都市左京区幡枝古墳とその出土品．京都考古4号．京都考古刊行会．
高谷重夫(1984) 雨の神．岩崎美術社．
田中清志（編）(1944) 京都都市計画概要．京都市役所．
堤　邦彦(1999) 近世説話と禅僧．和泉書院．
山田邦和(1990) 京都市深泥池東岸窯址の須恵質陶棺．古代文化42号．古代学協会．

219

柳田国男（1990）柳田国男全集．ちくま文庫．

第4章　深泥池生態系管理への取り組み

Abekura K, Hori M and Takemon Y (2004) Changes in fish community after invasion and during control of alien fish populations in Mizoro-ga-ike, Kyoto City. Global Environmental Research, 8: 145-154.

京都市文化市民局（1999）天然記念物深泥池生物群集―保存修理事業報告書―．京都市文化市民局．

京都市岩倉上賀茂線深泥池検討委員会（1997）京都市岩倉上賀茂線深泥池検討委員会報告書別冊．京都市建設局道路建設課．

京都市都市計画局（2000）京都国際文化観光都市建設計画総括図―3（都市施設）．京都市．

深泥池水生動物研究会（1999）天然記念物「深泥池生物群集」保全事業にかかる生物群集管理中間報告書〜市民参加型の外来動物対策の試み〜．深泥池水生動物研究会．

田端英雄・マック環境計画（1996）深泥池の堆積物について（多環芳香族炭化水素の分析と解析）「京都市岩倉上賀茂線深泥池検討委員会報告書，学術調査成果資料集（堆積物・植物分析）」京都市建設局, 1-30.

竹門康弘（2000）深泥池（みぞろがいけ）における外来魚の影響と防除．環境動物調査手法10．日本環境動物昆虫学会, 48-64.

竹門康弘・細谷和海・村上興正（2002）深泥池〜外来魚の捕獲調査と駆除事業．日本生態学会（編）「外来種ハンドブック」地人書館, 269-271.

竹門康弘・鷲谷いづみ（2004）応用生態工学からみた外来種の現状把握と対策．応用生態工学, 6：191-194.

吉岡龍馬（1997）深泥池の堆積物中の無機化学成分と堆積環境の推定「京都市岩倉上賀茂線深泥池検討委員会報告書, 学術調査成果資料集（堆積物）」京都市建設局, 1-81.

第5章　深泥池の将来展望

Abekura K, Hori M and Takemon Y (2004) Changes in fish community after invasion and during control of alien fish populations in Mizoro-ga-ike, Kyoto City. Global Environmental Research, 8: 145-154.

東良三（1948）アメリカ国立公園考．淡路書房．

Costanza R. *et al.* (1997) The value of the world's ecosystem services and natural capital. Nature, 387: 253-260.

畠山武道（2004）自然保護法講義第2版．北海道大学図書刊行会．

畠山武道・柿澤宏昭（編著）（2006）生物多様性保全と環境政策―先進国の政策と事例に学ぶ．北海道大学図書刊行会．438頁．

京都市文化市民局（1999）天然記念物深泥池生物群集―保存修理事業報告書―．京都市文化市民局．

松田裕之・矢原徹一・竹門康弘ほか（2005）自然再生事業指針．保全生態学研究, 10：63-75.

深泥池学術調査団（編）（1981）深泥池の自然と人．深泥池学術調査報告書．京都市文化観光局．

Myers N, Mittermeier RA, Mittermeier CG, de Fonseca GAB and Kent J (2000) Biodiversity hotpots for conservation priorities. Nature, 403：853-858.

浪貝茂和（1981）深泥池の保護．深泥池学術調査団（編）「深泥池の自然と人．深泥池学術調査報告書」京都市文化観光局, 291-298.

鈴木邦雄（2006）マネジメントの生態学―生態文化・環境回復・環境経営・資源循環．共立出版．

高村典子・竹門康弘（2005）深泥池の水質分布に及ぼす流域からの人為的影響について．陸水学雑誌, 66：107-116.

竹門康弘・鷲谷いづみ（2004）応用生態工学からみた外来種の現状把握と対策．応用生態工学, 6：191-194.

田崎紘平・田中賢治・嶋村鉄也・竹門康弘・池淵周一（2007）深泥池における水・熱収支に関する研究．京都大学防災研究所年報, 50Ｃ（CDROM）．

鷲谷いづみ・松田裕之（1998）生態系管理および環境影響評価に関する保全生態学からの提言（案）．応用生態工学, 1：63-75.

鷲谷いづみ・草刈秀紀（2003）自然再生事業-生物多様性の回復をめざして．築地書館．

索引 [生物名]

ア

アオイトトンボ（科）·················68, 100
アオウキクサ························47, 56
アオキ属····························28
アオハダ·····················46, 90, 92, 95
アオモンイトトンボ····················68, 79
アカウキクサ······················38, 47, 56
アカガシ亜属······················26, 27, 30
アカガシ近似種·························28
アカマツ ···22, 27, 37, 46, 48, 53, 92, 93, 102, 107, 113, 118, 126, 138, 139, 141, 143, 204
アカメガシワ··························28
アカメヤナギ··························46
アカヤバネゴケ······················15, 49
アサガラ·····························28
アサザ··························38, 47, 56
アサダ······························28
アゼスゲ························37, 90, 92
アセビ·······················24, 46, 90, 94
アベマキ·····················90, 92, 93, 102
アミタケ·······················15, 22, 48
アメリカコガモ······················17, 80
アメリカセンダングサ·············21, 40, 117, 173
アメリカヒドリ·························17
アメリカミズユキノシタ ·········21, 57, 173, 186, 189, 193
アメンボ類······················16, 23, 71, 172
イソノキ····························96
イタヤカエデ··························28
イチイガシ·······················28, 142
イチモンジケイソウ··················59, 60, 64
イチョウウキゴケ····················47, 56
イトイヌノハナヒゲ······················44
イトタヌキモ······················38, 43
イトトンボ科······················68, 78
イヌガヤ····························28
イヌコウジュ属························28
イヌザクラ····························24
イヌタヌキモ······················97, 99
イヌツゲ·····················46, 95, 118
イヌノハナヒゲ·························44
イヌブナ····························28
イヌワシ····························17
イネ························28, 73, 88, 105
イネ科···················26, 45, 73, 88, 89, 140
イボクサ····························28
イボマタモ···························63
イワナシ···························143
ウキクサ····························56
ウシガエル·····················100, 101, 172
ウメモドキ·················90, 92, 96, 175
ウラグロニガイグチ·····················104
ウラジロ···························137
ウルシ属····························28
ウワミズザクラ·················24, 46, 90, 92
エグリトビケラ（科）··················66, 67
エゴノキ····························28
エサキアメンボ······················70, 71
エゾトンボ科··························70
エノキ属····························28
エビモ······························56
エビヤドリツノムシ······················75
エリユスリカ亜科·······················87
オウギタケ····························48
オオアオイトトンボ······················68
オオイヌノハナヒゲ···········37, 41, 44, 45, 47, 92, 110, 119
オオカナダモ······················21, 57, 183
オオクチバス······68, 71, 75-78, 168, 169, 183, 185, 188, 189, 192, 194, 211
オオタヌキモ······················97, 99
オオバアサガラ························28
オオミズゴケ······7, 15, 16, 20-22, 36, 37, 39, 41, 47-49, 110, 115, 116, 119, 165, 174
オオリボシヤンマ·······················70
オギノツメ··························47
オグラノフサモ······················47, 56
オトヒメトビケラ属······················67
オナガガモ···························17
オニグルミ························27, 28
オニヤンマ科··························68

カ

カイアシ亜綱··························65
カイアシ類···························54
外生菌根菌······················48, 102, 104
カイツブリ···························21
カエル類·························100, 101
ガガブタ························38, 47, 56
ガガブタネクイハムシ··················21, 73
カキツバタ·········14, 24, 42, 90-92, 95, 119, 142, 174, 177
カクミノスノキ······················46, 95

221

カジカエデ	28	クモ類	50-52, 54, 94
カスミサンショウウオ	20, 101	クリ	92, 143
カナメモチ	46, 95, 118	クリ近似種	28
ガマ	21, 58, 89, 92	クリ属	27
カミガモソウ	142	クルミ類	28
ガマヨトウ	88, 89	クルミ属	28
ガムシ類	54	クログワイ	15, 47, 56
カメムシ	71, 89	クロバイ	95, 143
カメ類	171	クロホシクサ	24, 38, 41, 174
カモ類	17, 21, 23, 80, 186	クロミノニシゴリ	25, 95
カヤ	28	クロモ	47, 56
カヤツリグサ科	45, 47, 140	クロユスリカ属	87
カヤツリグサ属	28	クンショウチリモ	63
カヤラン	38	クンショウチリモ属	63
カラスザンショウ	28	珪藻	16, 59, 60, 64
カラヌス目	65	ケイヌノヒゲ	24, 41, 119, 174
カラ類	80	ケスジヤバネゴケ	15, 49
カリバチ類	94, 97	ケヤキ	28
カリマタガヤ	40, 47, 90	ケヤキ属	28
カルガモ	17	ゲンゴロウ類	16, 23, 54, 82, 83
カワスズメ科	77	ケンミジンコ目	65
カワトンボ科	68	コアナミズゴケ	22, 39, 47
カワバタモロコ	77	コイヌノハナヒゲ	47
カワリヌマエビ属	74, 75	甲殻類	51, 65
カンガレイ	37, 45, 119, 162, 163, 176	コウホネ	72, 124
キイチゴ属	28	コウモリカズラ	28
キクバナイグチ	102	コウヤボウキ	24
キクモ	38, 47, 56	コウヤマキ	26, 27
キシュウスズメノヒエ	21, 56	コオイムシ	54
キショウブ	21, 42, 57, 71, 90, 91, 95, 173, 186	コオニイグチ	104
キソガワフユユスリカ	87	コガシラミズムシ類	83
キツツキ類	80	コガタノミズアブ	86
キハダ	28	コカナダモ	56, 57, 186
キヒゲアシブトハナアブ	86	コガモ	17
キボシチビコツブゲンゴロウ	82	コタヌキモ	56
魚類	76, 77	コツクバネウツギ	24, 90
菌（キノコ）類	48, 102-104	コテングタケモドキ	104
クサギ	28	コナラ	25, 27, 46, 90, 92, 93, 102, 126, 139
クサビケイソウ	60, 64	コナラ亜属	26, 27, 28
クスノキ	46	コバノミツバツツジ	24, 46, 90, 93, 94, 143
クスノキ科	26	コバントビケラ	20, 66, 67
クチビルケイソウ	60, 64	コバンムシ	54
クチビルケイソウ属	60	コマツカサススキ	38
クヌギ	136, 137, 143	コモウセンゴケ	15, 47
グマガトビケラ属	66	コヤバネゴケ科	49
クマノミズキ	28		

222

サ

サイゴクヌカボ	142
ザイフリボク	24
サカキ	28, 93, 137, 143
サギ（類）	80
サギソウ	14, 15, 38, 47
ササノハケイソウ	60
ササラダニ類	22, 53
サナエトンボ科	68
サルスベリ属	30
サルナシ近似種	28
サルマメ	118
サワギキョウ	23, 24, 41, 91, 92, 97
サンカクイ	15, 47
サンショウモ	38, 47, 56
シイ	142, 143
シイ属	27, 30
シカ	174, 177
シカクイ	47
シキミ	137
シマウキクサ	56
シメジ	137, 143
シャシャンボ	25, 46, 92, 96, 118
ジャヤナギ	46
ジュウジケイソウ	60
ジュンサイ	7, 14, 21, 23, 25, 56-58, 72, 73, 90, 91, 96, 97, 121, 124, 131, 132-134, 135, 162, 173, 176, 183, 191, 201, 206, 207, 209, 213
シュンラン	143
シロイヌノヒゲ	24, 41, 90, 91, 174
スイラン	15, 38
スイレン科	72, 124
スギ	25-27, 37, 138, 143, 204
スゲ属	28
スジエビ	74, 75
ススキ	24, 45, 90-92, 117
セイタカアワダチソウ	21, 58, 162, 173
セイタカヨシ	24, 25, 45, 58, 92, 115, 173, 176, 185, 213
接合藻類	62
セボリユスリカ属	87
ソコミジンコ目	65
ソバ	18, 19, 26, 139, 140
ソヨゴ	25, 46, 92, 96, 143

タ

タイコケイソウ	60
タカノツメ	46, 92, 118
タカ類	80
タコノアシ	38
タチモ	38, 47, 56
タデ属	28
タヌキ	23
タヌキモ	7, 21, 38, 43, 50, 56-58, 63, 90-92, 96, 97, 99, 191
タムシバ	24
タラノキ	28
ダルマガエル	101, 172
担子菌類	48
チゴザサ	40, 115, 118, 162, 176
チマキザサ	132, 133
チョウ（鱗翅）目	66, 95, 97
鳥類	80, 81
チリウキクサ	56
チリモ類	62
ツガ属	26, 27
ツツジ	137
ツヅミモ	62, 63
ツノオビムシ属	65
ツバキ属	28
ツブラジイ	102
トウヒ属	26
トキソウ	38, 40, 91, 92, 95
ドクゼリ	91, 92, 95, 186
トチカガミ	38, 56
トチノキ	28
トチノキ属	26, 28, 140
トネリコ属	140
トビケラ目	66, 67, 78
トビムシ類	54
トモエガモ	80
トリュフ	102
トンボ目（科）	68-70

ナ

ナガツメヌマユスリカ属	87
ナガバオモダカ	56, 57, 173, 183, 186, 189, 193
ナガバノウナギツカミ	97
ナガバノオモダカ	21
ナガレトビケラ科	66

ナス科	28
ナツハゼ	25, 46, 92, 93, 96
ニセタルケイソウ	60
ニッポンバラタナゴ	76, 77
ニホンアカガエル	20, 100, 101, 172
ニホンジカ	177, 209
ニホンミツバチ	94-97
ニヨウマツ類	27
ニレ属	28
ニワトコ	28
ヌカカ	86
ヌサガタケイソウ	60
ヌマエビ	74, 75, 172
ヌマカ	86
ネクイハムシ類	73
ヌマガヤ	38
ネザサ	58, 208
ネジキ	25, 46, 90-93, 113, 118
ネズミサシ	46, 90
ネズミモチ	46
ノタヌキモ	47, 56
ノリウツギ	23, 25, 46, 90-92, 96, 118

ハ

ハカワラタケ	48
ハクウンボク	28
ハシビロガモ	17
ハス	56, 135
ハッチョウトンボ	54, 68, 70
ハナアブ類	16, 86, 94-98
ハナショウブ	42
ハナダカマガリモンハナアブ	16, 23, 86, 94-98
ハナバチ類	41, 94, 95, 97
ハネケイソウ	59, 60, 64
ハモンユスリカ属	87
ハリイ	40, 118
ハリケイソウ	60
ハリミズゴケ	15, 16, 21, 22, 36, 37, 39, 43, 47, 49, 50, 58, 90, 91, 106, 110, 117, 119, 163-165, 201, 214
ハンノキ	90
ハンノキ属	140
ヒサカキ	28
ヒシ	21, 56, 57, 63, 72, 90, 96, 176, 191, 201
ヒシガタケイソウ	60
ヒタキ類	80

ヒツジグサ	38, 47, 56, 58, 73
ヒドリガモ	17
ヒノキ	25, 46, 138, 143, 204
ヒメグルミ	28
ヒメコウゾ	28
ヒメコウホネ	16, 21, 56-58, 72, 73, 90, 91, 96, 97, 162, 164, 173, 176
ヒメタヌキモ	56
ヒメトビケラ科	66
ヒメユスリカ属	87
ヒルムシロ	47, 56
フサタヌキモ	47, 56
フサモ	38, 47, 56
フジ	24
フジ属	28
フタバカゲロウ	78, 79
フトヒルムシロ	47, 56, 58
ブナ	26
ブナ科	102
ブナ属	26
フラスモ	56
ブルーギル	68, 71, 75-78, 168-170, 183, 185, 188, 189, 192-194
ベニイグチ	104
ベニイトトンボ	68
鞭毛虫類	65
ホザキノミミカキグサ	24, 43, 97, 118
ホシガタモ	63
ホシハジロ	17
ホソバミズヒキモ	47, 56
ホソバヨツバムグラ	95
ホソミユスリカ属	87
ホタルイ	15, 47
ホタルイ属	28
ホッスモ	47, 56
ホツツジ	24, 46, 90
ホロムイソウ	15, 16, 42, 44, 51, 90, 119, 174
ボントクタデ	28

マ

マガモ	17
マコモ	21, 22, 37, 45, 57, 58, 68, 73, 88, 89, 92, 135, 137, 138, 161-165, 173, 176, 183, 185, 189, 208, 213
マツ	97, 136-138, 143
マツ属	26, 28, 139-141

マツタケ……………………………………102, 137, 143
マツモ………………………………………………47, 56
マルバオモダカ……………………………………38, 47, 56
マルハナバチ類……………………………………95-97
マルミジンコ…………………………………………65
ミカヅキグサ………………………………44, 47, 119
ミカヅキモ……………………………………………62, 63
ミカワタヌキモ……………………………24, 38, 56, 97
ミギワバエ科………………………………………84-86
ミジンコ……………………………………………43, 75
ミジンコ類…………………………………………54, 65
ミズオトギリ……………………………23, 25, 43, 96, 98
ミズガシワ……………………………………………14
ミズキ…………………………………………………28
ミズギワカメムシ類…………………………………89
ミズグモ…………………………………7, 16, 22, 50, 51
ミズゴケ……15, 16, 22, 36, 37, 39-42, 45, 49-53, 60, 65, 105, 106, 108, 110-113, 115, 119, 141, 159-163, 165, 176, 185, 203, 207
ミズゴケタケ…………………………………15, 22, 48
ミズゴケタケ近縁種…………………………………48
ミズゴケノハナ………………………………………48
ミズゴケ類……………………………………20, 25, 39, 54
ミズスマシ類…………………………………………83
ミズミミズ類………………………………………54, 78
ミゾソバ………………………………………………28
ミツガシワ……7, 14-16, 21-24, 37, 38, 44, 45, 51, 54, 56, 58, 68, 90-92, 96, 97, 106, 110, 111, 114, 117, 119, 159, 162, 174, 176, 177, 191, 213
ミツデカエデ…………………………………………28
ミドロミズメイガ…………………………………16, 72
ミミカキグサ………………14, 24, 43, 91, 92, 97, 118, 119
ミミズ類………………………………………………78
ミヤコイバラ………………………………25, 46, 90-92, 96
ミヤマアカネ…………………………………………54
ミヤマウメモドキ……………………………21, 25, 71, 175
ムギ…………………………………………………138
ムカシヤンマ科……………………………………68, 69
ムクノキ………………………………………………28
ムクノキ属……………………………………………28
ムジナモ………………………………………………56
ムラサキミミカキグサ……………………………15, 47
メリケンカルカヤ………………………………40, 47, 173
モウセンゴケ………………………………………43, 98
モチツツジ……………………………46, 90, 95, 143, 191
モノサシトンボ科……………………………………78

モミ…………………………………………………26, 28
モミ属………………………………………………26, 27
モンユスリカ亜科……………………………………87

ヤ

ヤチスギラン………………………………15, 46, 47
ヤブコウジ……………………………………………46
ヤマウルシ…………………………………91, 92, 95
ヤマグワ………………………………………………28
ヤマザクラ…………………………………24, 90, 92
ヤマトセンブリ………………………………………51, 54
ヤマトミクリ………………………………………56, 73
ヤマネコノメ近似種…………………………………28
ヤマモモ属……………………………………………26
ヤマラッキョウ………………………………………47
ヤンマ科……………………………………………68, 78
有殻アメーバ類………………………………………65
ユスリカ類（属，亜科，科）……………51, 78, 86, 87
ユスリカ相……………………………………………87
ヨシ…………21, 22, 24, 25, 36, 37, 40, 45, 52, 58, 67, 90, 92, 105-107, 110, 111, 114-116, 119, 135, 138, 159, 161-165, 173, 176, 185, 190, 208, 213
ヨシガモ………………………………………………17

ラ

両生類（カエル・サンショウウオ）…………100, 101
リョウブ……………………………………25, 90, 93
リンボク……………………………………………142
緑藻………………………………………………59, 62, 64
ルリハナアブ…………………………………86, 94, 97

ワ

ワムシ綱………………………………………………65
ワラ………………………………………………132, 133

索引 [項目]

ア

アイラ火山灰 …………………………………………30
アカホヤ火山灰 ……………………26, 30, 34, 110, 111
アカマツ林 ………………27, 28, 30, 46, 90, 143, 201, 204
飛鳥時代 ……………………………19, 27, 122, 147, 148
窖窯 ………………………………18, 27, 149, 150, 152
亜表流水 ……………………………164, 201, 204, 208
安定同位体比 …………………………………112, 116
池大雅 …………………………………………………124
遺存種 …………………………………………21, 37, 45
遺存植物 ……………………………………14, 15, 22, 51
遺存動物 …………………………………………14, 15
一次消費者 ……………………………………………54
岩倉窯跡群 ………………………………………18, 152
浮島 …7, 9, 14-16, 20-25, 36, 37, 39-54, 56-58, 60, 63-65, 68, 70, 71, 73, 80, 82, 84, 85, 89-92, 94-98, 100, 101, 105-108, 110-116, 119, 141, 159-166, 173-178, 185, 187, 190, 191, 200, 201, 203, 207-210, 213, 214
浮島下水層 …………………………………106, 108, 115
雨水 …36, 40, 58, 107, 112, 116, 159, 160, 162-164, 180, 183, 185, 203-206, 208
栄養塩 ………………………39, 40, 43, 119, 159, 162-164, 201
江戸時代 ………………………………14, 37, 124, 139, 162, 204
NPO …………………………………………143, 183, 211
恵比寿峠—福田テフラ ……………………………………33
エリ ………………………………………………187, 188
近江盆地 …………………………………………29, 34
オオクチバス対策 ……………………………………169
大阪層群 …………………………………………33, 34
大阪盆地 ………………………………………………29
大田神社 …………………………………………42, 142
巨椋池干拓地 ………………………………………33, 34
小栗絵巻 ………………………………………………124
小栗判官 …………………………………………154, 155
温帯 ……………………………………16, 30, 42, 44
温室効果ガス ……………………………………105, 115

カ

開花 …24, 25, 38, 40, 41, 43, 58, 84, 90-92, 94-97, 143, 174, 175
開水域 …16, 20-22, 25, 37, 43, 44, 45, 47, 54, 56-58, 63, 66, 80, 90, 91, 106, 108, 110, 114, 135, 159, 161-165, 173, 176, 188, 200, 203, 207, 213, 214
外生菌根菌 …………………………………48, 102, 104

海成粘土層 ……………………………………………34
灰釉陶器 ………………………………………147, 149
開葉 …………………………………………44, 90, 92, 213
海洋プレート …………………………………………31
外来カメ類 ……………………………………………171
外来魚 ……16, 68, 70, 71, 75, 78, 79, 168, 172, 189, 192, 201, 211
外来種 21, 57, 71, 74, 77, 91, 95, 101, 135, 171, 172, 183, 189, 209
外来植物 ……21, 95, 162, 173, 174, 176, 186, 188, 189, 201
花崗岩 …………………………………………………32
河川水 …………………………………………………36
花粉分析 ……………………14, 16-18, 26-30, 139-141, 204
鎌 ……………………………………………131, 136, 139
窯跡 ……………………………18, 19, 139, 144, 149, 150, 152
上賀茂 …………………………………31, 34, 107, 126, 130, 142
上賀茂神社 …………………………………125, 138, 139, 142
上賀茂村絵図 ……………………………………………127
上賀茂村全図 ……………………………………………128
賀茂川 ……………………17, 18, 34, 123, 125-127, 134
瓦 …………………………19, 27, 144, 146, 147, 149, 150-152
かわらけ ………………………………………………150
寒温帯 ……………………………………………16, 30
灌漑 ……………………………………………122, 134
官山 ……………………………………………………132
間接効果 ………………………………………………77
環北極要素 ……………………………………………37
涵養水 ………………………………39, 40, 203, 206, 208
気候復元 ………………………………………………14
希少種 ………………………………54, 82, 83, 86, 172, 199
希少植物 …………………………………………38, 174, 175, 177
北白川遺跡 ……………………………………………28
丘陵 ……………………………………………30, 33, 34, 93
京都府地誌 ………………………………130, 131, 133, 138
京都盆地 …14, 27, 28, 29, 31, 34, 93, 142, 146, 180, 181, 199
京の七口 ………………………………………………124
近畿トライアングル ……………………………………29
菌根菌 …………………………………………………22
鞍馬街道 ……………31, 107, 123, 127-130, 132-134, 144, 182
グリーンタフ変動 ………………………………………33
栗栖野 ……………………………………………146, 150
栗栖野瓦窯跡 ………………………………19, 147, 150
クローン繁殖 ……………………………………………99
景観 …………………42, 93, 107, 122, 126, 127, 129, 142, 214
ケシ山 …………………18, 19, 27, 136, 139, 144, 145, 163, 206
結実 ……………………………………38, 40, 44, 92, 175

226

血色素	87
原生的植生	26, 30
原生林	204
懸濁物	58
合意形成	182, 200, 202
高層湿原	7, 15, 16, 22, 23, 36, 37, 40, 42, 49, 51, 59, 60, 64, 65, 68, 83, 114, 161, 162, 165, 174
紅葉	25, 92
古生代	31, 93
個体数推定	169
個体群抑制	168, 169, 201
湖東流紋岩	33
コナハ	137
コナラ林	27, 30, 93, 143
古琵琶湖層群	33
古墳	18, 144-146, 148, 151
古墳時代	18, 28, 122, 144, 147, 148
固有種	199
御用谷瓦窯跡	19

サ

里山	37, 102, 121, 126, 142, 143, 200, 204
里山林	26
酸性	9, 16, 20, 22, 32, 36, 39, 42, 59, 65, 104, 108, 177, 178, 191, 201
産卵床	168, 169
シイ林	30
自家受粉	40, 41, 44
自然再生	198
自然物利用	202
湿原	20, 22, 36, 37, 40, 44, 45, 52, 53, 59, 60, 62, 64, 70, 80, 108, 115, 116, 119, 177, 195, 208
湿性遷移	200
湿地	21, 33, 36, 41, 42, 44, 45, 59, 73, 85, 86, 88, 89, 94, 97, 105, 116, 142, 164, 173, 195, 199, 200
柴	93, 127, 132, 136-139
市民参加	79, 183, 185, 186
重金属	166, 167
集水域	8, 16, 17, 20, 58, 82, 94, 100, 107, 112, 116, 159, 160-164, 178, 180, 185, 195, 201-206, 208
集水域管理	201, 203
種数—面積曲線	117, 118
種多様性	54, 78, 87, 102, 117, 199
シュレンケ	10, 16, 21, 22, 36, 39, 41, 43, 45, 50, 51, 54, 90-92, 106, 110, 113, 116, 117, 119, 165, 173, 174, 213, 214

順応的管理	200, 201, 209
沼沢地	36
蒸発散	107, 112
縄文時代	26, 28, 29, 34, 144
常緑広葉樹	26, 93, 102, 143, 201
常緑広葉樹林	26, 27, 29, 30
植生復元	14, 28
食虫植物	43, 98, 99, 119, 199
植物園北遺跡	18, 27, 28, 122, 144, 147, 148
植物プランクトン	59, 65
食物連鎖	77, 201
新生代	32, 33
薪炭	93, 121, 127, 132, 134, 136
浸透水	203, 205
森林管理	204
水位	36, 37, 40, 51, 58, 107, 110, 115, 125, 126, 135, 158, 162, 174, 189
水質	8, 9, 14, 16, 22, 23, 37, 47, 58, 59, 62, 65, 68, 71, 80, 106-108, 111, 115, 158-165, 177, 178, 189, 193, 201, 203-209
水質浄化	114, 208
水生植物	7, 11, 37, 56, 59, 65, 72, 73, 80, 82, 88, 97, 115, 179, 191, 200, 206
水生動物	54, 82
水道漏水	58, 68, 159, 162, 163, 201, 205, 207, 208
須恵器	18, 19, 27, 28, 139, 144-147, 149, 151-153
スグキ	17, 125, 130, 131, 135, 142
炭	136, 137, 139, 145, 149, 204
性成熟	100
生息地網	199
生息場	199
生態系管理	198-200, 202, 209
生態系機能	9, 201
生態系サービス	198, 199
生態的回廊	199
製鉄	139, 149, 151
生物間相互作用	199, 201, 202
生物実習教材	191, 192
生物多様性	9, 181, 198-202
絶滅危惧種	38, 43, 45, 82, 86, 164, 174
絶滅寸前種	86, 172
遷移	8, 17, 58, 201
先史時代	18, 19
扇状地	17, 18, 126
層状チャート	31, 32, 34
草本	24, 28, 90-92, 97, 117-119

相利共生 …………………………………98, 102

タ

第三紀 ………………………………………33
堆積岩コンプレックス ………………………31
高山 ………………………………………164
多環芳香族炭化水素 ………………………166
薪 ……………………18, 27, 132, 136, 147-149, 152, 204
他殖 …………………………………………98
たたら跡 ……………………………………19
溜池 ……………………………62, 63, 83, 125, 142
暖温帯 …………7, 16, 22, 26, 27, 30, 44, 45, 53, 161, 174
短花柱花 ……………………………………44
段丘 …………………………………………30
淡水エビ …………………………………74, 75
断層 ………………………………………32-34
丹波層群 …………………………………31, 32, 34
丹波帯 ……………………………………31-34
地下水 ……………………36, 82, 112, 135, 159, 208
池塘 …………………22, 36, 43, 54, 60, 64, 65, 200, 203, 213
地表水 …………………………159, 203, 205, 206
ちまき ……………………………………132, 133
チャート ……18, 31, 34, 93, 112, 142, 144, 152, 153, 205, 208
中央構造線 …………………………………29
抽水（挺水）植物 …………………………21
中生代 …………………………………31, 93
長花柱花 ……………………………………44
チンコ山 ………………115, 126, 127, 162, 203, 205, 208
沈水植物 ……………………………………57
沈水葉 ………………………………………72
通気組織 ………………………………105, 115
DNA …………………………………………99
底生動物 ………………………54, 66, 68, 168, 172
低層湿原 ………………16, 22, 36, 37, 45, 162, 163, 165
泥炭 14, 20, 21, 34, 36, 37, 45, 48, 51, 58, 105, 106, 110, 115, 116, 119, 162, 195
泥炭層 ……………………………105, 113, 115, 141
電気伝導度 ……36, 39, 106, 158, 159, 160, 162-165, 186, 189, 203, 205-208
天然記念物 …7-10, 14, 16, 17, 38, 107, 162, 178, 180, 183, 185, 188, 189, 191-193, 198, 200, 203, 208, 209, 211, 212, 214
土一揆 ……………………………………124
灯火採集 ………………………………66, 73
動物プランクトン ………………………65, 66, 75

道路問題 ……………………9, 10, 14, 178-182, 185, 186
都市計画街路 ……………………………129
都市計画事業 ……………………………128
都市計画道路 ……………………178, 180, 182
都市計画法 ………………………………180, 182
土壌動物 ……………………………………53
土地区画整理 ……………………………128
富田（富田病院など）………………125, 134, 135
泥抜き ……………………………………125

ナ

奈良盆地 ……………………………27-29, 122
南方性 ………………………………………84
西山 …………………………………29, 203, 205
燃料革命 ……………………………………142
燃料採取 ………………………………26, 27, 136
農業用水 ………………14, 18, 122, 125, 209, 214
野々村仁清 ………………………………124

ハ

パイプ流 …………………………………164, 208
花ごよみ ……………………………………90
ビュルテ ……16, 21, 22, 36, 37, 39, 41, 43, 46-50, 54, 90-92, 106, 110, 113-119, 162, 163, 165, 173, 174, 214
氷河期 …………………7, 14-16, 27, 49, 51, 199
標識再捕法 ………………………………169, 188
微粒炭 ……………………………16, 26, 28, 136, 140
肥料 ………………………26, 130, 131, 138, 139, 204
貧栄養 …16, 20, 22, 36, 38, 39, 40, 42-44, 47, 48, 58, 59, 65, 93, 105-107, 112, 119, 159, 164, 177, 178, 201, 203, 205, 208
風媒花 ……………………………………26, 96
富栄養 …………36, 45, 107, 115, 119, 135, 163, 183
富栄養化 …37, 38, 40, 44, 45, 47, 58, 59, 65, 80, 107, 114, 115, 159, 160, 161-164, 177, 199-201, 204, 205
腐朽菌 ……………………………………102
腐植栄養 ……………………………………57
付着藻類 ………………………………59, 66
浮沈 ……………………………45, 58, 110, 111, 115
普通種 ………………………………65, 82, 83
物質循環 ……………………102, 104, 199, 201, 202
浮葉 ………………………………………72, 213
ブルーギル対策 ……………………………169
文化財保護課 ………10, 173-176, 179-182, 187-189, 206, 207,

210-212
文化庁…………………8-11, 163, 179, 188, 189, 207, 209
平安京…………………………………27, 122, 123, 154
平安京遷都………………………………146, 147, 150
平安時代……18, 27, 28, 37, 122-124, 146, 147, 150, 151, 162, 200
平安遷都…………………………………………27, 204
pH………………39, 47, 51, 65, 106, 108, 162, 165, 206
訪花昆虫………………………16, 23, 39-41, 43, 94-97
崩積土地形……………………………………………93
捕食……………………………………68, 70, 75, 77, 172
捕食者………………………………………51, 54, 87, 98
捕虫嚢…………………………………………………43, 99
ホットスポット………………………………………199
北方性………………………………15, 16, 84-87, 94, 95
盆地形成………………………………………………34

マ

松ヶ崎………………………9, 18, 31, 34, 93, 142, 147
三木茂………………………7, 21, 37, 134, 162, 165, 198
水収支…………………………………107, 158, 159, 203
ミズゴケ遺体…………………………………………141
ミズゴケ層……………………………………………141
水問題…………………………………………158, 185, 186
深泥池自然観察会…………173, 175, 183, 185, 187, 188, 191
深泥池水生植物群落………14, 16, 180, 185, 188, 198
深泥池図………………………………………………127
深泥池水生生物研究会………57, 66, 168, 173, 183, 187, 188, 191-194
深泥池生物群集…8, 9, 14, 17, 168, 177, 180, 181, 183, 185, 186, 188, 189, 200, 201, 208
深泥池団体研究グループ………8, 14, 17, 34, 46, 66, 67, 141
深泥池保全活用委員会……………………181, 208, 210
深泥池を美しくする会………179, 180, 183, 185, 188, 206
深泥池を守る会…173, 175, 179, 180, 183, 185, 188, 191, 195
無機態窒素………………………………………104, 116
メタンガス……………………………………………22, 105
メタン生成菌…………………………………………105
木本……………………………………………117, 118, 213
本山固有林………………………………………138, 139, 142
モニタリング…14, 48, 78, 79, 165, 185, 186, 189, 200, 202, 204, 209, 214
モンドリ…………………………………………168, 169

ヤ

野外学習………………………………………………191
焼畑農業………………………………………………18, 26
鎌………………………………………………………18
野鳥……………………………………………………80
山科盆地………………………………………………34
弥生時代………………18, 19, 26, 28, 34, 122, 140, 141, 144, 200
有機態窒素……………………………………………104
湧水……………………44, 58, 112, 159, 185, 203, 205, 206, 208
雄性先熟………………………………………………41
溶存酸素………………………………………………51, 87
溶存態元素……………………………………………108

ラ

洛中洛外絵図………………………………………121, 123
洛中洛外図上杉本………………………………………9
落葉………………20, 25, 52, 53, 66, 92, 117, 143, 204
落葉広葉樹………………………………27, 90, 102, 201
落葉広葉樹林…………………………………………26, 30
落葉床…………………………………………37, 117, 118
ラムサール条約………………………36, 182, 195, 212
粒子態元素……………………………………………108
流入水………39, 107, 116, 159, 160, 162-164, 203-207
領家帯…………………………………………………33, 34
梁塵秘抄………………………………………………7, 123
レッドデータブック………38, 43, 45, 47, 54, 82, 86, 101
レフュージア…………………………………………75
路面水…………………………………………205, 207, 208

ワ

若狭口…………………………………………………124
ワラ………………………………………………132, 133

229

深泥池年表

池の所有・管理関係	
1871年（明4）	境内以外の社寺領地に上知令が出され，上賀茂神社の社領であった深泥池が上知される
1904年（明37）	「田地用水溜池払下御願」が上賀茂村から内務大臣に提出される
1908年（明41）	内務省から上賀茂村に池敷10町2段3畝7坪を払い下げ（10月13日）
1927年（昭2）	「深泥池水生植物群落」国の天然記念物に指定される．国の天然記念物に指定された時の所有者は上賀茂村であった 松ヶ崎浄水場配水池建設
1928年（昭3）	京都市が深泥池の管理団体（現在まで）
1931年（昭6）	上賀茂村から北波長三郎，谷安太郎，稲井新次郎に払い下げた
1932年（昭7）	所有権は深泥池合名会社に移転
1935年（昭10）	柴田寿次が買う
1936年（昭11）	京都保養院富田旭が買う
1948年（昭23）	食糧増産のための深泥池埋め立て計画阻止
1950年（昭50）	富田ふさが相続
1961年（昭36）	富田仁，富田芳子に贈与される
1996年（平8）	文部大臣が深泥池買い上げの方針発表（9月）
1997年（平9）	深泥池の公有化予算4億7,100万円（しみん新聞1997.4.1.）
2000年（平12）	京都市による深泥池の買い上げ完了（3月11日登記完了．1997年度から3年かけて私有から公有へ）．京都市が所有者で，同時に管理責任者になる
保護関係	
旧石器時代	ケシ山遺跡（深泥池北側のケシ山山頂，サヌカイト製ナイフ型石器出土）
縄文時代晩期～弥生時代	植物園北遺跡（竪穴住居，水田耕作）（～古墳時代） 深泥池周辺でソバ栽培（花粉分析結果）
弥生時代後期	同志社小学校校地（岩倉盆地）で竪穴住居跡（3世紀前半）発見
古墳時代中期	深泥池は築堤によって現在の池の原形形成（5世紀末頃）
古墳時代中期～後期	幡枝古墳群（17基以上．火鏡銘神獣鏡，鉄刀片束出土）
古墳時代後期	西山古墳群（深泥池南側），八幡古墳群（岩倉幡枝町．八幡神社の東南斜面に1基，他に2基．須恵器出土），林山遺跡，本山古墳群 ケシ山古墳群
飛鳥時代	深泥池東岸窯跡（幡枝窯跡群のなかで最古．須恵器（杯，杯蓋，高杯，長頸壺，甕など）出土．全壊） 深泥池南岸窯跡（須恵器，全壊），元稲荷窯跡（岩倉幡枝町）
飛鳥～奈良時代前期	ケシ山炭窯跡（1929年（昭和4）発見．タタラ（全壊）．木炭片，須恵器，フイゴの一部，鉄滓，須恵器，砥石出土．全壊）
奈良時代前期	深泥池瓦窯跡（ケシ山）（深泥池瓦屋御用谷（ごんだに）窯．1930年1基発見．1984年2基発掘．瓦は北白川廃寺に供給．軒先瓦，平瓦，丸瓦，須恵器出土） 木野墓窯跡（北白川廃寺に瓦供給．瓦陶兼業窯．軒瓦，平瓦，丸瓦，須恵器出土） 木野窯跡，妙満寺裏庭窯跡

奈良時代前期～平安時代	栗栖野瓦窯跡（栗栖野窯跡群）（平安時代の「延喜式」所載の栗栖野瓦屋に比定される官窯．刻印瓦，軒先瓦，平瓦，丸瓦，鬼瓦，須恵器，緑釉瓦，緑釉陶器など出土）． 中の谷遺跡
平安時代前期	芝本瓦窯跡（松ヶ崎），妙満寺窯跡（岩倉幡枝町）
平安時代中期	松ヶ崎廃寺跡
平安時代後期	南ノ庄田瓦窯跡（平窯3基以上．軒瓦，鬼瓦，平瓦，丸瓦，土師器出土），円通寺瓦遺跡，東幡枝遺跡
室町時代	松ヶ崎城跡
安土桃山時代	狩野永徳筆「洛中洛外図上杉本」（1574年，異論もあり）
江戸時代	秋里籬島「都名所図会」（1780年）
江戸時代末～明治初期	山本秀夫（推定）　山城草木誌：1-64．御菩薩池産のミズガシワ，白花カキツバタ，ミミカキグサ，サギソウなどが記載されている
1872年（明5）	伊藤圭介　日本産物誌　山城之部．
1927年（昭2）	深泥池水生植物群落が国の天然記念物に指定（史蹟名勝天然記念物保存法） 三好　学　京都府深泥池水生植物群落．内務省天然記念物及名勝調査報告植物之部第7輯：42-44．
1929年（昭4）	三木　茂　深泥ヶ池特に浮島の生態研究．京都府史蹟名勝天然記念物調査報告書第10冊（京都府），61-145．
1934年（昭9）	深泥池土地区画整理組合が設立され，京都道路の拡幅などを計画 京都一中博物同好会　深泥池水生植物分布．京都一中博物同好会会報，第6号．
1939年（昭14）	大田ノ沢のカキツバタ群落が天然記念物に指定
1948年（昭23）	食糧増産のための深泥池埋め立て計画あったが実現せず
1955年（昭30）	三木　茂　京都深泥池にムジナモ及びコタヌキモを移植した事情について．京都植物，2(4)：63-64． Hirano, M. Flora Desmidiarum Japonicarum. Contrib. Biol. Lab., Kyoto Univ., 1；2；4；5；7；9；11（1955-1960）
1960年（昭35）	京都国際文化都市建設計画街路Ⅱ等大路第Ⅲ類第113号線（以後Ⅱ.Ⅲ.113号線とする）決定（池の北西部を埋め立てて市道を拡幅する都市計画道路決定）．建設省告示　第87号 この頃ジュンサイの商業採取中止
1962年（昭37）	竹内　敬　深泥ヶ池．「京都府草木誌」（宗教法人大本）：139-140． 金綱善恭　深泥池の陸水学的研究―特にプランクトンと淡水藻について―．陸水学雑誌，23：113-132．
1964年（昭39）	北村四郎「1964年の報告」を京都府教育庁文化財保護課に提出し，松ヶ崎浄水場配水池からの塩素をふくむ水道水の流入と博愛会病院からの生活雑排水が種子植物に壊滅的影響を与えていることを指摘．ヤチスギランの生息を記載
1965年（昭40）	深泥池を美しくする会結成（毎年池周辺の清掃活動を継続） 京都府生物教育会・京都市高校生物研究会　京都市立青少年科学センターの候補地となった深泥池東南部の湿地の湿性植物群落を同構内に保護するよう京都市教育長に請願書を提出
1967年（昭42）	桝井昭夫　低地性高層湿原の植物生態―深泥池60年間の遷移―．植物と自然，1(7)：5-8． 古都保存法によって歴史的風土保存区域「上賀茂松ヶ崎地区」に指定される
1968年（昭43）	永井かな　深泥が池植物調査報告．関西自然科学，20：28-33．

	永井かな　深泥が池植物調査．p 14．（謄写印刷） 深泥池を美しくする会の深泥池学術調査（奈良女子大学津田松苗）
1969年（昭44）	桝井昭夫　低地性高層湿原の植物生態―深泥池浮島の生態―．植物と自然，3(4, 5):25-27. 桝井昭夫　低地性高層湿原の植物生態―深泥池浮島の植物社会―．植物と自然，3(10)：22-25.
1973年（昭48）	石部虎二「はるがきた」（千趣会）．解説：北村四郎　深泥池―うきしまのある池，那須孝梯　深泥池の地学　池の歴史とミツガシワ，石部虎二　池をめぐって―著者から． 村田　源　ホロムイソウ京都の深泥池に産す．植物分類地理，25(4-6) 187. 永井かな　ホロムイソウの花の発見．京都植物，11: 47. 六浦　修　京都洛北の一湿地の貴重な生物の生活とその保存の訴え．京都精華学園研究紀要，11: 1-20.
1974年（昭49）	宮本水文　深泥池の植物Ⅰ　浮島のある池．Nature Study, 20(4)：2-4. 宮本水文　深泥池の植物Ⅱ　近年になっての植物相の変化．Nature Study, 20(12)：2-4. 宮本水文　深泥池の植物Ⅲ　水域植物群落の危機．Nature Study, 26(9)：2-6. 地学団体研究グループ　深泥ヶ池―氷河時代のレリックをさぐる―．国土と教育，24:10-15.
1975年（昭50）	深泥池を銃猟禁止地域に指定
1976年（昭51）	深泥池団体研究グループ　深泥池の研究(1)　地球科学，30: 15-38; 深泥池の研究(2)　地球科学，30: 122-140. 北村四郎　深泥池水生植物群落．天然記念物緊急調査（植生図・主要動植物地図26京都府）．文化庁． ノートルダム女学院中学校深泥池理科野外学習はじまる（毎年継続）
1977年（昭52）	千葉尚二　京都市の失われた湿性植物群落．関西自然科学，29: 3-7．1935年頃まで深泥池の東南部にミツガシワなどが生育する南北250m 東西300mの湧水涵養型の湿地と沼があった．京都市水道局松ヶ崎配水池の拡張工事に当たり，残土によって中央部が埋め立てられ狭まったが，1965年にはまだ残っていた．ミズゴケやヤチスギランなどはなかった． 日本自然保護協会関西支部　天然記念物「深泥池」（京都市）の現状と保護．㈶日本自然保護協会関西支部報，6: 1-5. 八木沼健夫　ミズグモは生きていた．ATYPUS, 69: 38. 1977-1980年度に深泥池学術調査団（代表者北村四郎）による深泥池学術調査（天然記念物緊急調査）が行われる
1978年（昭53）	鈴木兵二　所産ミズゴケ類2種以上の湿地湿原目録．吉岡邦二博士追悼植物生態論集：234-245．東北植物生態談話会．1971年段階で深泥池にはオオミズゴケ，ハリミズゴケの他にコアナミズゴケが生育していて，1978年までにコアナミズゴケは絶滅した 深泥池自然観察会結成（毎月第3日曜日に観察会開催，深泥池（後に「みぞろがいけ」）発行）
1979年（昭54）	吉安　裕・長崎　摂　ミドロミズメイガの幼虫摂食習性．日本昆虫学会第39回大会・第23回日本応用昆虫学会（1970年代に開水域にコカナダモが大繁茂）
1980年（昭55）	深泥池団体研究グループ「深泥池の保護についての私達の要望」発表 石部虎二　かいつぶり．福音館書店．（解説：須川　恒）　深泥池で観察 北村四郎　深泥池のナガバオモダカ．植物分類地理，31: 214.

		八木沼健夫　ミズグモの吉沢覚文氏と深泥池．ATYPUS, 77: 9 -14, pl. 1.
1981年	（昭56）	深泥池総合学術調査報告書「深泥池の自然と人」（京都市文化観光局）発行．1997-1980年度の深泥池学術調査（天然記念物緊急調査）の報告書．50年ぶりのミズグモの生息確認，アカヤバネゴケなど北方性苔類の発見，ヤチスギラン，クロモ，カガブタなど消失．昆虫，魚類，両生類，鳥類，クモ類などの調査．基本的な保全策の提案．都市計画道路Ⅱ.Ⅲ.113号線のルート変更を要請． 京都新聞「現代の奇跡・深泥池」を32回連載 北村四郎「深泥池の自然」（京都新聞） 座談会「自然の宝庫・深泥池を守れ」（京都新聞） 遠藤　彰　深泥池のカルテ．自然保護, 235: 12-13.
1982年	（昭57）	京都市文化財保護課　魚釣り禁止の立て札設置
1983年	（昭58）	京都市空き缶条例で深泥池は散乱防止地域に指定
1984年	（昭59）	村田　源　深泥池の植生と植物相．遺伝, 38(1):91-97. 「深泥池の周辺　縄文人のソバ畑だった」（京都新聞） 市道上賀茂岩倉線の峠部分の拡幅工事 京都市道路建設課は道路拡幅案とトンネル案を提案．文化財保護委員会は，トンネル案の方が池に影響が少ないものの，両案とも問題があることを指摘．深泥池南側・東側の山地が宝ヶ池公園の一部に指定される（都市公園法） 宮本水文ほか「深泥池の植物Ⅳ．水域植物群落の変化と保護．Nature Study, 30(11)：2 -6. ケシ山で製鉄用の白炭生産炭窯跡2基発掘．タタラ跡．炭窯2基現地保存． 北側開水面にあったハス消失
1985年	（昭60）	京都市埋蔵文化財センターケシ山窯跡発掘調査概要報告．愛仁苑京都ヴィラ発行 深泥池を美しくする会　20周年記念冊子「深泥池」（泥濘池，美与呂池，美度呂池，沍呂池，御曽呂池，美曽呂池，御曽路池，御菩薩池，源菩薩池，御泥池）を発行 深泥池自然観察会・深泥池を美しくする会　京都市文化財保護課に，愛知県武豊町で一町田湿原を土地開発から守るために1億円以上の支出をし，青少年の学習の場を作っている例をあげて，管理団体である京都市による深泥池の保護対策を要望 岩倉自治連合」と「四町（池田南・北・幡枝・南平岡）連絡協議会」からの幡枝・深泥池間道　路（市道岩倉上賀茂線）の拡幅に関する請願書と「深泥池を美しくする会」から反対の請願が提出され，市会で審議未了 市道上賀茂岩倉線の峠部分の拡幅工事
1986年	（昭61）	京都市遺跡地図台帳（京都市文化観光局）発行 深泥池を美しくする会　20周年記念冊子「深泥池」（泥濘池，美与呂池，美度呂池，沍呂池，御曽呂池，美曽呂池，御曽路池，御菩薩池，源菩薩池，御泥池）を再版
1988年	（昭63）	1981年の調査報告に基づき，天然記念物の名称変更（文化財保護法）．指定対象が「深泥池水生植物群落」より拡大され「深泥池生物群集」が天然記念物に指定される（2月4日） 村田　源　深泥池からクログワイが消えた原因は何か？．京都植物, 19(3): 6. 彭鏡毅・村田　源　深泥池に現れた北米産帰化植物．植物分類地理, 39: 150. 深泥池鳥類調査グループ　深泥池と小池・蟻が池の野鳥．Nature Study, 34

	(5)：5-8. 市街化調整区域に指定
1989年（平1）	「岩倉地域南部幹線道路の整備に関する請願」が，岩倉自治会連合会（会長今井武雄），四町（池田南・北，幡枝，南平岡）連絡協議会（会長山田国蔵）から京都市市議会議長中村安良に提出される 天然記念物深泥池生物群集「深泥池」（京都市文化観光局）発行 村田　源　深泥池と日本でここだけに知られている北アメリカ産の水草．京都植物,19（4）：3-7.
1990年（平2）	京都市会建設委員会は，京都市左京区岩倉の岩倉自治連合会及び四町（池田南・北，幡枝，南平岡）連絡協議会から市会に提出されていた「岩倉地域南部幹線道路の整備に関する請願」（市道岩倉上賀茂線拡幅の早期実現の請願）を賛成多数で可決（4月13日） 深泥池調査団の研究者25名が「深泥池の保護のための要望書」を京都市長，京都府知事，文化庁長官に提出し，「深泥池の保護のための京都市民の皆さんへのアピール」を発表（5月1日） 深泥池を守る会準備会がシンポジウム「深泥池を考える」を開催．シンポジウムの後，市民，研究者，深泥池観察会，深泥池を美しくする会が中心となって「深泥池を守る会」結成（6月9日）（毎年観察会（2回），夏休み子ども向け観察会（2回），毎年講演会開催，ニュース発行などの活動計画を決定） 田邊京都市長定例記者会見（6月20日）で，「深泥池，傷つけぬ」（朝日新聞），「池の保護を最優先—拡幅手法を検討」（京都新聞），「市長が見直し示唆—他のルート案検討も」（読売新聞），「生態系は破壊させない—市道拡幅を見直し—」（毎日新聞）と発言 京都・水と緑をまもる連絡会第2回総会で講演「いまなぜ深泥池が大切か」田端英雄 深泥池を守る会　第1回深泥池観察会「深泥池の野鳥・動物・植物・水」（田端，藤崎，遠藤，土屋，藤田）（7月） 深泥池を守る会・深泥池を美しくする会　「深泥池の保護」を京都市に要望（三ツ野京都市道路部長）（7月11日）．「池を守るという立場から別ルート，工法を研究中．新しいルートの方がよければ新たな都市計画決定考える」（朝日新聞）「深泥池の価値は大きい．専門家を入れてルート，工法検討したい」「大型車規制も努力する」（京都新聞）と発言 「岩倉地域南部幹線道路の整備に関する請願」を，幡枝～深泥池間道路拡幅促進協議会会長・岩倉自治連合会会長　安馬正一，幡枝～深泥池間道路拡幅促進協議会副会長　渡辺隆三，幡枝～深泥池間道路拡幅促進協議会副会長　川村光二，幡枝～深泥池間道路拡幅促進協議会会長　伊藤邦夫から田邊京都市長に提出．「幡枝・深泥池間道路（市道岩倉上賀茂線）の拡幅の早急な実施」を請願（7月24日） 京都TOMORROW　特集「深泥池をどう守るか」8・9月号，9-46. 田端英雄「まさに，文化都市の質が問われている」，村田源「浮島を舞台に謎を秘めた多数の植物群」，遠藤彰「絶滅と背中合わせに生きる珍しい動物たち」，中村広明「法規制だけに委ねず道路整備問題に大きな世論形成を」，笠岡英次「氷河期からの貴重なメッセージを携えて」，井上庄助「なんとしても深泥池を」深泥池を守る会　8ヶ所で12時間の交通調査実施（9月27日） 深泥池を守る会　京都府教育庁指導部文化財保護課と意見交換 深泥池を守る会　夏休みに子供観察会を2回開催

	深泥池を守る会「国指定天然記念物深泥池生物群集の保護するための要望書」を京都府教育長に提出．文化財保護課長，係長，天然記念物担当係官出席（10月23日） 村田　源　深泥池について．京都園芸，85: 1-6. 深泥池を守る会　観察会「冬の渡り鳥」（12月） 深泥池を守る会　第2回シンポジウム「深泥池の保護と岩倉の開発．道路問題」開催（12月） 深泥池観察会（毎月開催）
1991年（平3）	村田　源　深泥池から姿を消した植物．京都植物，20(4): 5-8. 深泥池を守る会が深泥池の保護を求める15,522名の署名を市に提出（2月4日） 深泥池を守る会第2回総会・講演会（5月） 　　「深泥池の野鳥から何がわかるか」須川　恒 京都市文化観光局文化財保護課に「深泥池学術調査団」設置 深泥池を守る会　観察会「ジュンサイの花を見つけよう」（6月） 京都・水と緑をまもる連絡会「もう一つの京都名所めぐりバスツアー」で深泥池訪問 深泥池観察会（毎月開催） 深泥池を守る会　夏休みに子供観察会を2回開催 Haraguchi, A.（原口　昭）Ecol. Res., 6: 247-263. Haraguchi, A.（原口　昭）Journ. Ecol., 79: 1113-1121. 深泥池を守る会　観察会「秋・冬の深泥池」（土屋，遠藤，原口）（11月3日） 深泥池を守る会　第3回シンポジウム（11月9日） 　　「深泥池が物語る京都の歴史」中堀謙二
1992年（平4）	村田　源　深泥池のコウキクサ．京都植物，21(1): 4-6. 深泥池を守る会「深泥池の自然を語る地域集会」（3月14日から1994年8月3日まで7回開催） 深泥池を守る会　観察会「春・ミツガシワの花」（4月26日） 京都・水と緑をまもる連絡会「第2回もう一つの京都名所めぐりバスツアー」 京都新聞「深泥池の自然」を58回連載（1月〜1993年5月） 深泥池を守る会第3回総会・シンポジウム（5月30日） 　　「クモから見た深泥池」加村隆英，「コケから見た深泥池」長谷川二郎 深泥池を守る会　夏休みに子供観察会を2回開催 深泥池観察会（毎月開催） 上賀茂保健協議会・深泥池を美しくする会　第2回環境問題を考える会「世界に誇れる自然遺産深泥池を守ろう」鰺坂「池と社会教育」，田端「深泥池の生態」 岩倉古窯跡群（京都大学考古学研究会）刊行　深泥池地区（深泥池南岸窯，深泥池東岸窯，御用谷窯）に関する記載．p 55-63. 深泥池を守る会　アジアの湿地シンポジウムで資料配付（10月15-17日） 深泥池を守る会　観察会「深泥池の冬鳥をみよう」（日本野鳥の会京都支部）（12月6日）
1993年（平5）	京都弁護士会「いま深泥池を考える」開催（3月27日） 京都弁護士会公害対策・環境保全委員会「深泥池問題調査報告書―深泥池の保護と道路整備―」発行 京都弁護士会「深泥池の保護と道路整備に関する提言」発表 深泥池を守る会　観察会「ミツガシワ・訪花昆虫」（遠藤，村田）開催（4月

	25日）
	深泥池を守る会第4回総会・シンポジウム（5月29日）
	「ため池・河川への外来魚の侵入」　　長田芳和
	深泥池を守る会（Citizen Group for the preservation of *Mizorogaike*）　深泥池 Anendangered peat bog Mizorogaikeを発行．小規模な泥炭湿地にも目を向けてほしいと主張して，第5回ラムサール条約締結国会議（釧路）で900部配布（6月9-16日）
	京都市道路建設課に「市道上賀茂岩倉線深泥池検討委員会」設置
	深泥池を守る会　夏休みに子供観察会を2回開催
	深泥池観察会（毎月開催）
	村田　源　深泥池．創造する市民, 37: 22-27.
	遠藤　彰　深泥池の動物群集：交錯する北と南の動物．週刊朝日百科「動物たちの地球」, 10: 284-285.
	川那部浩哉　深泥池（日本経済新聞11月2日）
	深泥池を守る会　観察会「冬の渡り鳥・池ぞいの道路」（11月28日）
1994年（平6）	深泥池を守る会　WWF助成金で冊子「みぞろがいけ」を発行
	深泥池を守る会第5回総会・シンポジウム（6月11日）
	「深泥池の水生昆虫とその棲み場所—深泥池の特徴」竹門康弘
	深泥池を守る会　観察会「ジュンサイの花」（6月26日）
	深泥池を守る会　夏休みに子供観察会を2回開催
	深泥池観察会（毎月開催）
	藤田　昇・遠藤　彰編「京都深泥池・氷期からの自然」（京都新聞社）刊行（8月）
	深泥池を美しくする会「私たちの健康と自然環境」開催
	深泥池を守る会　観察会「秋の深泥池—学術調査より—」（藤田）（11月27日）
1995年（平7）	深泥池を守る会第6回総会・シンポジウム（6月3日）
	「深泥池の植物」　土屋和三,「深泥池の保全と水質」　藤田　昇
	田端英雄　深泥池の生物．「日本の自然　地域編近畿」（岩波書店）, 55-56.
	深泥池を守る会　観察会「カキツバタ・ジュンサイ」開催（6月18日）
	「天然記念物ホロムイソウ　深泥池で大量盗掘」（京都新聞, 7月14日）
	深泥池観察会（毎月開催）
	深泥池を守る会　夏休みに子供観察会を2回開催
	文化庁の補助事業「天然記念物深泥池生物群集—保存修理事業」スタート
	京都市岩倉上賀茂線深泥池検討委員会報告書　深泥池の環境〈地質・地形・地下水・堆積物〉（地質・水底地形調査），深泥池の環境〈生物〉（動物現況調査），深泥池の環境〈水〉（水質調査）などを提出．委員会としては，岩倉・上賀茂線の道路が深泥池に悪影響を与えていること，池の環境の変化が加速していること，生物相が保全されているとはいえないことなどを指摘し，岩倉・上賀茂線の交通量を増やさないこと，増加する交通量を保証する新道をつくること，都市計画道路Ⅱ.Ⅲ.113号線が深泥池北西部を通過する計画は廃棄することなどを提言
	深泥池を守る会　観察会「秋の深泥池・サワギキョウと水鳥」開催（10月29日）
1996年（平8）	深泥池を守る会　観察会「訪花昆虫でハナ高々に！」開催（4月21日）
	深泥池を守る会第7回総会・シンポジウム開催（6月1日）
	「ゲンゴロウと水環境」森　正人
	深泥池を守る会　　ミニ写真展（近藤博保）

	京都市岩倉上賀茂線深泥池検討委員会報告書　深泥池の環境〈生物〉（深泥池の堆積物について（多環芳香族炭化水素の分析と解析），深泥池，浮島の形態と植生の活力現況調査，植物・植生調査）提出 田端ほか　ミズゴケ湿原の水質と保全（文部省科学研究費報告書） 深泥池を守る会観察会（年2回開催）．夏休みに子供観察会を2回開催 深泥池観察会（毎月開催） ノートルダム女学院中学校　深泥池で理科野外教育（毎年継続） 「松ヶ崎歴史的風土特別保存地区」発効（西山から東山までの尾根から南面山麓まで）1．池周辺の山林は風致地区第1種，2．池内は，第2種，3．自然風景保全地区を新設 「ラムサールシンポジウム新潟―人と湿地と生きものたち」で発表（11月28日）．藤田・田端・遠藤「湿地とはどういう自然か―深泥池保全の基礎研究をふまえて―」159-161．原口「深泥池の植物」162-165．田末・西村「京都・深泥池の自然」228-229． 奥田みきお（当時文部大臣）が選挙中に「深泥池の固有かと施設整備支援」と発言． 京都市が池を買収し公有化計画（9月21日） 深泥池を守る会　観察会「里山のキノコ」（横山和正，佐久間大輔）（10月27日）
1997年（平9）	深泥池を守る会　「公有化に伴う要望書」提出（1月23日） 京都市　深泥池の公有化予算4億7,100万円計上（しみん新聞1997.4.1.） 文化庁と府の助成三年計画15億円（4月8日） 深泥池を守る会　観察会「春真っ盛りミツガシワ」（4月20日） 深泥池を守る会第8回総会・シンポジウム「深泥池の保全・今後」現地で観察とシンポジウム（5月31日） 深泥池を守る会　京都市文化財保護課に「深泥池の保全体制に関する要望書」を提出 京都市　深泥池水生動物研究会に外来魚捕獲調査事業を委託（～1998年） パンフレット国指定天然記念物／深泥池生物群集「深泥池」（Nationally Designated Nature Reserve: Mizorogaike Lake and its Wild Life）（in English and Japanese）（京都市文化財保護課）発行 京都市岩倉上賀茂線深泥池検討委員会報告書別冊（平成9年6月）（「深泥池を守る会」が情報公開請求によって入手）．「市道岩倉・上賀茂線整備案についての検討（付帯文書I）」は委員会で議論もされていない委員長見解で，池を埋めたてて池西側の道路拡幅を容認している 深泥池を守る会　夏休みに子供観察会「クモ」（吉田 真）（8月27日） 京都市「深泥池生物群集保全・活用方策検討委員会」設置（11月5日―1998年11月） 深泥池観察会（毎月開催） ノートルダム女学院中学校　深泥池で理科野外教育（毎年継続） 深泥池を守る会　観察会「秋の木の実―ドングリを科学する」（村田源）（11月9日） 市営地下鉄岩倉盆地（国際会館駅）まで延伸 気候変動枠組条約締結国会議COP3ミステリーバスツアー．もう一つの京都名所めぐり．海外NGO版．参加者120名（12月3日） 京都自然史研究所　深泥池市民フォーラム「深泥池をどう守っていくか」（12月6日）

	京都市観察会・保全活用アンケート（12月6-7日）
1998年（平10）	深泥池水生動物研究会発足（3月13日） 保全・活用委員会「氷河時代の風景を楽しむ花見の会」（4月29日） 京都市文化財保護課　深泥池水生動物研究会（後に深泥池水生生物研究会に改称）に天然記念物深泥池生物群集保存修理事業の一環として外来魚捕獲調査事業を委託 深泥池を守る会　観察会「いずれが菖蒲かカキツバタ」（遠藤彰）（5月17日） 深泥池を守る会第9回総会・シンポジウム 　「深泥池の魚類について」竹門康弘 深泥池観察会（毎月開催） 深泥池を守る会　夏休みに子供観察会を2回開催 ノートルダム女学院中学校　深泥池で理科野外教育（毎年継続） 列島新景5　京都市町中に氷河期—深泥池（京都新聞　8月24日） 深泥池を守る会　観察会「浄水谷付近の植生とシダ」（藤崎晃，村田章）（10月） 横山卓雄ほか　深泥池における地下水の挙動．同志社大学理工学研究所報告，39：52-66． 京都市の深泥池生物群集保全・活用方策検討委員会　保全・活用にかかわる基本計画答申
1999年（平11）	天然記念物深泥池生物群集—保存修理事業報告書—（京都市文化市民局）発行し，文化庁に提出．1994年度~1998年度まで行われた保存修理事業報告 深泥池を守る会　JAWAN（日本湿地ネットワーク）に加盟 深泥池を守る会観察会「オオクチバスの繁殖行動観察」（4月） 深泥池を守る会第10回総会・シンポジウム（6月） 　「外来魚の影響に関する大胆な仮説—府大池の調査結果」竹門康弘 深泥池を守る会夏休み子ども観察会「深泥池のトンボ」（成田研一）（8月） 深泥池を守る会「深泥池・写真界がコンテスト」主催 　撮影会・写生会（11月） 　展覧会（12月） 新に京都市独自の予算による外来魚捕獲調査事業を深泥池水生動物研究会が継続 深泥池を守る会観察会（年2回開催） 深泥池観察会（毎月開催） ノートルダム女学院中学校深泥池理科野外学習に深泥池を守る会が協力（~2002年）
2000年（平12）	深泥池の買い上げ完了（3月11日登記完了．1997年度から3年かけて私有から公有へ）．京都市が所有者で，同時に管理責任者になる 深泥池を守る会第11回総会・シンポジウム（5月） 　「天然記念物深泥池生物群集保全・活用委員会」遠藤　彰，「道路問題の到達点について」　田末利治 深泥池を守る会夏休み子ども観察会「深泥池のトンボ」（辻本，西村，成田）（7月） 深泥池を守る会夏休み子ども観察会「土の中のいろいろな生き物を見よう」（高桑正樹）（8月） 外来魚捕獲調査事業を深泥池水生動物研究会が継続 深泥池観察会（毎月開催） ノートルダム女学院中学校　深泥池で理科野外教育（毎年継続）

		上賀茂保健協議会・深泥池を美しくする会　第6回環境問題を考える会「地球環境保全を全世界に訴える音楽会」」開催．井上庄助作詞・ボブ佐久間作曲「深泥池の詩」を発表
		深泥池水生生物研究会（深泥池水生動物研究会と併合）発足
		深泥池を守る会．「水と緑―京都の山野をまもった市民の軌跡」（京都・水と緑をまもる連絡会）．73-81．（12月）
2001年（平13）		文化財保護課に深泥池保全活用委員会（2001-2003年度）設置．深泥池に関する学術調査に関する新たな学術調査許認可制度制定
		文化財保護課「天然記念物深泥池生物群集保全・活用専門委員会」の「天然記念物深泥池生物群集の水文調査報告書」（「深泥池を守る会」が情報公開請求により入手）深泥池を守る会第1回深泥池写真展「かけがえのない自然遺産・深泥池を知ってください」（3月）
		左京区静市市原に京都市東北部クリーンセンター（ゴミ焼却施設）稼動（4月）
		深泥池を守る会第12回総会・シンポジウム（7月）
		「深泥池の植物の特徴」　村田　源，「深泥池の外来魚」　竹門康弘
		深泥池を守る会夏休み子ども観察会「深泥池のトンボ」（辻本，西村，成田）（8月）
		深泥池を守る会が「深泥池の保全に関する質問書―とくに深泥池に接する市道岩倉上賀茂線の拡幅について―」を京都市長，建設局長，文化財保護課長に提出し，測量をしたり，道路拡幅のネックになっていると住民に立ち退きを要求する市の行為に抗議
		田端英雄　危機に立つ深泥池の保全（京都新聞．9月11日）
		深泥池を守る会「みなまた京都賞」受賞
		深泥池観察会（毎月開催）
		ノートルダム女学院中学校　深泥池で理科野外教育（毎年継続）
		外来魚捕獲調査事業を深泥池水生生物研究会が継続
2002年（平14）		深泥池を守る会は道路建設課に「深泥池の保全に関する質問書―とくに深泥池に接する市道岩倉上賀茂線の拡幅について―」を提出し，池の保全策を優先順位順に着手するとともに，道路問題に勇気ある英断を要請（2月15日）
		深泥池を守る会が文化財保護課に「深泥池の保全に関する質問および申し入れ」を提出し，池の保全行政への市民参加，保全・活用専門委員会の委員構成の再考を要望
		保全・活用専門委員会委員長の不適格性を指摘，未買収池域の取り扱いについて質問（2月15日）
		深泥池を守る会は文化財保護課に「天然記念物深泥池生物群集の水文調査報告書（平成13年3月）の問題点」を提出し，調査目的が不明で，レベルも低く，誤りも多く，誤字も多いことを指摘（2月15日）
		「京都府レッドデータブック」上巻・下巻．京都府
		文化財保護課の「天然記念物深泥池生物群集保全・活用専門委員会」で建設局道路建設課が「市道上賀茂岩倉線深泥池検討委員会」の報告書に依拠した道路拡幅について説明（3月）
		深泥池を守る会観察会「春の花と虫たち」（遠藤，村田，土屋）（4月）
		旧市道上賀茂岩倉線深泥池検討委員会委員6名は建設局道路建設課長に「京都市岩倉上賀茂線深泥池検討委員会報告書における別冊ならびに付帯文書1の問題点について」を提出し，京都市岩倉上賀茂線深泥池検討委員会報告書

	の別冊「市道岩倉上賀茂線の整備案について」は委員会で決定されたものではないこと，「付帯文書Ⅰ」は委員長個人の見解であり委員会で議論もされていないこと，「付帯文書Ⅱ」は異論も併記されるべきものであること，などを指摘．「別冊」や「付帯文書Ⅰ」に基づく市道岩倉上賀茂線の整備には慎重な配慮を要望（4月17日） 日本生態学会近畿支部　フィールドシンポジウム「深泥池生物群集の危機的現状と保全策の提言」（4月20日） 深泥池を守る会　第2回深泥池写真展 京都市文化財保護課の「天然記念物深泥池生物群集保全・活用専門委員会」で道路拡幅は「現状では困難である」との認識示される（5月） 深泥池を守る会第13回総会・シンポジウム（6月） 　「中池見湿原の保護運動」笹木智恵子，「里山の保全」田端英雄 深泥池を守る会観察会「トンボと夏の虫たち」（8月） 深泥池を守る会　池の水の電気伝導度の定期的測定開始 深泥池観察会（毎月開催） ノートルダム女学院中学校　深泥池で理科野外教育（毎年継続） 「国の天然記念物深泥池へ水道水流入．指摘10年やっと対策」（朝日新聞，8月30日） 深泥池観察会　深泥池の自然観察ガイド夏編（No. 2）秋編（No. 3）発行 深泥池を守る会観察会「紅葉とドングリ」（村田，土屋，光田）（11月） 外来魚捕獲調査事業を深泥池水生生物研究会が継続
2003年（平15）	建設局が深泥池保全活用委員会に市道岩倉上賀茂線の道路改良事業について諮問．保全活用委員会は，池への新たな負荷は回避すべきで，池の埋め立てによる現道の拡幅は中止すべきと答申 深泥池観察会　深泥池の自然観察ガイド春編（No. 1）冬編（No. 4）発行 京都市遺跡地図台帳（京都市文化市民局）発行 河川環境管理財団の河川整備基金助成事業「深泥池における外来動植物の影響評価と市民参加による駆除対策」（代表者：竹門康弘）（2003-2004年度） 松ヶ崎浄水場配水池からの漏水の池への流入を防止するポンプ設置される 松ヶ崎廃寺跡（左京区松ヶ崎堀町）の発掘 深泥池を守る会　第3回深泥池写真展 深泥池を守る会第14回総会・シンポジウム（7月） 　「深泥池の希少植物の現状」光田重幸，「深泥池の湿原植物の暮らし方あれこれ」松井　淳 深泥池を守る会観察会「トンボの観察会」（8月） 深泥池を守る会観察会「秋の観察会」（村田，田端，遠藤）（11月） 深泥池観察会（毎月開催） ノートルダム女学院中学校深泥池理科野外学習に深泥池観察会・深泥池水生生物研究会が協力（継続中） 外来魚捕獲調査事業を深泥池水生生物研究会が継続
2004年（平16）	深泥池を守る会　京都市水道局と漏水対策について話し合い 第1・2回深泥池の昔を語る会開催．語り部：松尾三郎（1月11日，2月29日） 近藤博保　写真集「国の天然記念物深泥池―大都市の中に―」（京都新聞出版センター） 深泥池を守る会ほか　第4回深泥池写真展

	深泥池を守る会第15回総会・シンポジウム（7月） 「深泥池における外来魚と京都の希少種」　野尻浩彦 深泥池を守る会・深泥池外来生物影響対策研究会　シンポジウム「深泥池における外来動植物の影響と市民参加による駆除対策」 松ヶ崎浄水場配水池からの漏水流入量増加．深泥池を守る会京都市水道局に改善を強く要求し改善される 第3回深泥池の昔を語る会．語り部：田中俊輔（7月18日） 深泥池観察会（毎月開催） 外来魚捕獲調査事業を深泥池水生生物研究会が継続 深泥池を守る会観察会「トンボの観察会」（8月） ノートルダム女学院中学校深泥池理科野外学習 環境省環境技術開発等推進事業「地域生態系の保全・再生に関する合意形成とそれを支えるモニタリング技術の開発」（代表者：矢原徹一）（2004-2006年度）
2005年（平17）	第4回深泥池の昔を語る会．語り部：森田良彦（1月16日） 第5回深泥池の昔を語る会．語り部：井上庄助・あや子（2月6日） ノートルダム女学院高校科学クラブ深泥池でアカウキクサの仲間（外来種？）の調査開始 京都府立東陵高校による「キミも参加しよう！　深泥池生物群集の保全事業」 文部科学省SPP事業（代表者：伴　浩治）（2005-2006年度） 河川環境管理財団の河川整備基金助成事業「地域に根ざした深泥池の生態系管理手法の提言」（代表者：竹門康弘）（2005年度） 深泥池を守る会ほか　第5回深泥池写真展 外来魚捕獲調査事業を深泥池水生生物研究会が継続 深泥池観察会（毎月開催） ノートルダム女学院中学校　深泥池で理科野外教育（毎年継続） 井上満郎・佐藤文子　深泥池の歴史と文化．付・深泥池歴史史料集成．京都産業大学日本文化研究所紀要, 10: 31-98．（深泥池に関連する歴史・文化・伝承などに関刷る文献目録と解説） 岩見沢で発見ホロムイソウ南限の京都群落消失　盗掘か　現地調査へ（北海道新聞　12月24日）
2006年（平18）	きつね坂の道路改修 深泥池を守る会ほか　第6回深泥池写真展 外来魚捕獲調査事業を深泥池水生生物研究会が継続 深泥池観察会（毎月開催） ノートルダム女学院中学校深泥池理科野外学習 シカによる浮島植生の被害が顕在化
2007年（平19）	深泥池を守る会ほか　第7回深泥池写真展 深泥池観察会（毎月開催） 外来魚捕獲調査事業を深泥池水生生物研究会が継続 竹門康弘　京都の語り部：深泥池「ナチュラルヒストリーの時間」（大学出版部協会），24-27

（作成：田端英雄・竹門康弘）

図の提供者・写真撮影者リスト（敬称略）

P8	図1	撮影者 不詳 撮影日 不詳 写真所有者：服部貞治		P42	図8	撮影者	田末利治
				P42	図9	撮影者	藤田　昇
P9	図2	『国宝洛中洛外図上杉本』岩波書店刊による		P43	図10	撮影者	藤田　昇
				P43	図11	撮影者	藤田　昇
P10	図3	野間光辰編『新修 京都叢書 第6巻 都名所図会』臨川書店刊による		P44	図12	撮影者	藤田　昇
				P44	図13	撮影者	藤田　昇
P13	扉図	撮影者 辰巳　宏		P45	図1	撮影者	藤田　昇
P14	図1	撮影者 竹門康弘		P46	図1	撮影者	竹門康弘
P15	図2	撮影者 竹門康弘		P47上	図1	撮影者	田末利治
P15	図3	撮影者 藤田　昇		P47下	図1	撮影者	光田重幸
P16	図4	撮影者 竹門康弘		P48	図1	撮影者	竹門康弘
P17	図5	撮影者 藤田　昇		P49	図1	撮影者	長谷川二郎
P17	図6	撮影者 竹門康弘		P49	図2	撮影者	長谷川二郎
P19	図7	作図者 竹門康弘		P50	図1	撮影者	新海栄一
P20	図1	作図者 竹門康弘		P50	図2	撮影者	新海栄一
P21	図2	撮影者 竹門康弘		P51	図1	撮影者	竹門康弘
P21	図3	撮影者 竹門康弘		P52	図1	撮影者	加村隆英
P22	図4	作図者 竹門康弘		P52	図2	撮影者	加村隆英
P23	図5	撮影者 藤田　昇		P52	図3	撮影者	加村隆英
P24	図春	撮影者 田末利治・遠藤　彰		P52	図4	撮影者	加村隆英
P24	図春	作図者 石黒真理		P53	図1	撮影者	森　幸一
P24	図秋	撮影者 松井　淳・竹門康弘		P53	図2	撮影者	高桑正樹
P24	図秋	作図者 石黒真理		P53	図3	撮影者	高桑正樹
P25	図夏	撮影者 藤田　昇・竹門康弘		P53	図4	撮影者	高桑正樹
P25	図夏	撮影者 竹門康弘		P54	図1	撮影者	吉安　裕
P25	図夏	作図者 石黒真理		P54	図2	撮影者	加藤義和
P25	図冬	撮影者 中村桂子		P54	図3	撮影者	竹門康弘
P25	図冬	作図者 石黒真理		P55	図4	撮影者	竹門康弘
P29	図1	環境庁：現存植生図京都東北部（1987）を改変		P55	図5	撮影者	竹門康弘
				P55	図6	撮影者	竹門康弘
P30	図1	作図者 中堀謙二		P56	図1	撮影者	藤田　昇
P31	図1	撮影者 石田志朗		P56	図2	撮影者	竹門康弘
P32	図2	作図者 石田志朗（木村ほかを簡略化）		P56	図3	作図者	竹門康弘
P32	図3	作図者 木村ほか		P58	図1	撮影者	藤田　昇
P32	図4	作図者 木村ほか		P58	図2	撮影者	竹門康弘
P33	図5	作図者 石田志朗		P59	図1	撮影者	野崎健太郎
P34	図6	作図者 石田志朗		P59	図2	撮影者	野崎健太郎
P35	扉図	撮影者 松井　淳		P61	図1	撮影者	辻　彰洋
P36	図1	撮影者 藤田　昇		P62	図1	撮影者	坂東忠司
P37	図2	撮影者 藤田　昇		P63	図2	撮影者	坂東忠司
P37	図3	撮影者 藤田　昇		P65	図1	撮影者	竹門康弘
P38	図1	撮影者 光田重幸		P65	図2	撮影者	竹門康弘
P39	図1	撮影者 藤田　昇		P65	図3	撮影者	竹門康弘
P39	図2	作図者 藤田　昇		P65	図4	撮影者	竹門康弘
P40	図3	撮影者 藤田　昇		P66	図1	撮影者	竹門康弘
P40	図4	撮影者 松井　淳		P66	図2	撮影者	竹門康弘
P41	図5	撮影者 藤田　昇		P68	図1	撮影者	樋上正美
P41	図6	撮影者 松井　淳		P68	図2	撮影者	樋上正美
P41	図7	撮影者 松井　淳		P70	図3	撮影者	樋上正美

P70	図4	撮影者	樋上正美		P104	図8	撮影者	佐藤博俊
P71	図1	撮影者	竹門康弘		P106	図1	作図者	藤田　昇
P72	図1	作図者	吉安　裕		P107	図1	撮影者	不詳
P72	図2	撮影者	吉安　裕		P108	図1	作図者	越川昌美
P72	図3	撮影者	吉安　裕		P109	図2	作図者	越川昌美
P73	図1	撮影者	金野　晋		P111	図1	作図者	藤田　昇
P75	図1	撮影者	西野麻知子		P111	図2	作図者	土屋和三（『深泥池の自然と人』89ページより転載）
P75	図2	撮影者	竹門康弘					
P77	図1	撮影者	細谷和海		P113	図1	作図者	光田重幸
P77	図2	作図者	竹門康弘		P114	図2	作図者	光田重幸
P77	図2	撮影者	竹門康弘		P114	図3	作図者	光田重幸
P78	図1	撮影者	竹門康弘		P114	図4	作図者	光田重幸
P78	図3	作図者	野尻浩彦		P115	図1	作図者	藤田　昇
P79	図2	撮影者	竹門康弘		P116	図1	作図者	藤田　昇
P79	図4	撮影者	竹門康弘		P117	図2	作図者	清水善和
P79	図5	作図者	竹門康弘		P117	図3	作図者	清水善和
P80	図1	撮影者	中村桂子		P118	図4	作図者	清水善和
P80	図2	撮影者	中村桂子		P118	図5	作図者	清水善和
P80	図3	撮影者	中村桂子		P119	図1	撮影者	藤田　昇
P82	図1	撮影者	森　正人		P119	図2	撮影者	藤田　昇
P82	図2	撮影者	森　正人		P121	扉図	提供者	京都大学附属図書館
P84	図1	撮影者	大石久志		P123	図1	提供者	京都大学附属図書館
P86	図1	撮影者	大石久志		P125	図1	作図者	小椋純一・竹門康弘
P87	図1	撮影者	竹門康弘		P126	図1	作図者	国土交通省国土地理院
P87	図2	撮影者	竹門康弘		P127	図2	作図者	植村善博
P87	図3	撮影者	竹門康弘		P128	図3	提供者	京都市歴史資料館
P87	図4	撮影者	竹門康弘		P129	図4	作図者	植村善博（ベースの地図は国土地理院）
P88	図1	撮影者	竹門康弘					
P88	図2	撮影者	吉安　裕		P131	図1～3	撮影者	中村　治
P89	図3	撮影者	吉安　裕		P132	図4	撮影者	藤田　昇
P90-1	図1	撮影者	片山雅男		P133	図5	提供者	世界人権問題研究センター
P92	図2	撮影者	田末利治		P136	図1	撮影者	小椋純一
P93	図1	撮影者	田末利治		P137	図2～3	提供者	藤崎　晃（撮影者不明）
P94	図1	撮影者	田末利治		P139	図4	提供者	藤崎　晃（撮影者不明）
P95	図2	撮影者	藤田　昇		P140	図5	作図者	小椋純一
P95	図3	撮影者	遠藤　彰		P140	図6	作図者	中堀謙二
P96	図4	撮影者	藤田　昇		P141	図1	作図者	佐々木尚子・高原　光
P96	図5	撮影者	遠藤　彰		P142	図1	撮影者	竹門康弘
P97	図6	撮影者	松井　淳		P142	図2	提供者	京都新聞HPより転載
P98	図1	撮影者	藤田　昇		P143	図3	提供者	京都大学地質学鉱物学教室
P98	図2	撮影者	藤田　昇		P144	図1	作図者	梶川敏夫（ベースの図は京都市）
P99	図1	撮影者	竹門康弘		P145	図2		京都大学考古学研究会『第38とれんち』より転載
P100	図1	撮影者	樋上正美					
P101	図1	撮影者	松井正文		P145	図3		京都考古刊行会『京都考古』第44号より転載
P101	図2	撮影者	松井正文					
P102	図1	作図者	佐藤博俊		P146	図4		京都市埋蔵文化財研究所『岩倉幡枝2号墳―木棺直葬墳の調査―』より抜粋
P102	図2	作図者	佐藤博俊					
P102	図3	作図者	佐藤博俊		P146	図5	提供者	梶川敏夫
P104	図4	撮影者	佐藤博俊		P146	図6	提供者	京都市埋蔵文化財研究所
P104	図5	撮影者	佐藤博俊		P146	図7	提供者	京都市埋蔵文化財調査センター
P104	図6	撮影者	佐藤博俊		P147	図8	提供者	京都市埋蔵文化財研究所
P104	図7	撮影者	佐藤博俊		P147	図9	提供者	京都市埋蔵文化財研究所

P148	図1	提供者	京都市埋蔵文化財調査センター
P149	図2	提供者	京都市埋蔵文化財調査センター
P149	図3	撮影者	梶川敏夫
P149	図4	京都大学考古学研究会『岩倉古窯跡群』より転載	
P150	図5	京都大学考古学研究会『岩倉古窯跡群』より転載	
P150	図6	提供者	京都市埋蔵文化財調査センター
P151	図7	提供者	京都市埋蔵文化財研究所
P151	図8	撮影者	梶川敏夫
P152	図1	作図者	藤原重彦
P153	図2	撮影者	藤原重彦
P153	図3	撮影者	藤原重彦
P155	図1	提供者	国立国会図書館
P156	図2	提供者	浄賢寺（愛知県西尾市）
P157	扉図	撮影者	竹門康弘
P159	図1	作図者	横山卓雄
P160	図1	作図者	藤田　昇
P161	図2	作図者	藤田　昇
P161	図3	作図者	藤田　昇
P163	図3	撮影者	藤田　昇
P164	図1	作図者	嶋村鉄也
P165	図1	作図者	辻野　亮
P166	図1	作図者	田端英雄
P166	図2	作図者	田端英雄
P167	図4	作図者	吉岡龍馬
P167	図5	作図者	吉岡龍馬
P168	図1	撮影者	竹門康弘
P168	図2	撮影者	安部倉　完
P168	図3	撮影者	安部倉　完
P169	図4	撮影者	安部倉　完
P169	図5	撮影者	安部倉　完
P169	図6	作図者	安部倉　完
P169	図7	作図者	安部倉　完
P170	図8	作図者	安部倉　完
P171	図1	撮影者	樋上正美
P172	図1	撮影者	平井利明
P173	図1	撮影者	田末利治
P173	図2	撮影者	田末利治
P174	図1	撮影者	藤田　昇
P175	図1	撮影者	藤田　昇
P175	図2	撮影者	藤田　昇
P176	図1	撮影者	藤田　昇
P177	図1	撮影者	辻野　亮
P177	図2	撮影者	辻野　亮
P177	図3	撮影者	竹門康弘
P179	図2	撮影者	田端英雄
P181	図3	撮影者	田端英雄
P182	図4	作図者	田端英雄
P187	図1	撮影者	竹門康弘
P191	図1	撮影者	中川美津香
P192	図1	撮影者	伴　浩治
P192	図2	撮影者	伴　浩治
P193	図1	撮影者	伴　浩治
P194	図2	撮影者	伴　浩治
P194	図3	撮影者	伴　浩治
P195	図1	提供者	田端英雄
P197	扉図	撮影者	竹門康弘
P199	図1	作図者	竹門康弘
P200	図2	作図者	竹門康弘
P201	図3	作図者	竹門康弘
P202	図4	作図者	竹門康弘
P202	図5	作図者	竹門康弘
P203	図1	作図者	竹門康弘
P204	図2	撮影者	藤崎　晃
P205	図3	撮影者	竹門康弘
P206	図4	作図者	藤田　昇
P207	図5	作図者	竹門康弘
P212	図1	撮影者	竹門康弘
P212	図2	撮影者	竹門康弘
P212	図3	撮影者	竹門康弘
P212	図4	撮影者	竹門康弘
P213	全写真　環境省環境技術開発等推進費（竹門康弘分担）による		
P214	1927年写真　京都大学地質学鉱物学教室所蔵		
P214	1946年写真　田端英雄所蔵		
P214	1960年写真　田端英雄所蔵		
P214	1963年写真　田端英雄所蔵		
P214	1977年写真　田端英雄所蔵		
P214	2003年写真　河川環境管理財団の河川整備基金（竹門康弘）による		
P214	2004年写真　河川環境管理財団の河川整備基金（竹門康弘）による		
P215	作図　田崎紘平・竹門康弘・田中賢治・田端英雄		

執筆者紹介 (50音順)

安部倉完（あべくら　かん）
1977年　兵庫県生まれ
京都大学大学院理学研究科・博士課程

池澤篤子（いけざわ　あつこ）
1956年　京都府生まれ

石黒真理（いしぐろ　まり）
1950年　山口県生まれ
カフェ経営

石田志朗（いしだ　しろう）
1930年　石川県生まれ
元山口大学・教授

井上庄助（いのうえ　しょうすけ）
2006年没
元深泥池を美しくする会会長

井上満郎（いのうえ　みつお）
1940年　京都府生まれ
京都産業大学文化学部・教授

上西　実（うえにし　まこと）
1961年　京都府生まれ
龍谷大学・非常勤講師

植村善博（うえむら　よしひろ）
1946年　京都府生まれ
佛教大学文学部・教授

丑丸敦史（うしまる　あつし）
1970年　群馬県生まれ
神戸大学大学院人間発達環境学研究科・准教授

遠藤　彰（えんどう　あきら）
1947年　兵庫県生まれ
立命館大学理工学部・教授

大石久志（おおいし　ひさし）
1947年　静岡県生まれ
日本甲虫学会会員

小椋純一（おぐら　じゅんいち）
1954年　岡山県生まれ
京都精華大学人文学部・教授

梶川敏夫（かじかわ　としお）
1949年　京都府生まれ
京都市文化市民局文化財保護課・課長補佐

片山雅男（かたやま　まさお）
1955年　京都府生まれ
夙川学院短期大学教養教育・准教授

加村隆英（かむら　たかひで）
1957年　大阪府生まれ
追手門学院大学人間学部・教授

亀山慶晃（かめやま　よしあき）
1975年　広島県生まれ
北海道大学地球環境科学研究院・研究員

鴨志田徹也（かもしだ　てつや）
1975年　京都府生まれ
京都府丹後農業研究所・技師

川那部浩哉（かわなべ　ひろや）
1932年　京都府生まれ
滋賀県立琵琶湖博物館・館長

高津文人（こうづ　あやと）
1972年　京都府生まれ
京都大学生態学研究センター・(独)科学技術振興機構CREST研究員

越川昌美（こしかわ　まさみ）
1971年　京都府生まれ
国立環境研究所・主任研究員

佐々木尚子（ささき　なおこ）
1974年　東京都生まれ
人間文化研究機構　総合地球環境学研究所・プロジェクト研究員

佐藤博俊（さとう　ひろとし）
1980年　三重県生まれ
京都大学大学院理学研究科・博士課程

嶋村鉄也（しまむら　てつや）
1975年　神奈川県生まれ
京都大学アジア・アフリカ地域研究研究科・特任助教

清水善和（しみず　よしかず）
1953年　新潟県生まれ
駒沢大学文学部・教授

杉本敦子（すぎもと　あつこ）
1960年　大阪府生まれ
北海道大学地球環境科学研究院・教授

杉山雅人（すぎやま　まさと）
1957年　岡山県生まれ
京都大学大学院人間・環境学研究科・教授

高桑正樹（たかくわ　まさたつ）
1946年　北海道生まれ
大阪千代田短期大学・教授

高田研一（たかだ　けんいち）
1950年　京都府生まれ
NPO法人森林再生支援センター・常務理事

高原　光（たかはら　ひかる）
1954年　兵庫県生まれ
京都府立大学大学院農学研究科・教授

竹門康弘（たけもん　やすひろ）
1957年　東京都生まれ
京都大学防災研究所・准教授

田末利治（たすえ　としはる）
1929年　京都府生まれ
元京都市立烏丸中学校・教諭

谷田一三（たにだ　かずみ）
1948年　大阪府生まれ
大阪府立大学大学院理学系研究科・教授

田端英雄（たばた　ひでお）
1936年　東京都生まれ
里山研究会，(有)応用里山研究所・所長

辻　彰洋（つじ　あきひろ）
1967年　大阪府生まれ
国立科学博物館植物研究部・研究主幹

辻野　亮（つじの　りょう）
1976年　大阪府生まれ
人間文化研究機構　総合地球環境学研究所・プロジェクト研究員

土屋和三（つちや　かずみ）
1948年　神奈川県生まれ
龍谷大学文学部・教授

堤　邦彦（つつみ　くにひこ）
1953年　東京都生まれ
京都精華大学人文学部・教授

中川美津春（なかがわ　みつはる）
1948年　福岡県生まれ
ノートルダム女学院中学校・教諭

中村桂子（なかむら　けいこ）
1943年　京都府生まれ
日本野鳥の会京都支部 副支部長
全国野鳥密猟対策連絡会・事務局長

中村　治（ならむら　おさむ）
1955年　京都府生まれ
大阪府立大学人間社会学部・教授

成田研一（なりた　けんいち）
1940年　岡山県生まれ
元京都府立鴨沂高等学校・教諭

成田哲也（なりた　てつや）
1939年　大阪府生まれ
元京都大学生態学研究センター・助手

西野麻知子（にしの　まちこ）
1951年　大阪府生まれ
滋賀県琵琶湖環境研究センター・琵琶湖環境研究部門長

野崎健太郎（のざき　けんたろう）
1968年　静岡県生まれ
椙山女学園大学人間関係学部・講師

野子　弘（のじ　ひろし）
1936年　三重県生まれ
建築設備士

野尻浩彦（のじり　ひろひこ）
1981年　京都府生まれ
元近畿大学農学部水産学科・学生

長谷川二郎（はせがわ　じろう）
1947年　広島県生まれ
南九州大学環境造園学部・教授

伴　浩治（ばん　こうじ）
1951年　愛媛県生まれ
京都府立東稜高等学校・教諭

坂東忠司（ばんどう　ただし）
1952年　徳島県生まれ
京都教育大学教育学部・准教授

樋上正美（ひのうえ　まさみ）
1960年　徳島県生まれ
立命館大学・非常勤講師

福嶋義宏（ふくしま　よしひろ）
1942年　京都府生まれ
人間文化研究機構　総合地球環境学研究所・教授

藤崎　晃（ふじさき　あきら）
1929年　神奈川県生まれ

藤田　昇（ふじた　のぼる）
1946年　大阪府生まれ
京都大学生態学研究センター・助教

藤原重彦（ふじわら　しげひこ）
1946年　京都府生まれ
㈱キンキ地質センター本社・技術顧問

細谷和海（ほそや　かずみ）
1951年　東京都生まれ
近畿大学大学院農学研究科・教授

堀　智孝（ほり　ともたか）
1946年　滋賀県生まれ
京都大学大学院人間・環境学研究科・教授

俣木　徹（またき　とおる）
1970年　大阪府生まれ
元京都大学大学院理学研究科・修士課程

松井　淳（まつい　きよし）
1955年　京都府生まれ
奈良教育大学教育学部・教授

松井正文（まつい　まさふみ）
1950年　長野県生まれ
京都大学大学院人間・環境学研究科・教授

光田重幸（みつだ　しげゆき）
1951年　愛媛県生まれ
同志社大学工学部・准教授

宮武頼夫（みやたけ　よりお）
1938年　香川県生まれ
元大阪市立自然史博物館・館長
現在　関西大学・非常勤講師

宮本水文（みやもと　みふみ）
1948年　福岡県生まれ
京都市建設局緑政課・課長

村上興正（むらかみ　おきまさ）
1939年　広島県生まれ
元京都大学大学院理学研究科・講師
現在　同志社大学・非常勤講師

村田　源（むらた　げん）
1927年　京都府生まれ
元京都大学理学部講師
特定非営利活動法人森林再生支援センター・理事長

森　正人（もり　まさと）
1950年　兵庫県生まれ
環境科学株式会社・役員

横山卓雄（よこやま　たくお）
1937年　岐阜県生まれ
同志社大学・名誉教授

吉岡龍馬（よしおか　りゅうま）
1937年　兵庫県生まれ
元富山県立大学・教授

吉田　真（よしだ　まこと）
1944年　山形県生まれ
立命館大学理工学部・教授

吉安　裕（よしやす　ゆたか）
1947年　福岡県生まれ
京都府立大学大学院農学研究科・教授

```
● 深泥池七人会編集部会 ●

  川那部　浩哉
  竹門　　康弘
  田端　　英雄
  藤田　　　昇
  遠藤　　　彰
  小椋　　純一
  村上　　興正
```

深泥池の自然と暮らし
―生態系管理をめざして―

2008年3月20日発行

編著　深泥池七人会編集部会

発行　サンライズ出版
〒522-0004　滋賀県彦根市鳥居本町655-1
TEL 0749-22-0627　FAX 0749-23-7720

ⓒ深泥池七人会編集部会 2008　定価はカバーに表示しています。
ISBN978-4-88325-357-9 C3045　乱丁本・落丁本は発行元にてお取り替えします。